志合越山海
——有色金属行业
职业教育"走出去"论文集

主 编 ◎ 宋 凯　赵鹏飞
副主编 ◎ 赵丽霞　陈光荣　祝丽华

中南大学出版社
www.csupress.com.cn
·长沙·

编 委 会

>>>   <<<

前 言

Foreword

    建设教育强国是中华民族伟大复兴的基础工程，意义重大而深远。职业教育"走出去"是培养适应国际化需求的高素质人才，提升国家教育水平和国际竞争力，实现教育强国目标的重要途径。近些年，中国职业教育"走出去"已经进入一个全新的发展阶段，呈现出"教随产出，产教同行"的鲜明特色，为促进国际产能合作、提升教育国际影响、服务国家外交大局和新发展格局做出了重要贡献，同时也推动中国在全球范围内树立了更为友好的形象，提升了国家的软实力。

    2015 年 12 月，教育部批准有色金属行业开展职业教育"走出去"试点工作，10 家试点院校紧密团结，通力合作，在赞比亚探索中国职业教育服务"走出去"企业的方法与路径。试点工作开展以来，在职业教育海外办学机制体制上开展了诸多研究，在专业教学和工业汉语教学方面进行了多方实践。

    职业教育"走出去"作为新型教育服务经济形式，在国内缺少理论与政策研究，更无可借鉴经验。2017 年有色金属工业人才中心与广东建设职业技术学院顺势而为，经广东省教育厅批准共同成立"一带一路"研究院，在试点院校中设立课题，开展职业教育"走出去"理论研究。试点院校在中国－赞比亚职业技术学院筹备、成立、运营的各个阶段，就机制体制、教学标准、专业建设、工业汉语、1+X 证书海外应用等方面开展了积极探索。

    《志合越山海——有色金属行业职业教育"走出去"论文集》是试点工作成果集。本书含有 57 篇论文，是试点院校教师们基于试点工作凝练出的理论成果，详述了教师们的实践研究历程。在砥砺前行中，教师们开始更加重视教学实践，学生跨文化培养以及专业技能的提升。这标志着中国职业教育"走出去"已迈入更为稳定和成熟的新阶段,为培养高素质本土技能人才奠定了基础。

本书的编撰离不开广东建设职业技术学院的支持,对此我们深表感谢。在未来前进的道路上,我们将共同协作,探索并推进职业教育国际化的进程。面对职业教育发展的机遇和挑战,我们将以更加紧密协作、共建共享的精神,建立一个更加开放、包容和创新的职业教育生态圈。

作者

2024 年 4 月

目 录

Contents

构建现代职教体系的国际化发展之路
　　——广东建设职业技术学院服务国家"一带一路"倡议侧记　　　　　　　　　　　　/曾仙乐/ 1

教育国际化发展道路初探
　　——以北京工业职业技术学院为例　　　　　　　　　　　　/王瀛 孟晴 高远/ 5

"一带一路"背景下职业教育校企协同海外办学模式探索
　　　　　　　　　　　　/赵鹏飞 曾仙乐 黄河 陈光荣/ 11

"一带一路"职业教育校企协同走进非洲　　　　　　　　/赵鹏飞 曾仙乐 宋凯 汤真/ 17

"一带一路"背景下的高职院校国际合作交流机制的探索与实践　　　　　　　　/林卓/ 22

"一带一路"倡议下高职"资源开发类"专业人才培养模式改革探讨
　　　　　　　　　　　　/曾维伟 阳俊 朱朝霞/ 28

基于海外技术技能人才培养的工业汉语课程标准研究　　　/陈曼倩 刘建国 张向辉/ 32

"一带一路"背景下高职采矿工程专业教学改革探索　　　　　　　　/冯松 周权/ 37

国内外双线培养"一带一路"人才机制研究与实践
　　——以北京工业职业技术学院为例　　　　　　　　/孟晴 唐正清 马隽/ 41

职业教育"走出去"赞比亚项目机械制造与自动化专业人才培养模式的研究
　　　　　　　　　　　　/任雪娇 张文亭/ 46

职业教育"走出去"路径对策研究与实践
　　——以北京工业职业技术学院为例　　　　　　　　/王瀛 唐正清 孟晴/ 49

"走出去"背景下职业院校"双师型"教师的培养研究　　　/阳俊 朱朝霞 曾维伟/ 53

高职院校专业课程国际化的研究综述　　　　　　　　　　　　　　/张海宁/ 57

注：论文按发表、撰写时间排序。

翻译目的论视角下工业汉语系列教材翻译研究 　　　　　　　　　　　　　／张　建／ 65

跨文化语境下的工业汉语海外传播与应用研究
　　——以非洲"鲁班工坊"建设为例 　　　　　　　　　　　／赵丽霞　张　建／ 69

"四位一体，八双育人"：新时代中国职教的创新与共享
　　——广东建设职业技术学院境外办学析例 　　　　／曾仙乐　赵鹏飞　陈光荣／ 73

线上课程资源库在职业教育"走出去"过程中的作用以及建设对策研究
　　　　　　　　　　　　　　　　　　　　　　　／杜丽敏　曹　洋　张　建／ 77

"一带一路"背景下高职院校资源开发类专业教师教育与专业发展路径研究 　／冯　松／ 80

"一带一路"背景下资源开发类专业群国际化人才培养研究 　　　　　　　／冯　松／ 85

"一带一路"背景下采矿工程专业英语教学策略研究
　　——以湖南有色金属职业技术学院为例 　　　　　　　　　　　　　／冯　松／ 88

"一带一路"背景下中国职业教育海外办学模式探索与研究 　／姜　涛　孙慧敏　李晓琳／ 91

"一带一路"背景下中国职业教育走进赞比亚的教学实践与研究 　　／李　俊　张海妮／ 94

哈尔滨职业技术学院服务"一带一路"建设的举措 　　　　　　　　／李晓琳　林　卓／ 99

赞比亚职业教育机械制造与自动化专业课程建设 　　　　　　　／任雪娇　张文亭／ 103

"一带一路"背景下高校教师教学能力的培养途径 　　　　／施渊吉　王晓勇　吴元徽／ 107

"一带一路"背景下的高职"机电专业一体化"课程信息化教学改革 　／施渊吉　吴元徽／ 111

系统论视域下"1+X"证书制度的理论建构与误区规避研究 　　　　　　　／苏金英／ 115

浅谈"双高"背景下的高职院校国际化建设思路 　　　／孙慧敏　姜　涛　李晓琳　张向辉／ 124

"一带一路"倡议背景下高职院校国际化人才培养研究
　　　　　　　　　　　／杨洪权　刘永亮　胡　平　姜庆伟　赵　娇　安　冬／ 127

焊接专业工业汉语双语教学研究 　　　　　　　　　　　　　／张　建　王微微／ 133

赞比亚国民教育体系采纳中国职业教育方案成为其国家标准的实践与研究
　　　　　　　　　　　　　　　　　　　　　　　／周　燕　张明珠　王　瀛／ 137

高职院校国际化课程标准建设的探索与实践 　　　／李亚琪　李冬瑞　李　可　秦景俊／ 141

职业教育"走出去"：赞比亚导游专业人才培养方案研制 　　　　　／禹　琴　何汉武／ 144

基于"一带一路"职业教育"走出去"试点项目的赞比亚鲁班学院技能教育实践教学研究
　　　　　　　　　　　　　／张文新　曾仙乐　钟佼霖　徐　敏　车伟坚／ 150

职业教育国际化的提升路径
　　——以湖南有色金属职业技术学院为例 　　　　　　　　　　／周　权　冯　松／ 155

高职教育"政校行企"协同海外办学运行机制探究
　　——以中国-赞比亚职业技术学院为例 　　　　/周 燕 唐正清 陈 洋 谢丽杲 孟 晴/ 159

"中文+职业技能"海外人才培养目标下国际中文教育教学模式初探
　　　　　　　　　　　　　　　　　　　　/陈曼倩 刘冬霞 薛慕雪/ 166

"一带一路"背景下职业教育"走出去"路径探究 　　　　　　　　　　/高喜军/ 170

"十四五"时期我国高职教育国际化发展研究 　　　　　　　　/刘 聪 喻怀义/ 177

后疫情时代职业院校国际化办学的时代机遇及提升策略 　　　　　　/张海宁/ 185

非洲劳动力需求分布及对职业教育的启示 　　　　　　　　　　　　/车伟坚/ 195

"一带一路"倡议下职教集团国际化发展的时代价值与应然向度 　　　/杜玉帆/ 200

我国海外鲁班工坊高质量发展：实然审视与应然向度 　　　　/赵 红 刘 聪/ 210

职业教育独立孔子课堂的功能定位思考 　　　　　　　　　　/赵 红 何军拥/ 218

在"一带一路"历史机遇下孔子学院与鲁班工坊融合发展模式的探索与研究
　　——以"中国-赞比亚职业技术学院(赞比亚鲁班工坊)"为例
　　　　　　　　　　　　　　　/曾锦翔 孟 晴 谢丽杲 王 瀛/ 225

赞比亚共和国就业需求及趋势分析 　　　　/车伟坚 沈燕芬 杜 营 王咸锋/ 232

"1+X"证书制度国际化探索路径研究 　　　　　　　　　　　　　/陈昱玲/ 242

"1+X"证书制度国际化试点路径探究
　　——以储能材料技术专业为例 　　　　　　　　　　　　　　/邓盼盼/ 248

"中文+职业技能"汉语桥项目服务有色金属行业职业教育"走出去"的策略研究
　　　　　　　　　　　　　　　　　　　　　　/胡卓民 谢娟娟/ 254

新时代背景下国际中文传播的思考与建议 　　　　　　　　　　　　/黄 灿/ 259

高等职业教育国际化课程建设途径探索 　　　　　　　/刘 楠 高汝林 吕海侠/ 263

"一带一路"背景下职业教育"走出去"现状探析 　　　　　　　　　/刘笑月/ 267

以"中文+职业技能"助力"一带一路"人才培养 　　　/马 隽 孟 晴 孔令俐/ 272

"中文+职业教育"走出去在塔吉克斯坦的实施路径研究 　　　　/石光岳 马 琼/ 277

"中文+职业技能"推动国际中文教育职业教育融合发展的实践模式研究
　　——以有色金属工业人才中心探索实践为例 　　　　　　　　/陶瑞雪/ 281

浅析国外资历框架国际化路径及赞比亚资历框架探究 　　　　　　　/张文新/ 286

"中文+职业技能"工业汉语高质量教材开发的实践性探析
　　——以《工业企业班组管理工业汉语》开发为例 　　　　　/谢娟娟 罗 希/ 294

构建现代职教体系的国际化发展之路

——广东建设职业技术学院服务国家"一带一路"倡议侧记

曾仙乐

广东建设职业技术学院,广东广州,510440

摘要: "弘扬工匠精神 打造技能强国"2016年职业教育活动周期间,各地活动异彩纷呈。广东建设职业技术学院举办的职教活动周采取了集中与分散两种形式,开展了讲座、论坛、校企合作典型案例展、"一带一路"成果展等活动,吸引了国内外多家院校的关注。其中,学院"一带一路"成果特别引人注目。本文论述了广东建设职业技术学院服务国家"一带一路",构建现代职教体系的国际化发展之路。

关键词: 现代职教体系;国际教育合作;配套措施

2016年5月11日,学院邀请韩国东国大学的李永赞教授在校本部与夏茅校区举办两场主题为"时代变迁中的中韩教育及经贸关系"的讲座,对中国"一带一路"倡议及中韩两国经济教育合作展开分析,并提出建设性意见。5月13日,举办服务"一带一路"倡议国际合作办学研讨会,教育部社科司出版处处长田敬诚、《中国职业技术教育》杂志社社长赵伟等与学院领导就职业教育如何"走出去"服务"一带一路"倡议展开热烈研讨。会上,深圳市彬讯科技有限公司(土巴兔)徐建华副总裁与学院赵鹏飞院长共同签署了战略合作框架协议,校企双方将在装饰设计师培养与培训、工长人才培养、装修学堂、素材建模、产品研发等方面开展一系列深度合作。同日,与学院开展"一带一路"境外教育合作的新西兰商学院派特邀代表邓冬梅博士来校访问,协商落实双方跨境互联网电商创业合作项目。5月15日,学院举办跨境电子商务营销讲座,17日与波兰比亚威斯托克科技大学签署合作办学协议,将"一带一路"境外校际合作范围扩大至东欧。

广东建设职业技术学院地处广东省广州市。广州是我国的对外贸易大港,也是我国"海上丝绸之路"的重要港口。作为"千年商都"及沿海城市的一所职业院校,广东建设职业技术学院抓住了服务国家"一带一路"倡议的先机,根据学院的"扩容提质"的内在需求,主动开展与"一带一路"沿线企业与院校的合作,取得了一系列的成果。

一、参与全国首个有色金属行业职业教育"走出去"试点,为中国企业"走出去"服务

2016年,在北京召开了有色金属行业职业教育"走出去"试点工作启动会,教育部职成司、外交部非洲司、商务部援外司、中国有色金属工业协会等单位的有关同志出席了会议,这是教育部支持行业实施的第一个职业教育校企合作"走出去"试点。学院参与了全国有色

金属行业职业教育"走出去"试点工作，学院院长赵鹏飞在此次会议上作为院校代表做了发言。

学院与境外办学的企业、院校一起合作，并积极探索，分三个阶段开展本次试点工作。

第一阶段为培养本土技术技能人才。《国务院关于加快发展现代职业教育的决定》要求我们提供与"走出去"企业相配套的服务，培养符合中国企业海外生产经营需求的本土化人才。企业在"走出去"的过程中遇到了诸多难题，其中最为迫切、亟待解决的是当地雇员职业素养和职业技能的教育培训问题。因此解决企业在人才方面的现实需求，是职业教育"走出去"首先需解决的问题。学院主动发掘"走出去"企业即中国有色矿业集团在赞比亚企业的实际需求，将为境外有色金属企业的长远发展提供有力的人力支撑。在培养本土人才时，学院一方面需加强技术技能的培养，另一方面还需从文化的角度提高本土员工对中国文化的认同，使他们认同中国企业的行为，理解并支持中国企业在当地的发展。

第二阶段是引进境外优秀人才来华交流学习。职业教育"走出去"试点，在"走出去"的基础上还要积极"引进来"。受赞比亚整体教育水平的影响，职业教育"走出去"的人才培养层次受到某种程度的限制。张德江委员长在视察赞比亚中国经济贸易合作区时也强调，"通过企业办学，可以提高本地青年人的就业能力并在企业任职，将来条件成熟以后可以送到中国发展深造，为赞比亚经济发展提供各类人才"。因此，职业院校在"走出去"境外办学的同时，还应主动接收企业外籍员工来华、来职业院校进行职业培训或学历教育。本次试点计划每年选拔一批本土优秀骨干员工来学院深造，为企业培养一线管理人才。为迎接境外学生来华学习，学院专门成立了国际学院，在清远校区划拨30亩土地规划建设，提前做好请进赞比亚学生的准备工作。

第三个阶段是经验推广，拓展职业教育"走出去"模式。在有色金属行业职业教育"走出去"试点工作启动会上，教育部职成司巡视员王继平希望"有色协会、中国有色(矿业)集团和各有关参与院校高度重视本次试点工作，进一步明确任务、完善机制、加大投入，取得实质性的成果，真正起到'先行先试、总结经验、介绍推广'的作用"。这意味着，职业教育"走出去"试点工作所取得的成果，将在今后一段时间内推广出去(如中国周边国家、非洲中南部等)，以适应其他地区、其他行业"走出去"企业的需求。学院将联合其余6所"走出去"的职业院校，从不同专业领域对接我国"走出去"的非洲企业的产业需要，积极探讨与"走出去"企业相配套的职业教育模式和人才培养模式，力求积累更丰富的经验，为将来的经验推广做好储备。

二、探索"一带一路"的职业教育境外合作

为响应国家"支持职业院校引进国(境)外高水平专家和优质教育资源，鼓励中外职业院校教师互派、学生互换，实施中外职业院校合作办学项目"的要求，学院加强了中外职业教育合作，形成了较强的对外交流合作及服务国家"一带一路"倡议的能力。近年来，学院与新西兰奥塔哥理工学院、韩国东国大学、澳大利亚西悉尼学院、釜山大学等10多所知名院校开展职业教育国际合作，培养了一批具有国际视野、国际资质及掌握国际标准的教师和学生。在教育合作方面，学院与新西兰商学院的合作较具特色。这项合作以专业教育与创新创业教育为基础，旨在提高双方学生的创新创业能力，推动广东建设职业技术学院的国际化教育进

程。其主要形式有以下几个方面。

首先，以展馆的形式推动经济互动。学院将根据新西兰商学院提供的设计概念，开展"新西兰名优产品展示馆"设计大赛，建立"新西兰名优产品展示馆"，并根据实际情况组织新西兰名优产品或服务样本上架展示。

其次，以研习班的形式提升学生专业能力与创业能力。为帮助学生充分了解新西兰绿色建筑施工标准与实践方法，了解新西兰的经济发展与产品详情，配合中国"走出去"企业培养高素质技术技能型人才，学院将组织创新创业研习班赴新西兰学习，以提升学生的专业能力，为其创业奠定基础。

再次，以互联网电商的模式实践创新创业。根据新西兰商学院提供的新西兰特色商品名录及相关商品图片、说明、价格，学院将开展新西兰特色商品网店设计与运行大赛，并组织学生在国家允许的范围内以网店或校内实体店的形式来创业。

最后，以成果展的形式宣传"21世纪海上丝绸之路"。为更好地在师生群体中推广"海上丝绸之路"，学院将以成果展的方式开展宣传工作，将合作双方的成果以图片或视频的方式展现出来。这样一方面可以增进全校师生对"海上丝绸之路"的理解，另一方面也可吸引更多学生参与"海上丝绸之路"的建设工作。

三、一系列的配套措施，为学院服务"一带一路"倡议与"走出去"试点工作保驾护航

为顺利开展国际教育合作，保证试点工作有效实施，学院领导精心组织，缜密谋划，推行了一系列配套措施，为学院服务"一带一路"倡议与"走出去"试点工作保驾护航。

第一，建构组织，完善保障机制。首先，学院形成了有效的组织管理机构，加强组织领导，成立相关工作小组，强化管理督查，确保学院服务"一带一路"倡议与"走出去"试点工作的顺利实施。其次，学院还建立了稳定的经费投入机制，加大资金投入力度并建立奖励机制，安排教师进行语言能力等多项培训，提高参与国际交流合作项目的教师的福利待遇。最后，学院结合正在开展的清远校区建设项目和国家发改委"岭南建筑产教创新基地"建设项目，加强学院基础能力建设，大幅提升服务"一带一路"倡议的基础条件能力。

第二，储备师资，制订师资培养和轮换计划。学院与"一带一路"沿线的新西兰奥塔哥理工学院合作开展专业双语教学能力培训，特别是土木工程(房屋建造与维护)、机电设备维修、电气工程(维修电工)3个专业的双语教学能力培训；与中国有色矿业集团、赞比亚铜带大学合作开展赞比亚本土英语培训和赞比亚当地文化培训，提升"走出去"教师的双语教学技能，使他们能胜任赞比亚的英语教学工作。学院制订了完整的职业教育师资计划，包括师资选拔、培训、激励和轮换等内容。为满足在赞比亚建立"鲁班学院"的师资需求，学院在组织教师英语能力培训时，制订了全院中青年教师外语能力提升计划。学院大规模组织教师进行英语能力培训，为师资的持续需求做好了后备支持。

第三，开发课程，对接国际与国内的职业标准。在职业教育"走出去"的试点工作中，学院已积极着手探索土建类等专业岗位资格、专业教学、教学资源的标准体系与赞比亚国民教育体系的融合与输出，组织讨论培养方案的编写，研究课程开发，优化人才培养质量，建设双语化的优质教育信息资源，最终达到线上线下可同步教学的要求。学院参与培养方案的制

订和课程研究开发工作，学院在课程开发时，将把中国职业教育的优秀因素与标准融入赞比亚职业教育中去，广泛吸收国内职业标准、赞比亚职业标准、国际职业教育的先进技术标准和工艺标准，最终建立与国际先进标准相对接的专业标准和课程体系，逐步使我国职业教育从标准适应者转变为标准参与制定者。为学习国外先进经验与标准，学院还积极开展了一系列境外合作项目。学院邀请英国行业技能和标准联盟（FISSS）等机构的专家来学院开展合作，学习并借鉴英国现代学徒制及职业标准等方面的先进经验；配合国家开展"中英职业教育领导力发展项目"，提高学院对职业教育管理的认识与理解，学习英国的先进行业标准与职业标准等。走出国门，走向国际，为"一带一路"倡议与"走出去"试点工作提供相配套的教育服务，对广东建设职业技术学院的发展而言，是机遇也是挑战，学院将在实践中总结经验，走出一条职业教育服务国家战略、中国职业院校国际化发展的先行探索之路。

教育国际化发展道路初探

——以北京工业职业技术学院为例

王 瀛 孟 晴 高 远

北京工业职业技术学院，北京，100042

摘要：在经济全球化背景下，随着"一带一路"倡议和"中国制造2025"国家战略的提出，教育国际化和高职院校国际交流与合作的步伐不断加快，加强国际交流与合作已成为高职院校寻求多元化发展的一项重要举措。本文从分析总结南方3所职业院校的国际化发展经验出发，结合北京工业职业技术学院国际交流与合作发展现状，初步探究该校国际交流与合作的发展道路。

关键词：职业教育；高端人才；实践；国际交流

引言

随着"一带一路"倡议和"中国制造2025"国家战略的提出，教育国际化和高职院校国际交流与合作的步伐不断加快，加强国际交流与合作已成为高职院校寻求多元化发展的一项重要举措。北京工业职业技术学院自2015年开始开展试点实施高端技术技能人才七年一贯制培养方案，旨在通过与国内外高水平大学、国际大型企业的合作联合，引进国际化的教育理念，将学生培养成为厚基础、高技能、创新型、国际化的高端技术技能人才。

以七年贯通培养项目为契机，北京工业职业技术学院为积极拓宽国际交流与合作业务，实地走访、调研了在国际交流合作领域起步较早的宁波职业技术学院、无锡职业技术学院和南京工业职业技术学院。这3所高职学院的国际化办学模式给该院深化国际交流与合作带来诸多启示。

一、3所高职学院国际化办学模式与经验

(一)宁波职业技术学院国际化办学模式

宁波职业技术学院(简称宁职院)是1999年由教育部批准成立的从事高等职业教育的全日制普通高校，是2006年国家首批建设的示范性高职院校。学院地处由宁波经济技术开发区、保税区、大榭开发区、出口加工区及北仑港区组成的宁波北仑新区，区内有上千家合(外)资企业，全球500强企业38家，区位优势得天独厚。

1. 开展中外合作办学

宁职院已与美国、英国、德国、西班牙、日本、韩国等的许多院校和教育机构建立校际合

作关系，合作项目达 110 个之多。宁职院每年引进十余名外籍教师从事语言教学和文化交流；同时多层面开展教师培训、学生交流、课程合作、证书引进等国际交流与合作项目，加强学科建设，增进国际交流，多渠道推进教育国际化进程。

2. 吸引招收留学生来校就读

宁职院自 2012 年正式招收留学生以来，累计招收了留学生 200 余人。目前宁职院留学生来源主要是亚非拉国家，无欧美国家留学生。留学生招生渠道，多是借助网络平台招生，也有借助援外项目招生。留学生奖学金一方面是由宁波市政府支持，另一方面是由学校资助。

3. 组织学生交流交换及教师出国培训

宁职院积极鼓励优秀教师走出国门，活动形式丰富，包括学术访问、进修培训、合作科研、国际会议、海外任教等。累计派遣 83 批次 337 名教师赴国外交流学习。学生交流交换平台丰富，双向多元，累计达到 342 人。

(二)无锡职业技术学院国际化办学模式

无锡职业技术学院(简称无锡职院)是一所国有公办的省属全日制普通高等职业院校，是国家首批 28 所"国家示范性高等职业院校"之一，2012 年开始试办 4 年制高职本科教育，培养本科层次的技术技能人才。目前有全日制本专科生和留学生 12800 多名，教职工 800 余人。

1. 成立国际交流合作处

无锡职院国际交流合作处目前共有 4 名工作人员，1 名处长。该处主要职责：留学生及国际交流生的招收管理，外籍专家的选聘管理，中外合作项目的引进，外事手续(教师、领导)的办理，港澳台事务，各专业、二级学院研究项目(涉及国际合作部分)。

2. 开展中外合作办学

无锡职院目前与美国、澳大利亚、丹麦、日本建有 5 个稳定的中外合作办学项目，并与全球 20 余所高校建立了稳定的交流合作关系。其中，中美合作办学项目成功入选江苏省教育厅 2016 中外合作办学高水平示范性建设项目。

3. 组织教师出国培训

无锡职院每年出国培训的教师约 20 人。为助力国家"一带一路"倡议，无锡职院承接了印尼棉兰师资培训中心的教师培训项目，已经完成第 1 批 12 名教师为期 2 个月的专业学习和技能培训任务。

(三)南京工业职业技术学院国际化办学模式

南京工业职业技术学院(简称南工职院)是一所全日制公办普通高校，是全国毕业生就业典型经验 50 强高校，全国职业院校就业竞争力示范校 30 强高校，"国家示范性高等职业院校建设计划"建设单位。学校有教职员工 711 人，在校生近 14000 人，其中高职本科生近 1000 人。

1. 成立国际交流合作处

目前南工职院国际交流合作处有 4 名工作人员，其中 1 名处长、1 名副处长。处长全面主持国际合作与交流处工作，包括(但不限于)负责外事规划、年度计划的制定及经费预算的制定，校际合作意向书或备忘录的审定，合作与交流项目的统筹与协调等。副处长协助处长做好国际合作与交流处工作，工作内容包括(但不限于)负责外国文教专家工作、校际学生交流互派工作及外事接待工作。1 名项目管理人员，工作内容主要包括合作和交流项目的对接，与国（境）外高校、科研院所合作与交流渠道的开拓，起草和修订校际合作项目的相关管理制度及合同、协议等有关文件，主管项目为亚太地区项目。1名外国专家与出入境管理人员，工作内容主要涵盖外国专家及留学生的管理与服务，主管项目为欧洲地区项目。

2. 开展中外合作办学

南工职院借助中国教育国际交流协会职教分会、江苏—新加坡合作理事会等平台，已具备诸多对外合作的渠道，且形式多样。当前正在运行的与加拿大院校的合作项目、与美国纽约州立大学物流管理专业的合作项目，以及与江苏省教育厅和省内15所院校的合作项目，均借助这个平台开展。为获得更好的发展前景，该校中外合作办学项目目标锁定在办学层次更高的合作院校，如面向获得学士学位或硕士学位的人才培养项目。

3. 招收留学生来校就读

南工职院的留学生渠道比较广。目前南工职院发展比较稳定的留学生项目是中缅项目，通过缅中友协平台来开展，学生留学无须缴纳学费，且缅甸政府提供奖学金，生源有保证。此外，由于江苏省政府的高度重视与支持，南工职院目前有大量来自东南亚联盟国家的留学生和非洲留学生。以后会逐步扩展接收"一带一路"共建国家的留学生。对于学生交流交换工作的分工，目前国际交流合作处主要负责项目的统筹和引进工作，具体的教学安排由国际教育学院等负责。

4. 加强外教管理

南工职院目前有16名外籍教师，其中10名为专业外教，外教引进和生活管理归属于国际交流合作处，外教教学安排归属于国际学院以及其他教学单位。专业外教主要由合作院校派来，也有由省里其他部门推荐过来的，语言外教需求呈下降态势等。对来校外教以及外教在校教师的教学均坚持高标准、严要求，与在校中教师一视同仁。外教的教学计划、课程大纲、考评材料、教学文档等均归档到教学文件中，有利于教学单位后续课程的研发。

二、3所高职学院国际化发展成功经验

（一）积极助力"一带一路"，为国际交流合作搭建优质平台

依托"一带一路"倡议，宁职院在援助发展中国家培训品牌方面已经取得显著成效。宁职院与贝宁CERCO学院、浙江天时国际有限公司于2014年7月开始共同筹建"中非（贝宁）职业技术培训学院"，于2015年7月派2名教师赴贝宁CERCO学院开展为期2周的专业授课。培训学院以贝宁为中心，为西非各国和在非中资企业培训各类实用的技能型人才，输出中国文化和职教技术，践行中国职教"走出去"战略，实现海外办学目标。

在产教联盟层面，宁职院协同中国教育国际交流协会、宁波市教育局，3方联合在京举办"一带一路"产教协同峰会，参会人员包括宁职院等18所高职院校、中航国际成套设备有限公司等10家国内标杆企业和行业协会代表，以及21个"一带一路"共建国家的职教领域代表。与会单位联合倡议成立"一带一路"产教协同联盟，以推动中国职业教育和企业"走出去"。此外，2015年年底，南工职院已经派二级学院领导前往赞比亚进行调研，目前已有4名骨干教师在赞比亚培训和授课。开展职业教育"走出去"项目符合"一带一路"倡议和国际产能合作要求，且极具发展前景。

(二)勇于拓宽招生渠道,为学生交流打造双向多元平台

无锡职院通过多方渠道吸引国外留学生,建立留学生招生和管理工作的长效机制。已招收了来自印尼、老挝等15个国家的100余名留学生。给留学生授课的专业教师,课时不计入教师的工作量,一般按照1.2的系数比例支付教师课酬。当前无锡职院约有20位外籍教师,涵盖的语种包括日语、德语、法语等,其中,有2~3名英语语言外教,其余均为专业外教,语言外教教学均由外语系负责。

(三)深入推进中外合作办学,为培养高端技能人才引进优质资源

宁职院、无锡职院及南工职院在中外合作办学领域,合作形式多样,且与全球诸多优质院校保有稳定的合作关系。无锡职院当前与美国、澳大利亚、丹麦、日本建有5个稳定的中外合作办学项目,并与全球20余所高校建立了稳定的交流合作关系。南工职院目前开展的国际交流合作项目包括(但不限于)国际培训项目、留学生项目、国际企业合作项目、师资研修项目、国际化试点专业项目等。

三、3所高职学院国际化办学经验的启示

综合以上分析,结合北京工业职业技术学院(简称北工职院)实际情况,得出如下启示。

(一)打造专业业务团队,完善部门队伍建设

目前北工职院国际交流合作处(简称"国际处")已作为职能部门之一,初具规模。当前北工职院国际处与国际教育学院合署办公,涉外和对外事务已有归口管理部门,迈出了实现统一管理的第一步。同宁职院、无锡职院与南工职院相似,国际处在编员工共计4人,其中1名处长、3名干事。处长负责全面主持国际处的工作,全面统筹与协调国际合作与交流项目等。1名干事主要负责国际交流合作业务主办,1名干事主要负责外事专办,另1名干事主要负责外教管理与服务工作。南工职院的国际处各名成员分工十分明晰,每人除各自主要负责的板块外,也有分配的主要负责的项目倾向,值得参考。外事工作的特点以及顺利开展离不开一支踏实肯干、业务精通、视野宽广、持久稳定的高素质队伍。在国际处的日益成长完善中,国际处全员也以开放的思维,不断汲取和吸收先进的经验,自觉加强自身的政治思想、外事纪律、涉外专业能力等专业性培训,保证学校的外事工作畅通、高效完成。

(二)拓展国际交流合作途径,争取全球职教院校认可

宁职院、无锡职院和南工职院在国际交流与合作方面起步早,经验十分丰富,如合作办学、课程合作、证书项目、学生带薪实习、学生短期交换、教师出国培训等,北工职院需在多方面开拓渠道。根据2014年10月统计结果,与北工职院正式建立校际友好合作关系的国外高校和教育机构已达28个。相比之下,北工职院在国际交流形式、渠道、覆盖的广度和深度等方面均有极大成长空间。

根据黄华在《高职院校国际交流与合作情况调查及分析》一文中的调查结果,当前全国高校国际交流合作遵循了逐渐发展的过程,合作形式从校际友好访问、聘请外籍教师,到中外

合作办学、教学海外培训，再到国际学术会议召开、招收留学生，与跨国企业合作等。形式多样，对象趋于多元化[2]。

(三) 丰富学生国际交流交换渠道，营造校园国际化氛围

同南方3所高职院校一样，北工职院在学生交流交换项目上遇到的问题，主要是语言问题与经费问题。学生语言成绩不过关，难以达到国外院校的入学语言要求；经费上，需要自费的项目，家庭支持力度不够大，进而影响参与交换的生源。

徐华、黄华等学者认为，高等职业教育国际化最终目的是培养具有国际化视野，了解国际惯例，熟悉和掌握行业特征，具有较强语言表达能力的国际化人才。北工职院应从多方面入手，积极提高学生国际化意识，注重跨文化意识的培养。比如，在日常教学和活动中注意国际交流与合作意识的提高，尽可能地争取多方的支持，开拓渠道，力争把学生交流(交换)工作做优。

此外，北工职院也应积极丰富学生国际交流交换渠道。当前北工职院已输送优秀学生出国交换、骨干教师出国培训交流、学生出国专升本项目，可拓展"专本硕"升学，短期研修，国外参观、学习、考察、座谈、游览等形式更为灵活的项目，以提升学生乐学好学的积极性，进而拓宽学生的国际视野[3]。

关于留学生工作，目前北工职院尚未获得接收留学生资质。在争取获得招收留学生资质的基础上，可通过积极参与全国职教协会联盟、高职院校联盟，借助合作办学单位等渠道，争取到优质的留学生生源。根据调研，各院校招收留学生初期投入较多，但从长远来看，留学生为丰富校园文化，增进不同国家不同文化的相互了解，进而提升学校教师、学生的国际化思维定会有一定助益。因此，招收留学生工作势在必行。

(四) 支持教师参与国际培训，提升师资队伍国际化水平

教师队伍的建设是衡量高职院校办学条件的重要指标，也影响着学校的学科建设和发展方向。教师交流涉及派遣教师赴国外高校进行研修或访学交流、高层互访、学术交流等，同时也包括引智计划。目前，北工职院外籍专家的引进主要依托于北京市教委试点实施的七年贯通培养项目，2016年共引进外籍专家20人次，这些外籍专家均为口语语言外教，所教授班级为贯通培养班，小班教学。但北工职院聘请的外教多为语言外教，他们并未参与教学科研工作，且高职教师参与学术交流机会甚少。

(五) 积极参与输出职业教育，迈出海外办学第一步

实施"走出去"办学是经济、社会、文化、国家外交的需要，也是中国职业院校自身改革与发展的需要，高职院校在"走出去"办学领域具备突出优势[4]。

宁职院的援外培训项目、无锡职院的印尼棉兰师资培训、南工职院的赞比亚项目的前期工作，均对北工职院筹备建设赞比亚能力建设学院有借鉴意义。善维在《目前我国高职教育国际化路径的问题与对策》中提及，当前我国高职教育在国际高职教育市场中，主要充当发达国家高等教育输出的接受国，缺乏自身高职特色，尚未建立中国高职品牌[5]。

北工职院也应根据自身的办学特点和专业强项，探索适合北工职院的"走出去"办学模式。输送高素质教师出国培训以及讲学，一方面满足"一带一路"共建国家的进修需求，另一

方面也有助于提升北工职院的国际影响力，吸引当地留学生来华，进而拓展北工职院国际交流与合作业务。

四、结语

学校国际化发展旨在培养具有国际竞争力的学生、提升高职院校的国际影响力。学校国际化发展应引领学校的整体发展。

（一）归零心态，整装待发

尽管北工职院在过往成长发展道路上已然取得些许成绩，然而在国际交流和合作领域，需从更高更国际化的层面反观自身的问题，用国际的视野和标准审视自己。要摆脱示范校光环，从零出发，借助国际交流与合作的有效资源提升北工职院的综合竞争力和国际影响力。

（二）工匠精神，砥砺前行

发挥工业职业院校特有的优势，在学校国际化发展领域亦要坚持精益求精的工匠精神，脚踏实地、创新思维，方可在学校国际交流与合作的发展道路上越走越远，越走越大胆。

（三）开放思维，双轨并行

积极参与职教联盟及职教协会等国际合作交流会议。坚持工职特色、中国特色，面向国际办学，开放思维、开阔视野，坚持"请进来"和"走出去"相结合的发展方针，将北工职院的教育放到国际化的大潮流中检验，培养一批具备国际视野、能够参与国际竞争的人才。

总而言之，当前北工职院的国际交流与合作业务正处于上升期，也是初探期，职业教育国际化任重而道远。北工职院仅仅实现了初步的引入资源和沟通，尚在探索职业教育输入与平等交流对话的契机。北工职院必将勇往直前，在中国高职教育"请进来""走出去"的发展进程中，准确定位自己的"国际坐标"。

参考文献

[1] 胡宇，张晋楚.宁波职业技术学院："走出去"办学的实践与探索[EB/OL].2016-11-29[2017-03-10]. https://www.cevep.cn/cms/shtml/alzl/552. shtml.

[2] 黄华.高职院校国际交流与合作情况调查及分析[J].中国职业技术教育，2013(7)：66-72.

[3] 刘晨展.绵阳职业技术学院"十二五"回眸之四：国际交流合作[EB/OL].2016-11-24[2017-03-10]. https://www.cevep.cn/cms/shtml/alzl/532. shtml.

[4] 齐小萍.高职院校"走出去"办学模式探索——基于宁波教育国际合作与交流综合改革试验区的分析[J].职业技术教育，2015，36(20)：32-35.

[5] 善维.目前我国高职教育国际化路径的问题与对策[J].中国高教研究，2006(5)：51-52.

"一带一路"背景下职业教育校企协同海外办学模式探索

赵鹏飞　曾仙乐　黄　河　陈光荣

广东建设职业技术学院，广东广州，510440

摘要： 校企协同海外办学是职业教育在"一带一路"背景下"走出去"的一种全新模式。它的构建方式包括多元主体共商共建学校、深化产教融合、多模式育人、打造品牌等方面。这种模式具有可复制与可推广性，有助于加快中国职业教育"走出去"的进程。

关键词： 职业教育；校企协同；海外办学；教育国际化

"一带一路"倡议下的教育共建行动，对教育的对外开放格局提出了新的要求，也带来了新的机遇与挑战。职业教育作为直接为经济社会提供支撑的一种教育类型，应主动参与并服务国家战略，为"一带一路"提供技术与智力支撑，同时，出于自身发展的需求，也应积极参与全球教育治理，构建我国现代职业教育的国际化发展蓝图。

职业教育"走出去"的发展模式包括合作办学、对外培训、项目合作、教师派遣、学习交流等方式，但受政策等诸多因素的影响，真正要实现像孔子学院一样独立办学却特别困难。职业教育的国际化与全球化发展趋势，迫使职业教育开拓对外开放的格局，但由于多种原因，中国职业教育"走出去"常面临无处可依的困境。与此同时，"走出去"的中国企业已取得丰富的经验，在国外发展又亟须职业教育的支持。本文基于中国"走出去"企业的海外发展现状和职业教育自身的拓展需求，结合广东建设职业技术学院等参与有色金属行业职业教育"走出去"试点院校的探索实践与研究成果，提出职业教育"走出去"的校企协同海外办学模式。

一、职业教育的校企协同海外办学模式的含义

职业教育的校企协同海外办学是指在政府的引导下，由"走出去"的中资企业主导并与中国职业院校联合，在海外建立职业学校，对所在国民众特别是中资企业员工提供职业培训或学历教育，为所在国家培训培养一批技术过硬、认同中国文化的技术技能人才与企业管理人才队伍。2015年12月，全国第一个职业教育协同企业"走出去"试点项目正式成立。该试点项目以中国有色矿业集团作为全国首家试点单位与高职院校联合开展"走出去"，地点在赞比亚（非洲）。这也是迄今为止教育部批复同意的唯一的职业教育"走出去"项目，旨在探索在赞比亚建立一所专门学校，面向中资企业员工和赞比亚社会民众开展职业培训与学历教育，为我国在赞比亚企业的经营发展、中赞产能合作、中国装备更好地走进赞比亚提供本土化人才保障。这种校企协同海外办学模式既是中国与"一带一路"共建国家的教育合作，也是职业

院校与企业共建"一带一路"的实验性探讨，更是职业教育在境外办学的新模式，具有创新性和示范性。在总结赞比亚经验的基础上，可以将这种典型做法推广至"一带一路"沿线其他国家，使其成为一种可复制、可推广的模式。校企协同海外办学模式的建构方式主要包括多元主体共建海外学校、深化产教融合、多模式育人、突出特色并打造品牌等多方面，其建成效果将对中国职业教育产生积极影响。

二、校企协同海外办学模式的建构方式

（一）多元主体共建海外学校

职业教育的校企协同海外办学涉及的面非常广，仅依靠单一主体难以完成。它应由多元主体共同参与、多重联动，并按照"政府引导、行业协调、企业主建、院校主教"的原则共商共建。

1. 政府主导政策支持

政府对跨国办学的支持和引导是校企协同海外办学模式顺利进行的前提。跨境举办学校并实施职业教育，需要贯通两国政策，具体包括中国的输出政策和东道国的输入政策，如高职院校境外办学审批政策、经费投入政策、相关人员的外事政策、设备投入政策，东道国的办学准入制度、职业培训制度、居留规定、国家资助留学生制度等。政府的支持，可帮助理顺办学思路，解决跨境办学的身份与体制问题及办学中可能存在的政策难题，避免走弯路与走错路。同时通过政策支持，还可进一步推动多元主体建设海外学校的积极性，并获得一定程度的经费支持。

2. 企业主导基础建设

"走出去"的企业是校园基础建设的主要力量，这是由企业的海外经验及企业对人才的迫切需求决定的。企业作为具有"走出去"经验的主体，经过多年摸索与实践已基本摸清东道国的整体社会情况，掌握了自身对人才的需求程度。在职业教育"走出去"的首个试点项目中，中国有色金属矿业集团作为典型中资企业在赞比亚经营了数十年，与赞比亚政府有着良好的互动，了解赞比亚国情，熟悉其教育需求与教育运作模式。企业提出教育与培训需求并参与校园建设，避免了职业院校的孤军奋战，解决了办学场地、校园基础建设、生源等方面的关键问题。

3. 学校主导内涵建设

办学是一项教育事业，离不开学校的参与，学校是教育对外开放的主要承担者。由于企业的办学经验有限，要取得校企协同海外办学模式的成功并形成长效机制，必须发挥职业院校的办学优势。职业院校在人才培养方面具有其他主体无法取代的地位，它主导境外办学的内涵建设与日常运行，负责校园文化与人才培养工作，同时提供一体化的教学安排，包括专业建设、教学方案整体设计、师资培养、教学仪器设备维护等方面。特别是参与职业教育海外办学的多所职业院校根据专业特长通力合作、共商共建，将有力地保障海外办学的教学质量。

4. 行业协调及其他社会力量参与

参与校企协同海外办学的主体除了企业与学校，还有行业组织和其他社会力量。由于境

外办学涉及的范围广，校企协同海外办学模式又是一种全新的职业教育"走出去"形式，需要全面统筹、沟通与策划，因此必须发挥行业组织的引导与服务作用，协调企业、学校、政府部门之间的关系，策划整体工作，统筹安排各学校的具体工作任务等。在职业教育"走出去"的首个试点项目中，有色金属工业协会、有色行教指委等组织在有色金属工业人才中心的协调下开展工作，形成了多主体"联络汇报，定向沟通"的工作机制。行业组织力量的参与，确保了沟通的实效性，有效把控了项目的实施情况，为海外学校的建设提供了组织保障。

除此以外，其他社会力量也是校企协同海外办学的多元化建设主体。如针对教育领域教学设备输出的难题，一些社会企业主动捐赠仪器设备，直接发送到东道国，为海外办学提供设备支持。再如一些研究机构，从职业教育"走出去"试点项目成立之初就出谋划策，从理论角度展开探讨，宣传校企协同"走出去"模式的典型做法，扩大试点项目的影响力，为职业教育"走出去"新模式的形成与推广推波助澜。通过多元主体共建学校，还可吸收更多力量参与这种海外办学模式的建设，集思广益，实现办学成果的最优化。

(二) 深化产教融合，重视企业需求

职业教育的校企协同海外办学，实施的是跨境人才培养。在协同办学中，校企合作不再只是点对点的单一合作，而是共同建设学校、共同开发校园、共同培养人才等全方位协作，这不仅扩大了校企合作的范围，也挖掘了校企合作的深度。按照多元化主体共建的原则，学校和企业承担不同的任务：企业管理场地，负责生源与校园硬件建设；学校负责师资、教学管理与运行、教学资源设计与开发、专业标准制定等方面，并负责加强国际理解教育。

在产教融合的深度方面，中资企业对人才的渴求带动了企业的热情。在职业教育"走出去"的试点项目中，中国有色矿业集团全面参与海外办学项目，从高层领导到一线员工、从国内到境外都非常重视，参与度非常高。这无疑提升了产教融合的深度，使教育可以真正解决企业的问题，并为企业服务。在具体实施中还可将生产与教学绑在一起，在企业园区内建设校园，从企业员工中招收学生。学习过程中的实习、实训等环节都与生产息息相关，学习的主要目的是更好地从事生产、提高技术水平并解决企业难题。

企业的需求是企业发展的动力，深化产教融合必须重视企业需求，并以企业需求为导向。针对企业在生产经营中遇到的缺少本土技术技能型人才和管理人才的难题，学校应专门开展调查，研究对策，多方位、多角度将教学目标与企业需求相结合。

首先，深入企业调研，制定教育目标。深入企业调研可分为两个阶段：第一阶段是专家组从上层设计的角度深入企业，走访生产线，与企业高层交流，从源头了解企业需求，在此基础上制定海外学校的发展方向，包括校园选址、框架、专业设置、师资调配等。第二阶段为师资团队实地考察。教师团队了解企业的基本情况与员工的整体素质和技术水平，做好学情研究。

其次，根据企业实情，确定教育内容。校企协同海外办学的内容可分成职业培训与学历教育两大方面。职业培训种类的确定来自企业的生产需求，培训内容根据企业的实际情况确定，学历教育的专业设置也以企业的人才需求为根本。师资团队与企业一线员工、企业技术人员的交流探讨，是形成既联系工作实际又难易程度适中的教学方案的关键。在教学过程中还需重视企业的反馈意见，适度调整教学方案。

再次，为企业制定岗位工作标准与工业设备操作准则。通过工作标准与操作准则的制

定，不仅可以规范企业员工的工作流程，提高工作效率，还可以保障安全生产。这将教学延伸至企业的生产与管理范畴，深化了产教融合的进程。

最后，教师直接帮助企业解决生产难题。产教融合，不仅体现在日常教学方面，还体现在教师为企业提供技术指导方面。在校企协同海外办学的模式中，教师参与生产设备的检修与故障排查工作，针对存在的技术问题提供解决方案，帮助企业解决生产中遇到的困难。学校还可派人直接参与企业的现代化建设工作，为其提供智力支持。

在产教融合的广度方面，校企协同海外办学模式也有新的探讨，其主要做法是"集中优势，抱团成行"，即"多校+多企业"联合走出去的模式，特别是知名的"走出去"企业与有行业影响力的职业院校的结合，开拓了产教融合的深度与广度。在职业教育协同企业"走出去"赞比亚试点中，初期参与的职业院校有8所，并呈逐渐增多的趋势。多所学校集中优势资源，选择优秀学科与优势资源输出，建构"走出去"职教联盟平台，形成抱团互利互惠的工作机制；中国有色矿业集团作为大型跨国企业，拥有多个分公司，在赞比亚与不同公司或团队开展合作，也增加了产教融合的企业数量。"多校+多企业"的形式，扩大了产教融合的范围。

（三）多模式育人，创新教育改革

在育人方面，职业教育的校企协同海外办学模式进行了大胆的改革探索，成为多种形式的综合体，具体包括以下几个方面：

1. "职业培训+学历教育"双形式

职业教育的校企协同海外办学不仅提供职业培训，还面向所在国民众，特别是中资企业员工提供学历教育，满足员工及普通民众提升学历的需求，也有针对性地对员工进行职业指导与技能培训。今后还可逐步把中国部分行业的技术标准推广至所在国，并颁发相应职业资格证书。

2. "线上+线下"双平台

除开展传统教学外，校企协同海外办学还运用"互联网+"的理念与技术，建设基于智慧理念的职业教育"走出去"网络应用平台，通过国内、国外多个办学点的多方联动与资源共享，实现职业教育资源的国际共享与管理创新。开发"互联网+"远程课程体系，将国内现有的优质职业教育课程资源，以虚拟仿真的视频课程或微课等形式汇集于职业教育"走出去"网络应用平台，打破空间与地域的限制，使校企协同海外办学模式的师资力量无限扩大。

3. "学习+生产"双路径

协同企业"走出去"，以企业的需求为导向，以为企业培养技术人才为目标。它将学习与生产密切结合起来，践行"理论+实践"的教学模式，实现教育业与产业的融合，协同育人。教育为生产服务，产业的需求影响教学内容，教学过程中的示范操作以企业的设备与生产线为基础，学生的实训实习也直接在企业的生产线上进行。

4. "本土+中国"双地区

中国职业教育的校企协同海外办学模式，不仅把国内优质教育资源送出去，还把留学生请进国内学习中国文化与技术，实现"走出去+引进来"的双重结合。在东道国开拓路径培养本土人才的同时，还可向政府申请每年提供一定数额的来华留学生名额，免费让东道国学员来中国学习，使他们有机会来中国接受职业教育，更好地学习中国技术并感受中国文化，最终成长为东道国中资企业的骨干技术人员与管理人员。通过双地区的育人方式，可以从多角度更全面、更完善地培养人才，满足企业对人才的多方面需求。

5. "主讲+助教"双师资

为适应境外教学的需求并综合考虑所在国的实际情况，采取多种"主讲+助教"的教学方法，实现教学方式的改革。在起步阶段，采取中国教师团队协作的形式，一人主讲多人助教，一方面可以更加详尽、充分地准备教学材料，另一方面也可以更好地应对并解决教学中可能存在的问题。在此基础上，探索"教师+企业技术人员""教师+学生"等形式，逐步将优秀的企业技术人员与优秀毕业生培养成为能独当一面的教师，为海外学校培养师资储备力量，满足学校逐步扩大规模并降低成本的需求。

6. "东道国+中国"双标准

在教学标准特别是专业标准上，研究中国及东道国的相关标准，开发与国际先进标准相对接的国际化课程体系。由于部分国家的职业教育标准与中国差异较大，需在借鉴国际先进职业标准的基础上，综合两国实际情况，制定适合本土的国际化专业标准与课程体系。

7. "培养人才+发挥作用"双效果

职业教育"走出去"办学，培养本土人才只是第一步，重要的是要让人才发挥作用，真正满足企业的用人需求，达到企业的办学目的。同时，培养本土人才也将为东道国的社会经济发展贡献力量，实现中国与东道国之间的互融互通、互惠互利及教育的共同发展，促进更多的经贸领域合作与人文交流。

8. "学员+学徒"双轨道

校企协同海外办学决定了大部分学生是企业员工，这意味着他们的双重身份——既是学校学生又是企业员工。企业培养员工终为企业所用，是现代学徒制的人才培养形式在东道国的实际应用。

(四) 突出特色，打造品牌

职业教育"走出去"的校企协同海外办学模式与一般的教育对外开放形式相比，主要特色在于海外办学，并且是职业院校与企业携手"走出去"境外办学。它针对所在国特别是中资企业的需求实施人才培养，实现产教协同并深度融合。在此基础上，职业院校之间团结协作，建立校际合作机制，搭建"走出去"职教平台。通过联合国内部分知名职业院校，集中了国内部分优秀职教资源，提高了海外办学实效。这种具有创新性的"走出去"方式，成为校企协同海外办学的突出特色。

要形成一种可复制的校企协同海外办学模式，必须按照精品建设的方法将职业教育协同企业"走出去"的试点工作，打造成具有一定影响力的品牌项目，在研究与探索的基础上及时总结经验，形成校企协同海外办学的可复制、可推广的模式，并通过品牌效应的推广，将这种模式延伸至"一带一路"沿线其他国家与地区，共同支撑中国产业的输出与中国产能国际化。而针对校企协同海外办学的经费投入、合作机制、师资选派、设备投入等重要工作机制的研究及课程开发、教学实施、课程标准、人才培养等内涵建设的研究，也将为形成可复制的校企协同海外办学的品牌模式奠定基础。校企协同海外办学品牌项目的建立，是实现职业教育"走出去"顺利扩大规模的重要影响因子，也是形成校企协同海外办学模式的关键。品牌效应的形成，不仅有利于今后职业院校与企业联合"走出去"的模式的推广和规模化建成，同时也对校企协同海外办学的可持续发展和增强办学竞争力有着积极的推进作用。

　　职业教育"走出去"的校企协同海外办学模式，目前仍在积极探讨中。校企协同海外办学模式的建立，不仅关系到中资企业的经营成效，也关系到职业教育"走出去"的规模与实效，还关系到中国职业教育的开放化与国际化格局。就全国首个试点项目的实施情况来看，虽然赞比亚职业教育发展相对落后，教育设施亦较欠缺，但中国职教校企协同海外办学模式契合了当地经济与教育发展的内在需求，受到当地政府与民众的广泛支持，使它成了促使中赞民心相通、经济教育文化交融的有效形式。实践证明，这种模式既有助于增进中国与"一带一路"沿线各国的互相理解、互学互鉴、合作共赢及教育共同体的形成，也有助于推进中国职业教育"走出去"的进程。这种多途径打造的职业教育"走出去"的校企协同海外办学模式，必将成为中国现代职业教育发展史上的一个典范。

<h2 style="text-align:center">参考文献</h2>

［1］习近平.开启中非合作共赢、共同发展的新时代——在中非合作论坛约翰内斯堡峰会开幕式上的致辞［EB/OL］.［2015-12-04］.http://news.xinhuanet.com/politics/2015-12/04/c_1117363197.htm.

［2］包胜勇，李国武.中国企业海外发展案例研究［C］.济南：山东人民出版社，2015.

［3］蓝洁，唐锡海.职业教育模式的国际适应性［J］.中国职业技术教育，2016，（36）：25-30.

"一带一路"职业教育校企协同走进非洲

赵鹏飞[1]　曾仙乐[1]　宋　凯[2]　汤　真[3]

1. 广东建设职业技术学院，广东广州，510000
2. 有色金属工业人才中心，北京，100000
3. 中国有色矿业集团有限公司，北京，100000

摘要： 在"一带一路"倡议、国际产能合作和职业教育扩大对外开放等时代背景下，职业教育主动承担使命，服务国家战略需求。职业教育校企协同"走出去"，是职业教育探索服务中国企业和产品"走出去"的一种新形式，也是值得探讨与研究的一种模式。本文在分析了相应的时代背景后，探讨和总结了职业教育校企协同走进非洲的重要性与经验做法，并就下一步的工作要点提出建议。

关键词： 职业教育；校企协同；"一带一路"；非洲

随着职业教育的国际化发展，职业院校也不断扩大对外开放，在引进国际先进经验的同时实施"走出去"战略，配合中国企业在当地开办职业教育，为所在国及中资企业培训培养急需的技术技能人才。

2015 年 12 月，教育部批准同意开展全国首个有色金属行业职业教育"走出去"试点项目，在非洲的赞比亚实施职业教育办学试点，正式开启了职业教育校企协同走进非洲进程。该项目的突出点在于校企协同，即以广东建设职业技术学院为代表的 8 所国内高职院校与中国有色矿业集团有限公司合作"走出去"的发展进程。

一、职业教育校企协同"走出去"的时代背景

(一)"一带一路"倡议

习近平主席 2013 年提出的"一带一路"倡议，是促进共同发展、实现共同繁荣的合作共赢之路。作为覆盖了国民经济各个领域的职业教育，要配合落实国家"一带一路"倡议，发挥职业教育在扩大贸易、互联互通方面的作用，搭建民心相通的桥梁。

(二)国际产能合作

随着中国"走出去"战略步伐的不断加快，国际产能合作日益深化。2015 年，国务院提出了《关于推进国际产能和装备制造合作的指导意见》，对行业企业提出了更高要求。如对有色行业的要求是，"立足国内优势，推动有色行业对外产能合作"。对于有色领域的对外产能合作，从整体上看，虽然效果较明显，取得了实质性的进展，但部分企业也遇到了一些难题，其

中人力资源问题成为突出问题,"走出去"企业缺少必要的本土人才支撑。因此,企业对高技能人才的迫切需求,使职业教育"走出去"成为必然现象。

（三）职业教育对外开放

1. 国家政策文件精神引领

2016 年,国家先后印发了《关于做好新时期教育对外开放工作的若干意见》《推进共建"一带一路"教育行动》等文件,要求加大职业教育的对外开放力度,做强职业教育,提升中国职业教育的国际影响力,提高职业教育服务"一带一路"建设和国际产能合作的能力。职业教育对外开放需要搭建平台,校企协同"走出去"就是有效的路径之一。《国务院关于加快发展现代职业教育的决定》提出,要"推动与中国企业和产品'走出去'相配套的职业教育发展模式,注重培养符合中国企业海外生产经营需求的本土化人才",《高等职业教育创新发展行动计划（2015—2018）》也强调,职业教育要"主动发掘和服务'走出去'企业的需求,培养具有国际视野、通晓国际规则的技术技能人才和中国企业海外生产经营需要的本土人才"。因此,职业教育协同企业"走出去",既是职业教育的必然发展趋势,也是职业教育的历史发展机遇。

2. 新时期中国职业教育的国际任务

国际竞争力是衡量世界各国职业教育发展水平的标准之一。随着中国职业教育国际竞争力的逐步增强,国际合作与交流也日益增多,这要求中国职业教育主动承担国际责任,为国际社会,特别是发展中国家的职业教育发展提供中国的路径与方式,为发展中国家培养能够服务当地经济社会发展的职业技能人才。因此,职业教育应积极实施对外开放,为国际社会的发展提供中国的智慧与经验。在具体的国际任务实施中,职业教育应主动承担,助力国家塑造负责任的大国形象。如"中非十大合作计划"中关于"设立一批区域职业教育中心和若干能力建设学院,为非洲培训 20 万名职业技术人才"的计划和"6 个 100"项目中向发展中国家提供 100 所学校和职业培训中心、为发展中国家培养 50 万名职业技术人员等计划,都是职业教育应担负的国际使命。

二、职业教育校企协同走进非洲的目标取向

职业教育校企协同"走出去"办学,不仅服务了中国企业的海外发展,也服务了"一带一路"共建国家的经济与教育发展。就参与院校的所在地区而言,校企协同"走出去"也对地区职业院校的国际化具有一定的示范引领作用。

（一）服务产业

与企业合作海外办学,深化了产教融合、校企合作,服务了国家战略和产业升级,取得了"多赢"的效果。这对赞比亚社会发展、中国企业在赞比亚的经营,以及提升参与院校的知名度及国际影响力都发挥了作用。特别是对行业企业持续稳定发展并开拓海外市场、改善海外经营状况、提高国际竞争力等都具有一定的作用。

（二）探索模式

大规模开展职业教育"走出去"项目,既需要国家政策指引,也需要成功经验的指导。职

业教育校企协同走进非洲,为探索与中国企业"走出去"相配套的职业教育发展模式,积累了经验、提供了典型案例,为推广职业教育"走出去"做好了铺垫,也为国家出台相关政策规定做好了准备。2017年,时任教育部副部长李晓红在全国职业教育与继续教育工作会议上专门提到,"有色金属行业开展校企协同'走出去'试点,首批20余名高职学校教师赴赞比亚开展员工培训,为探索与中国企业'走出去'相配套的职业教育发展模式积累了经验"。

(三)接轨国际

为更好地实现职业教育"走出去"项目,职业院校需学习和借鉴国际先进职教经验,在输出的同时加强引进,强调内涵建设,提高对国际先进职教理念的认识,培养具有国际化素养的师资队伍和人才队伍。

(四)沟通民心

职业教育在校企协同走进非洲的实施过程中,一方面注重技能强化教育,另一方面重视汉语教学与中华文化传播,并与赞比亚社会民众开展具有中国特色的文化交流活动。这些举措深化了中非人文交流,为中非民心相通搭建了桥梁。

(五)抢占高地

校企协同走进非洲将实施品牌计划,将其打造为品牌项目,使其成为职业教育"走出去"的符号与旗帜。作为具有行业属性的地方高校,广东建设职业技术学院将以校企协同走进非洲为契机,扩大广东建造的影响力,为形成广东职教高地、办出广东职教特色贡献智慧和典型案例。

三、职业教育校企协同走进非洲的经验做法

(一)多元共建海外学校

职业教育校企协同"走出去"试点项目,计划在赞比亚建设一所职业技术学院。项目采取了多元主体共同参与、多重联动的方式,按照"政府引导、行业协调、企业主建、院校主教"的原则共商共建。具体来说,政府主导政策支持,企业主导基础建设,学校主导内涵建设,行业负责协调。通过多元主体共建学校,可以实现办学成果最优化。

在职业教育校企协同走进非洲的初期设计过程中,项目组专门组织了实地调研,通过考察相关中资企业、当地教育状况、职能机构等,调查了当地特别是中资企业对职业教育的需求度,初步了解了当地的国情与社会经济状况,以及当地教育包括职业教育的发展现状。中国有色矿业集团在赞比亚拥有2所技工和培训学校,可升级改造为一所大专学校,这解决了办学的场地和资质问题;中国有色矿业集团在赞比亚投资超过数十亿美元,拥有14家企业、1万余名当地雇员,对职业教育需求较大,赞比亚民众受教育水平普遍较低、接受职业教育意愿良好,这解决了办学的生源问题;8所国内职业院校抱团"走出去",集中优势教育资源开展海外教学,保证了办学的质量与水平。

（二）多方筹措办学经费

在现行机制体制下，海外办学的经费是一大难题。职业教育校企协同走进非洲，采取的是多渠道融措资金的方式，以提高经费的使用效益。目前的主要经费来源是学院和企业自筹，以及向国家申请相关的经费支持，如申请商务部的中国政府援助资金等。未来将力争实现办学经费的自我良性循环，发挥社会力量的作用。

（三）"技能培训+学历教育"相结合

在办学形式上，职业教育校企协同"走出去"项目结合职业教育的特点和赞比亚的实际需求，将提供两种形式的教育：职业培训和学历教育。职业培训主要是有针对性地对中资企业的当地员工进行职业指导与技能培训，解决企业员工的技术技能缺乏难题；学历教育则主要是面向赞比亚民众特别是中资企业员工，满足他们提升学历的需求，为赞比亚社会发展储备人才。

8所国内职业院校将分别在赞比亚的这所职业技术学院成立相应的二级分院，并开设不同的专业。广东建设职业技术学院的二级分院计划命名为"鲁班学院"，目前，正在筹办工业建筑设计、建筑施工技术等专业。2016年底，项目组在赞比亚开展了首期职业培训，广东建设职业技术学院单独开办了架子工技术培训班。在培训准备时采取了集体备课、反复试讲的方法，并采用"一人主讲、多人助教"的授课形式，注重对学员实操能力训练。最后，学员对架子工培训的满意度高达98%，培训的效果不仅得到了员工的认可，也得到了企业的肯定。首期职业培训切实提升了企业员工的理论与实操水平，调动了员工的工作积极性。

（四）"走出去+引进来"相结合

在"走出去"的同时注重"引进来"，接收企业的优秀本土员工、后备师资力量等来华留学或培训。需特别强调的是，职业教育校企协同"走出去"办学所开展的留学生教育，其培养目的不仅仅在于培养技术人才，更重要的是让其在将来接班发挥作用。

（五）"线上+线下"相结合

为实现海外教学效果的最优化，广东建设职业技术学院组织编写了配套的中英文教材，并注重操作技能训练，准备了专门的配套教学工具，以实操的形式帮助学生理解和掌握教学内容。此外，还运用"互联网+"的理念与技术，利用大数据平台，打造方便、快捷、共享的教学资源库体系。通过国内、国外多个办学点的多方联动，实现职业教育资源的国际共享与管理创新。

（六）积极推广中国标准

中国企业"走出去"，也要求中国标准同步"走出去"，增强中国标准的国际话语权。为此，广东建设职业技术学院积极研究了对接国际产业调整升级要求的架子工专业标准和课程体系，不仅将《架子工国家职业标准》《架子工实操考核场地设置标准》带至赞比亚，还组织编写了我国有色行业架子工职业标准，计划将其运用到赞比亚的中资有色企业。在架子工职业培训时，教师使用了带有读数功能的扭力扳手，这种工具也代表了中国的技术标准和设备标准。目前,该院还在研究工业建筑设计、焊工等相关标准。中国标准的国际推广,既规范了学员的操作规则,提高了作业水平,也扩大了中国职业精神。特别是工匠精神的社会影响力。

(七)及时总结经验,重视理论研究

"开放包容、务求实效、稳步推进"是试点项目的工作方针。项目组形成了定期总结、定期汇报、定期协商的工作协调机制,确保稳步推进。项目组在总结经验的同时重视理论研究,成立了鲁班学院研究中心,为探索形成可复制、可推广的职业教育校企协同"走出去"模式发挥效用。

四、职业教育校企协同走进非洲的下一步工作重点

职业教育校企协同走进非洲是教育部批准的试点项目,目前,正在积极推进并探索之中。下一阶段将在现有经验的基础上,重点开展以下几个方面的工作。

(一)深化产教融合,建设校企协同的海外学校

职教进一步深化与企业的合作,校企协同在赞比亚正式成立一所职业技术学院,组织参与院校成立相应的二级分院,为开设学历专业做好准备。同时,继续在赞比亚为企业举办职业培训,组织第二批、第三批教师团队赴赞比亚任教。

(二)加强师资培养与内涵建设

培养双语双师能力的师资力量,提高教师的跨国教育能力,帮助教师理解当地教育教学方式与观念。加强汉语教学师资培养,为企业培养懂汉语、理解中华传统文化的高技能人才与管理人才,同时,为学生来华培训或留学做好语言准备。特别注重本土化的师资培养,逐步提高本土师资比例。

(三)做好"引进来"

职业教育在赞比亚开展的同时,积极做好"引进来"的工作。为此,项目组正在积极申请中国政府奖学金,组织参与院校为接纳留学生做好准备;同时,接纳赞比亚优秀企业员工与教师来华培训与研修。

(四)强化理论研究,提供智力支撑

已成立的鲁班学院研究中心,要落实理论先行,加强研究,为试点项目的顺利开展提供理论支撑,为形成职业教育"走出去"的品牌模式探索典型经验。

职业教育作为与经济关系最密切的一种教育类型,应主动服务"一带一路"与国际产能合作战略,以技术技能促进经济社会发展。校企协同走进非洲作为职业教育"走出去"的试点工作,需不断开拓进取,探索形成可复制的品牌模式,为中国职业教育的国际化做出贡献。

"一带一路"背景下的高职院校
国际合作交流机制的探索与实践

林卓

哈尔滨职业技术学院，黑龙江哈尔滨，150081

摘要： 本文结合"一带一路"倡议实施，契合中国企业"走出去"以及职业教育国际化带来的机遇与挑战，以哈尔滨职业技术学院为例，从中国高职院校开展国际合作交流背景分析、探索与实践、思考等方面对职业院校开展国际交流与合作进行了有益的探索，并对哈尔滨职业技术学院的国际合作交流过程及成果进行了介绍。

关键词： "一带一路"；高职院校；国际合作交流机制

一、前言

自我国 2001 年加入世界贸易组织后，我国经济与世界经济联系更加密切，并持续快速发展。随着我国综合国力和经济实力的全面提升，职业教育为国家经济发展助力的作用更需要加强。在国家"一带一路"倡议的提出与实施过程中，我们深切感受到我国高等职业教育国际化应该从"输入型"向"输出型"转变，谁能利用好国内、国际两种资源、两个市场，谁就能抢占先机。全国上千所高等职业院校中已经涌现出一批办学质量好、社会声誉高的佼佼者。更有一批院校正在积累能量，寻求途径，蓄势待发。在这些职业院校的不断探索和努力下，我国正在建立世界上最大的现代职业教育体系，产教融合、校企合作、特色发展的现代职业教育体系逐步完善。目前，我国高等职业教育的发展水平与发达国家相比还有一定的差距，但国内很多高职院校在办学定位、办学理念、办学模式、办学特色、管理运行、社会服务等方面对于发展中国家职业教育基本起到了引领作用。围绕我国外交需求来加强职业教育的影响力，从而促进职业教育逐步走向国际化，加快发展中国家培养高素质专业技术技能型人才已成为增强国家软实力的重要组成部分。本文结合"一带一路"倡议实行，对高职院校国际合作交流机制进行摸索，探索和实践了"五位一体"育人模式与国际合作交流的紧密关系，形成中国职教标准，推进师资队伍建设、产教融合等，为我国高职院校国际合作办学的机制提供了新思路。

二、高职院校国际合作交流机制形成背景分析

（一）服务中国企业"走出去"的人力支撑

我国早在 21 世纪初就明确了企业"走出去"的策略方针，主要对包括纺织、轻工、建材等

产能富余的长线型企业，化工、石油、钢铁等优势型企业，金融、新能源、新材料等成长型企业以及石油、天然气、有色金属等国内生产量满足不了发展需求的企业这四类企业加大扶持力度[1]。广西壮族自治区于 2015 年颁布实施《职业教育区域(国际)合作工程实施方案》，积极搭建职业教育交流合作平台，建立区域(国际)职业教育交流与合作机制，加快职业教育国际化的进程，提升职业教育国际化水平。2016 年 3 月，天津渤海职业技术学院与泰国大城府大城学院合作共建的"鲁班工坊"正式投入使用，这是我国在海外设立的首家职业教育领域的"孔子学院"[2]。2015 年底，经教育部同意由中国有色金属工业协会领头在有色行业实行职业教育"走出去"试点，并将中国有色企业作为试点对象。中国有色金属工业协会和有色金属工业人才中心制定了实施方案，确定了 8 所试点院校，包括哈尔滨职业技术学院、北京工业职业技术学院、南京工业职业技术学院、吉林电子信息职业技术学院、湖南有色金属职业技术学院、广东建设职业技术学院、陕西工业职业技术学院和白银矿冶职业技术学院。以国家"一带一路"倡议及黑龙江省"龙江丝路带"战略为引领，作为第一批服务中国企业"走出去"试点院校之一的哈尔滨职业技术学院注重开展国际合作与交流，在师资建设、产教融合，教材建设、经费保障等方面进行探索与实践，并取得一定成绩，在 2016 年入选中国"高等职业院校国际影响力 50 强"。

(二)开展国际合作交流是高职院校建设发展需要

2014 年 6 月教育部、财政部和国家发展改革委等 7 部委联合编印了《现代职业教育体系建设规划(2014—2020 年)》，该规划提议扶植开放型职业教育系统，鼓励国内高职院校同海外的高水平院校结成一对一合作共赢的伙伴关系，建立高水平的中外合作办学项目与机构。高等职业教育的发展已逐步迈向国际化，且深层次、多形式和全方位的全球化办学将成为世界一流职业院校的显著标识，并能帮助提高职业院校的根本竞争力。在某国际化办学会议上，与会专家们纷纷表示，"闭门造车"的时代已经过去，职业院校的建设必须"睁眼看世界"[3]。因此，我国高等职业院校在今后的发展进程中必须具有全球化视野，以国际化环境为背景，依托国内及地方政策，适应国家经济对外开放要求，在确立自身办学定位及保证自身发展特色的基础上，把准国际化发展脉搏，寻求国际化办学的制度和机制、运行管理模式、人才培养模式以及国际化师资队伍建设等。国际化势必会推进高等职业教育的"走出去"和"请进来"，高技能人才的自由流动使高水平劳动力的国际迁移成为常态，服务于周边国家和地区的人才培育，增强高职教育的规模并扩大其渠道，从而可在一定程度上减缓当前高等职业院校的"生源危机"。生源不足会导致教学资源利用率不足，这已成为部分职业院校发展的桎梏，更事关现代职教体系的构建与完善。所以，通过职业教育"走出去"战略的实施，为职业院校招收海外留学生提供契机，可以适当填补我国职业教育的招生空缺。本文研究可以为高职教育国际交流合作发展提供理论和实践参考。

三、国际合作交流机制的探索与实践

根据哈尔滨职业技术学院的实际情况，明确了国际合作交流的目标，即通过建立好的机制，保障学校国际合作开展规范化、系统化、长效化。基于该目标，确定了学校国际合作交流的方法：建立合理的政策保障、人员保障和经费保障机制。把国际合作交流工作作为学校中心工作或建设目标之一，把学生的国际化视野作为人才培养目标之一，同时加强教师的国际化能力必备的综合素质的提升，并注重其他相关工作国际化特色建设，拓展相关人员的思路，贯穿人才培养的整体发展过程。

（一）国际合作交流服务高职院校"五位一体"育人模式

为了培养满足地方经济社会发展需求的高技能人才，学院提出并践行"五位一体"育人模式。如图1所示，所谓"五位一体"育人模式是指围绕人才培养目标和社会需求将招生、教学、实训、科研、就业紧密结合，同步发展的育人模式。随着国家"一带一路"倡议的提出，国际合作交流逐渐成为学校重点工作，并与招生、教学、实训、科研、就业等工作深度融合。

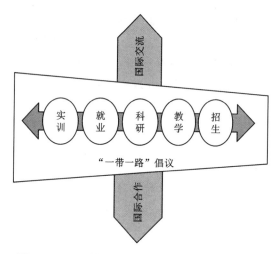

图1 "五位一体"育人模式与国际合作交流关系

学校将国际合作交流的开展作为特色工作辐射其他工作环节。在招生环节中，学院推进留学生接收与派出工作，推动学校向国际化校园迈进的进程，同时使得国际化成为吸引优质生源的一项举措。在教学环节中，学院引进优质教育资源，提升专业建设水平。在科研环节中，与国外高校、机构开展实质性和高水平的国际科研合作，提升教师科研能力，提高学校科研水平。在实训环节中，通过参加国际大赛，提升实训软硬件水平，为国外师生备战国际技能大赛提供培训，使其相互交流、积累经验。在就业环节中，成立跨区域"校企"国际合作联盟，搭建学生海外实习就业平台，为"走出去"企业提供本土的技术技能型人才。在高水平职业院校申报工作中，哈尔滨职业技术学院将国际合作交流作为9个建设目标之一，实际目标助力学院发展。

（二）探索国际化教育教学改革，形成中国职业教育标准

本着"服务国家战略，契合产业发展"的策略，实施国际化教育教学改革，形成中国职业教育标准具有重要的意义。在标准制定过程中，应紧紧围绕"一带一路"倡议，分析研究战略性产业、先进装备制造业、现代服务行业等发展的新趋势。建立中国职业教育标准是为了更好地推动有条件的行业和地区试点校企合作"走出去"，服务国际产能合作。

通过服务中国企业"走出去"的发展战略，进一步拓展"走出去"试点项目的广度和深度，为赞比亚本土化技术应用型留学生的培养提供中国标准，提升中国职业教育国际化能力和水平。为了更有针对性地服务赞比亚当地企业，在有色行业指导委员会的统筹安排和指导下，哈尔滨职业技术学院牵头，联合其他试点院校共同开发工业汉语系列教材，形成工业汉语系列教材编写思路设计(图2)。工业汉语系列教材编写遵循"三短一规范"原则，即以相关专业常用关键词、关键短语、关键对话、工作规范为主要内容，编写不同专业、不同级别、不同语种的系列教材，同步开发手机 App 学习软件和索引软件，探索形成工业汉语输出教材新标准。

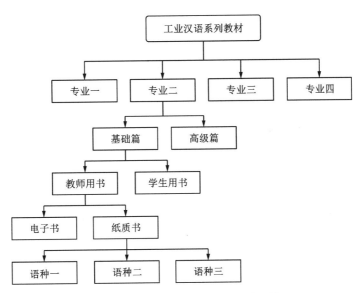

图2　工业汉语系列教材编写思路设计

(三)培养"双语双师"型专业教师，建设国际化师资队伍

"双语双师"型专业教师是高职院校开展国际合作交流的基础。学院为教师建立专业发展平台，让广大教师通过各种渠道强化自身国际化发展水平。学院连续六年向国家外专局申报境外培训项目，先后选派 299 名专业带头人、中青年骨干教师赴德国、韩国、新加坡等国家和地区的职业院校和企业学习交流，引入实施 CDIO 工程教育理念，实施了重点专业的核心课程建设，专业建设取得成效。学院还组织开展青年教师外语培训，着力打造一批既懂专业又通外语的国际化教师。学院为中国有色矿业集团"走出去"试点工作中的"工业汉语"培训中心做好英语专业教师师资储备；同时为响应黑龙江省"龙江丝路带"战略，深化与俄罗斯友好学校的合作交流，学院举办专业教师俄语能力提升培训班，为接收俄罗斯留学生和学校师生赴俄参赛等合作交流项目做好人才储备工作。

(四)大力推进产教融合，深化国际合作交流成效

2016 年 7 月，教育部编制印发的《推进共建"一带一路"教育行动》提出，发挥政府引领、

行业主导作用，促进高等学校、职业院校与行业企业深化产教融合，鼓励中国优质职业教育配合行业企业走出去，探索开展多种形式的境外合作办学，合作设立职业院校、培训中心，合作开发教学资源和项目，开展多层次职业教育和培训，培养当地急需的各类"一带一路"建设者。学院已与黑龙江省对俄经贸产业联合会达成协定，合作共建"哈尔滨中俄创新发展中心"。预计该中心建成后将入驻俄方院士 3 人、教授 12 人、博士 18 人、工程师 6 人，引进俄方研究设计机构 20 家、中介机构 10 家，入驻基金公司、融资担保机构 20 家，促成技术转移、科技成果转让及合作项目 50 项，三年内可实现中介服务收入 1000 万元，工业设计服务收入 3000 万元，项目及成果转化实现工业产值约 2 亿元人民币，助力"一带一路"和"欧亚经济联盟"建设对接。

（五）搭建国际合作战略平台，形成协同发展机制

开展国际范围内的校际、校企互助合作，推进与"一带一路"共建各国院校结交兄弟关系。高职院校要充分利用地方资源优势，以企业"走出去"对人才和技能的需求为导向，搭建平台、提供保障。哈尔滨职业技术学院作为首批随有色行业走出去试点院校，在明确企业需求、以企业作为外围支撑的情况下，形成"企业走到哪里，职业教育就办到哪里"的基本模式与工作格局，形成校企间优势互补、互相支持、共同发展、合作共赢的良好关系。院校之间也要搭建互联互助平台，共同推进职业教育以技术、服务、标准及理念的建设与输出，与"一带一路"共建国家广泛开展合作交流，打造职业教育合作交流高地，实现高职院校抱团"走出去"的战略格局。

四、高职院校开展国际合作交流过程中的思考

（一）顶层设计和政策性保障

职业教育国际化是伴随着国家"一带一路"倡议和"走出去"战略应运而生的必然发展趋势，面对高职院校师资队伍外语水平偏弱和国际教育资源欠缺的状况，国家和地方政府应做好顶层设计并给予政策支持，鼓励职业院校创造条件，积极进行职业教育的国际化工作。对高职院校和支持高职教育"走出去"的企业给予经费和政策上的倾斜和保障，指导职业教育国际合作交流工作，营造出职业教育国际化的良好氛围，并完善制度保障体系，适应职业教育"走出去"发展趋势。地方政府也应积极响应，定点选择一批"优质院校、特色专业"进行重点支持和培育，起到加强示范的作用，并引领更多的职业院校开展国际化办学。

针对调动教师参与国际合作积极性的问题，学校建立了较为完善的激励机制。将国际化作为部门及人员的考核主要指标之一，并在教师职称晋升时作为重要条件给予考虑。同时，积极发挥国际化对教师发展的牵引作用，实施扁平化和制度化管理，并建立"校-企-校"三方协作机制保证国际化的顺利开展。

（二）加强经费保障机制

经费保障是职业教育国际化建设的重要内容，无论是实施职业教育"走出去"，还是对外招收留学生，一定经费的支持都是关键。学院每年列支 40 万元人民币作为学生境外学习助

学金,每年列支 100 万元人民币作为教师境外培训资金。2017 年黑龙江省提供学校 200 万元人民币作为"2017 黑龙江省职业教育资金"。但是,要想不断推进职业教育国际化,资金仍是学院面临的严峻问题,因此要建立多方融资机制为职业教育国际化提供经费保障。如江苏省政府为境外学生到高职院校就读提供了学费补助,还设立了高职教师海外培训专项基金,这一系列措施大力推动了江苏省高职院校的国际化进程[4]。在职业教育国际化的发展过程中,要善于利用好国家实施"走出去"战略的多方资金助力学校发展,我国为支持企业"走出去"战略的实施也提供了一定的资金,可以考虑从这些经费中争取对职业教育的支持。

(三)加强自身办学实力,吸引境外学生

我国高职院校广泛存在着自身办学实力不足和对境外学生吸引力较低等缺陷,这是影响"走出去"办学的关键因素。因此我国需要提升和凸显高等职业院校的办学特色,着重在专业建设、师资队伍建设和人才培育方式等方面进行加强,通过"特色立校"的思路和策略来提高海外生源,从而增强我国高职院校对国际留学生的吸引力,助力形成高职院校的国际化氛围。

五、结论

本文基于"一带一路"倡议,对高职院校国际合作交流机制进行探索与实践。哈尔滨职业技术学院基本实现国际合作交流服务"五位一体"育人模式,形成了中国工业汉语输出教材新标准,打造了国际化师资队伍,深化了产教融合,搭建了国际合作战略平台,形成了协同发展机制,为国家高职院校国际化研究提供了新的思路。我们基于提出的国际合作交流机制,在哈尔滨职业技术学院进行了实践,派出教师赴赞比亚培训本土化技术技能人才,形成"校-企-校"协同发展模式。通过参加国际技能大赛和境外培训,学院师生国际化水平得到大幅提升。经实践证明,本文提出的新机制对于进一步加强高职院校的国际合作交流具有一定的推广意义。

参考文献

[1] 翟帆.企业"走出去",期盼职业院校跟上来——透视"一带一路"倡议下职业教育的机遇与挑战[N].中国教育报,2015-08-17(3).

[2] 李玉静."一带一路"倡议下中国职业教育走出去的战略选择[J].职业技术教育,2017,38(25):1.

[3] 郭珊,徐梦佳.职业教育国际合作的实践与经验——2016 年中国—东盟职业教育发展论坛综述[J].职业技术教育,2016,37(30):68-71.

[4] 李云梅.中国职业教育国际化背景、路径与措施的研究[J].中国职业技术教育,2017(13):45-49.

"一带一路"倡议下高职"资源开发类"专业人才培养模式改革探讨

曾维伟 　阳　俊 　朱朝霞

湖南有色金属职业技术学院，湖南株洲，412006

摘要： 研究高职"资源开发类"专业"走出去"，探索建立与中国企业"走出去"相适应的合作机制和人才培养模式，是服务于国家扩大开放、"一带一路"建设和国际产能合作、国家产业转型升级、深化职业教育改革和做好新时期职业教育开放的需要。本文从加强"双师型"和"走出去"教师队伍建设、改革课程体系，提高学生国际视野、完善校外实习实践基地建设等方面探讨"资源开发类"专业人才培养模式改革。

关键词： "一带一路"；资源开发；走出去；人才培养模式

引言

2015 年 10 月，教育部发布《高等职业教育创新发展行动计划(2015—2018 年)》(教职成〔2015〕9 号)，将扩大职业教育国际影响力作为持续推进任务。教育部办公厅《关于同意在有色金属行业开展职业教育"走出去"试点的函》(教职成厅函〔2015〕55 号)已同意中国有色金属工业协会把中国有色矿业集团作为试点企业，在有色金属行业开展职业教育"走出去"试点。由教育部和中国有色金属工业协会统筹协调，组织湖南有色金属职业技术学院等 8 所专业对口实力强的职业技术学院协助建设赞比亚(即赞比亚项目)，各院校对口建设相关专业并组织师资到赞比亚开展教学和员工培训。因此，研究高职"资源开发类专业""走出去"，探索建立与中国企业"走出去"相适应的合作机制和人才培养模式，是服务于国家扩大开放、"一带一路"建设和国际产能合作、国家产业转型升级、深化职业教育改革和做好新时期职业教育开放的需要，对于我国实施人才培养、交流教育模式、传播文化技艺意义重大。

"资源开发类"专业是"资源开发与测绘"大类专业中的子专业，本文以"资源开发类"专业下属矿物加工技术专业"走出去"在赞比亚试点办学项目(赞比亚项目)为研究对象，建立在"有色金属行业职业教育'走出去'试点"的基础上，探索研究高职矿物加工技术专业人才培养模式。

一、"一带一路"背景下矿物加工技术专业人才培养模式存在的问题

(一)具备"双师型"素质和海外教学能力教师比例偏低

湖南有色金属职业技术学院(简称有色职院)矿物加工技术专业是中央财政支持的重点建设专业,专业现有教师8人,其中在读博士2人、硕士5人,平均年龄36岁,其中高级工程师1人、中级职称7人,专职教师中具备"双师"素质的教师仅占25%,且没有海外留学背景的老师。从师资情况来看,总体学历水平较高,职称组成结构一般,具备企业工作经验的老师较少,仅有一位老师具有海外工作和教学的经验,专业英语整体水平较为一般,仅有两位老师能直接进行英语授课。

(二)课程设置上有缺陷,不能满足"走出去"需求

有色职院矿物加工技术专业主要面向国内矿山企业的选矿厂培养选矿技术员、实验员、化验员及安全监督员,以及能够在选矿技术领域一线从事"生产、建设、管理、检验"工作,能够完成单元工艺设计、制订生产计划、指导及管理选矿厂日常生产、建设的高素质技能型人才。在公共课程设置方面,只在大一阶段开设大学英语课程,而且周课时只有2节课,也没有开设相关专业英语方面的课程;在专业课方面,没有开设"一带一路"共建国家的矿产资源、开采技术、选矿技术概况以及法律法规等相关课程。

(三)实习实践课程还有待提高

矿物加工技术专业由于专业的特殊性,企业选矿车间属于高危区域,考虑学生人身安全等问题,实习实践课程大部分是在学校实训室里进行,学生只有到了大三下学期顶岗实习期间才有机会真正到选矿车间现场进行实习实训,学生在大一大二期间除了认识实习有机会到企业外,其他时间到企业参加实践的机会几乎没有,这导致矿物加工技术专业毕业生和选矿厂等单位的人才需求有一定差距,毕业生在入职之后,企业还需对新员工重新进行岗前培训。

二、"一带一路"背景下矿物加工技术专业人才培养模式改革

(一)加强"双师型"和"走出去"教师队伍建设

"双师型"教师比例是评价一个高职院校"软实力"的重要指标之一,我院矿物加工技术专业教师学历和理论水平较高,但大多数老师现场实践工作经验尚有欠缺。目前有色职院主要从以下两个方面加强"资源开发类专业""双师型"教师队伍建设:其一,教师招聘时要求应聘者必须有3年以上企业现场工作经验,有高级职称或丰富企业工作经验者优先,这样可以从源头上提升本专业"双师型"教师队伍建设水平;其二,组织在职老师利用寒暑假时间下企业学习,这样一来专职教师的理论知识得以在实际工作岗位上得到应用,二来可以通过现场工作加深教师自身对专业知识的理解。通过以上两个措施提高我院"资源开发类"专业"双师

型"教师比例。另外要提高我院"资源开发类"专业教师双语教学水平,加强听力和口语方面的训练或者继续教育,让专业教师能熟练地用英语进行专业教学。

(二)改革课程体系,开阔学生国际视野

在公共课方面,要增加英语口语教学和专业英语方面的课时,提高学生"走出去"语言方面的能力;在专业课方面,增加"一带一路"共建国家的矿产资源、开采技术、选矿技术、环境保护以及法律法规等相关课程的教学课时,以提高学生"走出去"专业方面能力。另外我们还可以增强"走出去"的高职院校间的相互联系和协作,搭建高职院校"走出去"国际交流平台,进一步开阔"资源开发类"专业的视野,提升其"走出去"合作和交流的能力与意识。

(三)完善校外实习实践基地建设

有色职院矿物加工技术专业目前的实习基地有湖南宝山有色金属矿业有限责任公司、湖南柿竹园有色金属有限公司、湖南有色金属股份有限公司黄沙坪矿业分公司、锡矿山闪星锑业有限责任公司、中化蓝天集团有限公司、湖南华麒资源环境科技发展有限公司、湖南有色新田岭钨业有限公司、湖南水口山有色金属集团有限公司等16个企业,大部分为湖南有色金属行业龙头企业,实习基地较为充足,为了适应"一带一路"背景下对矿物加工技术专业人才培养的要求,下一步要进一步深化并拓宽校企合作。首先要与已有的合作企业深化合作关系,借鉴德国"双元制"人才培养模式,延长学生在企业学习实训实践时间,加大企业在实践操作方面的培训力度。学校设置课程更加贴近企业实际情况,同时邀请企业专家编写教材等。其次拓宽学生实习实训企业渠道,加强与国际化公司、跨国公司的合作关系,从实习实训阶段开始就让学生"走出去"。目前我院已经积累了一定的实践经验。有色职院与金诚信矿业管理股份有限公司签订校企"国内订单班"和"国外订单班"合同,2017年有色职院有名学生被金诚信公司派往赞比亚的"谦比希"项目部操作掘进台车BM50,刷新了项目部保持了17年的单机平巷掘进447米/月的纪录,创造了该型号单车纯掘进月进尺赞比亚全国纪录,并探索出一套高效的RCS系统台车培训方法,树立了"金诚信"能打硬仗的良好形象,为"金诚信"的海外事业拓展创造了新业绩,该学生被"谦比希"项目部上下一致推荐为"金诚信"年度优秀员工。

(四)调研赞比亚方需求,完善人才培养方案

有色职院积极"走出去"调研,了解赞比亚方公司对人才培养方案与课程建设的建议和赞比亚职业教育情况。2017年6月我院由学院领导、科研处和相关系部负责人组成的考察团,与有色行指委及南京工业职业技术学院等赞比亚应用技术大学建设院校领导组团赴赞比亚调研。通过参观走访、实地考察、座谈研讨、问卷调查等方式,重点调研了中色卢安夏铜业有限公司、赞比亚中国经济贸易合作区发展有限公司、中色非洲矿业有限责任公司、谦比希湿法冶炼有限公司、谦比希铜冶炼有限公司、中国赞比亚经济贸易合作区重点企业等中资企业的人才结构、人才需求状况,听取企业专家和人事部门领导对人才培养方案与课程建设的建议;对卢安夏职业技术学校、中色非矿培训学校等7所赞比亚职业培训院校进行了深入的调研和细致的考察,了解赞比亚职业教育的基本情况。调研结果为有色职院"资源开发类"专业人才培养方案的制定提供了重要的参考和启示。

三、结语

在"一带一路"倡议高职"资源开发类"专业"走出去"背景下，我院"资源开发类"专业人才培养模式还存在一些问题。基于此，我院从加强建设"双师型"和"走出去"教师队伍、改革课程体系，开阔学生国际视野、完善校外实习实践基地建设等方面改革人才培养模式。同时有色职院通过参观走访、实地考察、座谈研讨、问卷调查等方式调研赞比亚中国企业对"资源开发类"专业人才培养方案与课程建设的建议以及赞比亚职业教育的情况，进而完善人才培养方案。

参考文献

[1] 陈惠芳，余蓉.在赞比亚，湖南人要办"鲁班学院"[N].湖南日报，2016-05-04(10).

基于海外技术技能人才培养的
工业汉语课程标准研究

陈曼倩[1]　刘建国[2]　张向辉[1]

1. 哈尔滨职业技术学院，黑龙江哈尔滨，150081
2. 哈尔滨市广播电视大学，黑龙江哈尔滨，150001

摘要：本文以在国际化背景下开发的工业汉语课程标准为研究对象，在系统阐释教学标准的制定依据和开发思路的基础上，深入分析了工业汉语系列课程标准的设计路径与创新特色，并就工业汉语教学标准的实施提出若干建议，以突破传统研究概念化、浅层化、片面化的局限，促进具有国际化视野和国际化素质的高技术技能人才的培养；同时，在国际舞台上传播中国先进技术与职业教育成果，增强我国高等职业教育的国际影响力。

关键词：职业教育；国际化；工业汉语；教学标准

在全球产业结构调整的战略机遇下，"中国制造"已经成为一个响亮的品牌，在中国产品、中国技术不断输出的带动下，汉语作为工业领域的通用媒介语对提高服务、提高"中国制造"品牌含金量发挥着重要的作用。与此同时，随着我国"一带一路"倡议的逐步实施，在中国职业教育配合中国企业"走出去"的实践中，为适应本土技术技能型人才岗位的需求，通过开发《工业汉语》系列双语教材及配套资源、建设工业汉语精品课程，满足跨国学历教育与技能培训的需要，对于服务中国制造和产品输出，提供中国技术支持，对外输出我国优质职业教育资源与特色职业教育模式，服务"一带一路"倡议和促进国际产能合作具有重要意义。

工业汉语课程标准作为开展工业汉语系列课程教学的指导性文件，是明确教学目标、组织教学实施、规范教学管理、开发相关学习资源的基本依据，也是评价教学效果、衡量教学质量的主要标尺。因此，携手"一带一路"共建国家"走出去"企业，联合开发境外认可的既体现国际水准又符合我国国情、具有中国职教特色的工业汉语课程标准，深入探究操作层面的开发技术方案，不仅可以推广工业汉语走向世界，保障海外职业教育教学的顺利开展，而且也将为我国高职教育"走出去"提供规范的参考样本。

一、工业汉语教学标准的制定原则

（一）服务于跨国企业人才岗位的实际需求

以《关于借鉴国外先进经验开展职业教育部分专业教学标准开发试点工作的通知》为导向，以中国企业外籍员工在生产一线生产、经营、管理工作的汉语交流能力为培养目标，以合作国职业教育技术技能型人才需求以及"走出去"企业不同岗位技能需求调研为重点，以梳理一线技术岗位，典型工作任务、常规设备仪器为切入点，分析对应岗位所需掌握及运用的汉语知识、沟通技能，以必须具备的素质，建立系统化工业汉语课程标准。

(二)体现基于国际标准的成果导向教育理念

工业汉语课程标准的开发借鉴美国成果导向教育理念，分析外籍员工对中国汉字及语言的认知规律和认知能力，明确学习者"难度"和"学习量"两个维度的标准等级，对照标准等级，确定学习者在学习结束时被期望应该获得并展示的"应知，应会，应做"(学生学习成果)和学习负荷量(学时学分)；运用行为动词对能力指标点进行具体表述，以告诉学校、教师、学生、用人企业等，学习者真正会"做"什么以证明他们"掌握"的知识[2]；通过教学实施、教学条件以及评价与考核等过程的规范设计确保这些学习成果的实现。

(三)涵盖国际化的行业企业标准和操作规范

以国际水平的跨国企业人才要求为目标，以体现国际化产业发展趋势的工业汉语课程开发为核心，以教学条件的国际化水平建设为保障设计开发工业汉语课程标准[3]。融入符合国际标准的企业标准、操作规范、技术标准，职业资格证书内容，推动中国职业标准的国际化进程，使其成为世界职业教育领域的标杆。

二、工业汉语教学标准的开发思路

(一)以"体系性"的视野设计整体开发路径

立足于"走出去"支柱产业和特色产业海外发展需求，满足跨国学历教育与技术技能培训的需要，深入分析跨国企业人才层次要求的职业岗位群所需的汉语能力要求，依据不同专业领域和岗位群划分工业汉语系列课程方向，集聚有实力的高职院校、行业与"走出去"企业对接国际岗位技能标准，联合开发与之相匹配的工业汉语课程标准。标准中既要体现高职院校和"走出去"企业的教学职能(教学、实践、评价)，也要合理安排资源配置(教学条件)；既要细化教学目标(知识、能力、素养)，也要设计教学实施方式(教学安排)；既要定量内容标准，也要明确考核方式(校企分工、多元评价)，使工业汉语课程标准更好地体现科学性、前瞻性与全局性。

(二)以"国际化"的视野构建开发方案与技术方法

工业汉语课程标准的开发不仅要符合中国国情和高职的教学实际，而且要在目标定位、标准内容和技术方法等方面不同程度地体现出国际水平的要素，即实现三个方面的"国际化"：一是在目标定位上依据海外教育对象的心理、生理、智力特征，在课程标准的开发中注重核心构成要素方面的协调与融合，做到内容取材"恰当"，难易程度"适度"，教学方式"得当"；二是在内容上融入跨国企业认同的技术标准、产业标准、操作规范等，注重培养学生对国际职业环境的适应能力，提高中国标准国际化水平；三是在方法上借鉴发达国家职业教育实践所提炼和总结的先进理念和科学方法，以成果为导向，力求方法国际化。

（三）以"开放型"的视野提升中国职教文化"软实力"

在国际社会多重文化相互融通、交织的背景下，以工业汉语系列课程和课程标准为载体，一方面推动中国职教标准与国际标准，增强中国职教的品牌效应，实现"一带一路"优质教育资源共享；另一方面通过融入中国元素的教学内容传播中国职业教育主流价值观——工匠精神，对接"中国制造2025"战略、建设中国特色职业教育话语体系，突出国际化语言教学的中国特色、中国风格、中国气派，提升中国职教文化软实力。

三、工业汉语系列课程教学标准的探索实践

（一）开发途径

1. 开展相关调研

一方面从上层设计的角度深入"走出去"企业，走访生产一线，了解企业需求，做好学情研究，明确教学标准整体框架和形式；另一方面调研工科专业岗位群的典型工作任务、主要操作设备、生产线技术标准等，梳理对应的工业汉语学习领域及能力指标点，确定课程标准的编制内容和方法。

2. 校企协同制定

与"走出去"行业企业合作，在借鉴国际先进职业标准的基础上，在分析跨境企业需求、海外学习者需求及专门用于汉语学科需求基础上，结合两国实际情况，确定课程目标维度，联合制定工业汉语课程标准。行业企业专家负责工作领域的确认、工作任务分析与知识、能力点的提炼归纳，学校负责对课程标准的框架和教学内容进行总体的把握和梳理，进而设计课程模块、组织与实施方式。这样既能充分发挥行业企业在工业汉语教学中的重要作用，同时又能使工业汉语课程标准成为校企共同遵守和实施的实践教学纲领性文件。

3. 专家反复论证

标准制定后，请企业专家、同类院校的同行以及标准输出国职业教育专家一起，对制定的课程标准进行多轮论证，尤其注重"走出去"企业生产一线工作领域中汉语能力指标点的提炼与整合，适合合作国国民教育机构体系特点的能力标准表述方式、课程模块内容等技术层面的审核[5]。根据专家、同行提出的建议，进一步调整和修改课程标准。

4. 试点实施修订

依托有色金属"走出去"试点项目，在中国有色矿业集团对赞比亚当地企业员工开展培训的过程中进行试点实施，依据标准实施的效果及企业反馈意见，修订与完善，最终形成一套既体现中国职教先进经验又具输出国本土特色的国际化教学标准。

（二）主要创新点

以借鉴、融合、创新的理念开发的工业汉语课程标准，是一套满足海外"走出去"企业本土技术技能人才培养需要的可操作、可推广的国际化课程标准。该标准在框架设计、教学目标、教学实施等方面特色显著。

1. 对课程标准的呈现方式做出了系统的架构

遵循"工科行业+岗位任务+工作情境"的整体架构划分的各单元教学目标以及对应情境的汉语能力指标点的描述都按照条目清晰地编制，以便于标准的使用者更能直观地阅读和理解，从而提升工业汉语课程标准落实在教学层面的质量。

2. 对工业汉语课程的总体教学目标做出了具体的描述

依据成果导向理念，以学生可以"完成、执行、实现"作为课程成功的标志，采用行为动词代替名词来具体描述知识与能力指标点，预期学习成果及所需的时间限制(学时)。通过"三短两文献一规范"的内容结构，让学习者掌握典型工科专业设备的常用语、能够辨识具体的设备标识、能够看懂中国设备的汉语说明书、在工作中能够用汉语与中国员工进行简单的工作交流、能够了解中国行业标准。

3. 对工业汉语课程的教学效果做出了详细的界定

精准分析学习者认知能力，对学习效果提出了定性和定量要求，明确学生需要掌握的"应知应会"的装备设备标识语、操作规范标准语、技术交流高频适配短语及对话范例，并以定量的方式描述拟实现的能力目标，例如：每个岗位要求掌握 100 个高频词并要求以这100 个常用的动词、名词为基础，组合出常用的短语和短句，并能够熟练应用，同时通过听说读写四个维度能力量表评价来验证课程学习效果。

4. 对课程标准指导性内容做出了重点的描述

通过对教学实施(如参考教材、教学安排、学时、教学资源)及教学支持(如教学条件、教学方法、考核与评价)等指导性内容进行科学合理的描述，为教师教学设计提供明晰的导向，使教师在教学中能够根据实际内容择优选择。采取以能力考核为中心、以量化评价为导向的教学设计。明确学生要如何学习(学习活动)、学习什么(学习内容)、为什么这样学习(能力标准分项量化)。

四、工业汉语课程标准的实施建议

(一)突出实践应用，着力推进课程教学改革

科学、有效的工业汉语课程标准不仅要求突出实践应用，系统化地组织和安排教学目标的实施，形成相应的整体教学方案，而且要求深化课程改革成果，建设适应企业"走出去"的工业汉语系列精品课程，形成配套的中外文规划教材体系和教学资源库。因此，根据学生在某一岗位领域汉语语言能力延伸的需要，调整课程结构，设计课程内容，强化听说能力培养，积极开展课程改革是至关重要的。

(二)建立"双聘"机制，积极打造国际化教学团队

教师教学水平的国际化是工业汉语课程标准实施效果的决定因素。可借鉴发达国家职业院校师资聘任及管理的先进经验，建立国内外教师"双聘"机制，由企业、国内外院校共同组建一支专兼结合的"双聘、双语、双师"的国际化教学团队，并按照专兼结构分类制定师资标准和聘任条件[4]。通过国内外进修和培训开阔教师的国际化视野，提高教学团队的专业技能、教学能力和外语水平，为确保工业汉语在海外教学中的顺利开展以及培养"精技术、通汉

语、懂文化"的跨国技术技能型人才提供强有力的师资保障。

（三）借助信息化手段，努力创建高效自主学习环境

充分利用国内优质院校和在线学习平台，校企共同开发多语种国际信息化教学资源，更加直观明确地展示工业汉语课程标准的知识和能力目标。借助信息化教学手段的便利和时效性，采用同步化云课堂、慕课、微课等形式，为学习者提供更有效的学习路径，构建人人皆学、处处能学、实时可学的自主学习环境；同时，利用智能平台自动记录学习者的特征和学习过程，开展学情分析和学习诊断，精准评估教学效果和学习成果，从而为学习者学习策略的调整提供有价值的参考依据，实现语言认知的"泛在性学习"。

（四）确立多元主体，共同实施课程标准考核评价

学校与跨国企业共同参与工业汉语学习效果考核过程，将工业汉语课程标准纳入"走出去"企业的员工考核标准，以内需带动学员学习、了解中国企业文化，融入中国企业。同时将教学标准纳入国际化人才培养教学质量评价体系，在国家汉语推广办公室指导下建立工业汉语考试制度，作为教学工作诊断与改进的主要依据，进行常态检测与定期评估[6]。通过及时评价、反馈与改进，有效推动工业汉语系列课程标准的实施。

基于海外技术技能人才培养的工业汉语课程标准的研制是一次成功的尝试，它为中国职业教育实践者学习和融合国外教学标准（职业标准）的先进经验提供了有利的契机，为其他职业院校国际化课程标准的开发提供了参考和借鉴。从长远来看，中国职业教育通过各种改革措施，不断建立、改造、提升与之对应的国际化标准，培养更多的国际化技能型人才，将有力地推动中国职业标准的国际化进程，真正实现职业教育与国际接轨。

参考文献

［1］姜大源.国际化专业教学标准开发刍议[J].中国职业技术教育,2013(9):11-15.
［2］倪春丽.高职商科国际教育标准之研究与借鉴——以广东工贸职业技术学院为例[J].职教论坛,2018,(10):117-120.
［3］孙峰.软件技术专业国际化教学标准研究与实践[J].天津中德职业技术学院学报,2014(1):61-64.
［4］于淑萍,孙皓,康彦芳.国际化专业教学标准创建初探[J].职教通讯,2016,31(15):23-24.
［5］李政,徐国庆.职业教育国家专业教学标准开发技术框架设计[J].教育科学,2016,32(2):80-86.
［6］刘艳.从教学标准谈高职国际邮轮乘务管理专业人才培养[J].天津职业院校联合学报,2018(10):77-80.

"一带一路"背景下高职采矿工程专业教学改革探索

冯 松 周 权

湖南有色金属职业技术学院，湖南株洲，412000

摘要： 为"一带一路"倡议服务而建设的有色金属行业职业教育"走出去"试点项目于2016 年启动。其中，湖南有色金属职业技术学院采矿工程专业是"走出去"的重点专业之一。在"一带一路"背景下，社会增加了对采矿人才的需求，当前高职院校采矿工程专业教学大纲没有充分更新，没有增加"一带一路"要素，缺乏高质量的"双师型"双语教师，缺乏数字化矿山实训软件，学生就业意向不明确。对此，高职院校采矿工程专业教学需优化教学培养体系结构、开展国际院校合作办学、改革专业课程模块、引进"双师型"双语教师、建立"一带一路"企业教学基地、加强学生就业指导，深化高职院校的教学改革，从而提升高职院校技能型人才培养的质量。

关键词： 采矿工程；教学改革；高职

引言

在"一带一路"背景下，中国的区域经济发展迅速，社会对应用型、技术型人才的需求不断增加，高职院校人才培养的数量和质量已远远不能满足区域经济发展的需求。近些年来，随着中国矿山企业"走出去"，增加了对矿山类专业人才的需求，对矿山类专业尤其是采矿工程专业教学提出新的要求。采矿工程专业应当培养能适应"一带一路"倡议需要，推动中国与"一带一路"共建国家经济、政治、文化、教育等交流合作，具有国际视野、通晓国际规则的国际化专业人才。鉴于采矿工程专业应用性强，学术界有较多的研究成果，但专业教学还没有充分引入"一带一路"的要素。因此，应深化高职院校教学改革，推进高职院校采矿工程专业建设，提高高职院校技能型人才培养质量，培养适合当地经济发展的优质采矿工程专业人才。

一、"一带一路"背景下采矿工程专业所面对的问题和挑战

在"一带一路"倡议下，中国有色矿业集团有限公司在海外的快速发展，不仅为采矿工程专业的学生创造了良好的就业机会，也带来了巨大的挑战。目前，就湖南有色金属职业技术学院采矿工程专业所培养的学生来说，还满足不了"一带一路"人才培养需求。湖南有色金属职业技术学院采矿工程专业在教学上主要针对的是国内的矿山，导致培养出的采矿工程专业人才是无法满足"一带一路"需求。

湖南有色金属职业技术学院在 2016 年 4 月 22 日中国有色金属行业职业教育"走出去"试

点工作启动会议上签署了《职业教育"走出去"试点合作框架协议书》，最近 2 年累计派出 9 位课题研究成员赴赞比亚开展高职采矿工程专业相关课程的教学工作，并与赞比亚、中方企业就双方采矿工程专业人才培养模式进行探讨研究。从专业能力素养方面，采矿工程专业人才要具有扎实的矿山设计和施工能力，同时需要应对"一带一路"共建国家不同的文化和信仰。因此，学校需要加大双语教学，增加"一带一路"采矿工程专业教学内容，增强学生适应当地文化和信仰的能力，而这些都是目前高职院校采矿工程专业所培养的人才所大大欠缺的。因此，培养能够在"一带一路"共建国家进行矿山开采设计的优秀人才，对高职采矿工程专业教学是一个具有挑战性的艰巨任务。

二、当前高职采矿工程专业教学现状及其存在的问题

(一)缺乏高质量的"双师型"教师

通过调研高职院校采矿工程专业教师的企业工作经历，发现 2/3 的教师是毕业后就直接进入学校当教师。这种情况表明，高职采矿工程专业的教师具有扎实的专业理论基础，但实践教学能力不足。这种问题的存在，会导致学生对专业学习不感兴趣，缺乏实践能力。

(二)教学大纲没有充分更新

目前，采矿工程专业教学大纲主要针对国内矿山，不能完全满足对"一带一路"采矿人才技能的需求，没有及时进行动态调整，造成学生学到的采矿知识陈旧、跟不上时代，不能及时胜任采矿工作岗位。

(三)缺乏数字化矿山实训软件

2018 年 8 月 22 日，中国有色矿业集团在赞比亚投资的谦比希铜矿是非洲第一个数字化矿山项目。该项目的主要生产设备和辅助设备均实现了数字化，先进的信息技术已被用于实现生产过程实时监控和生产调度的快速响应。目前，高职院校采矿工程专业的实训教学多为机房教学，没有购买数字化矿山实训软件，导致学生无法适应海外数字化矿山项目的教学工作。

(四)英语学习的深度不够

在"一带一路"背景下，作为高职院校采矿工程的学生，尤其是去海外矿山企业上班的学生，在懂技术的同时更要学好英语等课程。高职院校在学生毕业时对其英语等级证书的级别却没有要求。这就导致了大部分采矿工程专业学生毕业时的英语水平远远不能达到"国际化"的要求。

(五)学生就业意向不明确

采矿工程专业是一个特殊的专业，矿山工作比较艰苦，许多采矿工程专业的学生毕业后不太愿意去矿山，所以在学校学习不是很认真，对井下采矿工证书的考试也不重视，导致毕业时没有通过相关科目的考试，这不但影响学校的教学质量和效果，也影响了学生的就业和

将来的发展。

三、"一带一路"背景下，对高职采矿工程专业教学改革的建议

(一)优化教学培养体系结构

"一带一路"背景下，课程教学改革是教学改革重点。采矿工程专业课程设置遵循高职教育规律，以"一带一路"需要为导向，及时改进教学计划和课程内容，加大课程改革力度，如可以把"矿山爆破"相关内容进行删减、将"矿井通风"与"矿山安全"进行内容整合，通过优化课程教学内容，合理分配课程的学时数，打破传统教学模式，提高学生上课的学习兴趣。

(二)开展国际院校合作办学

目前，湖南有色金属职业技术学院采矿工程专业教育的目标是培养行业所需的高水平采矿人才。在"一带一路"倡议驱动下，湖南有色金属职业技术学院是中国有色金属行业"走出去"的首批试点学校之一，建立了中国有色金属工业高技能人才培养基地和有色金属行业职工继续教育基地；学院组织教师对中国有色矿业集团赞比亚职业技术大学相关专业的员工进行了培训，并根据实际情况在当地开展了学历教育。

(三)改革专业课程模块

依据职业岗位所需要的核心职业能力，构建矿山测量、井巷爆破施工和矿山设计3大模块的课程体系。其中包括"矿山地质学""矿山测量学"等课程；爆破课程体系包括"矿山爆破""矿山制图及CAD""井巷设计及施工"等课程；矿山设计包括"金属矿地下开采""露天矿开采技术"等课程。

(四)引进"双师型"双语教师

缺乏"双师型"双语教师是目前许多高职院校所遇到的一个困难。采矿工程是一个实践性很强的专业，许多实操课包括一部分理论课需要"双师型"双语教师才能有较好的教学效果。高职院校的工资待遇对"双师型"双语教师的吸引力不够，建议学校提高"双师型"双语教师的待遇，另外增加一些补助，比如说证书补贴等，以增加对"双师型"双语教师的吸引力，提高学校"双师型"双语教师的比例。

(五)建立企业教学基地

"一带一路"要求的是"国际化"的人才，这就要求高职院校深化校企合作。高职院校需要对校企合作基地进行改革，应深入融入地方经济发展，支持当地工程建设。高职院校与企业共同研究商议采矿工程专业企业教学基地的教学内容和采矿工程专业培养评价指标，从而及时改进教学方式。同时增加去企业实习的时间，最好是一学期在校学习理论课，一学期去企业进行实习，必定能促进相互的渗透与提高。

（六）加强学生就业指导

由于采矿是一个艰苦行业，随着我国人民生活水平的提高，矿山类专业的许多学生毕业后不愿意去矿山而改行。虽然学校不会逼着学生去矿山，但一定要对学生加强就业指导，指导学生开展职业规划，即便是对没有去矿山的学生，也要鼓励他们学好专业课，为将来在其他工作岗位全方位的发展打下良好的基础。

四、结语

随着信息技术的快速发展，在"一带一路"背景下，采矿工程专业教学在借鉴国内外院校办学经验和成果的基础上，在结合自身优势与特色，优化教学培养体系结构、开展国际院校合作办学、改革专业课程模块、引进"双师型"双语教师、建立企业教学基地、加强学生就业指导等方面进行创新，全面提高教学质量，培养出适合现代所需的高水平技能型应用型人才，实现采矿工程专业的健康可持续发展。

国内外双线培养"一带一路"人才机制研究与实践
——以北京工业职业技术学院为例

孟　晴　唐正清　马　隽

北京工业职业技术学院，北京，100042

摘要：我国于 2013 年提出将"丝绸之路经济带"与"21 世纪海上丝绸之路"进行合并，称之为"一带一路"倡议。随着"一带一路"倡议的有效推进，我国的社会经济有了迅猛发展，成为高等教育走向国际化的助推器，沿线地区在难得的机遇之中也需要应对一定的挑战。"一带一路"倡议的实施让沿线地区的社会经济发展有了很大进步，对于人才需求更是提出了更高的要求，因而促使各高等院校对人才培养模式进行优化与调整。基于"一带一路"的时代背景，高职院校想要对人才培养模式进行优化，就需要与战略需求相符，即要符合社会经济发展对人才的真正需求，采取多元化手段成为改革的重要方向。本文基于多元化理念，对北京工业职业技术学院国内外双线培养"一带一路"人才机制进行了研究。

关键词：双线培养；"一带一路"倡议；人才机制

引言

中央三部委联合发布了《推动共建丝绸之路经济带和 21 世纪海上丝绸之路的愿景与行动》，对"一带一路"倡议的重点内容进行了详细论述，指出以政策沟通、设施联通、贸易畅通、资金融通、民心相通为合作的重点内容，政策沟通是重要保障、设施联通是优先发展领域、民心相通是社会根基。"丝绸之路经济带"及"21 世纪海上丝绸之路"是我国根据国内和国际形势做出的战略性布局，是我国实现伟大复兴的战略性决策，因为涉及多领域，所以在战略实施过程中需要多样化的人才来达成战略目标。"一带一路"倡议的实现需要依靠人才、资本、政策等多方面共同作用。在人才需求方面，"一带一路"倡议对于复合型和创新型人才的需求比较旺盛，只有符合"一带一路"倡议要求的人才能够为战略的实现起到坚强的保障和支撑作用。高校要积极地响应国家的号召，为"一带一路"倡议的达成，培养合格的高技术人才，并以此为目标调整学院的教学目标和教学方式，制定激励制度，与国家战略紧密地结合在一起。2014 年在中国香港成立了新丝路研究院，为地方响应国家战略要求树立了榜样，也为丝绸之路的人才培养提供了专业化的研究单位。

一、"一带一路"概述

"一带一路"的提出是为了响应习近平主席构建人类命运共同体的伟大号召，是惠及沿线众多国家的合作倡议，能够提高基础设施建设水平，增强贸易往来，加强文化交流，使国与国之间的联系更加紧密。"一带一路"的实施不仅需要国家的硬实力，即经济实力、政治实力、外交实力与军事实力；更需要国家的软实力即专业的人才。在现代化经济发展的过程中，人才已经成为高科技发展的基础性条件，没有具有国际视野的新型人才，就无法同其他国家进行良好的沟通，就不能让其他国家敞开大门欢迎我们的进入，也就无法在"一带一路"倡议实施中占据有利地位。这就对高校国际化人才培养模式提出了新的要求，高等教育要响应"一带一路"倡议对人才的需求，走出人才培养的"新常态"之路，开拓高校国际化人才培养的新路径。关于这方面的文献研究目前还很缺乏。在现有文献中，研究者主要从强化语言教学或区域经济发展角度来探讨。例如，王焰新(2015)认为高等院校从自身发展角度出发，结合自身的办学特色和专业特色，加强同"一带一路"合作伙伴之间的教育交流，吸引"一带一路"国家的学生来中国留学，学习中国的文化，加深对中国的了解，同时也要加快中资企业国际化、复合型人才的培养。刘中阳(2015)从西部高校英语专业建设的角度进行了论述，建议加强小语种的教学，扩大小语种教学的范围，为学生的语言学习提供新的选择。段从宇、李兴华(2014)从云南高等教育发展的战略选择入手研究如何培养满足"一带一路"倡议的人才，他们认为开放型高等教育是云南高等教育的发展方向，应采用"集中发展+同心化+复合多样化"的教育理念。在"一带一路"倡议背景下，高校对于国际化人才的培养理念也要进行改变，过去各部门"单兵作战"的培养方式不适合现代化教育的发展理念，高校要把国际化人才的培养作为一项复杂的系统工程，利用全校和社会的优质教学资源来进行国际化人才的培养，在"新常态"下，校方要完善教育体制，关注各方的利益关系，不断提高学校教学质量，来满足国家"一带一路"倡议对国际型人才的需求。希望上面的论述能够为高校国际化人才培养教学提供一些新的思考角度。

二、北京工业职业技术学院人才培养现状概述

北京工业职业技术学院属于国家示范性高职院校，是国内毕业生就业典型经验50强高校之一，也是北京第一批高端技能人才贯通培养的试点院校。为加快高等教育建设，中央财政部门给予了北京工业职业技术学院一定的支持，使其成为国家示范性院校，在国内有较高的影响，实力较强。该校设置专业多元，包括制造、资源开发和测绘、法律、财经等，打造了一个为城市建设服务，以理工科专业为主，工、农、文、法等门类为辅，协调发展的专业体系。该校为响应"一带一路"倡议的时代号召，提出了"互联网+""中国制造2025"等重要国家战略与"四个中心"的城市战略定位，致力于为社会发展培养更多技术、才能兼备的人才。图1为"一带一路"倡议下北京工业职业技术学院双线人才培养的总体架构。

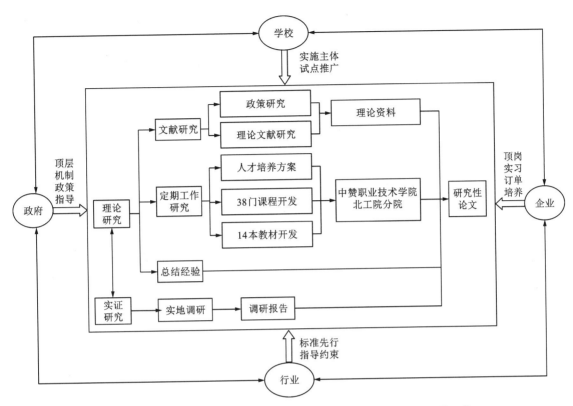

图1 "一带一路"倡议下北京工业职业技术学院双线人才培养总体架构

(一)"一带一路"倡议下人才机制国内外双线培养

1.确定国际化发展思路,实施"一体两翼,四轮驱动"

北京工业职业技术学院为服务于"一带一路"倡议,提出了实施"一体两翼,四轮驱动"的国际化发展战略思想,致力于从多方面、多领域和多层次入手,多方齐头并进,为北京乃至国家的整体发展提供最优化服务,打开学校在全国的知名度,让师生均可具备国际化视野,在国际交流和合作的推行下,学校的国际化办学水平得到了较大提升。其中,"一体"是指将学校创成特色鲜明、教学水平具备高水准的想法作为目标,尽可能培养国际化的高端技术人才,为"一带一路"倡议服务。"两翼"指的是本校致力于国内、国外两条战线同时推进的战略,提出实施"请进来"与"走出去"。"请进来"指的是对国外的先进教育理念要进行科学的借鉴,适度地引进国外优质资源,聘用高水平的国外人才,创建为北京尖端产业发展服务的优秀课程,邀请海外企业的优秀员工进行演讲,开展相关培训。"走出去"指的是对海外院校、培训基地等进行合作共建,为当地与中外合资企业培养更多高水平的专业人才。"四轮驱动"是指以教育部职业教育"走出去"试点项目、国家人才培养基地项目、北京高端技术技能人才贯通培养项目、北京城市建设与管理职教集团为抓手,整合优质资源,调动各方能量,互动联动,共同推进共建"一带一路"倡议下的教育行动。

2. 优化师资队伍建构，培养复合型人才

近些年来，国内的高职院校从数量统计方面来看，呈急剧扩张之势，人才培养质量的优劣则是高等教育，甚至国内社会关注的焦点之一。高校师资队伍结构的完善与优化是保证各高校人才培养质量的重要举措。在经济新常态发展时代背景下，各高校应该积极地寻求与"一带一路"倡议相符的对策，采用更有效的措施打造一支优秀的师资队伍，培养出更多的复合型人才。"一带一路"倡议的施行对于各个高职院校或本科院校的师资队伍调整能够起到重要的推动作用，在"一带一路"的倡议下，不同岗位对于复合型人才的需求更加"旺盛"。所以，各高校应该适时调整师资队伍建构的传统理念，要积极引进并构建一支师资专业性强、综合能力发展全面的师资队伍。在"高技能、高素质"应用型人才的培养目标下，实训教学在整个的教学活动中占据了重要地位。有效将实训基地与教学质量进行提升，培养专业的实训师资队伍极为重要。要想有效落实实训课安排，就需要对师资队伍的建设加以重视。各高校的人才培养机制建构应该立足于当地社会经济发展的需求与"一带一路"倡议对本地区办学特色产生的影响，培养具有实践能力、为地方社会经济发展和"一带一路"倡议服务的人才。"一带一路"倡议的落实倾向于经济领域，高校在优化师资队伍建设的过程中，应该分别从师德师风、教学能力、实训能力以及学历水平等方面进行尽可能平等的分配。同时，还要与本校的专业发展特色相结合，满足教学的具体需求。"一带一路"倡议的实施需要有更多创新人才的加入，为能够培养更多人才，学校可以创建实训基地，提高学生的创新能力。

3. 创建实训基地，提升学生技能水平

从"一带一路"倡议实施的效果来看，其产生的影响已经不只在国内，而是开始逐渐向周边国家与地区扩散。其影响的领域，也不只是原来的社会经济和科技，已经向教育、文化和旅游等方面辐射，这些交流合作对于高校的人才培养机制建构来说，也是需要面临的挑战。高校应该怎样发挥"一带一路"倡议的作用，让其散发热量，是值得各高校和相关部门商榷的问题。为培养学生更加高超的专业水平和技能，笔者认为可以创建实训基地。实训基地的作用明显，是应用型专业的特色之一，实训基地是否完善从某种程度上来说，会对高校人才培养产生重要影响。所以，高校有必要不断深化教学改革，与其他院校、企业，以及"一带一路"共建国家进行合作，由此创建实训基地。另外，实训是教学的一种实体形式，学校经济能力通常是较为有限的，仅依靠课堂是无法将实验、实习或实训的资源传授给学生的。课堂教学侧重理论，而实验、实训等侧重于对专业实践能力的培养，在教学中占据了重要地位。所以，各高职院校要抓住"一带一路"倡议的良好契机，加强本校实训基地的建设，让学生的技能标准化水平能够得到提升。"一带一路"倡议的实施在对应用型人才有所需求的情况下，也需要创新创业人才。以北京工业职业技术学院机电一体化专业为例，该校在 2014 年前后投入 200 余万元建设机电一体化实训基地。在实训基地的建设应用下，学生在课堂上无法了解的内容得到补充，在教师的引导下，学生将课本知识转变为应用实践，实践能力得到了很大的提升。随着机电一体化实训基地建设带来的巨大教学效果，本校后续将会根据实际需求进一步完善。

4. "一带一路"倡议下国内外高校双线并行校企融合人才培养模式

校企融合是新时期我国高校推行的人才培养模式之一，校企融合能够弥补学校教学与岗位需求不符的不足。校企融合的优势在于能够让学生深入了解所学专业的社会发展情况与实际的岗位需求，学习本专业知识时，更有针对性地强化重要内容。理论应用一体化也是当前

高校致力应用的方式之一，校企融合也符合理实一体化的要求，能够让学生在专业知识丰富的基础上，加强实践动手能力，提高操作能力，以便学生可以更好地满足岗位需求。"双线并行"下的人才培养也需要与企业开展合作，同时积极拓展渠道，力争与国外企业或中外合资企业进行合作。同样以北京工业职业技术学院为例，2016年学校被教育部确定为职业院校"走出去"首批试点院校之一。2017年至2018年，学校向赞比亚派出专业教师7人次、兄弟院校专业教师1人次对中国有色矿业集团赞比亚分公司的当地员工进行短期的职业技能培训，包括电机维修、焊接、浓密机、电工技术、计算机、工业汉语等，培训达500余人次。在前期教师赴海外对中资企业海外员工进行短期技术培训的基础上，与中国有色矿业集团紧密合作，积极筹建中赞职业技术学院北工院分院——自动化与信息技术分院，同时从赞比亚招聘专业教师来北京工业职业技术学院进行专业跟班培训，培训一年以后专业教师回到赞比亚执教，缓解赞方教师短缺的问题。2019年1月在赞比亚正式招收全日制专科生，主要针对赞比亚当地中资企业员工和赞比亚社会人员开展职业培训与学历教育。目前，学校正组织校内优秀师资力量协同打造海外办学标准，积极开发海外人才培养方案，以专业建设为抓手，推动我国技术装备标准与"一带一路"共建国家职业岗位标准、教学标准相衔接，互相融通，培养懂管理、会技术、能操作的高端技术技能人才。2017年学校被确定为北京市首批"一带一路"国家人才培养基地之一，与清华大学、北京大学等本科院校一起入选该项目，成为入选该项目的3所职业院校之一。学校结合中方驻"一带一路"共建国家企业当地员工的技能提升需求，开展了管理人员和技术骨干短期培训。截至2018年11月，分五期对来自赞比亚、缅甸、刚果(金)的中国有色矿业集团80余名本土中层管理人员和骨干员工以及20余名刚果(金)政府官员开展了来华培训，学员在学习职业技术技能和管理技能的基础上，体验中国文化，了解中国国情，培训收到良好效果，学员回国后在当地企业引起了很好的反响。

结束语

"一带一路"倡议的提出与实施，让我国的社会经济发展与文化交流等受到了多方关注，我国成为世界经济发展的主要力量之一。在"一带一路"倡议实施的几年间，国内社会发展也取得了巨大成效。高校作为高等教育人才培养的主要阵地，承担了为社会培养和提供专业化人才的重任。"一带一路"倡议的实施，不但让各地经济发展迎来了难得的发展契机，也是高校教育改革的助推器。为能够更加贴合"一带一路"倡议的经济发展要求，高校应该及时对人才培养规划进行调整。本文以北京工业职业技术学院为例，在"一带一路"倡议下，学校人才培养模式的具体实施进行了分析。对此，笔者认为，各高校应该抓住"一带一路"倡议的良好契机，发挥本校的特有优势，为本地区与国内社会经济发展做出贡献，保障"一带一路"倡议的顺利实施，提升高校知名度，让院校能够全面发展。

参考文献

[1] 伊继东,段从宇,周家荣.桥头堡战略下的云南高校国际化人才培养[J].学术探索,2014(7):149-152.

[2] 黄铿.高校国际化人才培养的政府监管[J].云南大学学报(社会科学版),2013,12(6):104-108,110.

职业教育"走出去"赞比亚项目机械制造与自动化专业人才培养模式的研究

任雪娇　张文亭

陕西工业职业技术学院，陕西咸阳，712000

摘要：本文以赞比亚项目为例，在分析了相应的时代背景后，确立了职业教育"走出去"项目机械制造与自动化专业的人才培养目标，并就其人才培养模式进行了探讨。

关键词：职业教育；赞比亚；机械制造与自动化；人才培养

一、时代背景

(一)立足赞比亚基本国情

赞比亚自 1964 年取得独立以来，国家从政治到经济，从社会到教育，进行了全方位的改革。其中，发展经济、提高人民的生活水平无疑是改革的首要任务。但是，效果并不理想。

在三大产业之中，工业是真正具有强大造血功能的产业，其发展对于经济的持续繁荣、社会的稳定发展有着非同寻常的意义。装备制造业是工业的重要组成部分，是为国民经济发展提供技术装备的战略性产业，也是各行业产业升级、技术进步的重要保障。而机械制造与自动化专业又是装备制造业的主体组成部分，其人才构成极大地影响了该行业的发展。

从赞比亚基本国情来看，其对于接受过系统训练、技术合格的机械制造与自动化专业方面的人才需求量甚大。

(二)支撑我国"一带一路"倡议

2014 年，国务院印发的《关于加快发展现代职业教育的决定》强调，要推动与中国企业和产品"走出去"相配套的职业教育发展模式。为探索该模式，支撑国家"一带一路"倡议，2015 年 12 月，教育部批准中国有色金属工业协会依托中国有色矿业集团公司驻赞比亚企业开展职业教育"走出去"试点，这是教育部发文推动、产教部门联合实施的第一个校企协同"走出去"试点项目。

围绕国家外交需要，增强职业教育影响力，促进职业教育的国际化发展，加快在广大发展中国家培养技术技能人才已成为增强我国综合实力的重要组成部分。

二、培养目标

机械制造与自动化专业是一门集多个学科为一体的综合性专业。基于该专业特点，以赞比亚人才需求为依托，针对职业教育"走出去"项目机械制造与自动化专业特设立以下培养目标。

(一)培养学生的专业能力

通过调研了解以，赞比亚民众只要稍有技能就能实现就业，且取得专业技能证书的待遇与没有证书的待遇相差很大。因此，专业能力的培养是最基本的培养目标。要求学生掌握本专业所必需的基本理论知识和专业技能，同时需要具备一定的汉语水平，了解相关技术的中文数据。

(二)培养学生的业务能力

业务能力建立在专业能力之上。在具备一定的专业能力、能够提供技术支持之后，还要求学生能够学会控制生产成本、与采购人员保持沟通进行备件采购、组织生产和管理设备、具备团队精神和合作意识。遇事能够迎难而上，并采取有效措施进行解决，以便更好地为赞比亚中资企业服务。

(三)培养学生的创新能力

机械类行业是一个日新月异、朝气蓬勃的行业，每天都在发生着变化。这就要求学生能够敏锐洞察专业技术的未来发展趋势，并保持学习方法与手段的不断更新。对此，学校必须为学生提供足够的实践机会来为学生的创新奠定基础，不断推动境外人才的培养。

三、培养模式

根据时代背景及培养目标，以中赞联合、校企合作、分段交叉培养作为赞比亚项目机械制造与自动化专业的人才培养模式。

(一)中赞联合培养

职业教育"走出去"非一己之力可以完成。目前，虽然我国职业教育在办学资本、办学理念、办学规模、办学效果、行业支撑度等方面已基本可以引领发展中国家职业教育，但是，职业教育"走出去"赞比亚项目要想取得成效，就离不开赞方支持。

采用"中赞联合"培养模式，即我国与赞方教学管理人员、企业相关人员共同商讨专业培养目标、开发专业课程内容、参与人才培养方案的制定。这种模式既可为"走出去"企业培养所需要的当地合格雇员，提高企业经济效益，又能为赞比亚当地培养大批具有熟练技能、懂中国技术和装备标准，且懂汉语、懂中国企业管理文化的当地雇员队伍，解决赞比亚方青年的就业问题，拉动当地经济社会的发展，达到双赢的目的。

(二)校企合作培养

总结近年来我国职业教育"走出去"的探索情况和经验教训不难发现，在缺乏企业的明确需求、缺少企业的外围支撑的情况下，职业教育"孤军"走出去很难成功。就机械制造与自动化专业而言，存在的一个显著问题就是制定的培养目标脱离企业的实际需求，缺乏鲜明的特色，从而导致以培养目标为核心的专业课程设置不合理，学生难以在企业的实际岗位需求中发挥较大的作用。职业教育"走出去"要解决这一矛盾，学校与企业之间必须建立良好的合作关系。

采用"校企合作"模式，既是职业教育"走出去"的目的所在，又是职业教育成功"走出去"的重要保障。作为供给方，学校要以企业对人才和技能的"需求"为导向，有针对性地进行专业建设，确定专业课程内容，切实为企业解决难题、提供支撑。不仅如此，还要不断加快专业课程的改革速度，使先进的生产技术能够被引入到专业课程教学中，确保课程教材的先进性。从另一个角度而言，企业的现实需求又为职业教育走出去指引了方向、搭建了平台、提供了保障。总之，应形成"企业走到哪里，职业教育就办到哪里"的工作格局和基本模式，形成你中有我、我中有你、相互支持、相互促进的关系。

（三）分段交叉培养

从我国机械类行业的就业方向来看，大多数学生缺乏实际操作经验。这是由于大部分的职业院校长期受传统教育模式的影响，太过于重视理论的教学而忽视了实践操作，致使很多毕业生走进企业之后不能很好地学以致用，甚至对操作设备一无所知。职业教育"走出去"必须克服这一弊端，力争在当地培养更多机械类的应用型人才。

采用"1+1+0.5+0.5"模式，即1年为公共课程学习，1年为专业基础学习，0.5年在中国高职院校进行理论实验一体化教学，0.5年在赞比亚中资企业集中顶岗实习。在前两年可通过多媒体、教材等方式让学生了解机械模型、工艺流程的编制等内容，使学生形成理论学习的基本框架；在最后一年，学生在对基本掌握基础理论知识后，可进行简单的实践操作。这种分段交叉、理论加实践的人才培养模式的优点是：首先，学习方式的多样化增加了学生的学习兴趣。其次，它既能保证学生拥有扎实的基础知识，又能确保学生有足够的机会参与企业实践。同时，赞比亚分院应加强与当地机械类行业企业的交流与合作，为学生提供了大量的实习机会，便于学生提前接触企业文化、了解企业需求、明确奋斗方向。

四、结语

中赞联合、校企合作、分段交叉的人才培养模式，为职业教育"走出去"赞比亚项目机械制造与自动化专业的人才培养提供了一个新的途径。该模式不仅能够为赞比亚储备大量的人力资源，而且对于我国交流教育模式、传播文化技艺意义重大。

职业教育"走出去"路径对策研究与实践

——以北京工业职业技术学院为例

王 瀛 唐正清 孟 晴

北京工业职业技术学院，北京，100042

摘要： 中国职业教育"走出去"试点项目目前尚处于发展初期阶段，顶层设计和政策协调有待加强，经费和长效机制尚待落实，仍需从多方面进一步探索职业教育"走出去"的政策保障体系和工作推进机制。

本课题从北京工业职业技术学院"走出去"开展的实践和探索出发，调研国内外职业院校"走出去"路径，职业院校走出去遇到的障碍，探讨从国家、行业、院校层面如何突破障碍，有序开展境外办学。打造中国职教品牌，搭建国际交流平台，输出中国的职业教育模式，输出中国职业标准，使我校国际交流合作水平步入全国高职院校的先进行列，把我校建成特色鲜明、国际领先的职业技术学院，职教助力"一带一路"倡议。

关键词： 职业教育；境外办学；教育国际化；"一带一路"倡议

引言

"一带一路"倡议提出后，中国教育积极行动，教育部制定了《推进共建"一带一路"教育行动》。"一带一路"教育共建行动，对教育的对外开放格局提出了新的要求，也带来了新的机遇与挑战。职业教育作为直接为经济社会提供支撑的一种教育类型，应主动参与并服务国家战略，为"一带一路"建设提供技术与智力支撑，同时，出于自身发展的需求，也应积极参与全球教育治理，构建我国现代职业教育的国际化发展蓝图。

2016 年北京工业职业技术学院被教育部确定为有色金属行业职业教育"走出去"首批试点项目院校之一。2017 年我校与清华大学、北京大学等 26 所院校被确定为北京市"一带一路"国家人才培养基地，成为入选该项目的 3 所职业院校之一。依托教育部职业教育"走出去"试点项目，我校实施"请进来"和"走出去"政策，紧紧依托中国有色矿业集团"一带一路"共建国家企业当地员工的技能提升需求，接收"一带一路"共建国家企业员工及子女来华留学，以及教师、管理人员短期培训，以人才培养服务于国家"一带一路"倡议。

一、职业教育"走出去"发展概述

党的十九大报告对现代职业教育提出了战略部署，要推进构建人类命运共同体，未来 5 年中国将面向发展中国家提供 6 个 100 的项目支持。包括建立 100 所学校和职教发展中心，同时提供 12 万个来华培训、15 万个奖学金名额，为发展中国家培养 50 万名职业技术人员。

设立一批区域教育中心和能力建设学院，为非洲提供 20 万名职业技术人才培训和 4 万个来华名额。

当前，我国职业教育"走出去"方兴未艾。目前，职业教育"走出去"已打造了"走出去"品牌，办学形式主要有政府主导型、校企合作型、产教协同型，办学模式多元化。有关报告显示，我国已开展职业教育"走出去"的高职院校达 500 余所，开展各类海外人员培训达 38 万人次，产生了广泛的国际影响。比如：天津渤海职业技术学院在泰国建立的"鲁班工坊"、北京信息职业技术学院在埃及筹建的埃中应用技术学院、无锡商业职业技术学院在柬埔寨的西港培训中心等均为我国高职院校境外办学启动较早的项目。

国外相对成熟的境外办学案例对我国的职业教育国际化发展提供了借鉴。比如，芬兰的职业教育发展由政府主导提供政策支持和组织保障，企业推动，进而确保其明晰的职业教育的发展方向。澳大利亚政府积极鼓励职业技术教育(technical and further education，简称 TAFE)，形成了 TAFE 学院，开拓国际市场，立法确立职业教育国际化规范，设立专门的职教国际化机构，多元主体参与国际化进程，推动澳大利亚职业教育国际化发展。德国被誉为"职业教育强国"，其国际化具有完备的教育立法等指导性文件以及职业教育特色，德国"双元制"职业教育模式对我国职业教育无论是国内办学还是境外办学，均具有借鉴意义。此外，英国、法国、美国等国的职业教育"走出去"的共性在于：均由政府主导，起步早，多方联动，办学模式多元化，具备较完善的质量监管体系和审核机构。

二、北京工业职业技术学院"走出去"的实践探索

开展职业教育"走出去"试点是教育部为探索与中国企业和产品"走出去"相配套的职业教育发展模式、服务"一带一路"建设和国际产能合作、提升我国产业国际竞争力和职业教育国际影响力的重要举措。

作为教育部职业院校"走出去"首批试点院校之一，北京工业职业技术学院以服务国家"一带一路"倡议为导向，多方面、多领域、多层次齐头并进，主动服务国家及北京市整体发展需要，提升我校国际知名度，培养师生国际化视野，加强国际交流与合作实效，大幅度提升我校国际化办学水平。我校开展职业教育"走出去"的探索与实践有：

开展企业海外员工技能培训。经过前期深入调研，学校结合"一带一路"共建国家中资企业当地员工的技能提升需求，在国内开展管理人员和技术骨干短期培训。截至 2018 年 11 月，已对来自赞比亚、缅甸、刚果(金)的中国有色矿业集团 80 余名本土中层管理人员和骨干员工及 20 余名刚果(金)政府官员分 5 期开展来华培训，为学员提供职业技术技能、管理技能培训，开展汉语文化体验活动，在参加培训学员所在国引起了极大反响和深度好评。

开发国际专业标准和课程体系。学校正组织校内优秀师资力量协同打造海外办学标准，积极开发海外人才培养方案，推动我国技术装备标准与"一带一路"共建国家职业岗位标准、教学标准相衔接，互相融通，培养懂管理、会技术、能操作的高端技术技能人才。学校将用三年时间重点建设机电一体化、工程测量技术、信息技术等专业共计 36 门英文授课的课程，制定课程标准和人才培养方案。

协同筹建中赞职业技术学院。自"一带一路"倡议提出以来，我校积极选派师资赴赞比亚培训，先后派出 8 人次专业领域教师赴赞比亚为中国有色矿业集团海外员工、技术骨干提供

专业技能培训，对中国有色矿业集团赞比亚分公司当地员工进行短期的职业技能培训，涵盖电机维修、焊接、浓密机、电工技术、计算机、工业汉语等专业领域。与此同时，我校在赞比亚的教师多次赴中国有色矿业集团调研，与企业技术人员、管理层探讨协商，先后拍摄上千张照片进行系统分析，确定授课计划，通过项目化教学法由浅入深、由点及面讲解，并且将PPT、3D仿真动画、微课等信息化教学手段引入课堂，帮助学员理解知识点，形成了具有中国职业教育特点，实践性、适用性很强的培训课程。

我校正参与筹建的中赞职业技术学院——自动化与信息技术学院，预计于2019年1月开班，学院首期招生规模为200人左右，远期招生规模或达3000人，届时将成为赞比亚当地最大的学校之一，为我国在赞比亚企业的经营发展、中赞产能合作、中国装备更好地走进赞比亚提供本土化人才保障。

为企业中海外员工及其子女提供来华留学机会。学校已全面启动接收面向"一带一路"共建国家的中资企业本土员工及子女来校接受留学生学历教育。培育具备实用技能高素质人员，从根本上提升"一带一路"共建国家的人员生活水平和教育程度。

三、"走出去"办学面临的机遇与挑战

职业教育"走出去"与高职教育发展水平、社会经济发展状况紧密相关，是提升高职院校办学水平、提高我国高职教育国际影响力的有效途径。"一带一路"倡议和国际产能合作举措，也使得进一步推进高职教育"走出去"势在必行。尽管北京工业职业技术学院协同一批高职院校在"走出去"实践中取得些许成效，但同时也面临着诸多挑战。

(1)缺乏境外办学经验："一带一路"共建国家与地区经济水平普遍不高，生产力较低，欠缺劳动力。国内外环境背景迥异，教学体制、教育体系有很大不同，人才培养方案、教学管理、章程制度、学生实习、资源建设等诸多层面均需要因地制宜，制定适宜当地学员的标准。

(2)缺乏多元支持：我国职业教育"走出去"目前缺乏政府政策、法律法规保障、经费和渠道支持，参与主体主要是几所试点职业院校和几家跨国企业，并未得到更多相关机构和组织的支持与保障。当前，无法输出国有资产、输入国跨境教育机制不够完善，此外，各试点院校优势有交集，有待设立统一职能部门统筹协调。缺乏经费来源，学校自筹费用无法提供长效支撑。

(3)中赞职业技术学院建设初期，教学设备等教学基础条件薄弱，需要多方筹措，争取资金和政策支持，争取国家外交和商务等部门援助项目的支持。探讨和推动国内闲置的教学设备能够提供赞比亚的政策途径，尽可能申请获得中华人民共和国商务部的援外项目支持。顶层设计和政策支持有待加强。

(4)缺乏交流平台：中国有色矿业集团拟定了中赞职业技术学院在2019年挂牌运行计划，时间紧、工作多、任务重。因试点院校、主体较多，缺乏统一流畅的沟通平台来保证阶段工作内容和工作目标的顺利推进。包括但不限于：申报获得赞比亚政府的三年制高等职业教育的办学资质，研究完善专业标准、课程标准和实训室建设标准，健全中赞职业技术学院管理运行机制，保证中赞职业技术学院在正式开办学历教育后的健康高效运行；进一步完善北京工业职业技术学院、国内其他7所高职院校、有色金属行业协会、中国有色矿业集团公司

等多方合作主体的办学管理框架，保证合作关系的长远发展。

四、启示与总结

携手发力保质量。在校企合作、产教融合背景下，长期派遣教师赴外培训依旧困难重重，可考虑校际合作解决，共享资源，确保外派培训师资力量。此外，需通过多方渠道调动教师参与境外办学积极性，建立完善的质量保障和监管机制，确保境外办学有序开展。

因地制宜创国标。完善的标准化体系，是职业教育内涵发展的保障。高职院校需总结凝练自身实践，适应国际标准，因地制宜，加强国际课程开发、工业汉语编写、线上线下教学，加强顶层设计，这样才能打造出具有中国特色、世界水平的高职教育品牌。

合作共赢结硕果。呼吁教育部、商务部、外事机构等顶层设计支持，在完善政策保障的同时，职业教育"走出去"试点院校优先，依托产教融合等多方利益主体的积极协调，切实提高对该项工作重要意义的认识，增强政治意识和大局意识，强化责任感和紧迫感，积极行动，务实工作，确保试点工作顺利推进、圆满完成。

中国高职教育的国际化发展，路漫漫其修远。北京工业职业技术学院，将不遗余力，秉承开放包容、互学互鉴、合作共赢的精神，深入探讨行业、企业发展需求，坚持"请进来"和"走出去"并举，积极服务国家"一带一路"倡议，走高端化、精品化、国际化发展道路。北京工业职业技术学院也必将不忘初心、牢记使命，不断增强自身实力，为更多"一带一路"共建国家提供中国高等职业教育解决方案，用中国职教的进步助力非洲发展，以职教力量翻开中非合作的新篇章。

参考文献

[1] 陈文珊.澳大利亚职业教育国际化路径及其借鉴意义[J].中国高等教育，2017(18)：62-63.

[2] 陈文珊.芬兰职业教育国际化路径及其借鉴——以利益相关者理论为视角[J].职业技术教育，2017，38(22)：68-72.

[3] 俞可，李燕楠，陈雅璐.教育撬动中非合作范式转换[N].中国教育报，2018-09-07(5).

"走出去"背景下职业院校"双师型"教师的培养研究

阳　俊　朱朝霞　曾维伟

湖南有色金属职业技术学院,湖南株洲,412006

摘要：职业教育"走出去",需要有专业技能过硬、精通专业英语的双语"双师型"教师做基础。当前高职院校真正拥有"走出去"能力的教师数量非常有限,师资资源紧缺。一般的高职院校暂时还缺乏吸引高水平双语"双师型"教师的魅力。因此,对于参与"走出去"试点项目的高职院校来说,加大内部教师的培养力度,加强"走出去"师资队伍的建设尤为重要,为此可以通过思想动员、争取资金支持、定期组织教师深入"走出去"行业或企业培训学习、提高教师专业英语素养、加强教师传统文化底蕴等途径,帮助教师拥有"走出去"的能力,打造一个具有国际视野的双语"双师型"队伍,为推动我国职业教育顺利"走出去"做出贡献。

关键词：走出去;职业院校;双师型;培养研究

一、职业教育"走出去"背景

2015年,国务院颁布了《关于推进国际产能和装配制造合作的指导意见》,要求加快职业教育"走出去"步伐,支持"一带一路"倡议的软实力发展。

同年12月,教育部办公厅印发《关于同意在有色金属行业开展职业教育"走出去"试点的函》(教职成厅函〔2015〕55号),同意由中国有色金属工业协会牵头在有色行业开展职业教育"走出去"试点,并把中国有色矿业集团作为试点企业。北京工业职业技术学院、吉林电子信息职业技术学院、湖南有色金属职业技术学院、广东建设职业技术学院等8所职业院校加入试点项目。

赞比亚政府将大力发展职业教育,并将其列为2030教育发展规划的重点。

2019年4月,赞比亚职业教育与培训管理局正式批复了中国—赞比亚职业技术学院的办学申请,同意中赞职院招生,标志着中赞职院正式成立。

二、"走出去"背景下职业院校"双师型"教师队伍现状

在职业教育"走出去"中,教师队伍建设是职业教育在合作国有效开展的重要保障之一。而同时具备理论教学和实践教学能力的"双师型"教师是职业教育教师队伍的核心。以湖南有色金属职业技术学院为例,自2016年来,学院每年均派出专业教师赴赞比亚开展专业课程的教学工作。但就近3年的情况来看,"走出去"师资队伍仍存在以下方面的不足：

(一)能外派的专业教师数量较少

职业教育"走出去"合作国,相较国内,教学环境、教学条件、生活保障等都落后很多。以赞比亚为例,天气较炎热,蚊虫较多,愿意被派出去赞比亚的专业教师数量较少。

(二)真正意义上的"双师型"教师不足

现国内高职院校的专业教师以硕士、本科学历者居多,一般高职院校的特别是有些特殊专业,专业教师中还有少量的大专学历者。不少专业教师是从学校毕业直接到学校工作,企业实践经历几乎为零或很少。

(三)"双师型"教师外语水平有待提高

在一般的高职院校中,有着企业工作经历的专业教师英语水平一般,具备专业英语基础且拥有双语教学能力的"双师型"教师更是凤毛麟角。

(四)缺乏丰富传统文化知识底蕴

职业教育"走出去"不仅仅是为援外企业在当地培养技术技能型人才,给予技术支持,同时,也肩负着传播中国文化的重任,这就要求外派教师自身有良好的传统文化知识做支撑。以中国-赞比亚职业技术学院为例,其下设自动化与信息技术学院、机电设备管理与维修学院、机械制造与自动化学院等6个二级学院,需要的多为工科背景的专业教师,相较文科背景的教师,工科专业教师的传统文化知识还有待加强。

(五)国际视野较局限

目前来说,一般的高职院校具有海外学习或工作经历的教师不多,高职院校组织校内教师赴海外培训的也很少,对于大多数专业教师来说,国际视野还很缺乏。

三、建议及对策

(一)遴选一批可持续发展的"走出去"专业教师

在专业教师的选派中,因将其愿意长期、多次在国外进行教学工作者作为考评标准之一。以湖南有色金属职业技术学院为例,现外派赞比亚的专业教师,服务期一般为3~4个月,真正在当地的教学时间很短,如今后不能继续赴当地支教,无疑大大增加了外派教师的培养成本,也不利于职业教育在当地的可持续开展。故一方面,院校在遴选"走出去"教师时,在考虑其本身的专业素养、尊重其意愿的同时,也可以适当进行思想动员,不能以增添短期出国从教履历为目的,要以传播文化、推动职业教育的发展作为目标,遴选能多次或长期从事"走出去"职业教育的教师;另一方面,上级部门也应给予参与院校、外派教师足够的经费支持,同时,在职称评定方面,对外派教学的教师,应给予适当的加分。

(二)定期组织教师赴"走出去"企业或"双师型"教师培养培训基地学习、锻炼

"走出去"院校基本以"走出去"行业或企业为依托，开展特色专业，服务当地企业及经济。高职院校应同企业进行深度合作，推动企业工程技术人员、高技能人才和职业院校专业教师的双向流动，安排教师脱产或利用寒暑假定期进行一定程度的企业实践，依托"走出去"企业，充分了解企业在海外运用的相关技术、工艺、流程及设备等，让更多的教师拥有"走出去"的能力。

(三)加强外语的学习

目前，一般的高职院校英语教师基本为通用英语教师，主要专长为英语语言的相关知识，但专业英语能力不足；而专业教师在英语方面水平又有限。在职业教育"走出去"的背景下，精通专业英语的复合型人才备受青睐，但对于一般地方高职院校，暂时很难引进高水平双语"双师型"教师，甚至即便引进了也存在难以留住的现象。由于合作国的学生中文水平几乎为零，必须全英文授课，以职业教育赞比亚试点项目为例，外派教师必须一边进行为期三个月的英语培训学习，一边为当地学员开展技能培训，无疑，给老师们增加了很大的压力。目前来说，院校自主培养内部教师是主要途径，参与"走出去"试点项目的高职院校应采取有效的激励措施，开展相应的外语培训，鼓励教师，尤其是有能力且有意向赴海外教学的年轻教师不断提升专业外语水平。

(四)加强汉语和中国传统文化的学习，在"走出去"中更好地传播我国文化

派出单位应组织外派教师适当参加传统文化研修班，加强传统文化的学习，更有利于传统文化以及职业教育在他国的传播。

(五)学习"走出去"服务国文化、了解当地习俗

职业教育"走出去"合作国，与我们存在历史、文化、信仰等方面的差异，因此，我们的外派教师在与当地教师、学生等的交流中必须充分考虑这些差异，并且须严格遵守合作国、当地的风俗，才能尽可能地避免一些不必要的矛盾。同时，外派教师在授课的过程中，还需适当考虑当地学生的思维方式，不能照搬在国内的教学方式与方法。故外派教师必须在教学活动开展前，学习合作国教学模式，充分了解本土教育现状、了解其风俗文化。同时，可以通过组织教师参加学术研讨、参与职业教育先进国家培训进修等方式开阔教师的国际视野，打造国际化的"双师型"师资队伍。

四、结论

我国的职业教育同德国、美国、澳大利亚等国相比较，还存在不小的差距，在"走出去"背景下，职业教育要走向国际化，走进"一带一路"共建国家，需要参与试点项目的高职院校不断加强双语"双师型"教师队伍建设，开阔"走出去"教师的国际视野，提升其业务素养，只有以可持续性发展的具有国际视野的师资队伍为基础，职业教育才可能顺利"走出去"，办学质量及效果才有可能得到保证。

参考文献

［1］ 李剑婷，任碧波，孙锐，等.职业院校开展"走出去"文化传播的实践探索与思考［J］.昆明冶金高等专科学校学报，2019，35（2）：79-85.

［2］ 刘万村，刘建国，崔兴艳，等.中国职业教育"走出去"过程中落地国本土化课程体系建设思路的探索［J］.普洱学院学报，2018，34（2）：115-116.

［3］ 秦艳."一带一路"倡议下大学英语"双师型"教师培养路径［J］.吉林农业科技学院学报，2019，28（2）：48-51，120.

［4］ 马力娟."一带一路"倡议下我国职业教育国际化发展探析［J］.教育与职业，2019（12）：33-36.

［5］ 李丹.职业教育"走出去"还有哪些"坎"［EB/OL］.中国教育新闻网-中国教育报，http://www.jyb.cn/zgjyb/201704/t20170411_601656.html.

高职院校专业课程国际化的研究综述

张海宁

南京大学教育研究院，江苏南京，210023

摘要： 当前，国际化已经成为高职院校发展的重要战略方向及发展趋势。本研究通过分析近几年来期刊数据库收录的高职教育国际化相关文献，聚焦"实践层面"国际化，以"专业课程国际化"为核心方向梳理出相关研究，总结出纵向上研究深度不足、方向上目标不够清晰两大问题，提出未来需要进一步明确国际化人才的培养目标、深入了解国际化职业资格认证、细化高职院校国际化研究方法三大研究方向，为进一步深入研究高职院校的国际化提供可借鉴及参考的依据。

关键词： 高职院校；国际化；研究综述

高职院校作为培养高级应用型技能人才的摇篮，在经济全球化、教育国际化的时代背景下，必须主动顺应潮流，培养适应市场需求的国际型人才。职业教育国际化发展囊括了管理机制、师资队伍、专业与课程以及教学环境等多方面的国际化。[1]其中，国际化专业课程作为国内外学生设计的课程，能为在校学生提供国际化教育机会，与此同时提高对外国留学生的吸引力，旨在培养学生在多元文化的国际工作环境下生存与发展的能力。[2]因此，高职院校专业课程国际化作为高等职业教育国际化的核心载体，可以从多方面来对相关研究的热点与前沿问题进行综述与分析，以期能够为高职院校专业课程国际化改革、实践及研究开启更广阔、更理性的视野。

一、研究综述

在一定程度上，我国高等教育与西方教育的交流状况及参与水平可以通过国际化程度得以体现。高职教育作为高等教育的重要组成部分，关于其国际化的研究历史较短，仍然存在诸多问题需进一步探讨。

(一) 文献概况分析

本研究从有关"高职院校课程国际化"研究的文献入手。"课程国际化"这一概念从1995年开始出现相关研究，至今共有183篇相关论文，研究趋势如图1所示。在图中可以发现，关于这一主题的研究至今只有20余年的时间，这意味着"课程国际化"作为教育学研究领域的研究方向的时间虽然较短，但关于该问题的研究从总体上来说越来越受关注，其中2014年(29篇)为该领域研究的高峰。

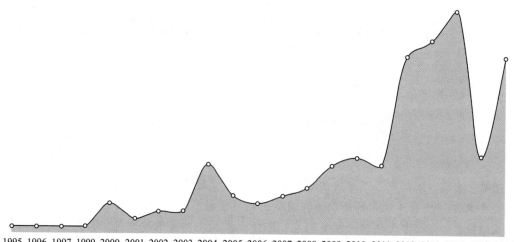

图1 以"课程国际化"为关键词的研究趋势图

从知识论的角度来看，研究热点是指一段时期内研究人员高度关注的研究主题。随着研究的不断深入，出现了越来越多与"课程国际化"相关的研究热点，形成了庞大的研究网络（见图2），以下是与"课程国际化"高度相关的研究关键点及其研究走势。其中，"高等教育国际化""课程设置""课程体系""课程内容"等研究主题被关注较多。

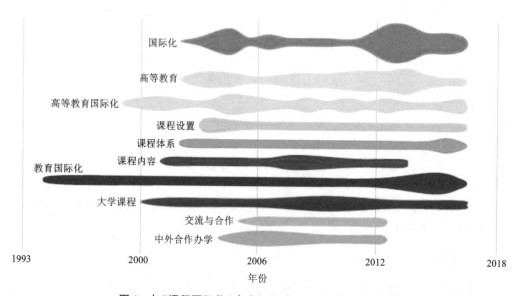

图2 与"课程国际化"高度相关的研究点及研究走势图

在"课程国际化"研究进程中，大量优秀文献推动并引领着这一研究领域及方向的发展与进步。为找出该研究方向的核心学者，本文统计了在"课程国际化"方面发表论文数量排名较前的学者，如图3所示。

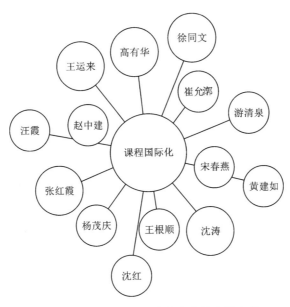

图 3 "课程国际化"研究方向的核心研究者

为找出本研究领域的核心研究机构在空间上的分布，本文统计了各个研究单位在"课程国际化"方面发表的论文数量，排名靠前的研究单位如图 4 所示。国内研究机构中，发文量前三名的单位发文量相同，分别为南海东软信息技术职业学院、南京大学教育研究院以及大连民族学院生命科学学院。

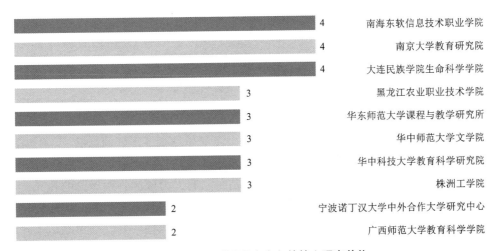

图 4 "课程国际化"研究方向的核心研究单位

(二) 高职院校国际化的核心要素

关于教育国际化的发展千头万绪，其中，高职教育的国际化核心要素为其内涵提供了实践的支撑基础，因此非常有必要厘清高职院校国际化发展中的核心因素。部分学者对于高职院校国际化的内涵要素进行了全面解读(见表1),如李瑶、董衍美提出职业教育国际化发展囊括了管理机制、师资队伍、课程教材以及教学环境等多方面的国际化。

表1 研究者关于高职院校国际化核心要素解读

研究者	国际化核心要素
李 瑶 董衍美	管理机制国际化、师资队伍国际化、课程教材以及教学环境国际化
曾仙乐	组织结构国际化、师资队伍国际化、课程开发国际化
俎媛媛	职教标准国际化、职业资格认证制度国际化、现代职业教育体系国际化
杨旭辉 贺继明 丁安英	教育理念(思想)、组织机构(国际化组织与制度保障)、课程体系、课程实施、师生结构(国际化的教师资源)、国际化教学方式、国际科研合作、合作办学、资金来源国际化,服务功能国际化
汪诚强 金友鹏 孙芳仲	课程与教学内容国际化、评价标准及体系国际化、职业资格国际化、教育资源配置国际化、学生来源全球化、学生就业国际化、跨国职业教育技术援助与合作
陈保荣	教育观念国际化、人才培养模式国际化、课程体系国际化、师资队伍国际化、国际化合作与交流等具体活动

基于此,对于高职院校的国际化要素的认知呈现出"自下而上"特征,已经涉及管理、学生、教师、课程、教学等各个方面。[3]对要素进行分析发现,"课程建设"在推进高职院校国际化的进程中具有极为重要的作用,更是高职教育国际化中的核心部分。

然而,"课程国际化"的内涵并非仅指课程单一的国际化,而是以"课程国际化"为核心,围绕课程开展的系列活动的国际化,主要包含人才培养、课程内容以及高职教师等。基于此,本研究聚焦"实践层面"的国际化,以"高职院校课程国际化"为聚焦点,并将"高职院校人才培养、高职院校课程与教学、高职院校师资国际化"三个层面作为文献梳理的分析框架。

(三)关于"高职院校人才培养国际化"的研究

人才培养规格的具体标准涵盖了知识、技能以及素质结构等维度的标准,可作为高职院校课程建设的主要依据。[4]对高职院校国际化人才培养战略与模式的探讨,是从高职院校自身的性质特点出发,探讨国际化人才培养模式,是对已有人力资源管理理论的补充,有利于确定符合全球化人才标准的要求。万金保、李春红认为高职院校人才培养的国际化,应以国际社会需求变化为导向,调整专业的发展方向,设置国际化课程内容。基于此,以学生为本建立服务性管理体系,主动参与国际化市场的多元合作与竞争,促进认证制度和就业的国际化①。付俊薇从"世界最终是扁平的"的视角出发,认为具备国际视野(international perspective)的人才培养规格应在知识、技能及素质维度上具备如下要求:首先,在知识结构上,注重从事在世界范围内的国际化事务应具备的外语和相关专业素养;在技能和素质结构上,以培养"世界职业人"应具备的关键素质为目标,注重全球多元价值观对职业态度、职业

---

① 万金保,李春红.论高职教育人才培养模式的国际化[J].职业技术教育(教科版),2005(4):17.

道德等的影响①。

在全球化的背景下，高职院校要以国际化要求为基础，联系自身实际，制定出国际化人才培养的培养模式，才能更为积极有效地提升高职院校国际化的综合竞争力。高职院校国际化人才培养具有循序渐进的特点，而其运作方式势必会随着高等职业教育的发展而逐渐呈现多样化的特点。因此，在高职院校人才培养国际化的研究中，更应进一步落脚到人才培养的核心载体上，即"课程国际化"。

(四)关于"高职院校课程与教学国际化"的研究

国际化课程是一种为国内外学生设计的课程，旨在培养学生在国际化和多元文化的社会工作环境下生存的能力。[5]课程国际化，可以从课程目标、课程内容、课程管理、教材建设和外语教学等多个方面来衡量。关于课程与教学国际化的研究，主要包括了以下四个方面：

1. 关于课程内容的国际化研究

著名课程国际化研究学者 Vander Wend 认为，课程国际化在于将国际面向(international perspective)融入课程内容。针对课程内容国际化，诸多学者从语言、专业技能、文化等层面将适应全球化工作的职业知识与技能、职业素质以课程内容的形式表征呈现，从而提高学生海外发展的综合素质。比如，陈琪从提高国际化人才培养规格的角度出发，创新提出"多技能+"的跨学科靶向式课程建设。一是开设"按国际标准的工程规范与技术要求，使学生熟练掌握同领域两种及以上相关联的专业技术技能"等多类型技能整合项目课程。二是要根据合作单位海外投资板块，开设面向特定专业技术的语言课程。三是从国际法律法规、政治经济、宗教及社会习俗等专题介入，开设多模块形式的跨文化专题课程。王玉香认为在专业领域中，要加强国际标准与最新科技前沿技术的对接融合，从而使专业课程的讲授内容与时代接轨。加强双语教学，开设国际政治、经贸、法律法规以及关乎国际历史、地理、风俗等的公共基础课和选修课，从而适应国际市场发展的需要。从专业课程的组成成分与内容出发，付俊薇提出在已有课程中增加具有国际导向诸如国际技术资讯等，融入国际通用技术准则、世界范围内与各种技术相关的理论与实践知识等方面的内容②。

2. 关于课程评价国际化的研究

针对高职院校课程和评价体系的国际化，相关的研究还较少。玄成贵通过国别研究发现新加坡的理工学院(即高等职业学院)所开设的课程，在具体内容方面紧密结合国际市场与外向型经济，并通过学术界、境外工商界的专门鉴定。③ 新加坡在课程体系上采用美国式学分制和选课制，课程通过国际权威专家的审定后将获得新加坡生产力与标准局颁发的国际标准体系证书。

3. 关于课程国际化的经验研究

在课程国际化的国际经验方面，比较有代表性的是廖华从美国高职教育课程国际化的研究中得到的启示：将国际优质教育选择性引进并进行本土性改良。此外，在教学中引入国际化语言教学体系和测试评估标准；通过国际合作项目的持续开展，以课程教学与国际通用职

① 付俊薇,唐振华.试论高职课程国际化的内容与实现策略[J].职业技术教育,2013,34(11):23-28.
② 付俊薇,唐振华.试论高职课程国际化的内容与实现策略[J].职业技术教育,2013,34(11):23-28.
③ 玄成贵.高等职业教育国际化人才培养战略研究[D].天津:天津大学,2009.

业资格证书对接等合作模式促进高职院校课程建设各个环节的国际化,最终使参与项目的学生获得国际职业资格证书①。

总体而言,可供借鉴的国际经验有"建设实用外语课程;激励课程国际化,为国际化学科专门设立副学士学位和证书;积极利用政府财政投入进行课程国际化改造;注重校内课程国际化和海外留学融合发展"等[6]。基于此,我国高职院校可以以国际合作项目为切入点,提升师资国际化的意识与能力,深入拓展高职学生留学形式和机会,以点带面不断推进我国高职院校课程的国际化[7]。

4.关于课程教学国际化的个案研究

在具体的课程教学国际化本土经验方面,从高等职业教育国际化个案分析入手,普女女以深圳职业技术学院国际化办学主要做法和经验为例,构建与国际接轨的课程体系和科学合理的教学内容,提出将国际型企业或世界500强企业先进技术标准引入课程;引进与开发国际通用并符合学校实际需要的教材,在内容设计上注意紧扣国际前沿关注热点。如对国际一流大学中《会计英语》《汽车英语》等最新原版职业英语教材的引进;在课程国际化策略上,注重提高学生的实际外语应用能力。比如,对网络互联技术(英语)等25门课程采用双语教学,与澳洲TAFE北悉尼学院合作开办的国际商务专业实现全英文授课②。

南京工业职业技术学院在国际合作专业教学中引进了国际行业职业标准(美国供应链管理、美国汽车ASE等)、国际企业职业标准(中国华为、德国西门子、法国施耐德电气、英国捷豹路虎等)。[8]引进国际职业资格认证体系,将职业能力标准融入课程标准,引进外国课程设置及教学方式,打造本土化优质课程特色;共同制定课程教学大纲及课程标准,提高了专业教学质量。引进外国最新的专业课程、优质原版教材以及课程标准。在引进的过程中对这些教学资源进行本土化处理,形成南工院特色的本土化教学资源,并应用于日常教学和境外办学中。

基于工商职业技术学院的市场营销专业在国际化技术技能人才培养方面的经验,朱海群提出应多借鉴英国BTEC人才培养模式经验,比如引导学生多参与涉外交流活动,引入BTEC课程专业考核方法等。

目前,在课程内容的国际化、课程评价国际化、国际经验的汲取以及课程教学国际化的个案分析等方面得到了较多研究者的关注,保障了高职院校国际化过程的顺利进行。

(五)关于"高职院校师资国际化"的研究

高职院校"课程国际化"离不开一流的国际化师资,一流师资为学生学习职业知识、技术、态度等内容提供国际化视野,并将这些理解融于人才培养方案制定、课程开发等教育教学实践中,从而为培养适应国际化生态环境的优秀人才提供保障。[9]高职院校师资国际化的发展已经引起了学者们的关注,文献呈现了一定的规模。然而,学者们更多的是结合自身所在院校的师资国际化实践,多停留在对过往经验的总结,有关具体培养的做法的论述过多,缺乏思辨与学理性的专门而深入的研究,比如师资国际化的成长机制、师资国际化的培养模式等有待进一步关注与研究。

---

① 廖华.美国高职教育课程国际化及启示[J].教育与职业,2016(10):103-105.
② 普女女.我国高职教育国际化人才培养模式存在的主要问题及对策[J].科教文汇,2011(01):160-163.

二、研究述评

随着全球经济一体化速度的加快和领域的扩大，以及国家"一带一路"倡议的推进，教育国际化也逐步成为推动我国职业教育高质量发展的强力引擎之一，成为高职院校成长壮大之路上的必然趋势和重要目标。目前，我国高职教育国际化的研究从起步探索阶段到快速发展，已取得巨大成就。从当下的研究现状来看，对于高职教育国际化的重要意义、基本理念、构成因素等宏观政策、逻辑论述的研究偏多，特别是关于国际化因素构成的研究，不同学者从各自角度给出了独特见解，具有多样性特点；有关高职院校课程国际化发展的研究尽管已经得到部分学者的关注，但还不够丰富。总体存在两点不足：

一是在纵向上研究深度不足。纵观已有研究成果，虽然对高职院校国际化已有诸多关注，但仍缺乏系统、深入的研究，尤其是对高职院校的跨国教育的整体性研究比较缺乏。学者对于高职院校跨国教育中的"国际化组织管理、学生国际化、国际化程度评价"等较为微观而深入的国际化因素及研究主题的关注度还远远不够，依然还是不成熟的研究领域。目前的研究更多地集中在跨国教育实施过程中的某个环节，如中外合作办学人才培养模式、运行机制、质量监管等，但是将其作为整体独立研究领域进行的研究目前极少，尤其是针对某一特定专业的人才培养普适性模式与一般流程更是缺乏关注与研究。

二是在方向上目标不够清晰。由于研究高职教育国际化问题的历史相对较短，从研究方法来看，首先，大多数学者关于高等职业教育国际化的理论研究基本是采用归纳法，有关发展现状、政策建议的内容还较为笼统，对问题的分析呈现"大而全"的局面，针对性并不强，研究深度也有待加强。其次，基于高职院校具体研究设计和应用经验的实证研究在现有文献中较为少见，从而缺乏具体数据的支撑。

基于此，高职院校国际化研究的未来方向在于以下三方面。

(一)进一步明确国际化人才的培养目标

已有的相关文献初步涉及有关高职院校国际化人才培养模式的研究，但是对国际化人才的培养目标及国际观念的研究却鲜有涉及，且仅仅停留在对其概念的抽象解析。需要明确的是，国际化教育的第一对象是学生的国际化。符合国际标准的优秀人才才能成为世界各国竞相争夺的目标。在复杂多变的新形势、新环境面前，国际化学生应该具备什么样的素质能力，应该如何培养？学生应该具有国际化的视野和观念，其具有可操作性的培养策略应该如何建构？如果采用跨国分段进行培养，又应该如何更好地实现？显然，如何将这一以生为本的培养观念深入到培养模式的建立、教学管理体系以及具体的操作领域依然非常缺乏较为深入系统的研究。

(二)进一步深入了解国际化职业资格认证

高职教育国际化的重要内容之一便是高职课程的国际化。尽管就目前而言，关于高职院校课程国际化的研究已经呈现较好的发展趋势，但是围绕国际化职业资格认证制度的研究并不是很多，该领域的研究者应注重以国际通用职业资格证书为核心，进行高职院校课程的设计、开发、实施、管理以及评价，从而实现高职院校各专业的职业资格认证的国际化。尤其对于各专业而言，需要引进怎样标准的资格认证、如何引进以及如何与国际认证机构开展深入合作等依然需要研究者们进一步关注，并进行能够对实践发展产生重要实际参考价值的研究。

(三)进一步细化高职院校国际化研究方法

在研究方法上，高职院校国际化已经从先前的纯理论探索实现了到目前案例分析和实证研究的转变，但依旧存在诸如专业课程国际化等具体实践层面的问题未得到充分的关注和落实的现象。针对高职院校国际化问题，更多的研究者选择了以某学校的典型案例以及某专业的具体实践经验作为研究切入点，相对缺乏国际视野、全局意识，更没有对适用于中国整体环境的国际化研究进行全面调查与继续跟进。在未来的研究中，有必要提高扎根研究方法的应用深度与分析方法，而非仅仅局限于学校经验的总结。同时，增加定量研究方法，为高职教育国际化研究提供更为翔实、更有依据的研究资料。

参考文献

［1］ OECD. Internationalization and trade in higher education：Opportunities and challenges［M］. Paris：OECD Publishing, 2004.

［2］ YU Y J. How to enter China's higher education market？［M］. New York：McCraw HillPress, 2013.

［3］ 莫玉婉.高职教育国际化：内涵、实践及改革趋势——基于国家百所高职示范校的调查分析[J].职业技术教育, 2017, 38(16)：24-28.

［4］ 宋梅梅，高雪松.高职院校基于专业改革和发展的国际交流合作研究与实践[J].中国职业技术教育, 2016(23)：57-60.

［5］ 买琳燕.高职教育国际化与一流高职院校建设[J].职业技术教育, 2015, 36(4)：19-23.

［6］ 李伟.高职教育国际化研究综述[J].教育与职业, 2014(36)：165-167.

［7］ 邢晖，李玉珠.百所高职院校国际化发展现状调查[J].教育与职业, 2014(7)：34-36.

［8］ 张海宁.高职院校跨国分段专本衔接人才培养模式探索[J].教育与职业, 2016(22)：48-51.

［9］ 王集，韩玉.新形势下高职院校师资建设国际化存在问题及对策[J].职教通讯, 2013(25)：26-29.

翻译目的论视角下工业汉语系列教材翻译研究

张　建

哈尔滨职业技术学院，黑龙江哈尔滨，150081

摘要：伴随"一带一路"倡议的实施，中国企业"走出去"的步伐愈加坚定，中国职业教育在推动经济发展和文化交流中起着越来越重要的作用。对工业汉语系列教材进行翻译可以帮助"走出去"企业的外籍员工更好地掌握简单的中文焊接专业词汇、维修用语，读懂设备中文说明书，与中国员工进行简单的工作交流。本文以翻译目的论为指导，通过对焊接专业文本汉译英翻译过程进行分析，从文本中词义、句子的翻译入手，结合理论和实例论证，阐述焊接专业术语和文本的翻译方法和技巧。

关键词：职业教育；"走出去"；工业汉语；翻译目的论；焊接专业英语

一、工业汉语系列教材的翻译背景

随着中国国际影响力不断增强，在"一带一路"倡议下，中国企业"走出去"的步伐愈加坚定，职业教育在推动经济发展和文化交流中起着越来越重要的作用。"一带一路"职业教育工业汉语系列教材的翻译研究，不仅"走出去"企业的外籍员工可以用来学习汉语，中国员工也可以用来学习英语，同时它可以成为职业院校师生学习专业英语的教材。哈尔滨职业技术学院是教育部批准的首批职业教育"走出去"试点院校之一，承担着"一带一路"职业教育工业汉语系列特色教材的编写任务，笔者负责系列教材之《焊接技术及自动化》的汉英翻译和文献的英汉翻译工作。焊接专业英语是一种具有专门用途的英语。为了让英语母语者更加有效地学习书中的汉语，英语翻译必须准确、无误、地道，同时译者还要具备相关的专业背景知识，才可以让英语母语者通过英文明白汉语的含义，并根据拼音学习汉语。笔者以翻译工业汉语系列教材之《焊接技术及自动化》为例，阐述翻译目的论视角下，翻译工业汉语系列教材时使用的翻译方法及翻译策略。

二、翻译目的论的含义

翻译目的论视翻译为一种目的性行为，即要关注翻译的受众。翻译是指在目标设置中为目标目的生成目标文本，在目标环境中生成目标受众。源文本就是一种"信息的提供"，翻译者将其翻译给目标受众[1]。Paul Kussmaul 将这种理论解释为"功能论与目的论有极大的关联性"。翻译功能论取决于目标受众的知识、期望、价值和规范，而目标受众又受他们所在环境和文化的影响。以上提到的因素都决定着是否可以保留或修改源文本的功能[2]。

翻译目的论中目的原则是目的论最基本的原则，也是最重要的原则，指的是翻译要使得译文在译文语境中发挥某种功能，能在译文文本使用者身上发挥应有的功效，甚至等同于原文在原文使用者身上发挥的功效[3]。因此，为有效实现翻译目的，译者应该根据译文的文本使用者的预期效果，灵活选择相应的翻译策略。工业汉语系列教材的目标受众是外籍员工，应使其能够掌握简单的中文焊接专业词汇、常用焊接设备操作、维修用语，读懂设备中文说明书，了解中国焊接行业标准，能在工作环境中使用简单中文进行沟通交流。所以译者要决定处于特定语境中的哪些原文语篇信息可以进行保留，哪些必须根据目标受众或译语语境进行调整，再根据译文的目标受众的需要，或采取直译，或采取意译，甚至删减、改写等。书中大部分采用中译英，译者在翻译过程中应根据译文预期要达到的目的或功能，使用符合译语文化观念的语言结构表达方式，使译文语言对译语接受者发挥良好的影响力。

三、工业汉语系列教材语言特点及翻译技巧

系列教材由相关专业教师和语言教师共同合作编写，保证教材的专业性和语言准确性。教材内容采用"短词、短语、短句(三短)，对话、规范、文献(三长)"的内容结构，用特色的"汉语拼音+中英双语"的模式结合图文并茂的形式，专业精准的词汇，地道的英语翻译以及中国系列元素编写有特色的工业汉语系列教材。外籍员工学习系列教材后可以做到能拼、会读、能理解，中国职业院校师生可以利用教材进行专业英语教学与学习。

(一)短词、短语、短句之三短

国家有相应的国家标准的焊接术语(GB/T 3375—1994)，所以专业术语可以直接使用国家标准，保证其专业性和精准性。

一词多义：根据相关专业领域决定词义的翻译，如 welder 在不同的语境下可以翻译成"焊机"也可以翻译成"焊工"。如 welding process, process 原本是"工艺流程"的意思，在国家标准中翻译成"焊接方法"。如 welding procedure, procedure 原本是"程序"的意思，这里翻译成"焊接工艺"。如焊接方向(progress of welding)中的"方向"指的是"焊接过程中运条的走向"，所以没有使用"direction"而是选择"progress"一词，这里"progress"的英文含义是"a movement forward"，不是"进展、进步"的意思。再如 treatment 原本是"治疗、对待"的意思，在焊接术语中 heat treatment 翻译成"热处理"。有些需要通过词语搭配决定词义，如单面坡口(single groove)和单边 V 形(single V-shape)的中文也存在通过词语的不同搭配，选择不同的词义。还有一些词语，词性不同，词义也不同，如 weld，其动词意思为"焊接"，名词意思是"焊缝"。同样英文单词在不同语境和词语搭配下也会存在一词多义的情况，如"filet weld"，其中"filet"原意是"肉片或方网眼的网"，与 weld(焊缝)搭配就译为"角焊缝"。再如"plug weld"里的 plug 一词，原意是"插座、塞子"，在焊接领域中翻译为"塞焊缝"。

无主短句：在短句的翻译过程中，很多短句没有主语，有些可以翻译成名词短语，有些可以采用被动语态，有些可以翻译成祈使句。例如："不引弧"没有点名出主语是谁，所以相应地翻译成名词短语"no arc"。如"心脏按压"可以直接翻译为动宾结构"press the chest"也可以翻译成名词短语"cardiac compression"。书中出现很多警示标语，可以翻译成被动句，如"必须戴防护面罩"，可以防护面罩为主语，翻译为"Protective masks must be worn."这样的被动句式。或者直接翻译为祈使句，为"Wear protective masks."又如"必须接地"译为祈使句

"Be grounded."

转换为形容词或名词结构：很多在中文文本中是动词的形式，汉译英的过程中可以将动词转换为"形容词加名词"的结构。如"根部未焊合"是表达一个动作，由于缺少主语，译者在翻译中将动作直接译为"incomplete bonding at the root"，如"角度不当"译为"incorrect angle"，"接触不良"译为"poor contact"。还可译为名词性短语，如"缺相"译为"phase shortage"，"断弧"译为"broken arc"，"常通气"译为"constant ventilation"。还可以译为形容词的形式，如"不可调"译为"non adjustable"。

（二）对话、规范、文献之三长

无主句：专业英语中经常出现没有主语的句子，翻译时可采用形式主语或选择被动句式进行翻译。如"焊接场地禁放易燃、易爆品。"中没有主语，可以采取被动句式翻译或者采用 It 形式主语的形式，可译为"No inflammable and explosive materials should be placed at the welding site."或者"It is prohibited to place inflammable and explosive materials at the welding site."如"应经常检查氩弧焊枪冷却水或供气系统情况，发现堵塞或泄漏应立即解决。"译为"The condition of the cooling water or gas supply system of argon arc welding torch should be checked regularly. If the clogging or leakage is found, they should be solved immediately."

It 句型：在翻译诸如"禁止、严禁"等这类没有主语的句子时，除了可以用上文使用过的被动句之外，还可以采用 it 来作形式主语的句型，从而使通顺的汉语句子用符合英语习惯的句型表达出来。

如"严禁在带电和带压力的容器上或管道上施焊，焊接带电的设备必须先切断电源"。可以翻译成"It is strictly prohibited to apply welding on a charged and pressure vessel or pipe, and the electrified equipment must be cut off first."

定语从句：工业汉语系列教材的最后一部分安排了英语文献，这是为了使外籍企业员工可以更加清楚明白本章节中的焊接原理，译者需要将英文文献翻译成中文以便使用者精读和泛读学习，所以中文的翻译也应该简单易懂且忠于原文。

例一：

原文：Molecular attraction and surface tension are the forces that induce metal transfer from the electrode to the work where the weld is being made in the vertical or overhead position.[4]

译文：分子引力和表面张力是促使金属从电极转移到在垂直或向上位置焊接的工件上的力。

原文表达的核心信息是"分子引力和表面张力是力"，强调什么样的力。因此，译者采用顺序加逆序翻译混合法，先顺序翻译"分子引力和表面张力是一种力"，至于是什么样的力，翻译后面的定语从句，"是一种促使金属从电极转移到工件上的力"。后面又出现定语从句修饰"工件"，逆序先翻译"在垂直或向上位置焊接的"工件上的力。

例二：

原文：A constant-current welding power supply produces electrical energy, which is conducted across the arc through a column of highly ionized gas and metal vapors known as a plasma.

译文：恒流焊接电源产生电能，电能通过高电离气柱和称为等离子体的金属蒸汽经过电弧传导。

原文中出现非限制性定语从句，从句中又出现一个后置定语，原文表达的核心信息是"恒流焊接电源产生的电能通过电弧传导"，在翻译过程中，采用顺序法，先翻译非限制性定语从句，然后再翻译后面的后置定语，解释什么样的金属蒸汽。

例三：

原文：Due to the smooth blending between the weld face and surrounding parent material, the stress concentration effect at the toes of the weld is reduced compared with the previous type.

译文：与前一种焊缝相比，这种焊缝降低了焊脚处的应力集中效应，其原因是焊缝表面和母材之间的过渡平滑。

原文要表达的核心是"这种焊缝降低了焊脚处的应力集中效应"，强调的是与前一种比较这一种的优点。英译中首先要分清英文主从句，先处理从句，再处理主句。所以要按照中文行文，先翻译事实背景再翻译判断表态的原则，译者采用逆序法将原文的顺序倒置，先翻译核心信息，再将 due to 引导的原因状语从句置后进一步说明具有这一优点的原因，采用逆序法翻译就是达到突出核心信息的目的。

四、结语

在翻译实践过程中，以目的论为指导，还要考虑忠实于原文。用翻译目的论来指导焊接专业文本的翻译，可以更多考虑目标读者的实际，可以使翻译效果等同于或优于原文效果。专业领域的文本翻译不仅仅是简单的语言转换，它有着独特的语言风格和特点、专业性、严谨性和准确性。翻译理论本身就是翻译实践的总结，专业英语翻译不只是简单的技术信息的转换，也是一种跨文化的技术交流，要分析原文本身的连贯性和专业的准确性，也要考虑目标受众的接受水平。因为工业汉语系列教材不仅可以用于外籍员工学习中文，也可以用于国内高职院校学生学习专业英语，所以翻译目的论对系列教材的翻译有积极的指导意义和实用性。在今后的工业汉语系列教材的翻译过程中，还应充分利用翻译目的论，坚持目的论的三原则，不断研究进而使译文水平逐步提高，做到翻译准确、表达流畅、语言地道。

参考文献

[1] NORD C. Translating as a purposeful activity[M]. St. Jerome Publishing, 1997.

[2] KUSSMAUL P. Training the translator[M]. Amsterdam：John Benjamins Publishing Co, 1995.

[3] 黄海英, 邓华. 浅谈翻译目的论的三原则. 湖北函授大学学报[J], 2015, 28(22): 159-160.

[4] 杨淼淼, 王微微. 工业汉语系列教材之焊接技术及自动化[M]. 张建, 译. 北京：国家开放大学出版社, 2018.

[5] 王景志. 功能派翻译理论在科技英语翻译中的应用：基于焊接技术文本英译汉翻译实践[D]. 聊城：聊城大学, 2014.

跨文化语境下的工业汉语海外传播与应用研究

——以非洲"鲁班工坊"建设为例

赵丽霞　张　建

哈尔滨职业技术学院，黑龙江哈尔滨，150081

摘要：在国家"一带一路"建设背景下，中国职业教育"走出去"试点工作取得显著成效，为进一步落实习近平总书记中非合作论坛要求，学院通过建设非洲"鲁班工坊"来培养"精技术、通汉语、懂文化"的技术技能人才并建立以"工业汉语"为载体的"语言+技术"海外技术技能人才培养模式。本文以非洲"鲁班工坊"建设为例，结合学院在职业教育"走出去"试点工作实践中的经验和做法，在跨文化语境下，探析"工业汉语"的海外传播与应用。

关键词：跨文化语境；工业汉语；海外传播；鲁班工坊；技术技能型人才

随着越来越多的国内高职院校、标杆企业、行业协会等主动融入"一带一路"建设工作，伴随企业"走出去"，开展技术推广服务，推动中国职业教育和企业"走出去"，服务国家"一带一路"倡议，势必要有一种语言来支持"中国制造"走向世界，提升"中国制造"在世界的影响力。高职院校中，哈尔滨职业技术学院于 2015 年被批准为首批在有色金属行业开展职业教育"走出去"试点项目学校，在职业教育"走出去"三年多的工作实践中，经调研发现英语并不是"一带一路"共建国家的通用语言，据不完全统计，"一带一路"共建国家共有 53 种官方语言，涵盖 9 大语系的不同语族和语支[1]。为满足当地技术技能型人才岗位的需求，为中国"走出去"企业培养急需的技术技能型人才和国际化创新型人才，满足跨国技能培训与学历教育的需要，对接国际岗位技能标准，将技能培训与中国文化相结合，我们需要在技术领域建立一类通用的标准语言。基于"技文融合，跨境共享"的理念，哈尔滨职业技术学院首次提出将"工业汉语"作为一种专门应用于工业领域的通用的技术类语言。

为落实习近平总书记中非合作论坛要求，即要在非洲设立 10 个"鲁班工坊"，向非洲青年提供职业技能培训，试点工作就需要以建设"鲁班工坊"职业教育走出去为方向开展职业教育"走出去"，提供职业教育中国方案以及提出非洲职业教育策略。"鲁班工坊"可以切实推进共建"一带一路"教育行动，为"走出去"中国企业在当地培养既懂中国技术和设备标准，又懂汉语和中国企业管理文化的大量一线技术技能型人才。在党的十九大报告中习近平总书记强调"推进国际传播能力建设，讲好中国故事，展现真实、立体、全面的中国，提高国家文化软实力"。[2]在"鲁班工坊"的建设过程中，"工业汉语"在跨文化语境下可以成为传播中国文化、使"一带一路"共建国家的人民进一步了解中国以及中国文化的载体。因此，笔者尝试以非洲"鲁班工坊"建设为例，在跨文化语境下，探析"工业汉语"的海外传播与应用。

一、跨文化语境下的工业汉语内涵与价值

在应用语言学语境下，语言学家提出专门用途语言（language for specific purposes, shortened as LSP）[3]。专门用途语言是使用者为了特殊目的需要使用的一种目标语言，以往通常情况下我们认定英语为目标语言，我们称之为专门用途英语（English for specific purposes, or ESP）。同样地，我们在非洲建设"鲁班工坊"，为中国企业培养"精技术、通汉语、懂文化"的技术技能人才，传播中国文化并推广汉语，让汉语成为工业标准语。我们提出了在工业技术领域中建立一种具有专门用途的通用汉语，即工业汉语。其内涵主要体现在以下方面。其一，从外部功能来看，"工业汉语"是具有中国文化内蕴及专业特色的具有专门用途的语言，是对中国技术、中国文化、工匠精神的集中显现，其本身就是一种特色鲜明且具有创新性的语言。它作为一种媒介语，为中国海外企业培养"精技术、通语言、懂文化"的高水平跨国技术技能型人才。其二，从内部功能来看，"工业汉语"可以做到真正的双语，在汉语的基础上配有专业英语或俄语等多种语言，汉语为母语的外语学习者可以通过"工业汉语"学习相应的专业外语，而外语为母语的汉语学习者可以通过"工业汉语"学习相关领域的专业技术汉语。其三，"工业汉语"虽然是植根于中国技术、中国文化土壤中的产物，但不是静止不变的。在跨文化语境以及全球化、跨文化传播中，它的形态与特征也在不断嬗变，呈现出传统与当下、本土元素与外来元素相融的趋势。

二、"鲁班工坊"建设中工业汉语的特点与优势

非洲"鲁班工坊"的建设，必须要因地制宜、因势利导，面向当地经济发展急需的领域，同时满足中国企业"走出去"发展的技能人才需求，既要充分借鉴"走出去"企业及国内高职院校海外办学的成功经验，又要结合当地实际情况，形成本土化独具特色的"鲁班工坊"办学模式，全方位探索"鲁班工坊"的发展模式，切实发挥其标杆作用，不断拓展"鲁班工坊"服务功能，协助非洲各国家在职业教育顶层设计、课程开发、师资培训、资源整合、质量评估等方面开展工作，促进中国职业教育标准国际化，为职业教育提出中国方案、推动中国工业技术标准、中国产品、中国文化走向世界。

在"鲁班工坊"建设过程中，传播中国职业教育，为非洲各国培养技术技能型人才。"走出去"企业建立"语言+技术"的人才培养模式，将"工业汉语"培训纳入企业人才业绩考核标准、选拔标准中，将"工业汉语"作为专业技能培训的通用工业标准语。当然，"工业汉语"应有其特殊功能，不仅是海外企业员工掌握中国技术（科学技术、生产技术、工业技术）的学习手段，也是其沟通交流的语言方式，更是其了解中国文化的重要媒介。因此，"工业汉语"应高度提炼与专业化、简单易懂，学会就能使用，并能在学习过程中提升学习者对中国文化的认知度。所以工业汉语在技术类知识背景下，选择技术类关键词作为通用词，建立语言标准和规范。工业汉语既具有专业的技术性特征，呈现出相应的特殊性和专业性，有效回避了语言宽泛性的特点，同时也具有自身的特点，作为一种具有专门用途应用于技术领域的汉语而有别于其他普通汉语。

三、跨文化语境下的工业汉语的传播与应用

(一) 编写工业汉语系列双语教材及配套教学辅助资源

在职业教育"走出去"试点工作和"鲁班工坊"建设过程中，我们发现，在合作的国家和地区中，受其经济和科技水平发展的限制，其教学设施参差不齐，缺少相关支撑专业技能培训的教材资源，而国内教学资源并不适合在当地直接应用。哈尔滨职业技术学院成立"专业教师+外语教师"的专业团队编写了多专业、多语种、多层次的工业汉语系列教材，解决了对外授课培训教材不适用问题。开发了智能图书英文索引目录生成系统、工业汉语词典 App 等专用软件和配套的教学辅助资源。系列双语教材是培养双语技术技能型人才的专业教材，同时，对接国际标准和当地标准，形成"技文融合，跨境共享"的工业汉语课程与教学标准。有效解决了传统教学内容方法与职业教育"走出去"教学实施过程不匹配，不能与海外教育教学各环节有机融合的问题。工业汉语系列双语教材采用"工业汉语"为技术类标准语言，使教材成为工业领域内通用语言的教学用书，结合"鲁班工坊"的建设和职业教育"走出去"试点工作的开展，将技术技能、语言提升和传统文化有机融合，并以国际标准和当地标准为基础，突出中国标准，让工业汉语在海外得到广泛传播及应用推广，使其兼顾传播技术技能和中国文化双重效果。

(二) 提高对外传播能力，建设一支高素质、专业化的"双语双师"师资队伍

随着学院教师赴非洲赞比亚开展试点工作，教师的理论教学水平、实践指导能力、英语语言综合运用能力均得到很大提升，为了进一步提高工业汉语对外传播能力，解决人才稀缺的现象，必须培养一支"专业技能+外语能力"双高的"双语双师"师资团队，提升工业汉语教学水平。"双语双师"教师团队不仅可以将工业汉语进行海外传播，培养精技术、通汉语、懂文化的本土技术技能人才，同时也可将工业汉语在国内推广教学，为国内高职院校培养满足企业的用人需求、能够熟练掌握专业外语的高水平技能人才。

(三) 以"工业汉语"为载体，提升中国文化对外传播力

语言与文化就好似一双筷子，两根筷子互为支撑，不可或缺，所以，语言传播必定涉及文化的传播。中国文化已经潜移默化地成为当代人类文化实践的基本传播媒介与意识形态，"工业汉语"的价值就更加凸显，它作为一种媒介语言在促进文化传播过程中发挥着不可替代的作用。任何一种语言首先具有社会文化方面的交际功能，交际功能是语言最重要的社会功能。作为文化的记录者和传播者，语言也成为社会文化的重要载体。

由于非洲各国与我国处在不同的文化圈中，在政治体制、文化背景、宗教信仰、风土人情、教育状况、社会经济发展等方面，都存在着很大的差异，所以我们在为当地企业员工提供专业技能培训的同时，也在了解不同国家的文化差异和多样性。工业汉语是以技术类语言作为具有两个不同文化背景人们之间交流的手段，破解语言障碍难题，划定语言交流的场景和范围，建立统一的技术类语言标准，完善技术交流和文化交流。

(四)以"鲁班工坊"为媒介,扩大中国职业教育对外传播的品牌影响力

近几年我国优质职业教育校企协同境外办学的实践,有效地服务于国家"一带一路"倡议,初步形成了中国职业教育的品牌和影响力,中国职教的品牌为"一带一路"共建国家所广泛认可。职业教育形成品牌和影响力主要体现在三个方面:一是教育理念要先进,职业教育就是要突出高素质技术技能和工匠精神,中国的职业教育在非洲各国打造技术技能型人才方面起着非常重要的作用。二是教学标准,就是要建立行之有效的可以通用共享的国际统一标准,教学的标准要达到国际先进的水平,职业教育对接国际先进标准,构建"语言+技术"的人才培养模式,形成完整的课程建设方案,促进我国优质职教资源共享和教育教学水平提升。三是教育资源开放,就是对外传播优质的教育教学资源和共享技术类语言标准。

以"鲁班工坊"的形式传播中国职业教育,扩大"鲁班工坊"在非洲的辐射区域,全方位探索"鲁班工坊"的发展模式,切实发挥其标杆作用,使"鲁班工坊"成为传播中国发展理念的职教品牌。

(五)增强"工业汉语"对外传播的针对性和实效性

受众是对外传播的出发点和落脚点。没有受众,就没有传播活动,更谈不上传播效果。"鲁班工坊"建设是为服务"一带一路"倡议,为非洲本土企业及中资海外企业培养急需的、熟悉中国技术、了解中国工艺、认知中国产品、认同中国文化的非洲本土技术技能人才。"工业汉语"及其配套的教材和课程资源的推广和应用,明确目标受众,深入了解并研究分析目标受众的需求;要适当增加与本土受众息息相关的内容,并在传播中巧妙地体现中国文化,努力在想要传播的信息和受众想要了解的信息之间找准结合点,从而赢得受众的认可与支持。

非洲"鲁班工坊"建立以"工业汉语"为载体的"语言+技术"海外技术技能人才培养模式;促进中国职业教育标准国际化,进而带动中国工业技术标准输出;推动职教交流,传播中国职业教育和工匠精神,共同提升非洲本土技术技能型人才培养质量,促进非洲社会经济发展,提升中国企业的竞争力;促进中国文化传播,提升中国产品和文化在非洲的认可度;促进民心相通,文化交融,经济共荣。

参考文献

[1] 胡邦胜.我国对外传播需实现四大战略转型[N].学习时报,2017-04-17(2).

[2] 习近平.决胜全面建成小康社会夺取新时代中国特色社会主义伟大胜利———在中国共产党第十九次全国代表大会上的报告[EB/OL].(2018-10-28)[2018-12-20].http://cpc.people.com.cn/n1/2017/1028/c64094-29613660.html tdsourcetag = s_pcqq_aiomsg.

[3] TRACE J, HUDSON T, BROWN J D. An overview of language for specific purposes[J]. In TRACE J, HUDSON T, BROWN, J D. Developing courses in languages for specific purposes, 2015: 1-22(NetWork # 69).

"四位一体，八双育人"：新时代中国职教的创新与共享

——广东建设职业技术学院境外办学析例

曾仙乐 赵鹏飞 陈光荣

广东建设职业技术学院，广东广州，510440

摘要： "一带一路"建设背景下，广东建设职业技术学院参与职业教育"走出去"试点项目，以五年办学历程、五大重点举措凝练形成"四位一体，八双育人"境外办学模式，为职业教育"走出去"服务中国企业做出有益探索。这种境外办学既促进了部分产业的国际竞争能力提升，也扩大了中国职业教育的国际影响。

关键词： 境外办学；"一带一路"；校企协同；共同体；模式

"一带一路"建设是我国在新的历史条件下实行全方位对外开放的重大举措和推行互利共赢的重要平台。随着"一带一路"建设向更高水平、更广空间迈进，"走出去"的中国企业寻求更加广阔的发展空间。2015年底，以中国有色矿业集团作为试点企业，以广东建设职业技术学院等8所院校为试点学校，我国在赞比亚（非洲）开展首批职业教育"走出去"试点。

该试点项目在赞比亚建成了中南部非洲最优质的职业技术学院——中国-赞比亚职业技术学院（以下称"中赞职业技术学院"），开发了5个纳入赞比亚教学体系的专业教学标准，建设了当地一流、设备先进、资源丰富的图书馆和专业实训室，成立了海外学习中心和专门教授工业汉语的孔子课堂，取得了良好的社会效果。中赞职业技术学院为中赞及中非全面务实合作注入了新动力，为提高赞比亚职业教育水平和就业能力贡献了中国方案，充分呈现了中国推进职业教育发展的重大举措，展示了新时代新职教的发展前景。目前广东建设职业技术学院已探索形成"四位一体，八双育人"的境外办学模式，并计划参照该模式在"一带一路"共建国家继续开展职业教育"走出去"建设。

一、五年办学历程

广东建设职业技术学院是广东省唯一一所公办建筑类高职院校，是建筑业高素质技术技能人才培养的主要基地和"现代鲁班"摇篮。办学41年来，该院扎根南粤大地，服务"一带一路"，培养培训了20多万名高素质技术技能型人才，为广东省建设行业与经济社会发展做出了积极贡献。

2015年，习近平主席出席中非合作论坛，提出"中非十大合作计划"，其中包括"设立一批区域职业教育中心和若干能力建设学院，为非洲培训20万名职业技术人才"。同年，教育部助力重点行业到国（境）外办学，开展职业教育"走出去"试点。教育部办公厅印发《关于同意在有色金属行业开展职业教育"走出去"试点的函》，依托中国有色矿业集团驻赞比亚企业

开展试点，探索与中国企业和产品"走出去"相配套的职业教育发展模式，提升我国产业国际竞争力和职业教育国际影响力，此举在全国具有开创性和引领性意义。

2016年，教育部确定8所职业学校作为首批试点项目学校，与中国有色矿业集团共同开展试点工作。8所试点学校分别为广东建设职业技术学院、北京工业职业技术学院、哈尔滨职业技术学院、南京工业职业技术学院、湖南有色金属职业技术学院、陕西工业职业技术学院、白银矿冶职业技术学院等。同年，在赞比亚启动首期职业培训。

2019年，中赞职业技术学院正式揭牌成立，首批专科层次学历生入校。广东建设职业技术学院以"建海外分校、办特色专业"的办学理念建成中赞职业技术学院广建分院("鲁班学院")，开设建筑技术等专业，建设建筑工程技术生产性实训基地(海外)，充分发挥建筑类专业办学特色和"现代鲁班摇篮"优势，主动发掘和服务"走出去"企业需求，助力当地工业发展，促进中非人文交流，落实中非合作论坛任务，培养了一批中国企业海外生产经营急需的、具有国际视野、通晓国际规则的本土技术技能人才。

二、两大核心内涵

中赞职业技术学院是经赞比亚职教局批准、具有高职层次学历教育资质的独立教育机构。学历教育主要招收赞比亚优秀高中毕业生，培养技术人才；职业技能培训主要面向中国企业员工和社会人员，提高学员技能，满足企业或社会需求，帮助赞比亚发展生产力。经办学实践与理论探索，广东建设职业技术学院结合当地教育特点及我国优秀职教资源，形成了"四位一体，八双育人"的境外办学模式。

"四位一体"包括两层含义：一是指"政、行、校、企"共同体，合作四方按照"政府引导、行业协调、企业主建、院校主教"的原则共商共建，其核心是建设境外校企命运共同体；二是指"产、教、研、服"综合体，涵盖了产业、教育、研究、服务四个领域。

"八双育人"是指从八个维度创新性地全方位育人。具体包括"职业培训+学历教育"双形式、"线上+线下"双平台、"学习+生产"双路径、"本土+中国"双地区、"主讲+助教"双师资、"东道国+中国"双标准、"培养人才+发挥作用"双效果、"学员+学徒"双轨道等。

三、五大重点举措

广东建设职业技术学院以高等学历教育和职业技能培训为基础，面向驻赞比亚企业员工和赞比亚社会开展汉语教学，面向中国与赞比亚职业教育改革开展学术研究，从多维度提高境外办学质量。

(一)重视师资队伍建设，提升双语双师能力

五年来，广东建设职业技术学院累计派出10余批次、近30人次教师赴赞比亚开展教学与调研，累计培养了当地学员300余名。制订了完整的职业教育"走出去"师资计划，包括师资选拔、培训、激励、轮换及本土教师的培养等。参与培养方案制定和课程研究开发的教师包括赴赞教师、专业主任、企业工程师、赞方代表等。该院还重视教师双语能力的培养，与新西兰高校合作开展专业双语教学能力培训，与中国有色矿业集团、赞比亚铜带省大学合作

开展赞比亚本土英语培训和赞比亚当地文化培训，提升"走出去"教师的双语教学技能和本土适应能力，形成了"主讲+助教"的团队教学组织形式和"本土+中国"的师资队伍建设标准。

(二) 深化产教融合，建设校企命运共同体

针对企业在生产经营中遇到的缺少本土技术技能型人才和管理人才的难题，广东建设职业技术学院与项目组团队协同开展专题调查，研究对策，从多方位、多角度将教学目标与企业需求相结合，以企业需求为导向实施人才培养。在深化产教融合、校企合作的同时，服务经济全球化和国际产能合作。广东建设职业技术学院累计参与开设 17 期企业员工技能培训班，涉及建筑、机电、计算机、汉语等多个专业。该院开设的架子工培训，极大提高了赞比亚本土员工的技术水平，消除了安全隐患，被赞比亚学员评价为"简单、实用、易懂"。

(三) 推动中国标准"走出去"，弥补当地空白

广东建设职业技术学院依托鲁班学院，探索形成"技术标准引领职业标准、职业标准引领职业教育标准"的中国标准国际化实现路径。标准的推广应用，规范了生产操作，提高了企业效率，填补了当地标准空白，有力促进了当地生产与社会经济协调发展，厚植了中国企业文化与中国技术，为扩大企业和中国职业教育国际话语权、增强国家软实力做出了有益贡献。

(四) 重视理论研究，及时总结经验

该院协同有色金属工业人才中心成立"一带一路"鲁班学院研究中心，组织召开首次职业教育"走出去"试点工作研讨会、教学管理研讨会及课题研讨会等，培养了一批具有国际化水平的专业教师、管理人员和研究人员，形成了一批具有代表性的研究成果。

(五) 传播中华文化，促进民心相通

融入中国元素开展专业技术和专业汉语教学，发扬鲁班工艺和中国工匠精神，在赞比亚培养认同中华优秀传统文化的技术技能人才，扩大中华文化和中国职业教育在非洲的影响，为培养心心相印的"一带一路"建设者、搭建民心相通的桥梁发挥了重要作用，为"走出去"企业提供了可靠的人力资源保障。

四、社会影响

"四位一体，八双育人"境外办学模式建设了校企命运共同体，积累了中国职业教育海外办学经验，其国内示范作用不断加强，国际积极影响逐步扩大。

广东建设职业技术学院确立了"当地离不开、业内都认同、国际可交流、模式可复制"的发展目标，办学成果得到赞比亚政府、当地人民、"走出去"企业的高度肯定，相关经验入选《2018 中国高等职业教育质量年度报告》，并在《光明日报》《中国教育报》《南方日报》《中国建设报》、中国教育电视台等多家媒体报道。当地政府曾多次表示支持与感谢，伦古总统赞扬该项工作是一项利国利民的长远计划，职业教育与培训管理局(TEVETA)局长曾亲自访问广东建设职业学院；教育部职成司曾专门调研和考察试点项目工作，对企业员工培训、留学

生选派、中赞职业技术学院建设等工作提出了指导性意见；中国有色矿业集团致感谢信给教育部，高度肯定广东建设职业学院的境外人才培养工作；广东省教育厅高度重视该项目建设，将其纳入《广东省教育厅关于推进共建"一带一路"教育行动计划(2018—2020年)》。

　　广东建设职业技术学院全力参与的职业教育"走出去"试点项目已逐步成为境外办学的知名品牌，是中国职业教育境外办学的一张亮丽名片。相关办学经验已趋于成熟，未来将逐步扩大试点范围，在非洲的刚果、东南亚的印度尼西亚、中亚的哈萨克斯坦等国开展建设调研与实践探索，与世界各国共享职教"走出去"经验和成果。

参考文献

［1］习近平.开启中非合作共赢、共同发展的新时代——在中非合作论坛约翰内斯堡峰会开幕式上的致辞［EB/OL］.［2015-12-04］.http://news.xinhuanet.com/politics/2015-12/04/c_1117363197.htm.

线上课程资源库在职业教育"走出去"过程中的作用以及建设对策研究

杜丽敏　曹　洋　张　建

哈尔滨职业技术学院，黑龙江哈尔滨，150081

摘要： 线上课程资源库依托互联网平台实现了职业教育资源的多元化、精品化，其在职业教育"走出去"过程中发挥了巨大的作用，尤其是推动了产教融合新模式发展，解决了海外人才培养中所存在的脱离实际需求的实际问题。本文立足于线上课程资源库建设背景，提出线上课程资源库在职业教育"走出去"过程中的作用，剖析线上课程资源库在建设中存在的问题，提出建设线上课程资源库、推动职业教育"走出去"的具体对策。

关键词： 线上课程资源库；职业教育；"走出去"；互联网

线上课程资源库是大数据技术融入职业教育体系的产物，线上课程资源库建设为职业教育的供给侧结构性改革提供了优质平台。2020年印发的教育部等八部门《关于加快和扩大新时代教育对外开放的意见》明确提出要加强优质教育"引进来，走出去"。积极推动应用型本科、职业院校配合我国企业"走出去"，开展协同办学，实现共同发展。在职业教育"走出去"过程中职业院校必须要加强线上课程资源库建设，通过有机融合线上课程和线下教学两种教学场景，优化国际人才培养模式，推动职业教育"走出去"的高质量发展。

一、线上课程资源库建设背景及职业教育在"走出去"中的作用

(一)线上课程资源库建设背景

线上课程资源库就是网络课程资源的统称，其依托于互联网、大数据技术，通过整合课程资源构建多元化、个性化的教学资源体系。随着职业教育信息化的发展，线上课程资源库建设具有内在发展特征。

(1)大数据技术的发展促进了线上课程资源库的建设。例如微课、云平台的应用为线上课程资源库建设提供了平台。

(2)我国职业教育"走出去"战略要求实施线上课程资源库建设。推动职业教育"走出去"的关键就是要推动国内外职业教育课程的共享。课程共享则必须利用大数据技术构建的资源库来实现，通过线上课程资源库整合国内外职业教育资源，从而为本院校学生提供最优质的教育资源，缩短学生专业知识储备与就业岗位要求的距离。

(3)疫情的暴发推动了线上课程资源库的快速发展。疫情的发生促使职业教育教学工作出现新的特点："停课不停学"线上教学。因此，线上教学的广泛开展进一步推动了线上课程

资源库的建设。

（二）线上课程资源库在职业教育"走出去"过程中的作用

职业教育"走出去"不仅是我国国际地位提升的显著特点，也是推动职业教育资源共享共建的重要举措。在大数据技术推动下，世界一体化特征越来越明显，尤其是习近平总书记提出"人类命运共同体"后，加快推进职业教育"走出去"是职业教育改革的重要内容之一。职业教育"走出去"的核心是教育资源。在职业教育信息化背景下，线上课程资源库在助力职业教育"走出去"的过程中发挥巨大的作用。首先，线上课程资源库能够构建符合海外项目的教学资源项目库，加快推动职业教育"走出去"的高质量发展。目前制约职业教育"走出去"的关键因素就是教学资源脱离海外工程项目，导致所培养的人才脱离实际需求。线上课程资源库的建设则可以利用大数据技术将各种优质的学习资源，尤其是将海外项目的真实案例引入教学体系，拓展学生的学习层面。其次，在线课程资源库的交互性扩大了职业教育"走出去"的影响力。在线课程资源库打破了传统的地域、时间的限制，教师和学生可以通过互联网技术实时在线交流学习。在职业教育"走出去"的过程中部分国家的学生可能会对职业教育质量存在各种疑虑，而在线课程资源库的建设则可以让学生实时了解相应的专业知识，拉近与职业院校的沟通距离，从而有效扩大职业教育"走出去"的影响力[1]。

二、线上课程资源库建设存在的问题

线上课程资源库建设是职业教育"走出去"的基本要素。在职业教育"走出去"过程中，线上课程资源库建设虽然取得了较大的成效，例如线上课程资源库标准越来越完善、职业院校对其建设的重视程度越来越高，但是也存在以下问题：①线上课程资源库的内容选择仍然以面向授课教师、高职院校学生为主，缺乏复合型知识。职业教育"走出去"不仅要向学生积极开展本专业的技能知识教学，还要向学生讲解关于海外国家的人文风俗等，但是目前在线课程资源库偏重理论知识，而忽视实践操作技能，尤其是综合型知识的学习。②在资源库共享共建上存在不足。在线课程资源库最显著的特征就是共享共建，职业教育"走出去"需要将海外项目岗位要求、本国优质资源等融合在一起。但是目前在资源共享上存在滞后性，导致职业教育"走出去"成本偏高。③高职院校教师的大数据操作技能有待提高。线上课程资源库建设需要教师的参与，但是根据调查，高职院校教师在大数据技术应用上存在技能不足的缺陷。

三、建设线上课程资源库，推动职业教育"走出去"的具体对策

基于职业教育"走出去"战略的实施，职业院校要以服务人才培养和产业发展为主要目标，搭建职业教育课程国内外共享平台，加快建设线上课程资源库，推动优质资源共享，加强学校、企业合作，优化国际人才培养模式，降低中国职业教育"走出去"的成本。建设"在线为媒，课程为体，教育为用"精品资源共享课程、精品在线开放课程及专业教学资源库，以服务本校及社会学习[2]。

（一）明确线上课程资源库建设目标，统一资源库建设标准

线上课程资源库建设的首要任务就是明确线上课程资源库建设的具体应用对象和用途。基于职业教育"走出去"战略的实施，高职院校在线课程数据库的使用对象主要是教师和学生（海外人才）。因此，一方面要保证在线课程资源库具有丰富的教学素材，能够体现职业教育"走出去"的本质内容。另一方面要满足学生多元化的学习需求，通过系统的教学资源构建线上线下的混合式教学模式，让学生可以自主学习优质资源。同时，在职业教育"走出去"的过程中，实现资源共享共建的关键就是要保证课程资源库具有统一的标准，避免因标准不统一而导致优质资源不能共享的现象发生。

（二）丰富在线课程资源库内容，创新教学模式

职业教育在"走出去"的过程中必须加强与海外项目的对接。因此，一方面职业院校要制定明确的课程资源库内容定位标准，按照海外人才培养的要求对资源库内容进行模块化划分。在线课程资源库建设的最终目的就是提高学生的实践操作能力。因此，在资源库内容选择上必须要体现先进性、实效性的特点，将能够增强学生实践能力的内容引进来。例如高职院校要加强与海外项目的对接，将海外项目的最新技能标准引入资源库体系，让学生接触最新的知识[3]。另一方面要创新教学模式，利用在线课程资源库为学生提供个性化、多元化的教学模式，调动学生的学习积极性。例如教师可以通过在线课程资源库构建微课教学模式，实现专业知识的集中讲解。

（三）加快资源共享共建，深化校企合作

在线课程资源库建设必须遵循共享共建原则。因此，一方面高职院校之间要加强合作，积极开发优质的教学资源。例如在职业教育"走出去"的过程中，职业院校联盟组织要发挥作用，加大院校之间优质资源的整合力度，降低重复建设成本。另一方面要深化校企合作，将企业优秀的项目资源引入数据库建设，为学生提供优质的学习资源。例如我国职业院校要加强与海外职业院校的合作，根据海外职业教育的不足实施有效的"走出去"策略，提高职业教育"走出去"的质量。

参考文献

[1] 洪国芬，阚宝朋. 基于职业教育专业教学资源库的智慧课堂教学模式构建研究[J]. 深圳职业技术学院学报，2019，18(5)：34-40.

[2] 龚洁. 信息化技术在《平法识图与钢筋算量》课程教学中的应用[J]. 中小企业管理与科技，2019(4)：127-128.

[3] 侯兰. 职业教育专业教学资源库建设思考——以工程造价专业教学资源库为例[J]. 现代职业教育，2019(30)：138-139.

"一带一路"背景下高职院校资源开发类专业教师教育与专业发展路径研究

冯 松

湖南有色金属职业技术学院, 湖南株洲, 412000

摘要: 在"一带一路"背景下, 资源开发类专业教师的发展逐渐成为教育国际化中的一个重要课题。本文分析了高职院校资源开发类专业所面对的挑战、教学的基本现状和教师发展的内涵, 讨论了高职院校资源开发类专业教师教育与专业发展路径, 认为高职资源开发类专业教师要从五个方面提升自我, 即提高资源开发类专业教师终身学习意识、协调资源开发类专业教师教学与科研、构建资源开发类专业"双师型"双语教师、优化资源开发类专业教学环境和提高资源开发类专业教师地位, 这样才能打造过硬的资源开发类专业师资队伍。

关键词: "一带一路"; 资源开发类; 教育与专业发展; 路径

"一带一路"倡议贯穿亚洲、欧洲、非洲大陆, 涉及沿线 64 个国家的中心城市和重要港口。在"一带一路"背景下, 中国区域经济发展迅速, 社会对应用型、技术型人才的需求不断增加, 高职院校人才培养的数量和质量已远远不能满足区域经济发展需求。基于此, 应推进高职院校资源开发类专业建设, 提高高职院校技能型人才培养质量, 培养适合"一带一路"发展的优质资源开发类专业国际化人才。因此, 有必要探索资源开发类专业教师教育与专业发展路径。

一、"一带一路"背景下资源开发类专业所面临的挑战

在"一带一路"倡议下, 中国有色矿业集团有限公司在国外发展迅速, 为资源开发类专业的学生提供了良好的就业机会, 并带来了一定的挑战。目前, 湖南有色金属职业技术学院培养的资源开发类学生主要面向国内矿山, 不能满足"一带一路"发展的需求。2016 年 4 月 22 日, 湖南有色金属职业技术学院在赞比亚开始海外办学, 总共有 12 名学院教师被派往赞比亚从事资源开发类专业课程的培训工作, 学院每年都有资源开发类专业的学生在赞比亚从事矿山开采设计工作。在资源开发类专业教学方面, 专业教师必须具备扎实的矿山设计和建设能力, 同时要了解"一带一路"共建国家的多种文化和信仰。因此, 学校应加强双语教学, 增加"一带一路"资源开发类专业的教学内容, 增强学生适应当地文化和信仰的能力, 培养具有"一带一路"国际化矿山设计能力的优秀人才, 这对高职院校资源开发类专业来说是具有挑战性的艰巨任务。

二、"一带一路"背景下资源开发类专业教学的基本现状

(一)教学方式乏味

目前,学院教室配备了多媒体等教学设备,但许多教师仍然坚持使用板书的传统教学方式,执行简单的理论讲解。一些老师上课只对着PPT讲课,并且不与学生互动,导致了乏味的专业教学模式。对于当今流行的教学模式(如微课和慕课等),专业老师很少进行尝试。这种单一且连续的教学方法,导致学生对专业课没有兴趣,长期以来无法满足学生的需求。

(二)教育理念守旧

单一的教育模式很大程度上是源于保守的教育理念。大多数专业教师一直认为考试分数很关键,教育理念一直没有得到创新。随着"一带一路"的不断深入,中国高等职业教育的人才培训模式逐渐与国际接轨,引入了许多先进的教育理念。对于资源开发类专业的学生,专业老师应进行研究和分析,专注于各种教学方法,创新教育理念,以帮助学生毕业后适应工作,而不是为了考试而学习。

(三)"双师型"教师不足

通过对高职院校资源开发类专业教师的工作经历调研,发现大多数的教师是毕业后直接进入学校当教师,没有在企业工作的经历。这种情况表明,高职院校资源开发类专业的教师虽然具有扎实的专业理论基础,但实践教学能力不足,这可能会导致学生在学习专业课时,教师只讲理论课,而忽视了实践课的讲解,学生对专业学习不感兴趣,同时还缺乏一定的动手能力。

(四)评价方式单一

近十年来,学生的专业水平测试主要通过参加考试、平时课堂表现和课后作业等方式综合得分,这一评价学生能力的方式单一。大多数教师还是根据印象分配分数,有的学生专业基础差,通过认真学习之后可能成绩还是不够好,由此教师看不到学生做出的努力,忽略学生在学习过程中的进步,缺乏对学生个人能力的评估,直接导致评估结果不准确,不符合高职院校学生培养的基本要求。

(五)师生缺乏沟通

有的专业老师一个学期结束了都没有完全认识学生,没有交流,就无法了解学生的需求。有些专业老师只把自己看作传递知识的老师,还有的专业老师仅完成课堂上的教学任务,而没有与学生进行交流和反思。由于师生之间缺乏沟通,老师很难激发学生学习知识的兴趣和热情。由于学生对专业课的兴趣缺乏,老师没有真正了解学生所要学习的知识是什么,导致部分学生出现缺勤、迟到和早退等现象。

（六）专业学习深度不够

在"一带一路"背景下，高职院校资源开发类专业的学生，尤其是去海外矿山企业工作的学生，在懂技术的同时更要学好专业等课程。我国部分高职院校对毕业生专业等级证书的级别没有要求，这就导致了大部分资源开发类专业学生毕业时的专业水平，远远达不到"国际化"要求。因此，资源开发类专业学生在从事海外工作时，与当地人交流易出现困难，从而影响工作的进展。

三、"一带一路"背景下资源开发类专业教师发展内涵

高职院校从事资源开发类专业教学的教师要确定和明确教师前进的目标，这也是教师发展研究中的一个主要问题。首先，高职院校资源开发类专业教师不仅要精通本专业的相关知识，而且要学习"一带一路"共建国家的多种知识和文化，并且通过学习完整的知识和文化体系，成为具有国际视野的教师。其次，从事资源开发类专业教学的教师还必须接受新的思想和观点，不断充实自己，更新知识结构，凭借高水平的专业教育理论和广阔的视野，指导学生完成高水平的教学实践。从事资源开发类专业教学的教师不仅应注意教授专业的学科知识，而且还应注意其实践中的技术技能，即教师的素质（能力）和服务社会的能力。从综合的角度来看，专门从事高职院校资源开发类专业教学的教师具有两个能力：信息技术能力和社会服务能力。教师通过学习和自我反思，逐步实现知识和能力的提高。

四、"一带一路"背景下资源开发类专业教师教育与专业发展的路径

（一）提高资源开发类专业教师终身学习意识

在"一带一路"背景下，资源开发类专业教师必须提高自己的终身学习意识和危机意识，认识到教育和专业发展的重要性，以便能够不断地努力学习并不断改善教育和教学实践；随着教育改革进程的加快，必须加强教育方法和策略，以巩固教育思想并不影响教育工作的质量。资源开发类专业教师必须认识到"一带一路"对资源开发类专业人才培养的目标，从而不断更新知识和技能，并与职业发展时代保持同步。在资源开发类专业教学过程中，教师除帮助学生获得丰富的专业知识和技能外，更重要的是培养多元文化的沟通技巧，以便使学生能够适应未来的职业并提高包容性文化素养。教师应该主动学习国外先进教学方法和理念，从而在教学语言和教学思维上加以创新。另外，随着现代高职教育的迅速发展，专业教育越来越多地应用现代教育技术。资源开发类专业教师还应加强对信息技术的系统学习，以激发学生对专业学习的兴趣和热情。

（二）协调资源开发类专业教师教学与科研

有效地协调教师教学和科研工作，这也是促进资源开发类专业教师教育和职业发展的关键，并有助于提高资源开发类专业教师的整体素质。由于教学压力相对较大，部分教师往往将全部精力放在教学工作当中，忽视了参与科研活动，导致无法适应当前教学改革的潮流，

因此，应该做好两者的有效平衡，使教师逐步树立科研意识，认识到科研活动对教学工作的推动作用[1]。除了学校组织的专业培训外，资源开发类专业教师还必须刻意进行自学以加强专业渗透，除了关注教学和知识积累，还应该依靠自己的专业优势来阅读和学习相关的专业外语文献或出版物，并了解最新的行业发展趋势，以便更好地进行教学和科研准备。一方面加强对科学研究和专业知识的深入学习，教学与科研具有相互影响和相互促进的内在联系，教师必须增强面向未来的意识，才能实现科研能力和教学水平的同时提高。另一方面加强教师之间的交流，面对问题以主题形式逐步解决。有效的教学与科研协调可以继续提高资源开发类专业教师的专业发展能力。

(三)构建资源开发类专业"双师型"双语教师

缺乏"双师型"双语教师是目前许多高职院校所遇到的一个困难。资源开发类专业是一个实践性很强的专业，许多实操课包括一部分理论课需要"双师型"双语教师才能有较好的教学效果。高职院校的工资待遇对"双师型"双语教师的吸引力不够，建议学校提高"双师型"双语教师的待遇，另外增加一些补助，如证书补贴等，以增加对"双师型"双语教师的吸引力，提高学校"双师型"双语教师的比例。在教育和专业发展中，资源开发类专业教师不能仅仅依靠自己的能力，应根据当前的社会发展趋势，加快建立多媒体阅读、写作和翻译有关教育和在线视听教育等综合性双语教育模式，以提高学生的综合专业素养。加强中外教师的互动，营造良好的教学氛围，共同促进资源开发类专业教师教育和专业发展。通过与外国老师的交流，中文老师可以发现教学方法的局限性，从而学习灵活的教学方法，并培养学生的创新意识和实践技能。

(四)优化资源开发类专业教学环境

专业教育环境也是直接影响教师专业发展的因素，能营造良好的工作氛围，使教师具有强烈的归属感，依靠良好的学校环境来提高教师的核心素养。在当前的"一带一路"背景下，传统的教学设备不能满足教育要求，需要进行更新以营造良好的教育和专业发展氛围。因此，一方面，有必要引进先进技术，借助于中国有色矿业集团在赞比亚投资的谦比希铜矿数字化矿山实践基地，通过校企合作，加快资源开发类专业多功能语音教室和专业虚拟现实5G模拟培训室的建设，开设资源开发类专业5G实训室，从而有助于贯彻先进的教学理念，营造良好的硬件环境；另一方面，加强"一带一路"共建国家大学之间的交流，建立全面的交流与合作平台，实现教育资源的整合与利用，为师资力量提供先进的交流和实践教育，致力于建立教学数据库，丰富专业教学资源，这样增强了教学团队的凝聚力，加强了师生之间的积极互动，真正实现了学习目标。

(五)提高资源开发类专业教师地位

专业教师的个人地位的提升也是提高教师专业发展动力的关键，因此高职院校应通过优化资源开发类专业教师的收入来提高他们的工作积极性和主动性。对于那些干得好的教师，有必要加强物质和精神的双重奖励，以激发教师的教育和专业发展热情。资源开发类专业教师在培养人才的过程中起着重要作用，因此必须提高其社会地位。随着社会地位和生活质量的提高，资源开发类专业教师可以消除对教育和职业发展的担忧，可以安心上班。如果资源开发类专业教师取得了重大科学研究和教育成果，学校也应给予奖励，明确其在职称评估中的重要性，并鼓励教师个人专业素养的发展。教师本人可以利用寒假和暑假到"走出去"矿山企业，进行各种形式的实践工作，以提高实践技能和跨学科技能。他们通过对"走出去"矿山企业的深入了解，可以更好地理解"一带一路"的需求，可以返回学校接受针对性的教育，提高课堂教学的效率。在建立教师评价指标体系时，有必要阐明资源开发类专业学生学习目标，并通过提高资源开发类专业教师地位吸引更高层次的教师从事教学工作。

五、结语

在"一带一路"背景下，促进资源开发类专业教师的教育和职业发展有助于提高职业教育水平并为社会培养更多的包容性人才。随着信息技术快速发展，在"一带一路"背景下，资源开发类专业教学在借鉴国内外院校办学经验和成果的基础上，提高资源开发类专业教师终身学习意识、协调资源开发类专业教师教学与科研、提高资源开发类专业"双师型"双语教师比例、优化资源开发类专业教学环境和提高资源开发类专业教师地位，打造过硬的资源开发类专业师资队伍，培养出适合现在所需的高水平技能型应用型国际化资源开发类专业人才。

参考文献

[1] 李晶，周群强.多元文化教育视野下高校英语教师的专业发展[J].英语广场，2018(9)：104-105.

"一带一路"背景下资源开发类专业群国际化人才培养研究

冯 松

湖南有色金属职业技术学院，湖南株洲，412000

摘要： 随着"一带一路"倡议的全面实施，高职教育在联系"一带一路"共建国家情感和国际化人才培养方面发挥着举足轻重的作用，高职院校将面临历史发展机遇和挑战。本文结合学院现有资源开发类专业群的国际化人才培养的基本状况，论述在国家"一带一路"倡议的指导下，培养具有国际视野和竞争力的高质量资源开发类国际化人才。

关键词： "一带一路"；资源开发；国际化；人才培养

"一带一路"倡议贯穿亚洲、欧洲、非洲大陆，涉及沿线 64 个国家的中心城市和重要港口。2015 年，教育部发布了《高等职业教育创新发展行动计划（2015—2018 年）》，明确提出国际优质教育资源和"一带一路"倡议对于我国高职院校的发展，特别是进一步加强与共建国家高职院校的交流与合作具有至关重要的作用，从而全面提升我国高职教育的国际影响力[1]。"一带一路"的深入实施为进一步推进高职教育国际化战略，深化高职教育领域的全面改革，促进高职教育的素质发展提供了重要的战略机遇。随着湖南有色金属职业技术学院的"走出去"海外办学，学院教育国际化的发展状况对学院融入"一带一路"倡议具有重要意义。

一、"一带一路"背景下资源开发类专业群国际化人才培养的基本现状

根据《国家中长期教育改革和发展规划纲要（2010—2020 年）》，我国急需提高教育的国际化水平，培养高素质的国际化人才，其基本目标是不仅需要拓展多层次、宽领域的教育方式与合作模式，而且需要培养大批精通国际规则、具有国际视野和国际竞争力，同时积极参与国际事务的国际化人才[2]。

根据调查，湖南有色金属职业技术学院资源开发类专业群仍处于起步阶段。资源开发类专业群包括四个专业，分别是采矿工程、矿山地质、选矿工程、地质勘查工程，四个专业之间密切相关。目前，专业群已有 321 名学生，专业链与产业链之间紧密联系。高职院校需要主动关注、积极跟进与"一带一路"倡议共建国家相关的政策、项目和工程进展等最新情况，并瞄准有利于"一带一路"倡议实施的着力点和突破口，同时必须眼光向外，与共建国家高职教育主管部门、高职院校、行业企业等全面合作，精心策划和强化实施我国高职院校"走出去"的实践规程与操作方案。然而，与"一带一路"共建国家的合作模式仍处于研究阶段，尚未形成长期互利的合作机制和模式。同时，配合"一带一路"倡议国内企业走出去，如何进行校企

协同和产教融合，如何改革专业建设与人才培养模式，如何升级课程设置、师资结构、办学水平、培养模式等还有待于进一步深入研究。

二、"一带一路"背景下资源开发类专业群国际化人才培养的创新与实践路径

(一)打造"一带一路"高职教育服务体系

湖南省高职教育的国际化发展，要加强"一带一路"高职教育计划的规划，建立完善的信息和资源共享机制，充分利用先进信息科学技术，建设远程教育平台和云计算平台，发挥"一带一路"高职院校战略联盟的作用，启动一个多层次的教育合作论坛，以扩大与共建国家的高职教育合作空间以及高职教育国际化的深度。学院可以此教育服务体系，开展资源开发类专业群国际化人才培养。

(二)构建"一带一路"高职教育国际合作

"一带一路"共建国家包括发达国家和许多发展中国家。高职院校通过奖学金等政策措施，吸引"一带一路"共建国家的留学生来华留学，着力于开展多种形式的国际合作与交流，建立完整体系的、丰富的国际教育合作与交流机制。具体来说，将紧紧围绕"一带一路"沿线主要产业和相关产业的发展需求，调整资源开发类专业群结构，科学设计人才培养方案，发展国际人才。根据"一带一路"共建国家实际需要，充分利用资源开发类专业群的优势，确定服务"一带一路"建设的重点。

(三)建设"一带一路"高水平合作智库

"一带一路"共建国家对资源开发类专业的需求截然不同。高职院校应结合服务"走出去"企业的需要，有效地加强对共建国家的历史地理、民族宗教和政治经济学等方面的研究，人才培养方案里增加相关的理论学习，开展对与"一带一路"的本地化实施和有关的重大实际问题的应用研究，从而提供相关决策咨询和政策建议等服务。利用海外办学开展资源开发类专业方面的交流与合作，为"一带一路"的建设提供强有力的智力支持和理论支持。

(四)实施国际化人才培养"走出去"方案

高职院校可以充分利用自己的海外办学优势，并按照"一带一路"倡议与共建国家进行资源开发类专业群建设方面的交流，师生之间的来访交流以及校企对接合作，积极寻求产业对接，不断提高高职院校资源开发类专业群建设的影响力和竞争力。这些措施不仅可以满足外国公司对资源开发类专业国际化人才的需求，而且可以减少劳动力成本，并充分利用当地人的语言和文化优势，促进"一带一路"共建国家的社会进步和经济发展。

(五)实施国际化人才培养"引进来"方案

随着"一带一路"倡议的发展，有必要提高资源开发类专业群学生和教师对"一带一路"的认识。同时，有必要在"一带一路"倡议下深入分析国家高职教育的特点，可以以课题和项

目的形式，加强对我国高职院校资源开发类专业群建设的深入研究。高职院校还可以建立资源开发类专业群论坛，通过论坛的影响力分享"一带一路"共建国家资源开发类专业群建设的成功经验，全面提高高职院校之间合作与交流的广度和深度。

三、结语

简而言之，在"一带一路"倡议下，高职院校应与行业和企业合作，探索资源开发类专业群国际化人才培养机制，增强高等职业教育能力，为海外工业企业的发展做出贡献，增强学生的专业素养和专业技能，根据"一带一路"倡议培养共建国家需要的资源开发类专业群国际化人才。

参考文献

[1] 庞世俊，柳靖.职业教育国际化的内涵与模式[J].职教论坛，2016(25)：11-16.
[2] 徐涵.职业教育人才培养模式创新[J].中国职业技术教育，2010(3)：8-11，16.

"一带一路"背景下采矿工程专业英语教学策略研究

——以湖南有色金属职业技术学院为例

冯 松

湖南有色金属职业技术学院，湖南株洲，412000

摘要："一带一路"背景下采矿工程专业英语教学是湖南有色金属职业技术学院"走出去"海外办学建设的核心内容和关键所在。本文旨在分析"一带一路"背景下采矿工程专业英语教学的基本现状，探究"一带一路"背景下采矿工程专业英语教学的创新与实践路径。

关键词："一带一路"；采矿工程；英语教学

2013 年，习近平提出"一带一路"倡议，即共建"丝绸之路经济带"和"21 世纪海上丝绸之路"，旨在推动沿线亚洲、非洲、欧洲等各国深化多边合作、加强区域间经济、文化交流、共同发展。采矿工程专业英语是高职院校人才培养计划中的选修课，具有一定的专业水平。随着湖南有色金属职业技术学院的"走出去"办学，采矿工程专业英语教学改革是有必要的。

一、"一带一路"背景下采矿工程专业英语教学的基本现状

2019 年，湖南有色金属职业技术学院海外办学的中国-赞比亚职业技术学院（以下简称中赞职院）矿业工程学院正式开始招生。作为采矿工程专业的学生，有必要具备一定的英语听说和读写能力，以为将来在国外的工作提供交流方便，但目前学院的采矿工程专业英语教学仍然存在一些问题。

（一）没有重视采矿工程专业英语

在国外工作时采矿工程专业里的许多采矿技术、采矿理论和采矿方法要用英语表达。如果学生没有掌握采矿工程专业英语术语，将影响其采矿工程专业技能的提高。目前，湖南有色金属职业技术学院对采矿工程专业英语课程的关注不够，也缺乏采矿工程专业英语课程的指导，过分强调专业核心课程的重要性，而忽略了采矿工程专业英语课程。

（二）没有进行采矿工程专业英语教学

我们经过对湖南有色金属职业技术学院采矿工程专业英语教学的研究发现，由于学生高考成绩不理想，高职院校的学生对专业英语学习积极性普遍不高，而且大部分学采矿工程专业基础薄弱，没有进行采矿工程专业英语教学，导致英语教学欠缺，这在一定程度上影响了教学目标的实现。

(三) 采矿工程专业教师英语口语欠缺

尽管大多数采矿工程专业教师已经积累了一定的专业知识和丰富的实践经验，但是在整个教育和学习过程中他们接触和学习英语的机会并不多。而且，大多数采矿工程专业教师在专业英语阅读和写作方面问题不大，但英语口语欠缺，因此，在专业英语教学中能完全胜任的人并不多。

二、"一带一路"背景下采矿工程专业英语教学的策略

(一) 采矿工程专业课程体系多元化

近几年，当我们谈论外国文化时，总会想到西方文化和西方的节日。在课程体系中，我们可以增加"一带一路"共建国家文化、经济和习俗等方面的相关课程，同时指导学生在课堂上进行互动，鼓励学生在课堂上发言，提高学生的学习效率，增强口头交流、专业知识表达和解释能力，这样学生去国外工作时便于更好地和"一带一路"共建国家的人民交流和沟通，提升学生的语言技能。

(二) 采矿工程专业英语教学信息化

随着计算机的迅速发展，知识更新的速度也在加快，采矿工程学科科学技术也在不断发展。用于采矿工程的传统英语教科书受到一些限制，无法准确反映新情况下采矿技术的前沿知识，也无法激发学生对学习的兴趣。因此，教师应将互联网数据源与采矿科学技术发展相结合，及时更新和补充教学内容，并增加对某些世界尖端技术的知识。在实现矿业专业英语教学改革目标的基础上，结合采矿工程专业的特点和湖南有色金属职业技术学院的现状，运用信息化手段完善教学内容，丰富课堂知识。

(三) 强化采矿工程专业外语实践技能

随着经济全球化的发展，学生越来越重视英语学习，他们可以更好地掌握英语发音。但是，总的来说，非英语国家的学生的英语水平并不令人满意，学生英语考试成绩虽好，但英语口语普遍较差。在大学英语教学中，应平衡英语知识的教学和语言实践技能的培养，教师应着重培养学生实际的语言使用能力，并强调教学内容的实用性。适当地增加大学英语口语练习和听力教学的内容，并着重于学生基本语言技能的发展和语言文化背景知识的更新，克服因文化差异而导致语言理解和应用的障碍。教师有选择地推荐外国文学作品，指导学生积极阅读课外书，并在课堂上用外语讨论工作内容。可以鼓励学生独立学习，也可以在讨论中练习口头表达和句子写作技巧。

(四) 注重采矿工程专业教师的英语能力培养

"一带一路"共建国家和地区所使用的语言达 1000 余种，官方语言和官方母语大约就有 53 种。基于此，学校有必要开设专门的培训课，以教授采矿工程专业英语。可以设立专项资金，以资助教师学习或聘请外语教师，系统地培训在学校从事采矿工程专业英语教学的教

师。此外，全校可以举办采矿工程专业的英语教学交流研讨会。采矿工程专业教师和学生以及学校其他教师可以交流思想并相互学习，以便提高采矿工程专业英语教师的理论和专业水平。

(五)改革采矿工程专业课程考核模式

课程评估是提高教学质量和培养合格人才的重要组成部分。因此，课程评估本身具有将评价对象引导至理想目标的功能。课程评估的最终结果可以通过其他方法给出，但是会评估学生的实际能力，通过综合评估和过程评估在课程评估方法中实施，将在线和离线评估相结合，并坚持公平和公开的原则。在评估过程中，以学生评估为主，让学生参与整个评估过程，以检验采矿工程教学改革效果。

三、结语

随着中国高等教育国际化进程的加快和"一带一路"倡议的实施，具有国际视野和在跨文化背景下进行交流的能力已变得尤其重要。采矿工程专业英语教学的改革，已成为现代高职教育和社会发展人才培养的新要求和必然趋势。本文分析了采矿工程专业英语教学目前面临的一些问题，提出了相应的策略。希望在"一带一路"国家政策的指导下，结合湖南有色金属职业技术学院的现状，培养具有国际视野和竞争力的高素质人才。

"一带一路"背景下中国职业教育
海外办学模式探索与研究

姜 涛 孙慧敏 李晓琳

哈尔滨职业技术学院，黑龙江哈尔滨，150081

摘要： "一带一路"背景下中国职业教育在政府引导和行业支持下，依托项目合力推动海外院校建设。通过联手海外企业，以促进当地经济发展为导向，加强员工职业技能为手段，提高职业教育水平为目标，推进中国职业教育"走出去"，提高高职院校海外办学质量。

关键词： "一带一路"；中国职业教育走出去；海外办学；模式探索

2018 年 9 月中非合作论坛峰会在北京举行，本次峰会主题为"合作共赢，携手构建更加紧密的中非命运共同体"，峰会的成功举办在推进中非各领域交流合作，深化中非全面战略合作伙伴关系，在更高水平上实现中非合作共赢、共同发展方面注入新的正能量。

职业教育的功能是服务当地岗位需求，促进地方经济发展，是实现文化传播与技能交流的重要载体与桥梁，也是推动共建国家民心相通与思想交融的渠道与保障。只有职业教育体现了自身价值，实现了真正服务共建国家的目标，中国职业教育才能够在海外落地生根，开花结果。

2015 年 12 月，教育部办公厅印发《关于同意在有色金属行业开展职业教育"走出去"试点的函》，遴选 8 所职业学校作为首批试点项目学校，共同开展试点培训工作并探索联合成立我国首个海外学历教育职业院校——中国–赞比亚职业技术学院。尝试通过职业教育输出建立跨国职教援助的桥梁，为"一带一路"建设和国际产能合作提供助力。

一、"一带一路"背景下海外职业教育办学思路与格局

(一) 国家引导，政府支持为职业教育提供坚实信心

2014 年国务院下发《关于加快发展现代职业教育的决定》，要求我国职业教育向国际化方向迈进，建立中国企业输出与技术技能输出相配套的"走出去"职业教育发展理念。同年，教育部为响应和贯彻国家"一带一路"倡议精神，提出支持优质产能"走出去"，鼓励职业院校开展海外办学，支持与"一带一路"共建国家和地区建立职业教育合作关系，以提升中国职业教育的国际化教学水平。

(二) 依托行业，依靠企业为职业教育"走出去"搭建舞台

职业教育方向离不开产业发展的定位与布局，主动了解"走出去"行业的发展需求，定位

服务"一带一路"中国装备制造产业"走出去"和国际产能合作输出。依托海外企业寻求与当地院校合作办学的契合点，积极拓展和赋能海外合作办学的新形式，探索培养职业化现代员工的模式方法，实现为输入国社会经济发展提供服务与支撑的目标。

（三）资源共享，标准输出，为海外人才培养发展提供导向

随着中国职业教育"走出去"项目的深入推进，海外职业院校在培养促进当地经济发展需求、满足中资企业海外发展人才岗位能力需求、符合当地教育部门人才质量培养要求等方面提供智力支撑。培养大批热爱中国文化、熟知中国民俗、熟悉中国语言和掌握中国设备操作技术技能人才。在共享优质教学资源的基础上，推进中国职业技术标准海外输出，实现将中国技能人才培养标准融入当地人才培养标准。

（四）特色创新，理念先进，协同共建国际职业教育格局

我国职业教育奉行开放、共享、创新、协调的发展理念。以开放包容扩大职业教育生源，以共享拓展职业教育资源，以创新引领职业教育现代化，以协调激发职业教育活力。通过来华培训和境外指导等方法实现将先进的教育理念与教学资源带到海外并应用到教学科研实践中，实现人力、知识、技能、资源全方位、立体化的共享，促进职业教育国际化协同发展，为"一带一路"共建国家海外院校培养储备高水平师资队伍。

二、"走出去"模式下中非合作联办职业院校模式与框架

（一）尊重文化，注重交际，构建民心相融的新局面

职业教育海外办学应遵循以人为本、因材施教的原则，在尊重多元化的文化融合的前提下科学合理地培养适合当地经济发展需求的技术技能人才。在推动文化交流和增进互信方面，要发挥衔接纽带和人文互动平台的作用。在促进多种文化间的借鉴交融和相互学习方面也应做出应有的贡献。力求将中华文化和建设成果传播出去，让更多的国家和人民进一步了解中国、喜欢中国。

（二）双元主体，以赛促教，打造双轨式职教培养模式

中国职业教育在海外院校具有办学主体多元化的特征，中非双方院校共同承担教育的责任。依托当地职业教育特点发展急需的专业并设置技术竞技项目，通过以赛促教，提升当地学生的技术水准。以文化通识课程教育及技术技能实训双轨并行的教育方法来推动当地文化技术产业升级发展。

（三）增进交流，加强互访，实现跨国联合培养体系

加强中非双方的人员流动与合作，选拔非洲优秀教师来华学习先进的理念与技术，通过互访交流开阔来华教师的视野与眼界。通过留学方式引进合作院校学生，利用国内先进资源和条件提升学生的学习能力和实操能力。选派中国教师到海外高职院校任教，把中国优质的职业教育资源输出到非洲国家，为当地企业培养出技术技能过硬的合格技术技能人才。实现资源共享、共同进步。

(四) 多方联动，优势互补，满足海外企业实际用人需求

尊重企业用人需求、注重职业素质培养，依靠政府支持理清当地经济发展脉络，抓住中国"走出去"企业的实际需求，深化校企合作、产教融合，做到行业、企业、职业、专业四方联动，拓展职业教育国际化发展的中国特色之路。

"一带一路"背景下中国职业教育
走进赞比亚的教学实践与研究

李　俊　　张海妮

广东建设职业技术学院，广东广州，510425

摘要： 职业教育"走出去"是职业教育探索服务中国企业和产品"走出去"的一种新形式。在分析赞比亚职业教育和"走出去"试点项目的基础上，对职业教育"走出去"的教学实践进行进一步的分析和研究，探索多元化人才培养模式。

2013年习近平主席提出"一带一路"倡议，该倡议为中国职业教育的国际化发展提供了前所未有的发展机遇。随着国际交流合作越来越紧密，在不断学习和借鉴其他发达国家的职业教育发展经验的基础上，我国的职业教育不断进行改革和创新，形成独特的中国特色的职教模式。

为贯彻落实《国务院关于加快发展现代职业教育的决定》的精神，探索与企业合作"走出去"的职业教育发展模式，服务"一带一路"建设和国际产能合作，国内职业院校与协会依托中国有色矿业集团在赞比亚开展职业教育培训，建立一所中赞职业技术学院。该试点项目主要分三步来完成：第一步是依托在赞比亚的中资企业对中、赞方员工开展技能培训，例如开展焊工、仪表工、架子工、浮选操作工、电工、球磨机操作工等十几种工种的培训；第二步是将中国有色矿业集团下的卢安夏技工学校改造升级成职业技术学院，该学院主要建立在合作区园区内；第三步是面向赞比亚当地人民开展职业教育和职业技能培训，打造中国职业教育"鲁班工坊"品牌。本文主要是以面向赞比亚谦比希铜冶炼有限公司中赞方员工开展的建筑架子工技能培训班的教学实践作为研究样本进行探索和研究。

一、职业教育走进赞比亚的背景

（一）赞比亚职业教育基本情况

赞比亚总人口约1200万，劳动力约400万人，其中受过职业教育的比例约为3.8%，受高等教育的比例为0.4%，赞比亚民众受教育程度普遍偏低，在区域以及性别间发展不平衡，总体发展水平不高，劳动力素质低下，技术性人才缺失情况比较严重。由于经费投入不足，赞比亚当地大部分职业院校机器设备陈旧、师资力量薄弱，教学质量偏低，学生在校学习后的操作技能无法满足企业的需求。

赞比亚职业教育基本上沿用了英国的标准和体系，有完善的法律法规。赞比亚政府在1998年颁布了职业教育法案，即《赞比亚技术教育、职业和创新培训法案》（简称 TEVETA），其中 TEVETA 体系包括组织管理结构、财政供给机制和资格证书框架。

(二)职业教育"走出去"试点项目基本情况

2015 年，教育部批准在有色金属行业开展我国第一个职业教育"走出去"试点。由于在赞比亚的中资企业聘用的当地员工数量较多，但拥有专业技能的人员较少，比较难满足需求，制约了企业发展和壮大。为满足企业的需要，提高员工的技术和管理水平，我国的职业教育伴随着中国企业和中国产品走出去，为企业培养一批懂中国文化、懂中国技术、懂中国设备、会说中文的专业技术人才，更好地为中方企业服务。

在开展培训技能前，项目组根据企业的需求开设了技能培训班，架子工技能培训班的学员主要来自赞比亚谦比希铜冶炼有限公司。该公司是中国在境外投资的第一个火法冶炼厂，建立了较为完善的员工培训体系，主要分为六类：安全培训、管理制度培训、工艺技能培训、语言能力培训、中层干部培训、员工学历提升。

二、职业教育"走出去"的教学准备

(一)考取职业资格证及准备实操工具

教师在进行架子工培训前，除了要掌握系统的建筑类知识，还需要有建筑架子工的实操经验和资质。教师在赴赞比亚开展培训前，到国内企业进行了实操锻炼，并通过考核取得普通脚手架建筑架子工职业资格证。由于赞比亚当地发展落后，当地企业和学校较缺乏教学设备，故教师应根据教学需要，准备一些在教学实操过程中需要使用的工具，其中实操工具包括：①扳手。②卷尺，用来测量长度的工具。③切管刀。适用于切割钢管，主要用于修改脚手架。④钢丝钳、钢丝剪，用于拧紧、剪断钢丝。⑤榔头。

(二)编写适用于赞比亚学员的教材

在开展培训前，教学团队通过查找资料、收集素材、实地考察、校核修改等过程，团结协作完成了教学讲义的编写和翻译工作，为学员提供培训教材。在编写教材时主要依据中赞文化差异、知识技能水平、学员的需求，教材应清晰易懂、图文并茂，便于学生学习。

(三)了解赞比亚国情，融入当地生活

为更好地开展海外教学，需对培训对象进行全面了解，包括教育背景、性格特征、文化水平、学习方式等。授课教师主要通过英语培训、调研、实地走访、与当地人交流等方式，了解赞比亚国家概况、风俗习惯、当地的法律法规、经济、教育、文化、资源、农业等。通过与当地人进行文化交流，分享中国食物，教他们说汉语，与他们一起踢足球等活动，了解赞比亚人民生活，并和他们建立友谊关系，尽快适应当地的环境，融入当地生活。

(四)接受适应性培训，提高英语课堂教学能力

赞比亚国家的官方语言是英语。为了沟通更流畅，有效开展调研、技能培训等工作，授课教师需要参加英语培训以提高英语教学能力，加快适应当地的教学方式，提高海外课堂教

学能力，为给驻赞企业当地员工开展技能培训做准备。

（五）深入开展调研，为开展教学做准备

在开展培训前，为使教学更具有针对性并取得良好效果，要多次深入到企业开展实地调研。在调研的过程中通过与专业技术人员的沟通、交流和实地考察，主要了解企业生产经营情况、生产工艺流程、重点建设项目、企业人才培养需求、企业对职业教育的需求等，到生产一线车间重点调研员工搭设脚手架的流程、受训人员的技能水平及对培训课程内容的需求等，为培训班的开展做充分的准备。

除了到企业调研，教学团队还到铜矿石大学、卢安夏技工学校、中色非矿培训学校进行调研，调研的主要内容是了解赞比亚职业教育及学校情况，例如：学校结构和规模，师资和生源，专业课程设置，实训车间设备，教学管理，学生管理，学生就业情况等方面。

三、职业教育"走出去"的教学过程

（一）因地制宜制定教学目标

在赞比亚的中资企业中赞方员工技能水平相对落后，不能很好地满足企业的需要，严重制约企业的发展。开展架子工技能培训班的教学目标主要是提升受训学员脚手架的操作水平和技能素质，使受训学员掌握中国标准、熟悉中国设备、了解中国文化。教学目标的设定既要符合行业标准和岗位规范，也要贴合受训企业的实际需要，贴合岗位的工作流程，因此在设定教学目标时要以学生为本，重视学生的实践能力，将专业知识、专业技能和职业素养渗透到教学中。通过调研了解到，赞比亚民众只要稍有技能，就能实现就业，取得专业技能证书的待遇与没有证书的待遇相差较大，故在教学中培养学生的专业能力是最基础的培养目标。学员在具备一定的专业能力后，还应培养管理能力，具备团队精神和合作精神。

（二）联系实际制订教学计划

教师团队通过实地调研、反复研讨后，结合受训企业和学员的情况制订教学计划，教学内容主要包括：①架子工作业安全常识；②脚手架的分类及基本要求，其中包括脚手架的分类及特点，搭设脚手架所需的工具及材料，学会判断钢管、扣件和脚手板是否合格；③脚手架的基础知识；④落地式外脚手架的搭设和拆除；⑤消防知识；⑥实操练习落地式双排脚手架搭设；⑦悬挑式外脚手架搭设和拆除，其中包括搭设脚手架的顺序、搭设脚手架的方法及技术要求、搭设材料的起吊和运输等安全注意事项、搭设后的验收标准和安全评估、拆除顺序、拆除方法及技术要求、拆除后材料的起吊和运输等安全注意事项。

（三）团队协同作战，开展技能培训

在开展培训前，教学团队主要做了以下准备工作：①通过查找资料、收集素材、实地考察、校核修改等过程，团结协作完成了教学讲义的编写和翻译工作，为学员提供培训教材；②对企业进行多次调研，了解企业和员工对培训内容的需求，并到一线车间了解企业的生产工艺流程和学员基本情况；③在对企业的充分调研后，与企业技术人员共同制订培训计划和

教学大纲。通过对赞比亚学员的学情分析，项目组采取了团队作战的教学模式，充分发挥每一位教师的优势，大大提高教学质量。为了使培训班取得良好的效果，在教学过程中采用了以下几点：①采取理论和实操相结合的授课方式，在课程结束时对学员进行考核，考核方式为笔试和实操；②在正式授课前，教学团队要进行试讲，认真观摩其他教师的试讲和授课，吸取宝贵经验，为自己以后的授课做好充分准备；③在准备课件时，发挥团队协作能力，搜集资料，认真备课，集体讨论，形成了生动有趣、简明易懂、符合企业实际需求、针对性强的课件；④在课件准备好后，授课教师先提前熟悉教学内容，经过多次试讲和斟酌修改，在课堂教学中做到语言讲解清晰、重点突出、难易程度把控恰当；⑤在正式授课中，要打破国内传统的授课方式，积极与学员互动交流，及时解答学员提出的问题。

架子工是建筑类专业中最基础的工种，在理论课的教学过程中，教师以学生为主体，鼓励学生参与课堂讨论，并以大量的图片、视频和教学工具为辅助，让学生掌握架子工的基本概念、脚手架的分类及基本要求、常见脚手架的搭设及安全知识等。在实操课程中，教学团队采取"学徒制"的教学方式，进行手把手教学，着重培养学生的动手能力和团结协作能力。例如在架子工技能培训中，在学员搭设脚手架前，先给学员复习双排落地式脚手架的搭设工具、搭设和拆除流程、安全注意事项等，再给学员安排具体的任务，让每位学员明确自己的分工和职责。学员在搭设脚手架时，既要清楚自己的职业，也要协助和配合团队其他学员共同完成脚手架的搭设。授课教师认真观察学员们的操作，及时指出学员们在搭设过程中出现的不规范操作，并及时纠正错误。

四、职业教育"走出去"的教学经验研究

(一)职业教育走进赞比亚的经验模式探索

在对赞比亚本土学员开展技能培训时，教学团队充分利用国内大量的教学资源库，以知识点和技能点为单元开展教学。在建筑架子工技能培训"走出去"的同时，中国标准也在同步"走出去"，通过开展技能培训班不断地积累经验，探索出一个可借鉴、可推广的教学模式。

职业教育校企协同海外办学模式的主要特点有：①鼓励多方参与，形成办学主体多元化。其中政府主导政策推进，企业主导市场运作，学校主导内涵建设，行业协会统筹协调；③以企业需求为导向，实现产教融合；③多样化的人才培养模式，包括技能培训+学历教育、理论与实践相结合、教师教学团队作战；④不断积累经验，积极探索中国标准。项目组根据赞比亚的实际情况，并结合我国的专业人才培养标准，制定出符合赞比亚国情的专业人才标准。

(二)多元化的人才培养模式

在中国职业教育校企协同海外办学中，项目组对海外教学模式不断探索，形成多种形式的综合体，主要包括：①职业教育"走出去"不仅为企业员工开展技能培训班，还面向当地民众尤其是中资企业员工提供学历教育，并颁发相应的职业资格证书；②职业教育"走出去"是以企业的需求为导向，以为企业培养技术人才为目标的。在开展培训时，教学团队结合企业的生产来教学，采取理论和实践相结合的教学模式，通过设定教学任务和教学目标，让学员

边学边做，既增加理论知识，又提高架子工实操技能，大大提高教学质量；③在"走出去"的同时也"引进来"，不仅输出国内优质的教育资源，还将当地的留学生请进国内学习中国技术和感受中国文化；④教学团队根据教学实际情况，采取"主讲+助教"的教学模式，让一位老师主讲，其他老师协助教学，充分发挥每一位老师的优势，以"团队作战"的方式共同完成授课。

参考文献

[1] 蓝洁，唐锡海.职业教育模式的国际适应性[J].中国职业技术教育，2016(36)：25-30.

哈尔滨职业技术学院服务"一带一路"建设的举措

李晓琳　　林　卓

哈尔滨职业技术学院，黑龙江哈尔滨，150081

摘要：在新时代职业教育改革发展重要机遇期，伴随着"一带一路"倡议与"双高"建设的实施，高职院校开展国际化办学已成为必然趋势。本文总结了哈尔滨职业技术学院在创新海外办学模式、多元化开展国际化人才培养、打造国际化师资队伍等方面的有益尝试，为高职院校全面提升国际化进程提供实践经验。

关键词："一带一路"；职业教育；国际合作

哈尔滨职业技术学院积极参加国家"一带一路"建设，将教育国际化作为中国特色高水平高职院校建设核心任务，抓住政策优势，持续提升国际化办学水平，积极与跨国企业、国外院校合作，开展多口径、宽领域、高质量、深层次的国际合作。学院以创新国际合作体制机制为目标，与境外院校紧密合作，探索国际化人才培养模式、合作办学模式、教育管理模式和招生考试制度，学校国际化办学水平向国际级办学能力转变，国际化成果不断显现，2019年获批中国特色高水平高职院校建设单位。

一、国际合作办学模式多元创新

(一) 创建跨国"校企校"国际合作"五共一体"办学模式

学院与中国有色矿业集团、哈电集团、赞比亚铜矿石大学、赞比亚卢安夏技工学院等企业、院校紧密合作，深化与企业"产教融合"，在国内高职院校中率先创新构建跨国"校企校"国际合作"五共一体"(即校企共建、人才共育、资源共享、过程共管、责任共担)办学模式，从而顺应学院发展需要，服务行业企业发展需求。

(二) 创新国际化高技能人才育人机制

学院以培养国际化高技能型人才为目标，优化适应国际化人才需求的培养方案和专业课程标准，创新国际合作育人培养模式，整合、开发、输出特色优质职业教育资源，创制了适应国际化发展的育人机制，探索出深化国际合作办学、深化境外产教融合、推进标准输出的育人机制。

(三) 创立共享型技术类职业教育海外分院

学院与"一带一路"共建国家的深入教育合作，协同建设共享型技术类职业教育海外学院，如与中国有色矿业集团携手开展职业教育"走出去"试点项目，合作共建中国-赞比亚职业技术学院装备制造哈职分院。校企校三方协同共建"来华留学"和"派出留学"的高技能人才培养立交桥，打通学历贯通提升通道。

二、国际化人才培养方式多元实施

（一）开展学历教育，提升人才培养层次

在招收来华留学生方面，学院从 2018 年至今先后接收两批 26 名赞比亚留学生入校实施三年学制学历教育，以培养知华、友华、爱华的海外高素质技术技能型人才为宗旨，开展面向国际高职留学生的学历教育。除开设核心专业课外，重点开设中国传统文化教育课程，同时开展中华剪纸、书法、茶艺等素质课程，注重优秀文化宣传，打造了"留学哈职"品牌。

在选送境外留学生方面，赴外留学生实行专升本、专升硕联合培养，毕业颁发国内国外双证书。例如，与韩国建阳大学开展"2+1+2"专升本学历提升项目、与泰国格乐大学开展"2+3.5"专升硕学历提升项目，校校间实行课程标准对接、学分互认制度，为学生搭建学历深造平台，提高人才培养层次。近两年，学院已选派 2 名学生在韩国建阳大学就读专升本项目、2 名学生在泰国格乐大学就读专升硕项目。

（二）开展职业技能培训，促进人才职业发展

开展职业教育"走出去"援教项目。学院是职业教育"走出去"首批试点院校，连续四年选派教学骨干赴赞比亚执行援教任务，主要承担赞比亚有色金属行业电气、焊接等专业员工的技术技能培训，为中国有色矿业集团、赞比亚谦比希铜冶炼公司、中色非矿等五家企业培训员工 800 余人次，培训工种达 24 个，培养了一批跨国企业急需、热爱中国文化、"一带一路"共建国家紧缺的高水平技术技能型人才，在"一带一路"联盟成员学校中产生积极影响。

开展境内外专业技能师资培训。发挥优质专业的辐射带动作用，连续三年承担俄罗斯哈巴罗夫斯克边疆区高等职业学院师生职业技能培训任务，组织举办焊接自动化技术、汽车检测与维修、电气安装、数控加工、艺术设计等专业能力提升培训班。理论教学、实践指导、生产操作及互动交流相结合，圆满完成培训任务，展示了学院教师服务境外院校专业建设能力和教师国际化教学水平，不仅提高了学院国际知名度，而且助力了我国高职教育向国际化合作的纵深发展。

（三）开展短期研修，提高学生国际化能力

学院与韩国大邱工业大学、韩国建阳大学、新加坡南洋理工学院等大学合作开办学生短期研修班，连续 6 年共派出 260 余名师生赴境外院校进行短期专业研修。研修期间，学生国际证照通过率达 100%，60% 以上学生同时获得多个国际证照，切实开阔学生国际视野、提高专业能力。

三、国际化交流合作项目纵深拓展

(一)加快国际化标准建设

促进国际职教标准本土化。学院加强与日本、英国等先进国家职教机构合作,引进优质教育资源,进行本土化改造,大力推进专业国际化建设。学院引进日本先进介护专业教育资源,创新共建突显中国特色的康养介护专业,协同开发国际通用的专业教学标准、特色教材及专业资源库等,为中国养老产业发展提供智力支持和人才支撑;对接英国职业教育标准,在电气自动化技术、汽车检测与维修技术、建筑设计等专业开展中英职教卓越中心(Centre of Excellence for British Vocational Education in China,CEBVEC)专业共建项目,在机电一体化技术、计算机网络技术、护理与市场营销等专业开展英国国家学历学位评估中心(The National Recognition Information Centre for the United Kingdom,UK NARIC)专业国际标准认证项目,提升了与主要发达国家互通互认专业比例和特色专业国际竞争力。

实现本土专业标准国际化。学院研制的《机电设备维修与管理专业教学标准》(赞比亚国家教学标准编号:412)获得赞比亚职业教育与培训管理局(TEVETA)批复并被认定为赞比亚国家职业教育教学标准。学院开发的基础汉语、高级汉语及工业汉语共12门课程的课程标准也一并得到批复确认,设置为中国-赞比亚职业技术学院贯穿三年学程的通识必修课程,实现教学资源和教学标准的海外输出,填补了赞比亚相关专业国家教学标准的空白,标志着我院职业教育"走出去"试点工作取得标志性突破。

开发跨境共用双语系列教材。学院以"技术+语言+文化"为载体,开发"技文融合、跨境共用"的工业汉语系列特色教材和"工业汉语词典"App,并落地应用于跨境企业员工培训,教学效果显著;同时,为跨国企业提供以中国技术和标准为核心的、培养焊接技能人才的专业教学标准与教学资源,发挥焊接资源库作用,实现跨境专业教学资源共用共享。

(二)开展多维度国际交流活动

学院建立境内外教师双聘制,组建"双师双语"师资团队。开展专业培训、双语研修、师资互聘、文化交流等活动,引入CDIO工程教育理念,提升教师专业课程建设能力。近5年,学院累计派出赴国(境)外专项研修、专业培训、学术交流等教师380余人次。学院14名骨干教师受聘俄罗斯、泰国、英国等国家和地区友好学校客座教授和国际机构专家资源库专家,7名教师受聘海外院校外聘教师。2020年疫情期间,学院积极协调组织、克服困难,如期开展了线上中英CEBVEC专业共建师资培训项目,开展英国循证教学法培训。同时,学院作为黑龙江省唯一指定国际汉语师资培训基地,携手"一带一路"共建国家院校、企业交流协会中方理事会和国际汉语考教结合研究中心(International Chinese Testing and Teaching Research Center,ICTT),开展国际汉语师资培训项目,为传播中华优秀文化、贡献智慧储备师资力量。

开展境内外学术交流。学院物流、电子信息、艺术设计等专业多名教授应邀赴俄罗斯进行专业建设指导和学术交流。其中,张明明教授团队对俄罗斯远东地区物流专业进行专业建设指导。徐翠娟教授团队赴俄罗斯进行电子信息类专业建设经验分享并做学术交流专题报告。学院多名教师赴葡萄牙、日本等国家和地区参加国际学术会议并做专业建设主题发言，教师发表学术论文被国际会议和国外期刊录用、被 EI 检索。

开展境内外文化交流活动。学院是新加坡南洋理工学院学生海外(哈尔滨)研习基地，连续 7 年接收新加坡南洋理工学院、俄罗斯哈巴罗夫斯克边疆区等学校的 240 余名师生来校参加哈职"冬令研习"活动。这些文化体验、拓展训练、企业参访等活动的开展，实现了文化交流、教育互融，同时宣传了哈尔滨城市文化。

国际职业技能大赛获得佳绩。学院建立学生国际技能大赛培训机制、激励机制，为师生搭建国际竞赛平台，拓展国际技能大赛参赛渠道。学院连续三年应邀参加世界职业技能大赛(俄罗斯赛区)，斩获冠军 3 项、其余奖项 20 余项。学生赴台参加各类国际大赛，获金奖等 20 余项，包括 2018 年第八届海峡两岸大学生计算机应用能力与信息素养大赛(台北站)冠军。我院首批赞比亚留学生在 2019 首届国际青年人工智能大赛中获得金奖 1 项、一等奖 1 项、二等奖 1 项；在首届上海合作组织国家职业技能邀请赛中喜获国际金奖 1 项、国际银奖 3 项。

加入有国际影响的组织机构。学院积极响应"一带一路"倡议，积极参与构建"政校行企"协同的国际合作体系，先后成为外交部和教育部中国-东盟教育培训中心、中国有色金属工业协会职业教育"走出去"试点院校、"一带一路"产教协同联盟理事单位、中德职业教育产教融合联盟中方理事会副理事长单位、中英职业教育合作发展委员会副主席单位、"一带一路"国家院校和企业交流协会中方理事会副理事长单位等具有较高国际影响力的组织，与有国际影响的协会、学会，协同行业企业及兄弟学校建立产教融合、科研合作等多元化平台，促进学校与"走出去"企业的需求对接，为"一带一路"共建国家和区域的国际交流与合作提供"中国建议"。

学院将始终积极响应"一带一路"倡议和高职院校助力优质产能"走出去"战略，快节奏推进学院国际化进程，打造国际办学声誉和国际育人品牌，为服务国家"一带一路"倡议和区域产业转型升级及教育开放发展做出积极贡献。

参考文献

[1] 教育部.高等职业教育创新发展行动计划(2015—2018 年)[EB/OL].(2015-10-21)[2020-08-03]. http://www.moe.gov.cn/srcsite/A07/moe_737/s3876_cxfz/201511/t20151102_216985.html.

[2] 教育部.教育部关于印发《推进共建"一带一路"教育行动》的通知[EB/OL].(2016-07-15)[2020-08-03].http://www.moe.gov.cn/srcsite/A20/s7068/201608/t20160811_274679.html.

赞比亚职业教育机械制造与自动化专业课程建设

任雪娇　张文亭

陕西工业职业技术学院，陕西咸阳，712000

摘要： 在"一带一路"倡议下，职业教育积极探索"走出去"的途径和方法，为企业"走出去"提供人才支撑。开发并构建课程体系是人才培养和行业发展的最佳途径。本文以赞比亚职业教育机械制造与自动化专业课程项目的建设为研究对象，从开发背景、开发意义和具体实施过程三个方面进行阐述，意在为其他课程的开发带来启示。

关键词： 职业教育；赞比亚；机械制造与自动化；课程开发

一、引言

国家"一带一路"倡议给职业教育发展提供机遇，但是也带来了前所未有的挑战。作为职业院校，需要不断探索走出去的途径和方法。调研获悉，赞比亚当地职业教育水平较低，除开设少量与矿业相关的专业外，基本没有装备制造类相关专业，导致当地企业面临无人可用的窘迫局面。开发并构建课程体系，培养具备扎实的基础知识又能熟练地操作仪器设备的技术技能型人才，是人才培养和行业发展的最佳途径[1]。机械制造与自动化专业的课程项目建设是由笔者所在学校——陕西工业职业技术学院在职业教育"走出去"赞比亚项目中所承接的。本文在实践的基础之上，主要从以下几个方面对赞比亚职业教育机械制造与自动化专业课程的开发进行了探讨。

二、课程开发背景

(一) 赞比亚职业教育形势严峻

赞比亚职业教育形势严峻，面临的最为严重的问题是基础设施破旧，缺乏培训设备和材料。此外，课程项目内容陈旧，学生资格证书水平较低，毕业生质量不佳，师资力量薄弱，人员流动率较高等是赞比亚职业教育普遍存在的问题。

再者，赞比亚当地除开设少量与矿业相关的专业外，基本没有装备制造类相关专业，也没有相关的人才培养政策，同时赞比亚又为了保护当地人的就业，严格控制从其他国家选派工人，导致当地企业面临无人可用的窘迫局面。

(二) 企业"走出去"面临困境

近年来，我国很多优秀企业先后走出国门，同亚、非、拉等地开展国际合作，取得显著成绩。但是从企业"走出去"实践来看，尤其是资源行业企业，后发劣势非常明显，很难获得优质资源，资产保值难度增大，当资源价格持续低迷时，"走出去"企业更是雪上加霜。其中一个重要因素是企业所在国职业教育薄弱，当地雇员的职业素养和技能水平无法满足企业的用人需求，且对企业文化认同不够，严重制约企业的经营发展。

（三）职业教育"走出去"迫在眉睫

赞比亚职业教育形势的严峻性以及我国企业"走出去"所面临的一系列困境，皆迫切需要国内职业教育"走出去"，以培养出大批具有熟练技能，懂中国企业文化、中国技术标准以及汉语的当地雇员队伍。这样既能缓解当地职业教育的严峻形势，解决青年就业问题，又可以为企业获得所在国的认可搭建桥梁，提高企业的生产率，保障经济效益。

对此，中共中央对职业教育做好对外开放、主动服务产业和企业"走出去"做出了一系列部署。2014 年，国务院《关于加快发展现代职业教育的决定》强调，要推动与中国企业和产品"走出去"相配套的职业教育发展模式；2016 年，中共中央印发的《关于做好新时期教育对外开放工作的若干意见》也明确指出，职业院校要配合企业"走出去"，多方筹措境外办学经费，共建海外院校、特色专业、培训机构，为当地和我国企业培养急需的应用型技术技能人才。以上种种政策，皆显示了职业教育"走出去"的迫切性。

三、课程开发意义

就理论层面而言，国内学者对于非洲职业教育的研究目前仍处于起步阶段，随着中非友好关系的展开，中国对非洲研究获得了良好的发展平台，国内随之也涌现出了一大批较为优秀的非洲研究学者，但大多数是以政治经济研究为重，对于教育方面的研究相对薄弱。因此研究赞比亚职业教育课程建设的过程，不仅有利于提升对非洲职业教育的认知水平，而且最终所形成的机械制造与自动化专业课程体系不仅能在一定程度上丰富中国对非洲教育研究的成果，而且对于世界各国都具有一定的借鉴意义。

就应用价值而言，职业教育是发展中国家减贫的一个重要工具，特别是对于欠发达的赞比亚而言，在当地开发适应机械行业的专业课程体系，不仅能解决青年就业问题，减少社会动乱，还能为该国储备大量的人力资源，帮助国家早日实现步入中等收入国家的愿景。不仅如此，中国职业教育"走出去"也是服务于国家扩大开放、"一带一路"建设和国际产能合作、国家产业转型升级、深化职业教育改革和做好新时期职业教育开放的需要，对于我国实施人才培养、交流教育模式、传播文化技术意义重大。

四、具体实施过程

（一）参与筹办中赞职业技术学院

中赞职业技术学院是开展职业教育"走出去"试点工作的基础，根据试点方案"一个学校建设一个专业"的要求，中赞职业技术学院由学院和二级学院构成，各二级学院即为各试点院校赞比亚分院，中赞职业技术学院机械制造与自动化分院则是由我院承建的。自项目启动建设以来，我院积极组织领导，坚决落实各项任务，认真研究职业教育"走出去"中出现的新情况、新问题，并与其他试点院校相互借鉴，解决问题。

2019年8月，由我院承建的中赞职业技术学院机械制造与自动化分院正式挂牌成立，该院是我国高职院校协同企业"走出去"在海外独立举办的第一所开展学历教育的高等职业技术学院，为中非职业教育合作提供了新样板，同时也为世界职业教育发展提供了新方案。

(二)建设团队

自2016年被教育部确定为有色金属行业开展职业教育"走出去"项目试点院校以来，我院先后选派三批教师赴赞比亚开展职业教育调研和企业员工培训，得到驻赞企业和当地员工的热烈欢迎和支持。

赴赞前期，为顺利完成培训任务，我院教师深入企业开展调研活动，对企业生产实际情况进行分析，寻找员工的共性需求，充分准备英文授课内容，提前试讲演练，保证了培训内容准确、实用、高效。此外，我院同其他试点院校教师共同组建了校企一体的跨校专业教学团队，围绕企业和员工特点，开发适合的教学资源，以团队的方式进行授课，确保了教学工作的顺利开展。以上举措为我院培养国际化师资力量奠定了基础，同时也为建设中赞职业技术学院做好了师资准备。

(三)投入设备

根据机械制造与自动化专业实际教学需要，我院选择数控铣床、数控车床等机械类实训设备投入中赞职业技术学院，通过搭建数控机床实训室，实现理论实践一体化教学，便于学员能够在短时间内全方位地掌握机械制造与自动化方面的基本知识和技能，并快速地将理论与实操融会贯通，提高独立分析和解决问题的能力。

(四)制定专业教学标准

专业教学标准是落实新型人才培养的指导性文件，是组织实施教学、规范教学管理、加强专业建设、开发教材和学习资源的重要依据。制定专业教学标准时，既要关注当前职业岗位能力的需求，也要具备一定的前瞻意识，运用动态的观念，考虑适应变化中的需求。一方面，要紧密结合赞比亚当地的经济和社会发展需求，科学合理地进行设置；另一方面，要密切对接当地机械行业对人才质量的需求，主动、灵活地适应社会发展。

自项目试点以来，我院积极参与职业教育"走出去"标准的制定与开发工作。经过不懈的努力，在学校已有的相关专业教学标准基础之上，依据中国职业教育的成功理念和相关模式，结合赞比亚职业教育教学实际研发制定的机械制造与自动化专业教学标准于2019年3月由赞比亚职业教育与培训管理局(TEVETA)正式批复为赞比亚国家职业教育教学标准，填补了赞比亚相关专业国家教学标准的空白。

该标准的主要目的是教会学生机械制造与自动化方面的知识、技能，使他们能够在企业中胜任设计、制造、项目管理和系统的安装、维护、维修等各项工作。教学标准中共列出了设计制造工艺、编写数控程序、组织生产和管理设备、安装和维护制造设备等13个培养目标。教学时长为三年，三年之内学生既要学习工程数学、汉语、计算机应用基础等公共课程，也要学习机械制图、机械制造技术、液压传动与气动技术等专业课程。课程由易到难，循序渐进。在每个单元的学习当中，我们详细设置了总体目标、单元目标、教学条件、教学安排、考核标准、考核办法以及参考资料等内容。该教学标准的制定在很大程度上推动了我院职业教育模式和理念的传播，增强了我院职业教育的影响力。专业教学标准的制定过程见图1。

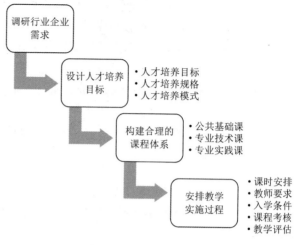

图1 专业教学标准的制定过程

（五）建设教学资源

教学资源是为教学的有效开展所提供的各类可被利用的条件，包括教材、课件、图片、视频等。教学资源在建设的过程中必须注重中赞双方的文化差异和赞比亚当地学员的知识技能水平，通过多方面的考查，根据学员的实际需求进行建设，注重图文并茂、重点突出、清晰易懂，作为学员日后学习的重要参考和依据。

自中赞职业技术学院机械制造与自动化专业教学资源建设工作正式启动以来，我院相关团队积极行动，在各方的配合协调下，已完成多本教材的样章编写及审定工作，其他教学资源的建设也在有条不紊地进行。丰富优质的教学资源，可以切实满足教师课程开发和教学实施的需求，教师在使用教学资源的过程中，能够不断吸取经验，开阔思路，更新理念，提升自己的课程开发能力和资源开发能力。不仅如此，教学资源的建设还可以为赞方学生的课后自主学习提供系统的指导[2]。

五、结语

综上所述，基于当前赞比亚职业教育现状以及我国企业"走出去"所面临的困境，机械制造与自动化专业课程的开发是一项刻不容缓的工作，其开发不仅具有重要的理论意义而且具备极大的应用价值。我院在实践基础之上，从筹办建校、团队建设、设备投入到制定专业教学标准和建设教学资源五个方面实施专业课程的开发工作，具有一定的指导意义，为人才培养和行业发展奠定了基础。

参考文献

[1] 白帅.基于工作过程为导向的应用化工技术专业课程体系的开发与构建[J].佳木斯职业学院学报，2020，36（5）：90-91.

[2] 肖素丽，沈德顺，陈艳秋，等.在"一带一路"倡议下，赞比亚职业教育课程开发的研究与实践——以金属与非金属矿开采技术专业为例[J].农家参谋，2020（3）：261.

"一带一路"背景下高校教师教学能力的培养途径

施渊吉　王晓勇　吴元徽

南京工业职业技术学院，江苏南京，210046

摘要："一带一路"倡议对各专业复合型人才的需求量大，对高校教师的教学能力提出要求更高。鉴于此，本文主要以"一带一路"为背景围绕着高校教师的教学能力有效培养途径开展深入研究及探讨，希望能够为今后这一方面实践工作的高效化开展提供指导性的建议或者参考。

关键词："一带一路"；教学能力；培养途径

前言

"一带一路"倡议是我国的习近平总书记提出的，内含"21世纪海上丝绸之路""新丝绸之路经济带"这两方面倡议思想，属于顺应现阶段国际社会的发展潮流之必然，主要目的是构建起与古代的丝绸之路所有共建国家的经济合作与发展平台，带动沿线各国在信息技术、通信、能源、金融等各个领域的深度合作[1]。在"一带一路"倡议思想具体落实期间，需要各个领域大量的专业人才为其提供强有力的人力资源保障，需要高校培养最适宜"一带一路"倡议思想深入落实进程的复合型专业性人才，这就对高校教师的教学能力提出了更高的要求。要培养最适应于国际化发展的人才，培养高校教学整体教学能力至关重要。

一、"一带一路"时代背景下高校教师所面临的机遇及挑战

(一) 面临机遇

教育，它属于社会与经济发展进程中必然的产物。伴随"一带一路"倡议持续深入，我国国际化的教育进程及改革步伐逐渐加快。高校，属于高等教育实现国际化的重要主体部分，承担可满足于国际化发展需求复合型人才的培养重任，这要求高校广大任课教师务必具备全球化教育视野与思想，不断审视及拓展自身职业发展，坚持国际化教育理念，积极探索国际化的人才培养教育全新模式，确保自身教学能力可以适应新时代背景下发展需求。对此，在"一带一路"倡议背景下，具备国际化教学能力高校教师的培养，逐渐成为教育实现国际化的核心，让高等院校学生均能够成为最能够适应现阶段全球化的人才市场所需的专业型高质量人才，为高校教师们提供了发展机遇。一是伴随着现阶段"一带一路"倡议的深入落实，国内高校教师走向世界教育舞台的机会逐渐增加，高等教育层面针对人才的培养需求更加强烈；二是以培养"一带一路"共建国家的紧缺型技能人才为基础，更加需要培养更多其他学科领域

高素质人才，要求国内高校教师不仅提升自己的专业技术能力，而且要发挥各国教育的沟通交流纽带作用，融合、传承、发扬中国与世界文化，为提升自身的教学能力打造一个更为广阔的发展平台。

（二）面临挑战

因"一带一路"共建国家有着多样化特点，发达国家与发展中国家兼有，语种繁多，非英语、英语国家兼有，在很多方面均有差异。那么，单从语言知识教学方面分析，每个国家均有本国官方语言，例如俄语、阿拉伯语，大致有53种。南亚、东南亚这些国家的通用语言均为英语，其他各个国家的通用语言均不同，差异性明显。故而，要求高校学生不仅要掌握英语，还需学习与掌握各个共建国家其他的语种；同时，多数共建国家在国情、文化方面均有着独特性，在不同的国民相互了解、沟通交流等方面常遇困难，需要完善、改进之处众多。综合以上因素便可了解到，在"一带一路"背景之下，广大高校教师的教学能力面临重大的挑战，它要求负责高等教育的所有教师不但要注重对学生们语言交流沟通能力的培养，还需要培养学生们跨文化、跨语言等综合能力，务必要针对性地设定培训方案、计划，积极转变以往传统的文化、语言课程教学模式与方式方法，确保能够适应于国际化的社会发展现实需求，将提升高校教师总体教学能力，为我国教育领域向着国际化方向发展奠定基础。

二、能力现状

（一）在教学意识方面

"一带一路"背景下高等教育进步发展的关键与支撑，主要集中于具备国际化、高质量的师资队伍，需配备大量有着过硬的专业技术、较强业务能力的国际化的教学人才。然则，从现阶段高校教师现状来看，国内高校教师所开展的教学活动仍然以应试教育为主，而"一带一路"共建国家的学生不适合单纯讲授的理论课，他们更适合于通过图片、项目案例或者实际操作来学习。特别是"走出去"企业对人才技能需求很明确和迫切，希望毕业学生能够迅速适应生产岗位，这些都需要准备丰富适用的教学资源来提升学生学习效果。

（二）在师资类型方面

国内高校教师在知识结构方面略显单一化，他们往往只能够得心应手地把握与讲解本专业的知识，对于其余相关学科专业知识缺乏钻研，在国际化的教育背景之下，他们教学综合能力较低，无法更好地通过语言流利地进行专业知识交流与沟通，语言教授方面任课教师对于国际谈判相关知识与技巧输入较为匮乏，经贸谈判相关专业高校教师，他们在语言能力方面相对较为薄弱，这些均属于现阶段国内高校教师们缺少国际化的教学能力的集中表现。

（三）在知识储备及创新力方面

现阶段，知识不断更迭、科技持续进步发展，高校教师知识储备及学习创新力的重要性日益凸显出来。在传统高等教育模式下，部分教师教条主义严重，只能成为机械化传授知识工具，在教学组织方面的能力十分欠缺，无法适应当前国际化的教育需求。故而，高校教师不仅应学术功底与教学技巧扎实，还应当具备不懈努力学习新知识的优良品质，利用业余时间多阅读关于本专业与跨学科领域文献资料，广泛关注我国教育领域及其余领域的最新知识，与自身教学实践经验有机结合，进行更多新教学方法的创设，成为新时代最具创新力的高校教育者[2]。

(四) 在教学实践能力方面

高品质教学能力，不仅要求高校教师深入了解专业学科相关知识，还应当深入理解课程内容。现阶段，高校教师虽然已经在积极落实各项教学活动，对学生个体化差异进行深入思考与分析，针对性地采用相应教学手段，形成教学反思，注重教学反馈。然则，在教学改进实践中，教学实施的能力相对较弱，很少有高校教师能够做到教学反思过后进行有效纠正或者改进处理，以完善教学活动。教师普遍存在实践经验少，创新力、教学实践能力略有不足现象。

三、有效培养途径研究

(一) 保持治学精神的严谨性

"一带一路"倡议一经提出，就要求高等教育务必要注重对多层次复合型专业人才的培养，确保可以适应于国际化市场发展需求。那么，对于高校广大任课教师来说，自身专业知识及教学能力过硬属于实现国际化教育的重要基础，教师只有具备这一能力，才能够满足新时代高校学生学习的需要。故而，高校教师应当深刻认识到自身扮演着传播知识者这一角色，需要学习更多先进的知识体系，了解、吸收各个学科领域专业知识，做到知识体系及时完善、更新，促使自身对于各个学科的知识储备量能够得到增加，细致制作教学课件，确保学生们能够在学习期间达到融会贯通这一效果，实现对于高校学生文化修养的有效培养。高校教师务必担负起教育使命，坚持以身作则，逐渐成为一名具备丰富知识储备、深厚教学实践能力、严谨治学精神的高品质教师。

(二) 确立国际化的视野

高校教师是实现国际化教育的重要执行者，在"一带一路"倡议背景之下，提升高校师资团队国际化的教育水平，往往对于高等教育达到国际化的水准起到决定性作用。具备国际化的教学经验及能力的高校教师，可对教学改革起到良好的推动作用，实现对于最符合国际市场发展需求复合型人才的培养。故而，高校教师应当做好国际化的教育各项准备工作，注重自身教育思想的持续更新，促使学生们实现个性化发展，将接受高等教育所收获的知识及能力有效作用于不同国家及文化中，促使我国的国际竞争实力能够得到有效增强。高校教师务必要把握住机遇，走出国门、拓展国际化的教学事业，不断强化自身跨文化的教学能力，以便于今后更好地从事高校教育工作。

(三) 注重科研能力的提升

教学改革，学问很深，是持续学习及研究的一个过程。高校教师务必要结合本专业学科,密切关注学科的动态及教学要求等,参与到不同形式的教研活动中,持续提升及完善自身科研能力及教学能力,并通过实践教学积累更多科研创作与研究的灵感。如此便要求广大高校教师务必具备丰富的学科前沿的知识体系,还需具备创新能力及国际化的视野,并与自身的教学实践及研究相结合,解决各种科研难题,创建思考及交流平台,实施个人教学反思与深入研究,逐步拓宽自身的教学事业,持续完善、检验,将科研成果有效运用于多样化教学实践中,以便提升自身的教学活力和综合能力。

(四)构建专项培训体系

教学实践活动,往往存在于每一位高校教师的职业生涯整个发展进程当中。高校教师所有能力均来源于不同阶段与时期的各种培训内容。那么,在"一带一路"倡议背景之下,高校教师如何才能够更好地提升自己的教学能力?我们认为不仅要做到以下几点,还需要构建专项培训体系,确保自己的教学能力能够得到不断升华。一是,高校教师可借助参与到多种形式进修项目及实践交流活动当中,持续学习及教学反思,对提升教学能力帮助较大;二是,高校可为教师们提供层次不同可持续的培训活动,并逐级深入培训,包括校际培训、校内培训、国际培训及社会培训等等,以为广大高校教师们搭建起教学交流平台,形成良好的持续培训体系,确保高校教师均能够有效利用所有教学及交流资源,促使高校教师们的教学能力能够得到有效提升。

四、结语

综上所述,在"一带一路"倡议背景之下,为能够更好地培养与强化高校教师的教学能力,我国所有高等院校与高校教师们需要一同努力,善于运用多种渠道与方式方法,实现对高校教师的教学能力的有效培养及强化,以便于高校教师能够为实现国际化的教育、为"一带一路"倡议的有效落实,持续输送最适宜国际化发展的复合型专业人才。

参考文献

[1] 曹月新,张博伟.高校教师教学能力培养问题研究[J].东北师大学报(哲学社会科学版),2016,28(2):208-213.

[2] 曹蕾韵."一带一路"倡议背景下我国高校教师的机遇、挑战及应对策略[J].黑龙江教育学院学报,2017,36(8):210-211.

"一带一路"背景下的高职"机电专业一体化"课程信息化教学改革

施渊吉　吴元徽

南京工业职业技术学院，江苏南京，210046

摘要： 2013年9月和10月，习近平主席提出了"一带一路"倡议。在这一背景下，高职院校迎来了新的发展契机。信息化教学方法脱颖而出，越来越受到人们的重视，也成为促进高等职业教育发展的重要推动力。本文聚焦"机电专业一体化"课程教学，将课程信息化改革的意义作为研究的起点，重点探究了其改革的内容、途径，希望为高职"机电专业一体化"教学发展贡献一分力量。

关键词： "一带一路"；"机电专业一体化"；课程信息化；教学改革

一、高职信息化教学改革的意义

2016年，教育部与多省市签署"一带一路"教育行动国际合作备忘录。该备忘录的推出，通过对国内外的资源的整合、优化，为我国教育迈向国际化铺平了道路，形成了全新的教育局面，该局面以"一带一路"为标志，注重"一带一路"共建国家间的合作和交流。2018年教育部推出了《教育信息化2.0行动计划》。这一行动计划，大力推动了教育向现代化进军的步伐。可以说，教育信息化2.0不仅改变了传统的教学形态、模式，还更新了教育的生态系统。《教育信息化2.0行动计划》和"一带一路"、"中国智造2025"等政策的推出，为高等职业教育发展创造了新的发展契机。广大的高职院校教师在此背景下，充分利用先进的信息技术进行教学改革、课程改革，通过采用启发式、探究或讨论式教学，创建全新的评价体系，探究全新的以学生为中心的教学模式，采用线上+线下的混合教学模式，对课堂教学的全过程进行实时观察、监控和反馈，从而实现综合改革的教学目标。

在当前国家越来越重视职业教育的背景下，高职机电专业一体化专业也在不断地调整自己的教学策略、方法、模式、人才培养方案等。机电专业一体化专业的人才培养目标为：培养具有机械、液(气)压一体化等基本的基础理论，掌握相关操作，并能进行维护、调适等操作，熟悉机电专业一体化设备加工工艺，能掌握其工艺设计的方法，并具备相关的加工工艺技能的高素质应用型人才。机电专业一体化专业的教师在教学中，积极采用信息化教学手段，以不断满足职业人才发展的需求，提高人才培养的质量，并以此为契机，进行了一系列的课程和教学改革。目前，机电专业一体化专业综合改革已经取得了初步的成效，主要体现为：制定了以职业岗位为核心的课程标准；开发了符合我校实际和高职学生特点的教材；与企业合作建设了实训室；整合线上线下资源，开发了微课资源。高职院校机电专业一体化专业综合改革，将课程教学和学生的实践充分结合起来，有利于培养学生的实践能力和职业素养。在看到这一优势的同时，也不应忽视其存在的不足，即学生们的创造性、自主性、创新性并未被充分激发出来，仍需进一步改革。

二、"一带一路"背景下的高职"机电专业一体化"课程信息化教学改革的实施方法

为增强机电专业一体化学生的就业竞争力，使他们在国内外激烈的人才竞争下，依然保有强大的市场竞争力，急需对传统的教学形式进行大刀阔斧的改革。将信息化融入课程教学中，促进二者的科学融合，是实现这一目标的重要途径。具体而言，可从以下几点着手。

（一）加快教师信息技术培训

"一带一路"倡议的实施，不仅需要教师具备较高的职业素养，还需要其具备一定的信息素养，即网络技术应用能力，从而在与他国教师交流和沟通时，或开展国际交流和合作时，更加得心应手。因此，"一带一路"倡议下的高职"机电专业一体化"课程信息化教学也应注重对教师信息素养的培养，使其通过参加直播培训课程、在线培训课程，不断提高自己的网络技术应用能力，塑造一支结构合理的信息化教师队伍，为"机电专业一体化"课程的信息化提供人才支持。例如对机电专业教师进行微课程、动画等方面的培训。

（二）建立科技化的网络平台

信息技术教学的有序开展离不开对信息教学环境的依赖，因此，机电专业一体化课程可借助学校的信息化教学平台来为本专业课程教学创造现代化的教学环境，通过课程网络平台，让教与学都能在全新的环境中展开，并可进行在线讨论、测试等环节。

（三）创建"产教融合、校企一体"的办学模式

"一带一路"倡议下的高职"机电专业一体化"课程信息化教学改革，需要企业的参与和支持，通过开展全方位的校企合作，来共同培养机电专业一体化的技术技能型人才。在此过程中，也可以邀请"一带一路"共建国家的企业参与，让其高级工程师参与教学设计、实施、人才培养方案制定等，从而使"机电专业一体化"的课程标准更加符合市场需求，更贴合专业标准。在此基础上，利用信息技术对企业的工作场景进行整合，并结合在线课程资源，共同为"机电专业一体化"课程教学提供丰富的教学资源。对于这些理实虚一体化的教学资源，可按照知识点，将其进行分模块构建，确立新的培养模式，即由知识培养向技能培养、职业素养培养转变。教师在教学过程中，可先根据知识点对学习任务进行分解，然后对其进行整合，形成全新的课程资源系统。该系统包括三大模块，分别为知识教学模式、技能操作模块和企业虚拟场景模块。该系统涵盖的内容众多，如教学设计、教学视频、自我测试等，具有较强的交互性，打破了以往的时空限制，有利于帮助学生实现随时随地学习的目标。广大的师生可利用智能终端设备来进行教与学，并能及时地展开交流和互动，构建出三维的教学资源，以显著提升学生的知识水平和实践技能。

(四)将新的教学模式与传统的教学模式相结合

"一带一路"倡议下的高职"机电专业一体化"课程信息化教学改革，需要借助校园信息化平台，构建出以信息化为中心的全新的教学模式。该教学模式与传统的教学模式相比，具有显著的优势，主要体现在以下几点：开放性、多元化、信息化等。这种全新的教学模式，在一定程度上激发了学生的学习兴趣，提高了他们的自主学习能力，但对于学习水平较低、基础较为薄弱的学生来说，则弊大于利，不利于提高其学习成绩，也不利于他们的专业技能水平的提升。基于此，就需要高职机电专业一体化教师改变思路，在课前就为学生安排相应的学习任务，并在其学习本课程和其他专业课程内容时进行科学、有效的指导，让学生们在预习时更具方向性和针对性；在课堂上，教师可针对学生们在学习中遇到的问题进行总结、梳理，对其学习中遇到的疑难点进行重点解读，从而提高他们的课堂学习效率。教师在制定具体的教学策略时，不应囿于一种思路，而是要极具灵活性和创造性，通过传统教学模式和新型教学模式的融合，来提高学生们的学习意识和探究能力。

(五)建立综合评价体系

在信息化的背景下，"机电专业一体化"课程采用的多元化的教学模式，推动了评价体系的改革，其评价内容、评价主体和评价方式均发生了显著的变化。在校园信息化平台下，机电专业一体化教师在采用传统的纸质化评价的基础上，还采用了在线评估。在线评估包括课后内容评估、问答评估、学习效果评估等。在线评估系统中，系统、教师、学生等都可参与评价，这样的评价体系，既能帮助教师及时了解学生的学习进度，及时调整教学方案，又能通过让学生们自主参与评价，使他们了解自己在学习中的不足，从而取长补短，提高其学习的积极性。

(六)加强"机电专业一体化"课程建设

在"一带一路"倡议下，高职院校在结合时代背景的基础上，及时了解劳动力市场变化情况，对现有课程进行信息化改革，使其设置更具科学性、连续性。在实施过程中，高职机电专业一体化教师可从以下几个方面着手。一方面，对基础课程的基础性和应用性进行深入研究，协调好二者之间的关系。在"一带一路"倡议下，要想成为优秀的国际化人才，首先需要过信息素养关，可通过实施"请进来"和"走出去"战略，来加强学生和"一带一路"共建国家之间的学术交流，促进学生的全面发展。高职院校在确定好课程标准时，应协调好其与课程设计之间的弹性关系。在"一带一路"倡议下，无论是国内市场，还是国际市场，都处在一个瞬息万变的状况下，这对职业院校提出了更高的要求。要满足这些要求，就需要职业院校从两方面入手：一方面，注重基本单元模式的设计，巩固学生的学习根基。另一方面，高职院校应立足于现在，放眼于未来，着手于当下，时刻关注劳动力市场在"一带一路"倡议下的变化情况，设计出更符合学生学习成长需求和职业岗位需求的职业技术课程模块，以提高毕业生的劳动技能和职业素养。

三、结语

总之，"一带一路"倡议下的高职"机电专业一体化"课程信息化教学改革应充分发挥信息技术的优势，从而实现社会输送国际化人才的目标。本文从加快教师信息技术培训、建立科技化的网络平台、建立综合评价体系等方面来展开论述，希望为高职院校国际化人才培养提供一些崭新的思路。

参考文献

[1] 庄西真.创新·指南·落实——《国家职业教育改革实施方案》解读[J].教育与职业，2019(7)：5-10.

[2] 杨海明.探讨职技校普车实训教学效果[J].南方农机，2018，49(23)：125.

[3] 陈亚萍，宣琪.基于"云实训系统"的中职实训新课堂探索[J].职业教育(下旬刊)，2019，18(4)：28-36.

[4] 单莹.机械工程实训教学中创新能力培养的研究[J].成才之路，2017(5)：4.

[5] 伍玩秋，黄礼万.高职工科实训教学资源结构性改革实践与思考[J].教育与装备研究，2017，33(6)：89-93.

[6] 罗恒，卡罗莱，穆西米，等."一带一路"倡议下职业教育国际合作模式探究——以中国-肯尼亚职教项目为例[J].比较教育研究，2018，40(9)：11-18.

系统论视域下"1+X"证书制度的理论建构与误区规避研究

苏金英

湖南有色金属职业技术学院，湖南株洲，412006

摘要："1+X"证书制度是一个复杂的系统工程。本文基于系统论，从要素结构、层次结构及环境结构三个维度对"1+X"证书制度进行理论构建。指出主体失调、客体失据、载体失稳及受体失衡等潜在误区并分析其成因，提出有效的误区规避措施：构建多主体的协同工作机制、制定职业技能等级证书考证指南、制定科学合理的专业人才培养方案、建立"X"职业技能等级证书的动态闭环管理机制。以确保"1+X"证书制度能顺利实施。

关键词：系统论；"1+X"证书；理论构建；误区规避措施

《国家职业教育改革实施方案》(以下简称《方案》)提出：职业教育与普通教育是两种不同教育类型，具有同等重要地位。《方案》明确从2019年开始，在职业院校、应用型本科高校启动"学历证书+若干职业技能等级证书"(简称"1+X"证书)制度试点工作[1]。这是对我国职业教育深度改革的全面部署，是职业教育未来发展的风向标，是促进职业教育与职业培训有效融合的重在举措，是符合职业教育类型特征的制度设计与创新。本文在系统论视域下对"1+X"证书制度进行理论建构，并在此基础上对"1+X"证书制度的误区规避措施开展了研究，对"1+X"证书制度的建设及顺利实施具有重要意义。

一、系统论视域下"1+X"证书制度的理论建构

系统是由许多相互关联、相互制约的部分组成的整体，但并非各组成部分简单线性叠加后的机械聚合体，而是各组成部分有机组织后形成的一个有机的整体，这是系统的整体性原理。整体性特征是系统最为显著、最为基本的特征之一。除此之外，系统还具有层次性原理、开放性原理及自组织性原理等。组成系统的部分与部分之间存在差异，部分与部分之间的结合方式也存在差异，从而使系统组织在地位与作用、结构与功能上表现出等级秩序性，形成了高低不一的、相对独立的及普遍存在的层次特性，这便是系统的层次性原理。系统的开放性原理是指系统具有不断地与外界环境进行物质、能量、信息交换的性质和功能，系统向环境开放是系统得以演化发展的前提，也是系统得以稳定存在的条件[2]。系统与外界环境的交换是双向的，既有输出也有输入。现实的系统都具有开放和动态性，不向外界开放的封闭的静止的系统是不存在的。系统的自组织原理指的是，开放系统在系统内外两方面因素的复杂非线性相互作用下，内部要素的某些偏离系统稳定状态的涨落可能得以放大，从而在系

统中产生更大范围的相关性，以此自发组织起来，使系统从无序到有序，从低级有序到高级有序[3]。系统的自组织就是系统的进化过程，在此过程中，竞争与协同相互作用，起到了重要作用。

"1+X"证书制度涉及学校、政府、社会、行业、企业等众多单位和机构，有其特定的时代背景和时代意蕴，是按一定系统原则构建的由各关联要素组成的、具有层次特性的、开放性的复杂系统。据此，在系统论视域下，从要素结构、层次结构及环境结构对"1+X"证书制度进行理论建构，具体见图1。

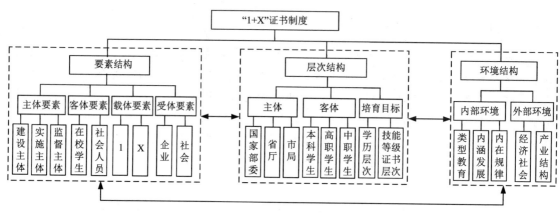

图1 系统论视域下"1+X"证书制度的理论建构

（一）"1+X"证书制度的要素结构

"1+X"证书制度主要由主体要素、客体要素、载体要素及受体要素这四个要素组成。

1. "1+X"证书制度的主体要素

"1+X"证书制度的利益相关主体较多，主要有建设主体、实施主体及监督主体。

《方案》明确规定职业教育培训评价组织是职业技能等级证书及标准的建设主体，协助试点院校开展 X 证书培训，负责标准开发、教材和学习资源开发、考核站点建设、考核颁证等系列工作，按照公平、公正的原则公开招募并择优遴选职业教育培训评价组织。截至今年3月，已有三批次共92个领域的职业技能等级证书参与试点，分别由78家职业教育培训评价组织负责，第1批确认了5家，第二批确认了10家，第三批确认了63家。在三批次试点工作中，存在一家职业教育培训评价组织负责两个及两个以上的 X 证书试点建设工作的情况。如武汉天之逸科技有限公司是激光加工技术应用及多轴数控加工两个职业技能等级证书的建设主体；又如中国中车集团有限公司是轨道交通设备电气装调、轨道交通装备焊接及轨道装备无损检测这三个职业技能等级证书的建设主体。

职业院校是"1+X"证书制度的实施主体。我国的职业院校根据办学体制可分为公办职业院校和民办职业院校，根据学历教育层次可分为职业中专、专科层次的职业学院（目前占比较大）及本科层次的职业院校。"1+X"证书制度是宏观层面的"产业"与"教育"融合的产教融合的教育模式的体现，表现中观层面的"学校"与"企业"融合的校企合作的办学模式，微观层面的"生产"与"教学"融合的工学结合的人才培养模式。最终将职业技能等级标准融入专业教学标准、证书培训内容融入人才培养方案及育训一体化成为教学常态等付诸实践的是上述各职业院校。与此同时,"1+X"证书制度的出台会倒逼各职业院校加强产教融合实训基地的建设,促进教师、教材、教法三教的深度改革。首批职业技能等级证书试点共 1988 个,第二批职业技能等级证书试点共 3278 个。在前两批合计的 5266 个试点中,高职类技能等级证书试点共 3109 个,累计有 742 所高职院校参加试点工作。无论是在当下的"1+X"证书制度试点时期,还是未来的"1+X"证书制度全面推行时期,职业院校始终是"1+X"证书制度实施的主战场。

《关于在院校实施"学历证书+若干职业技能等级证书"制度试点方案》(后面简称《试点方案》)强调"建立职业技能等级证书和培训评价组织监督、管理与服务机制"[4]。教育行政部门和职业指导咨询委员会负责职业技能等级证书相关工作的指导、评价、质量监测及质量评估工作,并要求定期抽查和监督。即教育行政部门和职业指导咨询委员会是"1+X"证书制度的监督主体。教育行政部门包括中央教育行政部门(教育部)和省、市、县三级地方行政教育部门。职业指导咨询委员会全称为全国行业职业教育教学指导委员会(简称行指委)。《教育部办公厅关于推荐全国行业职业教育教学指导委员会(2020—2024 年)委员的通知》决定组织开展行指委换届工作,新一届拟设置安全、包装、财政、机械等 55 个行指委。各行指委委员人数控制在 60 人以内,其中 40% 来自行业企业、15% 来自中等职业学校、40% 来自高等职业学校、5% 来自普通本科高校和研究机构[5]。

2. "1+X"证书制度的客体要素

客体是指主体实践活动及其施加影响的对象。"1+X"证书制度面向的主要是职业院校的学生,基于我国目前的职业教育情况,高职院校的学生占据了较大比例,其次是中等职业学校的学生和应用型本科高校的学生。

目前职业院校在校学生普遍为 2000 年后出生的人,具有 00 后人的群体特征,如价值观多元化、个性需求多样化、兴趣爱好广泛等,总体上表现出多元化需求的发展态势。在此基础上,职业院校的学生又有其普遍的特征:①信心缺失。无论是中职学生,还是高职学生,多数均因中考或高考失利而被迫分流到职业院校学习。长期的学习上的不得意不仅造成了学习信心的缺失,同时对学习之外的种种也产生了潜在的自卑心理。②学习功利性较强。严峻的就业形势使得原本信心不足的职业院校学生背负了更大的就业压力,他们无暇顾及未来的职业生涯发展,更聚焦于当下的就业。因此将就业作为学习的最终目的和唯一目的,在行动上表现为格外热衷于对就业有利的学习内容,想尽一切办法增加就业的砝码。③独立思考能力相对较差。他们无论是在学习上还是在其他方面,不善于自主思考,受周边影响较大,跟风现象严重。

3. "1+X"证书制度的载体要素

所谓载体,是指某些能够传递能量或运载物质和承载知识或信息的物质形体。在"1+X"证书制度中,1(学历证书)和 X(若干职业技能等级证书)是载体。

1 代表受教育的水平,隶属于学历教育范畴,学历有学习的经历或学习的历史的意思,是受教育者学习的经历证明。受教育者在国家规定的教育机构于规定的学制年限内,完成教学计划规定的全部课程，修满教学计划规定的学分，且所有科目的成绩均合格，在学习期满时由其受教育的具体教育机构颁发的毕业证即为学历证书，也是一种学业证明。据此，1 承载了受教者在学历教育上的学习经历和学习成果。在我国现行教育制度下，可通过普通高等教育、国家开放大学、成人高考、远程教育、高等教育自学考试等方式获取学历证书。"1+X"证书制度中的 1 主要是指通过普通高等教育获取的学历证书。

X 证书是职业技能水平的凭证，反映职业活动和个人职业生涯发展所需的综合能力[6]。X 承载的是职业水平的高低及职业能力大小等信息。它与传统的职业资格证书及短期社会培训所颁发的培训证书虽然都是某种职业能力的证明，但却有着本质的区别：X 是建立在 1 的基础之上的，具有教育证书和劳动证书的双重属性。同时，X 证书更加强调职业发展与技能形成的过程性，不仅为个体进入职业领域提供多种可能与多元机会，同时为个体在某一职业领域内提供未来职业生涯发展的通道[7]。

4. "1+X"证书制度系统的受体要素

受体是指系统中的接受对象。"1+X"证书制度下培育出的持有 1 和 X 证书的成千上万的职业院校毕业生，最终要进入人才市场，被各行各业接受，为经济社会发展做出贡献。人才市场无疑是"1+X"证书制度系统的受体，具体说来：从宏观角度看，国家和社会是受体；中观层面即为接受了职业院校毕业生的某一产业行业；微观层面则为某一具体企业、某一用人单位。

（二）"1+X"证书制度的层次结构

"1+X"证书制度的层次结构主要包含主体层次、客体层次及培育目标的层次性。

1. "1+X"证书制度系统的主体层次性

如前所述，"1+X"证书制度的主体主要涉及建设主体、实施主体及监督主体。作为职业教育培训评价组织的建设主体，看似相对独立，没有表现为等级秩序的层次关系，其实不然。其所做的全部工作都有教育行政部门及职业咨询指导委员会的全程指导与监测。职业院校的层次主要表现为职业高中、职业中专、大专层次的高职院校、应用型本科院校，各层次学校对应着其相应层次的学生，本文将归于客体层次论述。另外，从职业院校的行政隶属关系来看，我国目前的职业院校主要分别由教育部主管、省教育厅主管，地市主管及县市主管。综上所述，主体层次性主要考察监督主体的层次性，教育行政部门从上至下的纵向层次结构依次为教育部、省教育厅、地市教育局、县市教育局；职业指导咨询委员会有国家职业指导咨询委员会及省职业指导咨询委员会，目前各地市暂未设有专门的职业指导咨询委员会。

2. "1+X"证书制度的客体层次性

职业院校学生作为"1+X"证书制度的客体，主要包括应用型本科院校学生、高职院校学生、中等职业学校学生，客体层次性与培育层次性是基本对应的。

3. "1+X"证书制度的培育层次性

载体"1"和"X"均反映了"1+X"证书制度的培育层次性，具体见图 2。"1"学历证书从中专、大专、本科以及未来可期的研究生教育，其学历层次逐渐升高。"X"职业技能等级证书设有初级、中级及高级三个等级，技能等级水平越高，职业能力越强。

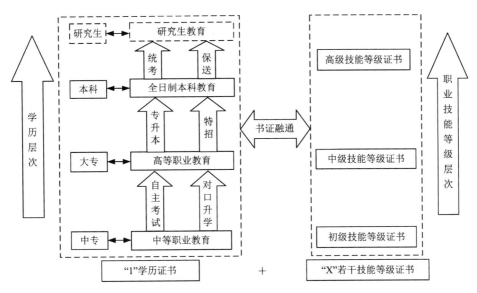

图2 "1+X"证书制度的培育层次性

(三)"1+X"证书制度的环境结构

"1+X"证书制度的环境结构主要为职业教育内部环境和职业教育外部环境。

1. 职业教育内部环境

我国职业教育经过数年的发展,正处于由规模扩张向内涵发展的转型时期,对建立与其匹配的职业教育制度有强烈的诉求,这加速了职业教育制度的改革以及职业教育体系的治理与完善。职业教育的内在结构及其实践表明了职业教育具有明显的跨界特征,职业教育所具有的这种特殊的跨界性决定了职业教育的发展规律与需求不同于一般的教育活动,需要在规则、程序、机制、规范、标准等诸多方面进行特殊的制度安排才能适应和满足职业教育自身的内在结构、发展规律与发展需求[8]。"1+X"证书制度正是适应和满足职业教育内在结构、发展规律和发展需求的制度设计,是契合职业教育类型特征的一种制度创新,是职业教育内涵发展的迫切需求,是职业教育发展内在规律的切实反映。

2. 职业教育外部环境

任何教育制度的出台均有其特定的时代背景,这正应了系统的开放性和动态性。"1+X"证书制度也不例外,其所处的经济社会环境、产业结构发展态势便是其外部环境。改革开放40余年来,我国经济社会发展取得了巨大成就,目前国内经济发展已步入新常态。"十三五"期间,国家启动了"一带一路""中国制造2025""互联网+"以及"大众创业、万众创新"等发展战略。经济社会的发展及智能时代的到来使得生产技术手段、生产组织方式发生了巨大变革,同时也促使了消费观念与结构的升级。生产技术手段、生产组织方式的巨大变革,以及消费观念与结构的升级促使产业结构不断调整升级,呈现出产业发展的新态势。产业结构的调整升级导致职业结构呈扁平化发展趋势:操作性职业与专业性职业之间互为交叉融合;操作性职业与操作性职业之间互为交叉融合;各类职业之间的边界逐渐模糊[9]。这既加速了传统职业的融合与变迁,又催生了前所未有的众多新兴职业,总体上复合型技术技能人才更受职场欢迎。

二、系统论视域下"1+X"证书制度的潜在误区

从系统论的观点来看，来自特定信源的信息总会在传输过程中受到信源强度、传输媒介的性质、信度和效度、传输通道的质量、传输速度等因素的影响，从而引发衰减甚至失真[10]。作为新鲜出炉的"1+X"证书制度，在其实施过程中难免也会因为信息失真或衰减而落入误区。因此，很有必要深入探寻并整理其中的潜在误区，以便有效规避和提前预防，使"1+X"证书制度得以顺利实施。图1所示的"1+X"证书制度系统的要素结构、层次结构及环境结构相互之间关联紧密，其中任一结构的偏差均会联动影响其余两个结构的正常运行，最终造成的整个系统偏差可能呈现为蝴蝶效应。要素结构是1+X证书制度的最基本、最基础的内部结构，本文主要从要素结构方面分析其潜在误区。

(一)主体失调

"1+X"证书制度系统涉及建设主体、监督主体及实施主体等多个不同主体，各主体行政级别呈纵向结构，如教育行政部门从上往下有中华人民共和国教育部、省教育厅、地市教育局及县教育局等；不同主体的职责内容相对独立，却又存在千丝万缕的联系，功能上呈横向结构。主体与主体之间纵横交错，织构成复杂的网状结构，形成了利益相关者。主体与主体之间有可能因利益博弈而引发失调，各主体都追求自身利益最大化，如果没有公平公正的利益分配政策，有可能对利益分配不满而造成工作滞后或停滞不前。其次，主体因利益短视而处理不好长期发展规划与短期需求的关系引发失调[11]，如职业院校人才培养的长周期性和滞后性与行业企业追求短期经济利益之间的冲突有可能引发失调。

(二)客体失据

职业院校学生作为"1+X"证书制度系统的客体，从其内心来讲，希望在得到"1"学历证书的同时，能考取更多的职业技能等级证书。但学生对各专业的职业技能等级证书并不十分了解，有的学生对自己所学的专业也不甚了解。因缺乏相关文件的指引，学生不清楚考取哪些类型的职业技能等级证书对自己的就业或以后的职业发展有所帮助，面对各类职业技能等级证书，感到茫然，不知如何选择。于是可能出现以下三种情况：有的学生逢证必考，抱着一种广泛撒网的心态，有证总比没证好，结果因精力分散，考证通过率极低；有的学生随大流，看看周边同学考什么证，就跟随考什么证，造成持有某种类型的职业技能等级证书的学生相对较多；有的学生在犹豫困惑之时干脆放弃，什么证都不考，给自己就业带来被动。

(三)载体失稳

"1"和"X"作为"1+X"证书制度系统工作的载体，在具体的实施过程中，可能会因过分强调"X"而忽视"1"，造成"1"失去其基础性作用，"X"成为空中楼阁。有的学校片面追求学生"X"职业技能等级证书的考取通过率，有可能将各种职业培训充分替代学历教育，完全落入原有的社会职业培训之范畴，载体严重失稳，最终导致"1+X"证书制度系统坍塌。我国实行的1+X证书制度，其实质是要在彰显"1"的价值的基础上，来提升"X"的地位，绝不是降低对学历证书的要求。从更深层次的意义上去理解，学历教育与职业技能培训具有相辅相成

的作用。"1"始终是基础,"X"是在"1"的前提下和基础上加强职业技能的训练与提高,同时"X"也倒逼和促进"1"的教育教学改革。

(四) 受体失衡

人才市场作为"1+X"证书制度系统的受体,受系统环境结构的影响,对人才的需求变化是非线性的,动态的。如果人才的供方未及时适应需方的非线性动态变化,则两者之间有可能失去平衡,要么供大于求,要么供不应求。具体表现为 X 的培育层次性与人才市场失去平衡,比如一些新兴行业由于刚起步可能需要更为初级证书的从业人员,但由于学生对新兴行业的未来前景不了解,持观望态度,因此不敢贸然报考相应的技能等级证书,而造成新兴行业的职业技能等级证书严重供给不足。待此缺口被发现,学生们争相报考初级证书时,行业经过一段时期的发展,对人才要求相对提高了,可能由原来需求的初级证书变为中级或高级证书,导致初级证书过剩,中高级证书供给不足。其次还可表现为 X 证书类型与人才市场不匹配,如一些传统行业产业由于职业融合或职业变迁使得原职业技能等级证书已失去了市场,而职业技能等级证书却没有及时退出,以致学生继续考取相关职业技能等级证书,最后却未增加任何就业竞争力。

三、"1+X"证书制度系统的误区规避措施

针对"1+X"证书制度主体失调、客体失据、载体失稳、受体失衡等潜在误区,基于"1+X"证书制度系统的理论建构,结合系统的整体性、协同性、开放性及动态性,本文制定"1+X"证书制度的误区规避措施。

(一) 构建多主体的协同工作机制

"1+X"证书制度涉及多个主体,各主体纵横交错,形成一个复杂的网状结构,相对独立却又存有千丝万缕的联系。必须加大统筹力度,构建多主体的协同工作机制。

首先,制定科学规范的岗位责任制。明确各主体的主要责任人,制定各主体的详细职责。同时加强各主体之间的沟通交流,顺畅实施工作对接。高职院校应与试点职业教育培训评价组织积极对接,在企业认可度、专业融合性、可行性等方面进行分析论证,引入适合自身建设实施的证书,与培训评价组织建立协同合作机制,有序开展工作,形成共赢。

其次,建立动态闭环管理机制。无论是纵向结构的不同层级主体之间,还是横向结构的不同职责主体之间,均应保持相关工作信息的畅通,输入的信息均须有相应的信息反馈。对"1+X"证书制度试点工作实践中所引发的新问题更应密切关注,以便多主体群策群力,协同推进,及时解决问题。教育部办公厅、国家发展改革委办公厅、财政部办公厅《关于推进 1+X 证书制度试点工作的指导意见》[12]明确规定:实行工作动态定期报送制度,各省级教育行政部门、试点院校、培训评价组织要认真落实好试点工作动态定期报送制度,及时、准确报送工作进展,总结工作经验,汇聚典型案例,反映有关困难问题,提出政策建议等。

再者,建立监督考核机制。坚持定期抽查和监督工作,一旦发现在"1+X"证书制度实施过程中有弄虚作假、利益寻租或利益捆绑销售等行为应给予及时阻止并加以处罚,情节严重者可考虑取消其办学、培训等相应资格。

（二）制定职业技能等级证书考证指南

职业技能等级证书的类别主要根据学生毕业后初入职业岗位所要求的专业核心能力而设置，职业技能等级证书的级别主要针对本科层次、（高职）专科层次、（中职）中专层次等不同学历层次的职业教育设置高级、中级及低级等不同级别的职业技能等级证书。

首先以专业为单位提供相应职业技能等级证书考证指南，获取相应职业技能等级证书则证明学生具备与其对等的某种岗位工作的职业能力，学生可根据自己以后想从事的某个具体岗位考取相应的职业技能等级证书。

其次以专业群为单位提供相应的职业技能等级证书考证指南。云计算、大数据、人工智能等新技术将中国制造业的发展引入了智能化的时代。在此背景下，职业结构呈扁平化发展趋势，职业之间的边界变得更为模糊，高度复合的专业型技术技能人才成为产业的普遍需求。因此，需进一步扩大职业教育的学习选择空间，这种扩大需要打破传统的专业和学制界限，同时也催生了专业群，加快了专业群的建设。所谓专业群即以一个或多个办学实力强、就业率高的地理点建设专业作为核心专业，若干个工程对象相同、技术领域相近或专业学科基础相近的相关专业组成的一个集合。在校学生可根据自己初步的职业规划或自身特长考取专业群内或相邻专业群的职业技能等级证书。

"1+X"中的X可以表现为1在纵向的深化，也可以表现为1在横向的拓展[13]。以专业为单位提供的相应职业技能等级证书考证指南实质上是X对1在纵向上的深化，以专业群为单位提供的职业技能等级证书考证指南实质上是X对1在横向上的拓展。前者有助于学生迅速适应初入社会的职业岗位，后者有助于其后续职业生涯的发展，同时也是培养复合型技术技能人才的有效应对措施。

从学生的长期发展来看，获取什么专业以及什么层次的职业技能等级证书应充分考虑其后续职业生涯的发展及规划[14]。职业技能等级证书考证指南向社会、学校和学生公开，学生可通过相关网站查询到指南，并可就相关问题向学校相应职能部门咨询或进行网上咨询，以便学生根据所学专业，结合个人的职业生涯规划考取职业技能等级证书。

（三）制定科学合理的专业人才培养方案

专业人才培养方案涉及人才培养目标、过程、方法以及考核等，主要包括专业基本信息、修业年限、职业面向、培养目标与规格、课程结构与体系、教学计划、教学要求、实训实验环境、教学评价、师资保障等内容。

《试点方案》有关试点内容的第三项明确指出需融入专业人才培养方案，过去的专业人才培养方案主要针对学历教育制定，其课程结构是依据学科知识结构系统的学科体系而建立的。因此，学校可根据区域经济社会发展需求、行业企业对技术技能人才的需求以及X证书的要求，结合"1+X"证书制度适度修订调整专业人才培养方案。

首先，融证入课，进行教材内容的重组优化，加快教材改革与创新。一些与证书相关的课程在课程内容设计时，须充分考虑到证书培训内容，将证书培训内容与原有课程内容有机整合，打破原有的学科体系课程结构，形成新的行动体系课程结构，既保证"1"的学习容量，又充分考虑到"X"的考证需求，从课程内容设计上有效避免"1"与"X"的有失偏颇。教材的呈现形式上鼓励开发新型活页式、工作手册式教材，同时配套信息化资源、案例和教学项目，建立动态化、立体化的教材和教学资源体系，便于依据产业行业新的需求灵活调整教材内容。

其次，积极推进教学模式的改革与创新。以"校企合作，工学结合"为人才培养模式的总体指导思想，根据专业(群)自身特点建立与其相适应的课堂教学模式。充分利用线上课堂、线下课堂、企业实践课堂建立师生互动、企业深度参与的"以学习者为中心"的职业教育课堂教学模式。以教学活动、教学项目等为载体，使用案例分析、探寻调查、问题情境、头脑风暴、角色扮演、沙盘演练等探究性学习方法，创设激发学生主动思考的情境，以加强学生的职业能力训练。教学过程中以知识为节点有机贯穿，能力导向为终极目标，两者有效融合使学生在获得"X"相应能力训练的同时，又习得了"1"所需理论知识。

再者，加强双师型教师队伍建设，提高教师的职业素养和实践能力。《试点方案》明确提出：多措并举打造"双师型"教师队伍。基于职业院校人才培养目标的定位，职业院校教师的实践工作经历，解决工程实际问题的能力及实际动手操作能力尤为重要。双师型教师本身便给学生做了"1"与"X"有机融合的良好示范，同时也利于其开展理论与实践的融合教学。课证融合的教材开发，"校企合作，工学结合"的人才培养模式，双师型队伍的建设三者并行推进，有力保证了"1"与"X"的同步实施。

(四)建立"X"职业技能等级证书的动态闭环管理机制

随着经济社会的不断发展，我国的各行各业均发生了巨大的变化。行业的动态发展引起了职业岗位的动态变化，职业岗位的动态变化必将影响人才市场对人才的需求变化。

"1+X"证书制度中的"X"旨在提高学生的职业能力，学生拥有某种技能等级证书，理应成为其在相应专业领域内就业的一种优势。当这种优势给学生就业甚至以后职业发展带来帮助时，学生会自发自觉地考取相应职业技能等级证书。这无形之中推进了"1+X"证书制度的有效实施，同时也满足了行业产业的发展需求。为确保这种优势的存在，须确保学生获取职业技能等级证书的种类和数量与人才市场需求相匹配，保持证书的"供"与市场的"需"的平衡，必须根据行业产业的发展态势建立职业技能等级证书的动态管理机制，从发放职业技能等级证书的种类和数量上进行动态管理。首先，预估行业产业所需的职业技能等级证书种类、级别(初级、中级、高级)、数量，并在相对固定的时间提前公开发布。让学生充分了解到就业市场对人才的需求状态，供学生们报考时参考。其次，及时增加新兴行业产业所需的职业技能等级证书的报考，及时取消或暂缓传统产业行业冗余的职业技能等级证书的报考。再者，可通过调整职业技能等级证书通过率来缓解供需矛盾。

四、结语

基于系统论，从要素结构、层次结构及环境结构三个维度对"1+X"证书制度进行理论构建。指出主体失调、客体失据、载体失稳及受体失衡等潜在误区并分析其成因，提出有效的误区防范措施：构建多主体的协同工作机制、制定职业技能等级证书考证指南、制定科学合理的专业人才培养方案、建立"X"职业技能等级证书的动态闭环管理机制。以确保"1+X"证书制度能顺利实施。

浅谈"双高"背景下的高职院校国际化建设思路

孙慧敏　姜　涛　李晓琳　张向辉

哈尔滨职业技术学院，黑龙江哈尔滨，150081

摘要：中国特色高水平高职学校和专业建设计划是教育部、财政部指导实施的职业教育五年发展规划，旨在遴选建设一批优质职业院校引领中国职业教育发展。其中提升国际能力，建设一批适应世界水平的高职院校和专业群是"双高"建设计划中非常重要的组成部分。本文探讨"双高"项目背景下，高职院校国际化能力提升建设思路与方法。

关键词：双高计划；高职院校国际化；建设思路

一、"双高"计划背景下高职院校国际化建设的重要性

积极拓展海外辐射区域范围，依托职教集团和产教联盟在"一带一路"共建国家建设"鲁班工坊"，将优秀的职教资源输出到境外，为当地的经济发展提供助力和支撑。同时也吸引和培养出大批具有国际视野、热爱中国文化的留学生，充分发挥了国际化教育桥梁与纽带的作用。

（一）强化专业建设，提升内涵动力，推动学院国际化建设

高职教育以专业为特色及支撑，从一所高职院校的专业布局可以看出这所学院的发展方向。同样，高职院校支柱专业的建设水平也决定了这所高职院校的整体水平。通过专业课程设置、教学水平、创新能力、标准建立等综合手段进行专业国际化建设，实现"双高"建设目标。

（二）开拓教育视野，注重师资建设，打造国际化教学团队

在职业教育国际化的融合背景下，广大高职院校管理者逐渐意识到教师的素质能力与水平是实现教育国际化的关键。要想促进高职院校的国际化教学程度提升，需要高水平的师资队伍和具有丰富知识的教师，师资队伍的国际化可以有效保障学生培养适应国际化需求和就业质量的人才。现在各高职院校都纷纷开展并组建具备国际视野和适应国际化教学的师资团队为教育质量保驾护航。

（三）加强互通交流，增强意识素质，注重学生国际理念培养

高职院校一旦设定了与国际接轨的发展方向和教学目标后，就需要在人才培养方案中融入国际化的理念。所以，高职院校相关部门工作人员要着重分析世界环境下的育人特点，研究学生性格特长，以学生为中心，为他们搭建国际化平台，增加互访互通和互动交流的机会，为学生成长成才所需的国际化意识和素质的培养提供和创造更多的广阔舞台。

二、高职院校开展国际化建设面临的机遇与挑战

我国高职院校目前已将对外交流合作工作视为重要内容与建设任务，国际工作也越来越受到学院的支持。互访研习、国际比赛、留学交流等国际活动的渠道也不断拓宽，依靠国家和行业政策支持，为骨干教师提供境外学习与深造的项目也在逐年增多。但是，就高职院校的国际化水平而言，还有很多发展中的问题和新的挑战亟待解决。

(一)教师专业素质水平与科研创新能力有待提升

师资水平是学院持续良性发展的核心力量，高职院校的教师适应国际化的能力和素质，在某些专业角度还需要一定的强化学习和提高，特别是英语水平有待提高。良好的英语能力可以满足教师阅读国外优秀期刊文献和撰写高水平论文的需求，也可以提高其与留学生的教学与交流的深度，更好地开展课堂教学活动。但是目前高职院校的非英语专业教师的英语听说能力薄弱，开展全英文授课的难度还较大。

(二)院校交流水平层次与互访国家发达程度有待提高

目前，院校互访、教师交流的机会越来越多，各高职院校随着国际化建设的速度大踏步前进，每年都会派出管理者和骨干教师赴境外培训与互访，短则几天、多则数月，这为管理者开阔思路、教师能力提高提供了平台。但以现阶段的程度而言，境外交流以新加坡、泰国等亚洲国家为主，国家发达程度和学校层次水平还有待提高。经济发达程度高的国家和高水平的院校在职业教育领域中的先进经验和创新思路是值得我们学习和借鉴的，也会更有助于我们在自身的发展和建设过程中取长补短，避免走弯路。

(三)学生心智素质养成与适应国际化创新能力还需强化

学生能力水平是检验学校培养质量结果的直接体现，学生的培养全过程是一系列连贯的过程，涉及概念认知、知识积累、技能培养、能力锻炼、素质养成等多方面的内容。现在，我国高职院校在全方位、多维度学生培养体系方面已积累了丰富的经验。但与此同时，在学生的国际化素质能力培养方面还是一个需要研究的课题。比如，了解异国文化与宗教文明，适应异域生活习惯与学习环境、融入异地风土人情与价值理念等。这些素质的养成会更有助于学生迅速全身心投入到新的学习环境中，以更有效地获取知识能力。

(四)专业水平先进程度与办学条件综合实力还需加强

建设一流专业是建设一流学院的基石，加强国际交流和合作，利用国际教育资源，是有效促进一流专业建设的快速车道。但现阶段我国高职院校在专业建设的国际化方面还需加强，特别在专业水平的国际化深度和领域方面。传统的联合贯穿培养、学术科研合作、国际交流访谈等手段缺乏长期性与系统性，不能形成良好的且呈递进式的深入教育合作，只注重短期的眼前结果，这绝对不利于专业的长期发展。

三、结语

高职院校是培养高技术技能型人才的重要阵地，肩负着为社会输送紧缺型高素质人才的重任。高职院校的国际化建设是服务国家战略，响应政府号召，为促进"双高"计划搭建对外交流与合作的桥梁，为实现全球一体化提供智力支持。

"一带一路"倡议背景下高职院校国际化人才培养研究

杨洪权　刘永亮　胡　平　姜庆伟　赵　娇　安　冬

陕西工业职业技术学院，陕西咸阳，712000

摘要：随着"一带一路"倡议的全面实施，高职院校将迎来历史性的发展机遇和挑战。高职院校国际化人才的培养，在持续推动"一带一路"倡议的实践中具有举足轻重的作用。本文分析概括了"一带一路"倡议背景下高职院校的发展机遇和国际化人才培养现状，并研究总结了陕西工业职业技术学院服务于"一带一路"倡议的需求，通过校企协同、"走出去"和"引进来"等途径探索国际化人才培养模式。

一、引言

"一带一路"倡议是亚洲、欧洲、非洲各国以互惠互利为宏大经济愿景，在基础设施、投资贸易、人文交流等多方面开展密切合作，共享发展成果，其核心内容是通过经济互通互助，在沿线各国开放合作，优化区域基础设施、投资贸易网络，加强经济往来和文化交流，共同推动人类文明进步。"一带一路"倡议贯穿亚、欧、非大陆，涉及沿线64个国家的中心城市和重要港口。2015年，教育部发布了《高等职业教育创新发展行动计划（2015—2018年）》，明确提出国际优质教育资源和"一带一路"倡议对于我国高职院校的发展，特别是进一步加强与共建国家高职院校的交流与合作具有至关重要的作用，从而全面提升我国高职教育的国际影响力[1]。随着"一带一路"倡议的实施，西部地区将发挥在"一带一路"倡议路线上占据的有利地理位置优势，不论是基础设施的建设、区域贸易往来还是学术交流和文化交流等方面具有强大的推动作用。西部地区的高职院校可以围绕共建国家"一带一路"重大建设项目工程、企业投资、商品贸易、技术服务及文化交流，或招收共建国家的留学生，或与共建国家合作办学、或为企业培养所需的国际化人才，这是西部高职院校在西部大开发之后的又一个历史性发展机遇。

二、"一带一路"倡议背景下高职院校国际化人才培养现状

（一）高职教育国际化人才的内涵及界定

根据《国家中长期教育改革和发展规划纲要（2010—2020年）》，我国急需提高教育的国际化水平，培养高素质的国际化人才，其基本目标是不仅需要拓展多层次、宽领域的教育方式与合作模式，而且需要培养大批精通国际规则、具有国际视野和国际竞争力，同时积极参

与国际事务的国际化人才[2]。

国际视野、社会责任感、思辨能力和跨文化能力是国际化人才的基本素养[3]。我国"双一流大学"如清华大学、北京大学等高校为适应国际影响力提升的国际化需求，其本科人才培养目标重点突出了国际视野，而对于许多承担国际化人才培养重任的语言类院校，其本科人才培养目标是培养具有卓越的跨文化沟通和交流能力的国际化中外文明的引领者。高职教育的国际化人才定义和内涵应该与"一带一路"倡议紧密联系，制定出一套适合高职院校国际化人才的培养方案。随着"一带一路"倡议的深入推进，大量的企业及相关的基础设施建设项目进入相关国家，他们不仅需要教育、科技、医药等领域的高端人才，而且需要铁路、管道、公路等领域的技术人才，还需要经贸、财会、管理等领域的技能人才。大量中高级国际化人才的培养必须依赖于我国的高职院校，特别是西部高职院校，因此在较短的时间内要满足"一带一路"倡议对于上述技术技能型人才的规模需求，对我国西部高职院校是一项巨大的挑战。

（二）西部高职院校国际化人才培养现状

领英智库2016年版《"一带一路"人才白皮书》深入研究了"一带一路"倡议沿线30多个重点国家和地区的人力资本现状，包括人才供求、跨文化管理、企业海外市场等，同时重点分析了通信、运输、建筑等行业的相关情况。研究结果表明，对于国际市场，66%的企业难以雇用到高层次人才；40%的企业很难找到特殊技能人才；36%的企业难以获取到合适海外市场候选人的途径。产生这种现状的主要原因：①目前我国高等教育，尤其是高职教育的国际化程度普遍不高，而且区域分布极不平衡；②主要与发达国家开展合作交流和学生访问，而与"一带一路"倡议共建国家联合办学则很少；③合作办学的专业覆盖面比较狭窄，仅局限于传统的管理学和工学等专业；④全国高职院校外国留学生的数量较少，且分布极不平衡。

国际合作办学和招收留学生是全球化背景下人才培养，特别是国际化人才培养的重要方式。沿海发达地区高职院校是我国国际合作办学和招收留学生的主力军，而西部地区高职院校的整体发展水平相对比较落后，且西部地区高职院校合作交流项目较少。目前留学生招生规模较大的省市是北京、天津、山东等，占全国招生规模的90%以上。据《2019中国高等职业教育质量年度报告》，2018年全国高职院校招收全日制留学生1.7万人，而且大多数留学生更青睐"一带一路"倡议共建国家[4]。然而，关于与"一带一路"共建国家的合作目标、合作内容、合作模式目前尚处于思考和研究阶段，还未形成长效、互利的合作机制与模式。同时，在配合"一带一路"倡议国内企业走出去，如何进行校企协同和产教融合，如何改革专业建设与人才培养思路，如何升级课程设置、师资结构、办学水平、培养模式等还有待于进一步深入研究。

三、"一带一路"倡议背景下高职院校国际化人才培养实践

"一带一路"倡议是中国参与全球化的重要标志。"一带一路"倡议有利于提升中国在国际舞台上的影响力。在实施的过程中，高职院校要对接"一带一路"倡议，动员各方力量，整合各类资源，制定合理政策和机制，不断提高我国高职教育校企协同、产教融合质量。面对"一带一路"倡议带来的历史性发展机遇，西部高职院校需要大力发挥有利条件和优势，立足

国际视野，遵循国际规则，大力加强与"一带一路"倡议共建国家的经济往来和文化交流，走全面协调可持续发展的开放之路。

(一) 精研政策，把握定位，实施国际化人才培养"校企协同"方案

由于国家相关部门和企业不仅通晓"一带一路"倡议共建国家的法律条款、规则制度、行业产业，而且熟知国际化人才供求的具体行情，他们能为高职院校的科学发展出谋划策，如专业设置、师资培训、校企协同、联合办学等。职业资格、课程设置、教学内容、技术规范等的国际通用标准是高职教育全球化的重要特征之一，"一带一路"倡议共建国家需要参与全球化进程，分析归纳本国特色高职教育发展的客观规律、发展模式和改革经验，共同制定国际职业标准，充分共享已通过实践检验的行之有效的国际化人才培养机制与模式。

校企协同、深度合作是目前高职院校国际化人才培养的一种探索模式。校企双方作为独立的主体，以互利双赢的目标需求为导向，以实现功能优势互补和资源共享为宗旨，共同进行经济互动、资源互补、文化互通等活动。针对国际化人才的校企协同培养模式，需从国际人力资源需求、配置、储备、开发的角度出发，构建与"一带一路"倡议共建国家企业国际化人才需求相匹配的培养方式和课程建设。企业可以针对自身国际项目开拓的需要，以及企业在未来发展过程中针对"一带一路"倡议的实施所需国际化人才的专业技能、行业背景、工作性质和职业资格等内容，在调研的基础上进行分析与预测，带领国内高职院校与"一带一路"倡议共建国家高职院校开展合作，共同参与培养目标的制定、专业课程的设置、教学方式的设定、师资管理的实施，以"定向式人才培养""订单式人才培养"的方式向高职院校预订人才，促使参与校企协同的高职院校扩大国际化人才培养规模，大力提升高职院校服务于"一带一路"倡议的能力。陕西工业职业技术学院依托陕西装备制造业职业教育集团和校企协同育人战略联盟，深化校企协同育人改革，坚持政-行-企-校"四合作"人才培养机制和"校企七联合"人才培养模式，与日本欧姆龙和美国亿滋合作进行订单式人才培养，积极探索国际化人才的培养机制和培养模式。同时，学院还与三星、拓普康、罗克韦尔、依凡等多家国际知名企业建立了合作关系。

(二) 创新思路，升级课程，实施国际化人才培养"全面发展"方案

随着社会科技发展日新月异，国际竞争日趋激烈，企业"走出去"离不开人才支撑，而我国高职院校需要在专业、课程、教学、师资、实训等核心要素上对接国际一流标准，协同的企业才能在"一带一路"倡议共建国家产生强大的影响力。目前我国高职院校的人才培养主要是为了满足国内行业和岗位的要求，从而过分强调技术技能而忽视全面发展。然而，针对"一带一路"倡议的国际化人才培养，单纯培养学生的技术、技能、技艺不足以满足岗位的需求，必须重点培养学生积极融入海外生活环境和工作领域的本领，强化他们的遵纪守法观念和团队合作意识，提升他们的沟通协调技巧和现场应变能力。因此，高职院校国际化人才培养必须关注"一带一路"倡议共建国家的社会经济文化特征，并充分考虑企业在共建国家的实际情况，对人才培养的目标和标准等方面进行相应的修订与变革，以培养精通国际规则、具有国际视野和国际竞争力，同时积极参与国际事务的国际化人才。

陕西工业职业技术学院创新专业建设和人才培养思路，以"对接产业、特色发展"为核心，着力强化在人才培养模式、专业课程体系建设等方面的办学"核心竞争力"。学院以"产教互动，工学结合"为核心，突出在实践教学中引入国际规则和国际标准，不仅注重培养学生的职业素质和技术技能，还大力提升他们的国际视野和国际素养。针对"一带一路"倡议共建国家的政治、经济、文化等差异，大力聘请外籍教师，并与国内或者省内一些高等外语类院校合作，聘请相应语种的外语教师，为学生讲授相应国家的文化，并重点突出国情与风土人情的培养内容；注重语言和文化方面的教学，充分利用互联网、人工智能等信息化技术对现有课程和专业进行改造升级，培养学生终身学习的意识和习惯；必要时和高等外语类院校一起开发相关课程，积极引进优秀的师资队伍，或者让学院教师"走出去"培训，提高教师的教学水平；将"一带一路"倡议的历史背景、规则标准、推进情况及共建国家的社会现状、经济水平、人文风俗等内容融入培养体系中，让更多学生在进入企业后能迅速适应企业国际化的工作环境和生活环境，并迅速提升自身工作和生活能力，同时也能促进企业项目进度和工作进程，使他们成为符合"一带一路"倡议需求的国际化人才。

（三）扩大规模，提升质量，实施国际化人才培养"走出去"方案

高职院校需要主动关注、积极跟进与"一带一路"倡议共建国家相关的政策、项目和工程进展等最新情况，并瞄准有利于"一带一路"倡议实施的着力点和突破口，同时必须眼光向外，协同共建国家高职教育主管部门、高职院校、行业企业等全面合作，精心策划和强化实施我国高职院校"走出去"的实践规程与操作方案。西部地区高职院校可以充分发挥地理优势，与"一带一路"倡议共建国家进行全方位的经济合作和文化交流，包括合作办学、师生互访、校企对接等，积极寻求合作行业，不断提高中国高职院校"走出去"的影响力和竞争力，并且拓宽中国高职教育办学的国际空间。这些措施既满足了海外企业对当地合适的技术技能型人才的需求，又节约了劳动力成本，还充分发挥了本地人的语言和文化优势，同时能够充分解决当地的劳动力就业的问题，从而大力促进共建国家的社会进步、经济发展和文化繁荣。

2016年，陕西工业职业技术学院被教育部批准为有色金属行业开展高职教育"走出去"项目的试点院校。学院大力开展了多层次、宽领域的国际交流与国际合作，包括牵头成立了中德高职教育合作联盟，与德国、韩国、美国等国家的部分高校建立了长期、稳定、紧密的合作关系。至2019年，学院先后组织了7名教师赴赞比亚为中国有色矿业集团驻赞比亚企业200余名员工开展技能培训，选派了760名师生赴国（境）外开展学术交流、学历提升、学习研修和国际大赛，选拔了18名学生赴德国高校攻读硕士学位，与国（境）外合作院校联合开展了师生交流项目31个，接待德国、韩国、日本等来校交流师生119人。学院制定的机械制造与自动化专业教学标准被获批为赞比亚国民教育体系标准，为世界高职教育的发展贡献中国高职教育模式和中国高职教育智慧尽微薄之力。陕西工业职业技术学院赞比亚分院是由陕西工业职业技术学院独立负责建设的，隶属于中国—赞比亚职业技术学院的二级学院。中国—赞比亚职业技术学院联合创办是我国高职院校协同相关企业"走出去"的最新重大突破，同时也是陕西省的高职院校首次尝试在国外开展学历教育的创新实践。国际化人才培养"走出去"方案的实施，将为"一带一路"倡议共建国家经济社会发展激发新活力，为中外高职教育合作发展贡献新模式，为世界高职教育全面进步贡献新方案。

（四）加大宣传，营造氛围，实施国际化人才培养"引进来"方案

随着"一带一路"倡议的陆续推进，要使高职教育充分发挥作用，必须加大对"一带一路"倡议的宣传，增强教师、学生和社会积极参与的自主意识。同时，还要深入分析"一带一路"倡议共建国家高职教育的特点，例如采取课题、项目等形式，加强对共建国家高职教育的深入研究，包括其高职教育的历史背景、发展现状、运行机制、培养模式等。西安交通大学在中国西部创新港成立了"丝路大学联盟"；高职院校也可以加快组建"一带一路"高职院校联盟，通过章程体现出高职院校合作交流的具体方案，借助论坛的凝聚力和影响力促使"一带一路"倡议国家之间共享高职教育的成功经验，从而全面提升高职院校相互合作和交流的广度和深度。

2016年，陕西工业职业技术学院牵头组建了"中德高等职业教育合作联盟"，利用中德双方的优势资源搭建了师资交流、学生交流、合作办学和文化交流四大平台，极大地提升了学院国际化人才培养的水平。同年，学院被吸纳为"世界职教院校联盟"正式会员，密切关注世界职业教育的最新成果和发展趋势，与全球职业院校进行信息共享、经验交流和专业研讨。2017年，陕西工业职业技术学院成为"一带一路"倡议产教协同联盟副理事长单位，服务于"一带一路"倡议建设，并加快高职教育和协同企业的国际化发展。陕西工业职业技术学院联合其他高职院校共同倡导了"一带一路"倡议国际职教联盟，并于"2017丝绸之路博览会"开幕式期间举行了正式揭牌仪式；联盟以"发声、发力、发展"为建设理念，以"高端话题、高端人群、高端场所、小规模"为运行方式，大力推进国际高职教育的合作交流和共建共享。2018年以来，学院已经接收了62名短期留学生来校交流学习，并首次招收三年制学历留学生。2019年，学院共招收了来自俄罗斯、印度尼西亚和加纳等国的留学生29人，其中学历留学生25人，校际交换生4人。目前，学院的留学生总人数已达到46人。学院积极推动"一带一路"倡议共建国家之间在人才培养、教学科研、文化交往等全方位的交流与合作，开展了一系列外国学生来校交流学习项目，并开启了陕西省高职院校招收学历留学生的先河，为省内高职院校的国际化人才培养起到了重要的示范引领作用。

四、结语

"一带一路"倡议背景下国际化人才的培养，不仅为"一带一路"倡议共建国家提供可持续发展的高素质国际化技术技能型人才，而且将大力提升我国高职教育的国际化水平，从而增强中国高职教育在全球的影响力、竞争力与美誉度。总之，在"一带一路"倡议背景下，中国高职院校协同行业和企业，探索并实践校企协同发展共同体，深入分析和研究在"一带一路"倡议理念和框架之下的国际化人才培养机制，积极探讨和实施"一带一路"倡议背景下国际化人才培养模式，提升高职教育服务海外行业企业发展的能力，提升学生职业素养、专业技能和创造能力，培养适应"一带一路"倡议共建国家社会经济文化发展需要的国际化人才。

参考文献

[1] 庞世俊, 柳靖. 职业教育国际化的内涵与模式[J]. 职教论坛, 2016(25): 11-16.

[2] 徐涵. 职业教育人才培养模式创新[J]. 中国职业技术教育, 2010(3): 12-15, 20.

[3] 管玮. 高职教育国际化的路径研究[J]. 继续教育研究, 2015(9): 50-52.

[4] 严玉洁, 黄河流. 2019 中国高等职业教育质量年度报告在北京发布[EB/OL]. (2019-06-20) [2020-02-20]. http://cn.chinadaily.com.cn/a/201906/20/WS5d0b2e44a3108375f8f2b8ff.html.

焊接专业工业汉语双语教学研究

张　建　王微微

哈尔滨职业技术学院，黑龙江哈尔滨，150081

摘要：随着中国企业"走出去"不断推进和深化，越来越多的职业院校积极参与中国职业教育"走出去"，为当地员工提供技术技能培训，培养"精技能+懂文化"的高素质技术技能型人才。哈尔滨职业技术学院在承担中国职业教育"走出去"试点工作中发现，企业对焊接专业人才的需求日益凸显。哈尔滨职业技术学院以本校编写的《工业汉语系列双语教材之焊接技术及自动化》为基础，对海外焊接行业技术技能培训的人员进行工业汉语教学实践，并创新应用在高职焊接专业中英双语实践教学中，教学效果表明：外籍员工可以掌握一定量的焊接专业工业汉语词汇；高职焊接专业的学生能够掌握焊接专业中英双语词汇，具备一定的专业双语听说能力和翻译能力，能够掌握简单的焊接技术工业汉语和英语词汇、常用焊接设备操作、维修用语，能够与国外员工进行简单的工作交流，能够读懂设备说明书，了解国际焊接行业标准。

关键词：工业汉语；双语教材；焊接技术及自动化

一、焊接专业工业汉语和焊接双语课程的必要性及教材创新的重要性

伴随着中国职业教育和中国企业"走出去"不断推进和深化，越来越多的院校和企业参与其中。在世界贸易经济不断发展和科学技术日新月异的当代，焊接是最常用的连接工艺，广泛应用于汽车、航空航天、医疗、电子、建筑和石油天然气等诸多行业。国内外都急需具有国际视野、掌握扎实的专业知识并能熟练应用行业外语的高技术技能复合型人才。众所周知，英语作为一门外语被广泛应用，但是从服务"走出去"企业的经验中我们发现，培养焊接技术专业人才势必需要语言来支持中国焊接技术标准"走出去"，提升"中国制造"在世界的影响力，我们通过选用焊接技术领域国家标准工业汉语作为国际通用语，发挥汉语语言先行作用，同时也有利于中国技术标准输出，助力"走出去"企业，助推中国标准成为世界标准[1]。

根据社会和学生的双元需求，高职院校在培养焊接专业复合型人才时在教学中要对焊接专业双语教学足够重视，因为专业双语课程的开设对于学生毕业后加深对焊接技术的认识和掌握焊接专业双语知识是至关重要的。因此笔者所在院校为焊接技术及自动化专业的学生开设了"焊接技术与自动化专业英语"课程，这是一门专业必修课。为接收的留学生和海外员工技能培训开设"焊接技术与自动化专业工业汉语"的课程，以实用为目的，明确职业岗位对于学生专业核心能力和工业汉语与英语知识水平的总体要求，重点培养学生的专业英语和工业汉语知识掌握能力和岗位工作中语言知识的实际应用能力[2]，为学生今后从事焊接行业工

作,或者赴国外工作以及为适应其发展提供所必需的继续学习能力奠定良好的基础。

笔者所在院校承担职业教育"走出去"工业汉语系列双语教材编写任务,为此学院组建工业汉语教材编写小组,专业教师和英语专业翻译共同参与编写特色教材,该系列双语教材涉及焊接技术及自动化、电气自动化、建筑、机械类、液压与传动、汽车等诸多专业领域。所以无论是针对高职焊接专业学生还是海外员工技能培训,在教材的选择上都尝试创新使用笔者所在院校开发编写的《工业汉语系列双语教材之焊接技术及自动化》,本教材是在笔者赴赞比亚援教期间为当地企业员工进行专业培训积累的教学经验和充分调研的基础上,由一位笔者主笔焊接行业涉及的主要专业汉语内容,另一位笔者对专业汉语术语等内容进行翻译,二人在专业和英语双方面上优势互补共同合作编写的,确保了教材的中文专业性、实用性和英语的准确性。系列双语教材既适用于国外企业员工进行专业汉语学习,也适用于国内高职院校学生进行专业英语的学习,满足中国企业员工的英语学习需求,无论是在对外汉语教学还是英语教学上都具有很大的创新性,是一本真正做到中外皆可教学的教材。

二、工业汉语系列双语教材之焊接技术与自动化教材的特点

针对读者需求,工业汉语系列双语教材采用"短词、短语、短句"(三短)、对话、规范、文献阅读形式编写[3]。与其他焊接专业英语教材相比,工业汉语系列双语教材是在实际企业调研的基础上,每个岗位确定约100个高频词汇,以这100个常用的动词、名词作为基础,组合出常用的短语和短句,从而达到简单交流的目的。首先,学生可以掌握常用的专业术语包括名词、动词等短词;然后,学生能够将动词和名词组合成短语和短句;最后能够利用教材内容进行简单工作交流。每部分内容都是图文并茂,做到图片对应中文(标注汉语拼音)、英文,力求使学生见物想词、见词知物,从而达到语言和实物一一对应的效果,与实际相结合,具有很强的专业性。系列双语教材涵盖了词汇教学、对话教学、文献阅读,附录中还涵盖了词汇检索、汉语语法、文献译文、行业标准、专业术语等内容,方便阅读者查阅和使用。

三、基于工业汉语系列双语教材应用双语实践教学

(一)师资配置合理

经过调研,笔者发现专业双语教学应该由懂专业、英语好的教师来担任,教师既要有丰富的英语知识,也要有专业的实践经验。不论是对国内高职院校学生进行教学,还是对海外人员进行技能培训,主讲教师都应该具备丰富的焊接专业和英语知识,这样才能充分发挥工业汉语系列教材的优势,取得较好的教学效果。

两位笔者都曾讲授过工业汉语教学和双语教学,具有扎实的专业理论知识和英语综合应用能力,师资配置合理。其中一位笔者是专业的英语翻译,曾为所在工作单位申请的国家焊接专业教学资源库网站进行翻译,又翻译了《工业汉语系列双语教材之焊接技术与自动化》教材,同时又承担了多门专业课双语教学的任务,有着实战教学经验。另一位笔者曾经在赞比亚提供教学援助,主要承担的就是焊接专业的技能培训,在讲授焊接专业工业汉语的技能培训过程中,熟知当地企业员工需要掌握的焊接专业知识,以及需要与当地员工进行交流的常用汉语口语。

师资配置合理，两位笔者都具有扎实的专业理论知识和英语综合应用能力，即听说读写译能力。

(二) 教学模式新颖

工业汉语教学突出焊接专业双语课程特点，实施针对焊接基本专业词汇、焊接过程中故障和问题查找、焊接操作规范等的基于实际工作过程的一体化教学，以典型项目为载体、以行动为导向设计教学情境。教学过程以学生为主体，围绕学习过程的学习情境，呈现出一种现场实践的真实存在状态，营造职业环境以创造职业氛围[4]。

不同于传统的"以教师的教为主"，工业汉语教学"以学生会用为中心"，以端正学生学习目的和态度为目标，教会学生正确的相关专业领域工业汉语和专业英语学习方法，教学做一体化，指导学生掌握焊接技术的基本知识和基本技能，教会学生掌握自主学习能力和应用能力，培养其终身学习的基本素质。树立因材施教的观念，引导学生总结学习经验，提高学习能力。这个实践过程可以做到教学相长，遇到专业的词汇学生很有信心去为老师解释中文含义，有兴趣尝试学习汉语和英语的解释。让中国学生会使用短词、短句、短语进行专业英语词汇搭配，可以使留学生高效利用英文解释和汉语拼音，学会相应的专业汉语，从而自己独立完成句子并能自信清楚地表达出来。

依据工学结合的要求，工业汉语教学内容的选择和安排主要有以下三个特点：第一，传授焊接专业知识和语言教学交替进行，增加了趣味性，让学生在不知不觉中掌握和积累专业词汇；第二，交替使用教材内容和补充内容，让学生在兴趣中巩固学习内容；第三，将常用工业汉语、英文专业术语、焊接设备使用说明书与实际操作结合，使学生能够学以致用，提高了学习兴趣。

三、加强学生汉英双语自主学习能力和应用能力的培养

高职院校学生的英语水平一般较差，英语学习兴趣不高、信心不足、教学难度大等，而留学生的汉语程度不高，很难理解专业的汉语，对此工业汉语系列双语教材图文并茂，并配有汉英注解和汉语拼音，在内容设计上也由易到难，没有大段的包含大量专业术语的较难理解的文章。教学中要结合专业知识教授词汇，很多简单普通的常见词出现在专业场合中，词义会有较大变化，如，root face（钝边）、plug weld（塞缝焊）、bead（焊道）、coating（药皮）等，学生对这些单词都很熟悉，但对专业词义不理解，这就需要教师从专业的角度进行讲解。这样，学生既容易理解，也会增加对专业词汇的兴趣。

此外，教师在教学中还指导学生学会在实践中学习。爱德加·戴尔（Edgar Dale）在1946年提出的"学习金字塔"（Cone of Learning）理论指出，学习者在初次学习知识的两个星期后，通过最传统的"老师讲、学生听"的方式，学生仅能记住学习内容的5%；通过阅读方式学到的内容可以保留10%；聆听、看图、看影像、看展览、看演示、现场观摩也只能达到记住20%~50%的学习内容；而参与小组讨论、发言能够记住70%；做展示、给别人讲、亲身体验、亲自动手做能够记住90%的学习内容（如图1所示）。爱德加·戴尔提出，学习效果在30%以下的几种传统方式，都是个人学习或被动学习；而学习效果在50%以上的，都是团队学习、主动学习和参与式学习。

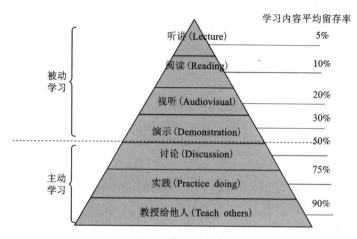

图1 学习金字塔

　　利用工业汉语系列双语教材,让学生在学会短词、短语和短句的基础上,学会灵活使用"三短"进行搭配造句,其中不断强化语法教学,培养学生分析句子结构的能力及翻译能力,使得学生有自主学习的能力进行英文对话,让学生有信心继续学习焊接工艺操作规范,有能力去阅读书中的专业文献。

四、结论

　　在专业双语教学中,工业汉语系列双语教材得到了教师和学生的认可,通过双语教材,学生能够掌握焊接专业工业汉语和专业英语的基本学习方法、技巧,理解并在一定程度上掌握专业汉语和英语词语活用及从句、长句等翻译技巧和方法,熟悉焊接安全知识、焊接基础知识、各类焊接工艺、焊接基本操作规范及相关设备的使用方法等方面的一些常用专业双语词汇,具有阅读、翻译中英文专业资料的初步能力,能进行简单日常和专业方面的对话,听懂专业术语、理解日常对话,同时为今后的实际工作奠定一定的语言基础。

参考文献

[1] 赵丽霞,张建.跨文化语境下工业汉语海外传播与应用研究——以非洲"鲁班工坊"建设为例[J].哈尔滨职业技术学院学报,2019(4):1-3.

[2] 张宇.高职焊接专业英语教学改革浅析[J].科学教育,2016(10):357.

[3] 张建.翻译目的论视角下工业汉语系列教材翻译研究[J].哈尔滨职业技术学院学报,2019(2):7-9.

[4] 喻红梅,刘海琼."焊接专业英语"课程多元化教学模式的探索[J].成都工业学院学报,2015,18(3):119-121.

赞比亚国民教育体系采纳中国职业教育方案成为其国家标准的实践与研究

周　燕　张明珠　王　瀛

北京工业职业技术学院，北京，100042

摘要：本文重点研究制定赞比亚的高职人才培养方案和课程标准，突破性获得赞比亚共和国职业教育与培训管理局（TEVETA）批准。在跨洲融合式国批统一教育标准下，通过"一企联多校"的海外全面合作建校模式，凝聚群力创造技能型人才，满足非洲赞比亚区域经济快速发展对人力资源的迫切需要，同时为平稳推广中国职业教育开了先河。

关键词：海外课程标准；国际人才培养

中国的职业教育在汲取了世界强国职业教育经验（如德国"双元制"、英国"学徒制"等）之后不断创新发展，开始探索建立中国特色现代职业教育体系。职业教育国际交流与合作也在日积跬步中渐行千里，取得了广泛性教育成果。由最初"一带一路"共建国家职业教育交流访问，到为其定期培训外籍员工、定制培养学历留学生，延伸到在海外建分校突破性发展中国职业教育。

一、非洲赞比亚职业教育呼之欲出

近年来，中国在非洲的公路、铁路、港口、桥梁、机场、水利、电力等建设投资方面发展十分迅速，2016 年末中国在非洲企业有 3254 家，2017 年底中国对非洲各类投资存量超过了1000 亿美元。广袤的待垦耕地、丰富的科技引擎下新能源战略矿产资源，以及超低廉价的人力成本，全球化经济必然使非洲加速趋向低端产业开发。投资膨胀和企业快速扩容令技能型劳动力供求严重失衡，而赞比亚仅有的三所大学——赞比亚大学（UNZA）、穆隆古希大学（MU）和铜带大学（CBU），以及 2% 的高等教育入学率，远远不足以维系工业化发展的人才供应链。同时，摆脱生活经济困难的强烈愿望，使非洲很多家庭也在迫切寻求受教育机会带来的外企工作岗位。因此，职业教育相比本科学历教育在赞比亚有着更旺盛的需求，筹建高等职业院校应运而生。

二、突破赞比亚学历教育办学瓶颈

虽然赞比亚对教育需求急迫、对中国教育认可度高，并能积极评价中国的国际影响力，但是在赞比亚实现学历教育的创办却受到教育法律体系的限制。除了应具备校舍、师资力量和教学硬件条件，对于既有专业需遵从已有的赞比亚国家标准进行专业建设，而未有专业则须经赞比亚共和国职业教育与培训管理局（TEVETA）组织专家团严格评审、修订后决定是否批准通过。通过后的人才培养方案及课程标准将成为未来其他院校建设相同专业的办学依据和考核标准，并实行教考分离的教学制度。

因此，需要对赞比亚的高职专业人才培养方案及课程标准展开本土化适应性方法研究，因地制宜服务赞比亚经济发展需求、满足职业教育教学建设，对职业教育成果进行科学的提炼和归纳，形成可以对外推广的经验或范式。

2019年3月赞比亚TEVETA正式批准了由中国校企联合（中国有色矿业集团联合北京工业职业技术学院等五所高职院校）共同研究制定的职业教育五大专业人才培养方案及其专业课程标准。这标志着中国职业标准正式进入赞比亚，服务赞比亚职业教育。

获得开设赞比亚国家新增五个专业（自动化与信息技术、机电一体化、机械制造与自动化、机电设备维护与管理、金属与非金属科学技术）的招生许可后，经赞比亚国家商务注册登记确立校名。2019年5月中赞职业技术学院成立，当地学生反响强烈、报名踊跃，招生录取顺利进行，目前学生已分批次报到入学。

海外校企全面合作是推进职业教育海外办学的重要举措。由在海外发展的企业提出人才培养需求，并解决海外校园安全、医疗保障体系、就业实践基地、技术应用衔接等问题；院校则专注于员工培训、人才培养、课程研发、教学管理。双方发挥各自优势，合作共赢。

三、赞比亚人才培养方案突破性研究

（一）国批统一标准下的多校联合制

赞比亚的人才标准框架，在客观上为中国各地区高职院校得以共同"走出去"提供了契机。多校联合建校有着诸多益处，如教学资源可共建、信息可共享、经验易交流、建校可调集人力资源丰沛、可集中力量办好一个优势专业等，但是也易在教学运行、组织管理等方面产生较大分歧。赞比亚统一的国批标准规定在客观上为采用海外"多校联合制"的方式成功建校提供了有力保障，避免了各举一面旗、各自谋发展的情况出现。

（二）跨洲融合式国际教育标准

由于赞比亚TEVETA对各新建专业的人才培养标准体系规定了统一的模式，为突破在赞比亚推广中国职业教育的瓶颈，需要充分研究适应赞比亚教育的法规体制、教学主体及教学过程的特点。在人才培养方案中既要满足本土教育要求，又要将中国职业教育发展新理念融入该专业标准之中。由中方提交人才培养议案、赞方讨论修改后核定批准，最终形成中赞双方达成共识的跨洲融合式国际教育标准，作为今后教学实践的根本性依据，包括各阶段性教学成果的建设依据，如教材、讲义、授课演示文稿、线上线下资源开发均应依据专业标准逐级推演派生，在丰富教学资源内容的同时，始终围绕考核标准确保赞比亚学生能够通过赞比亚独立的教育考核系统考核。

在研究海外专业标准之前，应充分调研全面认识本土的教学特点。以北京工业职业技术学院为例，曾承接过两批赞比亚来华外籍员工的短期培训任务，先后派出过7名教师前往赞比亚一线实地教学,为人才培养方案的研究奠定了坚实的基础。针对赞比亚学生基础薄弱、热情好动、对问题追根求源、互动性良好、排斥理论泛述、不擅长逻辑运算推导、偏爱行动导向教学方式等特点,通过分析不同于国内教学对象习惯性课堂随机切入式提问的学习特征,确立了人才培养方案应以项目化实践教学为主体的特色,并辅以分级多元型构建方法,从而适于更多学习层次的学生,将连续学习和弹性学习进行结合,明确实践教学的具体任务,清晰化、形象化考核点,忌抽象笼统的集群概念化。另外,由于赞比亚学生各门专业课学时较国内长两倍左右,课堂也更适宜在"做中思、做中学"模式下进行,先由学生摸索后再由教师讲解,先由学生独立动手尝试解决问题后再由教师点拨提升。

(三)赞比亚人才培养方案框架内容

赞比亚人才培养方案的制定,要求新增专业首先应充分论证专业设立的合理性,再根据相应内容逐级设计,如图1所示。

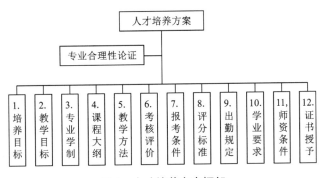

图1 人才培养方案框架

其中,考核评价包括过程性评价和终结性评价。TEVETA 采用持续性评价原则,判定人才培养方案的执行是否依照计划,并给予改进建议。由学生、教员、管理人员及记录完成各项评价,包括课程总体目标、具体目标、学生先修课程要求、课程内容、教学情况、学习活动、学习资源。评价的手段有问卷调查、有组织地面试、观察、核查表、考试/测验记录、课堂参与及出勤情况。对于终结性评价,评价的主要方面包括课程目标、教师的入职要求、课程内容、学习资源、教授/学习活动,教师、评估人、主考官以及毕业生的在职/在校表现。评价的信息来源包括学生、教师、评估人、主考官、行政管理人员、赞助方、学生退学率、办学出资方、工会负责人以及普通民众。

(四)人才培养目标由企业精准提出

校企联合的全面合作方式,更有利于人才培养方案对培养目标的合理设定。相比院校,企业对人才市场有着更为敏锐的视角,能够更加精准地提出适应市场的人才培养目标。

以北京工业职业技术学院为例,所建设分院专业为自动化与信息专业,即为企业提出的人才市场紧缺专业,致力于培养具有广泛的专业知识和工程实践技能,具有良好的职业素质的毕业生,能够胜任国民经济各相关部门的工作;可根据国际标准从事自动化系统设计,机电一体化设备的安装、调试、操作、控制、维护、维修与工程项目监管,电气设备的销售、管理；电气电子设备的设计、加工、维护和技术服务；以及企业管理岗位中需要应用信息技术的复合型人才。

四、赞比亚课程标准的制定

在课程大纲体系下建立的赞比亚课程标准，考虑了赞比亚每学年三个学期的学制特点，针对分学期学习的专业课程，研究其先修课程内容章节序次排布，使学习内容顺畅衔接。对专业培养目标进行逐级分解，从各门专业课程的"知识、能力、素质"出发，逆向推导课程的各个环节，围绕课程设计思路、学生预期学习成果，制定教学安排、考核标准和考核方式。

总之，在跨洲融合式赞比亚国批统一教育标准下，通过"一企联多校"的海外全面合作建校模式，策动凝聚群力创造技能型人才红利，既满足了非洲赞比亚区域经济快速发展对人力资源的迫切需要，同时也为平稳推广中国职业教育模式开了先河。

参考文献

[1] 职业教育助力中国企业"走出去"[N].中国教育报，2017-07-11(7).

[2] 崔景贵，尹伟.江苏现代职业教育体系构建的历程、路径与策略[J].中国职业技术教育，2015(6)：21-27.

[3] 国际交流与合作研究述评[J].昆明理工大学学报，2017(1)：10-17.

[4] SCHWAB J J. The practical 2：arts of eclectic[A]. I. Westbury & N. J. Wilkof(Ed.). Sci ence, curriculum, and liberal education：selected essays[C]. Chicago：University of Chicago, 1978：322-364.

[5] 张俊青，彭朝晖.职业教育集团治理结构建设的理性思考[J].职教论坛，2015(34)：43-46.

高职院校国际化课程标准建设的探索与实践

李亚琪　李冬瑞　李　可　秦景俊

陕西工业职业技术学院，陕西咸阳，712000

摘要：本文对高职院校国际化课程标准建设进行讨论。分析了国际化课程标准构成要素，提出了建设国际化课程标准的策略：引进国际先进课程标准，提升课程建设的国际化水平；校企合作研发课程标准，培养国际化高端技术技能型人才；与国际职业标准接轨，引进国际职业资格体系；输出特色标准，验证课程标准。我国高职院校要在实践中不断提升课程标准的国际化程度，努力实现培养高技术、技能型国际化人才的目标。

关键词：国际化；课程标准；高职

一、国际化课程标准的含义及构成要素

国际化课程标准是将国际化要素融入专业课程标准当中，通过实施国际化课程标准，使学生成为具有国际化素质和国际视野的高级技术技能人才。他们的工作能力能够满足国际公司的需要，能在国际化企业中进行社交和工作交流，能力得到世界的认可。国际化课程标准包含以下构成要素。

(一) 课程目标的国际化

国际化课程旨在以学生体验多种文化，开阔视野，发展学生的国际化素养，使学生的综合素质和技能适应全球市场的需要。因此课程标准的各个部分需要贯穿这一目标，根据国际市场需求的技能，提升学生专业技能和职业素养。与此同时，课程标准也应以本土文化为基础，培养学生的国际意识，使学生根植于本土文化从而发展国际化视野。在课程标准中，强调培养学生的民族精神、鼓励学生继承和发扬民族文化，为民族文化的发展做出贡献。因此，国际课程标准的目标必须强调民族文化与世界文化的有机结合，这样才能培养出既热爱祖国，又拥有世界观和国际观的综合型人才。

(二) 课程内容的国际化

首先，课程内容必须体现"全球化视野"。课程内容需要"立足前沿""放眼世界"与"融会贯通"。要立足于学科前沿，既展现该学科的演进历史，又灌输当前的世界研究现状，同时结合最新研究成果，展望学科未来发展以及突破点。其次，课程中应该增加面向国际的教学内容。例如，在理论课程中，我们应该增加国际背景，以及国际案例分析与讨论；在实践课程中，我们应该增加不同国家或地区的操作技术标准。第三，在课程中拓展国际技术技能的最新信息，整合国际通用技术标准的内容、与全球各种技术相关的理论知识和实践知识。在课

程内容上充分展示适应世界劳动力市场的专业素质和专业知识。

（三）课程实施的国际化

在课程实施过程中，课程标准应该明确引进国际先进教学理念、国际先进教学方法以及国际先进信息技术。课程实施不仅可以采用面对面授课的方式，也可以采用实地参观外企的生产过程，与技术人员进行深入交流的形式，也可借助互联网远程观摩、互动与交流实现。同时，课程标准需要强调在课程实施过程中加入双语授课以及双语互动，在国际背景介绍等部分，教师可以采用双语授课的模式，在小组互动展示等部分，可根据项目要求，设置英语互动环节及展示环节。

二、建设国际化课程标准的策略

（一）引进国际先进课程标准

高校要积极引进国际先进课程标准，推进"本土化改进"。高职院校应结合自身专业特点，明确各专业的对接方向，选拔优秀教师组建专业教学团队，与境外院校进行专业层面的对接，共同明确教学标准、教学方法、教学内容、考核评估、质量监控等关键内容，引进专业的国际化课程标准。江苏农业职业技术学院分别从美国、荷兰等地引入5门课程及其课程标准，与原有的课程体系有机融合，大大提升了院校课程建设的国际化水平。

（二）校企合作研发课程标准

本着"相关行业企业指导教育，共同建设标准"的原则，抓好课程建设，注重校企合作，有效提升人才培养质量。校企共同制订一流的培训计划，共同建设一流的教学团队，共同推动一流的现场教育，共同实施双向一流管理，共同打造和利用一流的实训场地，共同建立一流的评价体系。按照国际产业升级对培养一流技术人员的要求，建立人才培养基地，引进全套技术培训方案，全面引入行业文化教育，增加学校和公司之间的员工互动和交流，创建以企业为名的"奖学金"。在实践的基础上，学校和企业共同制定国际化课程标准。陕西工业职业技术学院通过与欧姆龙（中国）有限公司的密切合作，以"订单班"为纽带，研究出了新的"校企联动"的合作模式，并在人才培养模式上进行改革和创新。在项目实施期间，系统设计校企合作一体化策略方案，共同制定13门课程标准，植入13门课程，共建实验实训基地，建立起校企协同育人长效机制，为社会培养了众多国际化高端技术技能型人才。

（三）与国际职业标准接轨，引进国际职业资格体系

国际职业标准是对参与国际就业的工人的工作能力的规范性要求，是国际上相关公司和行业的通用标准。高职院校要着力探索高职专业课程标准与国际职业资格标准相衔接的途径，进而服务于国际化课程标准的建设。基于发达国家职业资格证书目录，努力实现课程标准以及课程实施与国际通用职业标准的匹配与衔接，开拓国际证书认证通道，培养满足国际化市场需求的人才。一方面，高职院校可以直接翻译国际职业标准，根据高职院校的专业特色以及需求，以翻译的文本作为基础，改进课程标准，实现高职课程有效衔接国际职业标准；另一方面，高职院校可以根据国际职业资格证书所要求的技能，对应课程标准，修改课程标

准的目标、要求、内容以及考评方式，实现课程标准和国际职业资格证书的有机统一。北京电子科技职业学院引进英国汽车工业协会的汽车机电维修师资格标准，将它与课程计划、教学计划、考核标准、训练设备标准、理论与实际操作练习有机融合，与学校教学实际紧密结合，人才培养质量得到用人企业的高度认可。

(四)输出特色标准验证课程标准

高职院校应依托境外合作平台，紧贴当地产业和院校需求，以学校特色标准、资源输出为主，融合现代学徒制试点经验，同时纳入国际新技术、新工艺、新规范，推动课程标准走出去。通过校企协同、政校合作、校校合作的形式，为其他国家输出专业教学标准和配套的课程标准。通过在境外高校实施课程标准，与世界共享中国职业教育模式，进而验证课程标准的可行性以及国际化程度，从而进一步改进课程标准，使其真正受到国际认可，与国际社会接轨。在赞比亚卢安夏市，陕西工业职业技术学院会同其他几家职业技术学院以及驻外企业建成我国首家海外职业技术学院：中国-赞比亚职业技术学院。陕西工业职业技术学院立足赞方实际条件与国际化视野，结合赞方当地条件和水平以及国际化人才培养理念，为赞方制定了简洁实用的机械制造与自动化课程标准。这一举措体现出了我国职业教育教学标准的国际化发展水平，进一步提升了我国国际化课程建设的质量。

三、结论

教育国际化已逐渐成为推动我国高等教育高质量发展的强大引擎之一，而且也已成为高校成长发展道路上的必经之路和主要目标之一。从世界各国发展教育国际化的经验来看，国际化的课程体系建设是高等教育国际化的重心和关键所在。课程国际化逐渐成为各个国家推动高等教育改革和课程建设的重要发展途径。我国高职院校应通过引进具有国际影响的课程标准、专业标准与教学资源，对现有课程进行全面的改造和本土化融合；学校和企业合作制定课程标准；与国际职业标准接轨，引进国际职业资格制度；同时，输出我国的课程标准，在实践中不断提升课程标准的国际化程度，与各国共同分享我国职业教育模式，努力实现培养高技术技能型国际化人才的目标。

参考文献

[1] 曾满超，王美欣，蔺乐.美国、英国、澳大利亚的高等教育国际化[J].北京大学教育评论，2009，7(2)：75-102，190.

[2] 张贞桂.探索有中国特色的课程国际化道路[J].教育与职业，2013(2)：118-119.

[3] 王焱，徐亚妮.高等教育课程国际化探析[J].教育与职业，2013(23)：125-127.

[4] 胡建华.中国大学课程国际化发展分析[J].中国高教研究，2007(9)：69-71.

[5] 李延成.高等教育课程的国际化：理念与实践[J].外国教育研究，2002，29(7)：47-51.

[6] 王焱，徐亚妮.高等教育课程国际化探析[J].教育与职业，2013(23)：125-127.

[7] 殷小琴.高校课程国际化路径研究[J].教育评论，2017(5)：32-35.

职业教育"走出去"：赞比亚导游专业人才培养方案研制

禹　琴　　何汉武

广东工贸职业技术学院, 广东广州, 510510

摘要： "一带一路"背景下，中国职业教育协同企业"走出去"，将我国人才培养方案的标准输出，提升了职业教育探索国际化发展的高度，是值得研究和总结的一种发展模式。本文在分析了赞比亚旅游业发展的现状和 TEVETA 关于新专业申报标准后，探讨了中国职业教育协同企业输出中国特色导游专业人才培养方案的做法，并提出了赞比亚导游专业建设的问题和挑战。

关键词： "一带一路"；职业教育；校企合作；导游专业人才培养方案；赞比亚

随着越来越多的中国企业迈开大步走向世界，持续推进实践国家"一带一路"倡议，2019 年 9 月，中国高等教育学会发布了《高等学校境外办学指南》，中国职业教育主动承担使命，正以积极的态度，创新办学理念、体制与机制，探索与中国企业和产品"走出去"相配套的职业教育发展模式，构建现代职教体系的国际化发展之路，服务国家的"一带一路"倡议。

广东工贸职业技术学院是参与中国有色金属行业职业教育"走出去"试点项目的 13 所院校之一，2019 年 5 月，以中国-赞比亚职业技术学院（Sino-Zam Vocational College of Science and Technology；简称中赞职业学院）旅游管理学院的名义，向赞比亚职业教育与培训管理局（Technical Education, Vocational and Entrepreneurship Training Authority；简称 TEVETA）申报开设一个新的专业——导游专业，并承担制定该专业人才培养方案和专业标准的任务。它拓展了中国特色高职教育"走出去"的产业领域，丰富了国际化教育发展的内涵。

一、赞比亚职业教育对导游专业的需求

职业教育被誉为发展中国家减贫的一个重要工具，特别是欠发达的国家，发展职业教育不仅能解决青年的就业问题，还能为国家经济社会发展提供有力的人才和智力支撑。

赞比亚共和国，简称赞比亚，总人口 1600 多万人，劳动力 500 多万人。赞比亚职业教育整体水平偏低，全国共 330 多所职业院校，其中公立学校近 100 所，所占比例不到 30%；教会、社会团体和企业所办的学校有 200 多所，占 70%多的比例。此外，赞比亚职业学校的规模普遍较小，绝大多数学校的在校生仅有 200～300 人，且办学能力和师资较弱[1]。自1964 年独立后，国家一直面临严重的人才短缺的问题。赞比亚政府为了实现"2030 年远景目标"，即在 2030 年之前成为中等收入国家，采取了一系列重要举措解决人才问题。

近年来，为了实现第七个国家计划，赞比亚大力推进经济多元化，期望通过推动农业、旅游业、制造业与矿业的共同进步来促进经济较快发展。经济领域的良性发展尤其离不开应

用型、实用型人才，而发展和完善职业教育是培养技术技能型人才不可或缺的途径。笔者调查发现：目前在赞比亚旅游业中，导游职业的发展极其落后，绝大多数旅行社没有导游这个岗位，这使得赞比亚旅游业的接待服务质量受到了很大制约，从而直接影响旅游业的可持续发展。综观赞比亚的旅游业，其资源非常丰富，最具代表性的旅游景点有被联合国教科文组织评定为世界第七大自然奇观的维多利亚瀑布。在这里，游客可以观赏到世界上高度最高、宽度最宽的大瀑布和世界上独一无二的"月亮彩虹"，尝试世界上最刺激的"蹦极"运动和漂流运动；这里还有世界上最大的野生动物园之一卡富埃国家公园和世界上最大的人工湖卡里巴湖。赞比亚的人文景观资源也很丰富，火车博物馆、姆库尼文化村、马拉姆巴文化村等也都是著名的景点，它们向游客展示了赞比亚独特的人文历史。拥有如此丰富的旅游资源，随着每年国际游客的不断增加，导游专业的设立势在必行。它将为赞比亚青年提供技能实用教育，而接受技术教育与职业教育培训是实现个人发展的重要工具[2]，并能切实解决赞比亚青年的失业和待业问题。特别是弱势的女性群体更多地加入到导游队伍中，可以大大促进赞比亚旅游业的发展和赞比亚经济的增长。

二、赞比亚专业人才培养方案框架

赞比亚共和国人才培养方案的制定由 TEVETA 负责，TEVETA 是根据《技术教育、职业与创业培训法，1998 年》(*Technical Education，Vocational and Entrepreneurship Training Act，* 1998）和《技术教育、职业与创业培训修正法案，2005 年》[*Technical Education，Vocational and Entrepreneurship Training Act（Amendment），* 2005]成立的机构。TEVETA 是赞比亚资格证书和技能证书的认证机构，相关考试由赞比亚考试委员会开展评估，即赞比亚采用的是考教分离的体系。资格证书的质量保证从标准制定过程开始，它要求设计开发团队要确定适当的评估标准、策略、方法和手段，而在课程框架中要明确说明评估策略、方法和手段以及适当的顾问，包括内部和外部的人员。对学习者的考核认证则要求将学习成果准确地记录、存档和报告，同时还需要有机制来验证这些记录、存档和报告的质量。这是行政性的质量保证，这种以关注学习成果为基础的课程框架的设计要求，意味着设计者要关注学习者所获得的能力和知识，而不是强调学习的地点和场所，这为不同学习环境的学习者开设了"开放式"的学习渠道。

赞比亚人才培养方案的设计框架如表 1 所示。

表 1　赞比亚人才培养方案框架

1	2	3	4	5	6	7	8	9	10	11	12	13	14	15
TEVETA 的职能	编制人员名单	专业背景	总体培养目标	专业培养目标	学时学制	课程大纲	教学策略	考核评价	入学条件	考核分值	出勤率	毕业条件	教师任职条件	毕业证授予

三、赞比亚导游人才培养方案制定实践

广东工贸职业技术学院专业标准制定团队，基于对导游职业岗位能力的分析，制定了符合赞比亚教育习惯和教育制度规范的导游专业人才培养方案和专业标准，其具体做法分析如下。

(一)设定培养目标

导游是实现旅游产品价值的关键要素，在整个游览行程中扮演着将食、住、行、游、购、娱六大要素高效串起来从而实现旅游产品价值的重要角色。专业标准制定团队在充分考虑赞比亚生源基础较薄弱这一客观现状的情况下，依据赞比亚国情和学情，将培养目标定为：具备导游知识结构的、能将专业知识和技能应用于所从事的导游岗位实践的技能型人才。具体而言，就是具有导游服务意识、熟悉导游的服务细则和标准、掌握导游基础知识和服务技能、能适应旅游经济全球化的发展，并能应对旅游发展所带来的机会和挑战的技能型人才。

(二)设置课程

课程体系是实现培养目标的载体，是保障和提高教育质量的关键[3]。专业标准制定团队以赞比亚旅游业升级发展需求为导向，根据赞比亚对导游技能人才的需求，构建了以专业基础课、专业核心课、专业拓展课、综合实训课等四大模块组成的导游职业能力课程体系和服务学生成长成才及就业需求的课程体系。其中专业基础课6门，专业核心课5门，专业拓展课9门，合计20门课程。笔者经过调研发现，这些年中国入赞的游客正逐年增长，在赞的旅游企业、机构对懂中文的导游的需求也越来越大。听说中赞职业学院准备开设导游专业，它们纷纷发出要约，为导游专业的学生提供实习岗位，为毕业生提供就业岗位。为了更好地切合市场需求的实际，满足越来越多的中国人去非洲旅游的需要，专业标准制定团队在专业拓展课程中又增加两门中文导游拓展课程：(中文)导游口语、中国文化。

(三)制定课程标准

TEVETA课程标准的框架体系(如表2所示)由10个部分组成。每门专业课程的学时数一般是国内课程学时数的三到四倍，按照每10个学时1个学分的规则进行学分计算。考核系统中的考核内容要明确列入课程标准的每个模块中，考核采取过程评价与终结评价相结合的方式，学生成绩是两项考核所得到的成绩相加。TEVETA通过过程评价判断人才培养方案是否按照计划执行，并提出改进意见。

表2　课程标准框架体系

1	2	3	4	5	6	7	8	9	10
学时	学分	总体目标	职业技能目标	教学条件	职业道德	教学活动	评价准则	考核方式	推荐书目

基于TEVETA课程标准的范式，专业标准制定团队将导游职业能力的职业知识和职业技

能的要点进行分解，分级设计在每个模块中，并根据知识和能力要点的难易程度及赞比亚学生的认知能力进行学时数量的设定。学习内容的逐级分解，逆向推导教学活动开展的各个环节，力求达到预期的教学效果。评价标准采用解释、描述、观察、列举、考试/测验记录、课堂参与及出勤情况进行过程评价，考试方式采取课堂小组讨论、案例分析和课堂测验等方式，以确保学生能够通过赞比亚独立的教育考核体系的考核，取得相应的学分。

(四) 设计教学模式

实践是将知识进行转化的重要手段，特别是导游这个职业，从业人员的职业意识、灵活应变能力、沟通协调能力、心理素质等都需要在"职场"情境中反复实践和提高。专业标准制定团队借鉴中国导游专业实践教学的特色，构建了以导游职业实训为特色的实践操作体系，在课程设置中第二年第二、三学期开设综合企业顶岗实习。实习课程的标准按照"参观式、分散式和顶岗式"的阶梯式的递进实践体系设置，教学模式采取项目化教学：将实践项目分成具体任务，每项任务的完成都有清晰、明确、具体的标志性指标。这既符合赞比亚学生热情好动、能歌善舞、善于沟通的个性特点，也适应学生不爱抽象说教式教学方式的学习习惯，让学生在实践中消化吸收理论知识和学习职业技能，同时通过自己的劳动获得一些报酬，大大有利于学生学业的完成。

四、主要做法

(一) 校企合作

职业教育"走出去"办学是一项系统工程，有国际大环境、办学国国家政策、文化差异、海外教育成本、外汇风险等外部因素，也有职业院校财政资金、国际化办学经验、国际化办学师资、质量保证机制等自身的内部风险。"走出去"教育至今已经实践推广了五年时间，比较成功和成熟的做法是抱团出海的"企托校"的模式。这也符合职业教育以校企合作和产教融合为核心的改革方向，学校和企业是参与"一带一路"建设的两个重要主体，两者之间是一种协同合作关系。依托专业优势与跨国企业合作，找准输入国的经济社会与产业发展需求，开展人才培养和标准输出的做法是值得推广的做法。

(二) 整合大专业群构架下的课程体系

在对赞比亚旅游市场和政府发布的相关政策进行分析之后，专业标准制定团队大胆预测了赞比亚旅游业未来的发展趋势，在赞比亚导游专业课程体系制定过程中，以大专业群建设的思路，对赞比亚现有的与导游职业岗位相近的旅游管理专业和酒店管理专业进行课程资源整合。实际上，赞比亚旅行社业务及其岗位群是领队和导游岗位的一个依托，酒店管理相关的知识也是导游专业岗位技能中的一项；整合现有的课程，开发新的课程，使专业之间能交叉互补使用，有利于打通各相近专业，拓宽专业面，使专业特色更为鲜明，更加贴近当地经济建设发展。这样还可以集聚起这两个相关专业的教师资源，形成专业师资的数量结构优势，在专业教学上可以灵活调用；既能降低专业教师的储备率，提高教师的使用率，节约办学成本，又能满足专业教学的需要，以适应市场发展和学生职业生涯的可持续发展。整个课程标准体系通过大专业群的整合，将知识面进行横向拓展和交叉渗透，使本专业群的学生既视野开阔，又具备一技之长。

（三）抢占旅游行业人才培养标准的制高点

在职业教育国际化实践中，输出标准是职业教育国际化的最高阶段[4]。中国有色金属行业职业教育"走出去"试点项目联合 13 所高职院校，协同企业走进赞比亚，成立了技能培训、工业汉语培训、汉语教学和学历教育"四位一体"架构下的中国-赞比亚职业技术学院。中赞职业学院是我国高职院校协同企业"走出去"、在海外独立举办的第一所开展学历教育的高等职业技术学院，成为中国职业教育"走出去"的符号与旗帜。2019 年学院成立后，已有五大专业人才培养方案及其专业课程标准得到 TEVETA 正式批准，成为赞比亚国家标准，进入赞比亚国民教育体系，成为赞比亚其他职业院校建设相同专业的办学依据和考核标准。广东工贸职业技术学院制定的导游专业人才培养方案及其专业标准的输出，将为赞比亚旅游行业带来新的岗位和服务标准，创建赞比亚旅游产业的导游服务质量标准，服务赞比亚旅游行业，也将成为中国高职教育旅游行业人才培养标准输出的典型案例之一。

五、存在的问题和挑战

（一）问题

1.职业资格证书与学历文凭之间的有效链接问题

TEVETA 正式批准新增导游专业，学生通过学校的专业学习，毕业后可以拿到旅游业认可的专科文凭，顺利实现就业。我们通过调研了解到，赞比亚民众只要稍有技能，就能实现就业，取得专业技能证书者的待遇与没有证书者的待遇相差很大[5]，这充分说明了资格证书的含金量。在赞比亚，导游资格证书是在 The Technical Education, Vocational and Entrepreneurship Training<TEVET> Qualification Framework <QF>下完成培训和考核的，学历证书和导游资格证书分属不同的框架体系，如何打破学历证书和导游资格证书分属在两种不同系列的壁垒，建立职业证书和文凭之间的通道，TEVETA 应该提早规划，找准途径解决职业资格证书与学历文凭有效链接的问题。

解决的路径可以是当学生所学专业与证书涵盖典型工作任务要求知识点和技能点存在一致性时，直接参加考核获取资格证书，其余因兴趣或有就业需要的学生可以通过培训等途径，完成证书要求的知识点和技能点的培训后参加考核获取证书。

2.教学条件的硬件设施设备缺乏

虽然 2014 年赞比亚共和国成功步入发展中国家行列，经过了六个国家计划的建设取得了非常大的成就，但是赞比亚的基础设施建设还有很大的提升空间。目前从中国出发的物资采用海运方式，沿海上丝绸之路，经马六甲海峡，穿越印度洋，抵达坦桑尼亚达累斯萨拉姆港，再经海关转陆路运输。陆路运输的条件也很有限，电力供应不稳定，学校教室配备电脑和投影仪的不多，网络条件较差，无法支持基于互联网的远程教学，设备缺乏等因素影响教学运行，教学实践证明教学的硬件设备对于教学的效果还是产生一定的负面影响的。

3.师资队伍的建设

教师是教学工作的主要执行人，其对专业标准的充分理解和实践操作能力，是导游专业人才培养方案在赞比亚本土化成长的重要因素之一。由于两国间文化背景差异，在对专业标准认知和实践操作的运用上不可避免地会出现偏差，能否春风化雨地赢得他们的理解和认同，标准的输出国还要对其教师队伍进行理论和实操的培训，对在人才培养方案执行过程中遇到的各种问题，提出有针对性的有效解决方案，这样才能最大限度地完成融合和创生，提高人才培养质量。对于赞比亚师资队伍的培训问题，目前我校正在积极通过派出专任教师驻扎中赞职业技术学院进行实地培养的方式来解决。

(二)挑战

世界旅游业未来发展方向将是智慧旅游，赞比亚要提高自身旅游业在世界的竞争力，目前在信息技术的提高，公共基础设施的建设，政府的大数据平台建设和为智慧旅游提供可操作的开放平台，智慧旅游技术和模式的研发，智慧导游人才的培养方面，都面临着极大的挑战。

参考文献

[1] 周遵波.有色职教"走出去"：在大有可为的历史机遇中筑梦前行[J].中国有色金属，2019(7)：34-35，39-41.

[2] Kombe. Am. Technical Education and Vocational Training as a Tool for Sustainable Development [R]. Lusaka：MSTUT, 2009.

[3] 丁振国，郭亚娜.高职院校 1+X 证书制度实施路径与保障[J].中国职业技术教育，2020(10)：53-56.

[4] 打造世界一流高职实现中国医疗器械"育人梦"——上海医疗器械高等专科学校国家骨干建设巡礼[N].中国青年报，2013-06-28(5).

[5] 任雪娇，张文亭.职业教育"走出去"：赞比亚项目机械制造与自动化专业人才培养模式的研究[J].产业创新研究，2019(11)：277-278.

基于"一带一路"职业教育"走出去"试点项目的赞比亚鲁班学院技能教育实践教学研究

张文新　曾仙乐　钟佼霖　徐　敏　车伟坚

广东建设职业技术学院，广东广州，510440

摘要： "一带一路"职业教育"走出去"试点项目赞比亚鲁班学院实践教学是全国首次职业教育领域走进非洲的深入探索和创新。它尝试多领域、多主体、多层次的境外办学实践教育。本文以鲁班学院对接在赞中资企业的技能班实践教育为切入点，探索并阐述赞比亚职业教育的需求以及"一带一路"倡议下中国职业教育"走出去"实践教育的可行性。

关键词： 职业教育；"一带一路"；实践教学；鲁班学院

前言

"一带一路"和"国际产能合作"倡议，对教育的对外开放格局提出了新的要求。在"引进来"的同时，我国教育也应该积极大胆地"走出去"。职业教育"走出去"是响应国家战略、服务国家经济发展和外交工作的迫切需要。在"中非十大合作计划"中就包含"设立职业教育中心和能力建设学院""为非洲培训职业技术人才"等重要内容。

一直以来，我国教育不断有"走出去"的尝试和探索，然而最后大部分都停止运作。"孔子学院"是少数成功案例之一。职业教育作为人才培养不可或缺的一种类型，有责任为服务国家战略提供文化和技术技能支撑；服务国家的同时，也满足自身的国际化发展需要。

职业教育"走出去"的发展模式一般包括：境外院校合作办学、境外培训、项目合作、教师派遣、交流访问等。在多种因素影响和制约下，职业教育境外办学，尤其境外独立办学，现实中有诸多困难，难免会陷入无处可依的窘境。而在"走出去"方面，一些在境外运作良好的中国企业有颇多经验，它们已在境外经营多年，基本站稳脚跟；但由于其所在国家发展程度不同，劳动力、技术无法满足企业需求的尴尬局面已困扰多年。因此，学校依托企业进行职业教育"走出去"的合作模式应运而生。

本文基于中国在海外企业发展中的需求和职业教育"走出去"过程中的困境，结合广东建设职业技术学院参与有色金属行业职业教育"走出去"试点院校的实践探索过程，对广东建设职业技术学院在赞比亚成立的鲁班学院的教学实践进行了研究及分析。

一、非洲办学实践教学概况

由于自然和历史等多种因素，非洲长期处于原始耕作状态，人民生活水平较低，相当一部分人口处于贫困线以下。第二次世界大战以后，多数非洲国家通过艰难斗争纷纷走向独立,当家做主成为拥有自己主权的国家。获得新生的非洲国家为了减少贫困人口、发展生产力和提高综合国力,将教育发展作为强国的重要途径之一。数十年的改革发展使得非洲各国的职业教育有所发展,但也起起伏伏。虽然大部分非洲国家独立后都高度重视职业教育与培训事业,并采取相应切实可行措施,但由于非洲经济和国际大环境的限制,非洲职业教育发展水平较低,难以满足经济社会发展需要;国家、地区、性别间发展不平衡;经费缺乏,受国际援助政策影响较大;管理不善,培训市场秩序混乱。21世纪以来,非洲大多数国家对职业教育与培训的重视程度有所提升,改革力度加大,呈现出的改革措施与发展趋势有:推进区域性合作与非洲职业教育一体化;加强政府对职业教育与培训的统一管理与规划;致力于建立统一评价与认证标准;拓展职业教育与培训的资金来源渠道,形成多元投资体系。世界多国对非洲的教学援助及实践成果显著,从而鼓励了更多的教学研究人员对非洲的实践教学研究产生浓厚兴趣。

随着非洲经济的发展和逐步开放,越来越多的外资企业进入非洲。由于非洲各国科学、教育等领域发展缓慢,而且与亚欧国家的教育、科技水平相差悬殊,因此非洲本土技能人才无法满足各外资企业生产发展的需要。这就需要企业从各自国家抽调师资到非洲培训当地工人,提高工人技能以满足企业生产发展需求。

二、"一带一路"职业教育"走出去"实践教学探索——赞比亚鲁班学院技能班实践教学

赞比亚鲁班学院以开展实践教学为主,因此本文主要从多方合作、产教融合、创新教学三个方面着手研究建立赞比亚鲁班学院技能班实践教学体系。

(一)多方合作,共商共建

职业教育"走出去"海外办学模式与国内办学有很大的不同,遇到的困难与阻力更大,仅凭一方力量,势单力薄。只有多方位、多平台、多主体联动,两国政府层面、企业层面、学校层面以及社会层面通力合作,才能更好地共商共建共享。

1.学校为办学主体

职业教育海外办学,落脚点一定是教育教学,那么整个过程中,各参与院校即为主体。师资方面,教师是教学中的主体,参与院校负责选拔、培训、输送可胜任的优秀教师。物资设备方面,教育教学过程中必不可少的教学设备仪器需要参与院校根据专业和教学的需要进行筹备并运送至合作国办学点;设备仪器的后期维护及报废亦需院校各自负责。资金方面,项目运作、师资配备、培训、输送、物资设备采购运输等都需要足够的资金支撑,学校作为多元合作的主体,需按照合作框架投入一定资金。教育教学方面,各院校是理所当然的主体,教学模式选定,教学管理制度建立,教学目标、人才培养方案、专业建设方案制定,是各院校所长,必须以其为主协商架构。各参与院校在职业教育海外办学项目中,须团结协作,共商共建,共同推进中国职业教育"走出去",共享职业教育海外办学成果。

2.企业为依托和载体

单主体海外办学的困境是难以想象的,成功案例非常稀少,孔子学院是一个典型案例。它的成功,与浓厚的优秀的中国传统文化背景和政府的大力支持密不可分。职业院校作为单

主体在海外进行办学活动，阻力非常大，如相对国的办学准入制度、办学资金等要素，任何一方面缺乏支撑，都会步履维艰。此时就凸显出本国在相对国的海外企业的重要作用。企业是职业教育办学的依托和载体，职业教育的目的之一本就是为企业培养和输送人才。而在产教融合及学徒制盛行的大背景下，企业与职业院校的这种相互依存的关系更显紧密。以企业为依托，职业教育可以依托企业就地进行职业技能培训，也可以在企业提供的场所中进行学历教育。校企通力合作，营造共赢局面，携手推动中国职业教育走出国门。

（二）产教融合，对接企业

院校的人才培养即是为企业储备力量。因此在教学实践过程中要最大程度考虑企业需求、企业实况、学员（企业待培训员工）情况等因素是赞比亚鲁班学院依托企业办学的关键连接点。

第一，深入调研。通过对卢安夏技工学校、中色非矿培训学校、Garneton 小学和铜矿石大学的调研，了解赞比亚基础教育和职业教育情况；通过对谦比希铜冶炼有限公司、中色非洲矿业有限公司、中色卢安夏铜业有限公司、谦比希湿法冶炼有限公司等中国有色矿业集团驻赞企业实地调研，了解企业生产经营情况、生产工艺流程、重点建设项目、企业人才培养需求、企业对职业教育的需求等。

第二，有目的地进行教学。根据企业发展所需要的人才来进行教学，这就要求开设的相关课程与企业的需求相结合。经过多次调研，制定出适合企业的培训计划和教学大纲。在理论授课过程中，通过对赞比亚学员的学情分析，创新教学方式，采取"主讲教师+助理教师"的授课方式，充分发挥每一位老师的优势，由一位教师主讲，其他教师辅助讲解，全力配合，以"团队作战"的方式共同完成授课。在教学模式上，采用"理实一体化"的教学模式，将理论与实践相结合。通过设定教学任务和教学目标，让学员边学边做，既增加理论知识，又提高学员实操技能，大大提高了教学质量。

第三，注重实操，提高学员实际操作能力。在实操课程中，采取"学徒制"教学方式，进行手把手教学。第一期架子工培训中，在学员搭设脚手架前，老师先给学员复习双排落地式脚手架的搭设工具、搭设和拆除流程、安全注意事项等，再给学员安排具体的任务。在学员搭设脚手架时，教学团队认真观察学员们的操作，及时指出学员们在搭设过程中出现的不规范操作和错误，并及时纠正。在老师们的专业指导下，学员们成功搭设和拆除了双排落地式脚手架。第二期焊工培训中，同样以现场教学指导的方式，由分别来自广东建设职业技术学院、西安航空职业技术学院、哈尔滨职业技术学院、南京工业职业技术学院的几位老师组成的教研小组，一起指导教学。第三期老师再次参与到焊工培训中去。学员在实操过程中提出很多专业性问题，教学团队都给以认真详细的解答，在一些重点操作上，亲自进行示范。实操课后，学员们表示，此次实训规范了他们的操作流程，解决了以往困惑他们的技术问题，提升了他们的操作技能。

第四，制定标准和操作指南。老师们在实践教学中发现，赞比亚的企业员工可以很熟练地完成单个操作步骤，但缺乏系统的操作流程规范指导，完成整个工作后，会留下很多隐患。通过制定技术标准和操作指南，系统地规范操作流程，提高学员工作效率，降低风险，为企业安全生产增加有效保障。

第五，针对性解决企业生产中遇到的难题。前期实践教学以企业员工技能培训为主，在教学同时，会遇到企业生产故障等现实问题。赴赞比亚教师根据专业知识和技能，针对企业具体难题,参与检修和故障排除。解决难题的同时也是教学的好时机,这时要组织学员围观学习,提高学员解决实际问题的能力。

(三)整合资源,创新教学

赞比亚鲁班学院以开展实践教学为主,因此本文主要从师资队伍、教学资源和方式方法三个方面着手论述建立赞比亚鲁班学院的实践教学体系。

1.打造师资队伍

为更好地为"一带一路"职业教育"走出去"赞比亚鲁班学院实践教学服务,师资方面要具有符合资质要求的教师。在师资准备上,计划培养一批通晓国际规则、具有国际视野和跨文化交际意识,具备国家职业资格证、专业技术资格证的教师队伍,要着力培养思想品质好、学术造诣高、教学能力强、教学经验丰富、教学特色鲜明、能够双语教学的主讲教师。精心打造工作责任感强、团结协作精神好,有合理的知识结构、年龄结构,人员稳定,教学水平高,教学效果好的教学团队。加强青年教师培养,做到规划完整,措施合理,效果明显。加强实践指导教师的培养,提高实践指导教师的操作能力与指导能力。例如在开展架子工、焊工技能培训时,教师应具备建筑施工特种作业操作资格证书;在开展工业汉语教学培训时,教师应具备由教育部颁发的国际汉语教师资格证。在培养鲁班学院的师资力量上,教师应具备以下三点:①对中华传统文化、中国职业教育和鲁班精神具有深入的了解和认同;②熟悉普通话、英语或当地的小语种,便于教学及日常交流;③熟悉当地的教学模式。

2.整合教学资源

在教学资源建设上,主要包括职业标准建设、讲义、工具和教学仪器等方面。教学资源建设工作方案如下:

建设职业标准是技能培训教育教学的重要环节,关系到行业标准化和人才技能规范化。以架子工为例,赞比亚缺乏规范化的行业标准。结合赞比亚国情、中国架子工行业标准以及企业需求,学院建设了架子工职业标准,使架子工行业工种规范化,可提高架子工的技能水平。

讲义是教学的重要辅助工具。创设鲁班学院是为了服务国家"一带一路",让中国职业教育能"走出去",在讲义的制定和选取上应具有针对性。鲁班学院的培训对象一般为海外中资企业的当地员工,故讲义应有多种语言版本,如在开设架子工和焊工课程时,讲义有中文版和英文版两种。在讲义内容编排前,先进行大量的调研了解培训学员需要学习的知识。在内容的选择上,既要参考国内大量相关的文献书籍资料,也要结合受训学员的实际需求。讲义内容上应由浅入深,由易到难,内容模块环环相扣。

鲁班学院实践教学服务"一带一路"职业教育"走出去"项目,输出的不仅是职业技能知识,而且包括中国标准的工具、仪器等。在进行专业技能培训时,既有理论知识,也有实操演练。在实操演练中,教学仪器是重要的工具。不同的专业技能培训所需要的教学仪器是不同的,如架子工技能培训中,教学仪器包括扳手、卷尺、切管刀、钢丝钳、榔头等。在焊工技能培训中,包括中国制造的电焊机、焊钳、电缆线、面罩、滤光玻璃、角向磨光机等。

3.创新方式方法

数位项目组成员在赴赞比亚进行实践教学工作过程中,已积累一定的赞比亚实践教学经验。经过前期多次企业调研,他们制定出适合企业的培训计划和教学大纲,然后到企业开展培训工作,中国有色金属行业职业教育(赞比亚项目)谦比希铜冶炼有限公司架子工技能培班正式开课。此次培训采取理论和实操相结合的授课方式，在课程结束时对学员进行考核，考核方式为笔试和实操，笔试考核内容为脚手架基础知识，实操考核内容为搭设脚手架。

在理论授课过程中，通过对赞比亚学员的学情分析，创新教学方式，采取"主讲教师+助理教师"的授课方式，充分发挥老师的优势，由一位教师主讲，其他教师辅助讲解，全力配合，以"团队作战"的方式共同完成授课，课堂气氛活跃，学生积极响应互动。在教学模式上，采用"理实一体化"的教学模式，将理论与实践相结合。通过设定教学任务和教学目标，让学员边学边做，既增加理论知识，又提高架子工实操技能，大大提高了教学质量。

在实操课程中，采取"学徒制"教学方式，进行手把手教学。在学员搭设脚手架前，老师先给学员复习双排落地式脚手架的搭设工具、搭设和拆除流程、安全注意事项等，再给学员安排具体的任务。在学员搭设脚手架时，教学团队认真观察学员们的操作，及时指出学员们在搭设过程中出现的不规范操作和错误，并及时纠正。在老师们的专业指导下，学员们成功搭设和拆除了双排落地式脚手架。他们在实操过程中提出很多专业性问题，教学团队都给以认真详细的解答，在一些重点操作上，亲自进行示范。实操课后，学员们表示此次实训，规范了他们的操作流程，解决了以往困惑他们的技术问题，提升了他们的操作技能。

三、赞比亚鲁班学院实践教学拟突破重点

(一)理论学习和实践操作的对接

通过已有实践教学经验来看，赞比亚当地学员存在的问题是，理论知识和实践操作不匹配。在教育程度普遍不高的情况下，他们的实践操作没有相对标准的理论知识进行指导，导致他们知道如何操作，但实操不标准，结果会留下很多隐患甚至引地事故，增加了工作过程中的危险系数。因此在实践教学研究过程中，要重点突破理论与实践更好对接。

(二)突破语言障碍

赞比亚的语言环境相对复杂，官方语言以英语为主，公民有各自的部落语言，多达73种；赞比亚人英语发音受到口音影响较大，英语发音很不标准，听起来有一定困难；赞比亚虽然有孔子学院，但汉语推广程度不高；赴赞比亚实践教学的教师英语水平有限。基于以上几点，语言表达对教学实践有很大限制，因此突破语言障碍至关重要。

对此可进行两方面尝试。第一，教师赴赞比亚前，进行有效的英语培训；同时要注意平时英语表达经验的积累。第二，在实践教学过程中，有针对性地进行工业汉语培训。

参考文献

[1] 习近平：中方决定提供600亿美元支持确保对非"十大合作计划"顺利实施[EB/OL].[2015-12-04].http://www.chinanews.com/gj/2015/12-04/7656817.shtml.

职业教育国际化的提升路径

——以湖南有色金属职业技术学院为例

周 权 冯 松

湖南有色金属职业技术学院，湖南株洲，412000

摘要：作为满足区域经济和社会发展需要而出现的职业教育，从学校规模到学生人数，它已逐渐占据了高等教育的一半。职业院校海外办学为国家培养必要的科技人才，是职业院校海外发展办学的重要目的。本文通过对职业教育国际化发展存在的不足的调研，提出了职业教育国际化的提升路径。

关键词：职业教育；国际化；湖南有色金属职业技术学院

改革开放以来，中国的职业教育从零起步开始取得了长足的发展。作为满足区域经济和社会发展需要而出现的职业教育，从学校规模到学生人数，它已逐渐占据了高等教育的一半。随着"一带一路"建设的不断发展，中国企业管理和中国文化在当地传播尤其重要。培养熟悉管理和维护海外项目的本地人才，不仅可以帮助公司降低劳动力成本，而且可以获得具有本地化社会背景的人才团队，促进人与人之间的联系并加速公司的本地化。为此，教育部发布了一系列文件，以建立与中国企业"全球化"相吻合的职业教育发展模式。我国为解决"一带一路"共建国家的就业问题，提供了大量基础设施支持，以促进"一带一路"共建国家的可持续发展。对职业培训的高需求不仅为我国职业教育的国际化提供了机遇，也对职业教育人才的培养提出了更高的标准。

一、职业院校海外办学发展的目的

（一）响应"一带一路"倡议的需求

自 2013 年发出"一带一路"倡议以来，中国企业对外投资快速增长，"一带一路"共建国家之间的投资合作尤为引人注目。在"一带一路"倡议的背景下，我国也加大了对共建国家特别是非洲国家的基础设施支持力度。投资就是建设和发展，需要一大批跨国家、跨行业的国际化、多学科的人才。与本科院校相比，专科院校具有支持企业"走出去"、培养具有专业技能的专业人才的天然优势。

2014 年，《国务院关于加快发展现代职业教育的决定》文件进一步明确了职业院校"走出去"的规划，即探索和规范职业院校"走出去"，推动与中国企业和产品"走出去"相适应的职业教育发展模式，满足公司海外生产经营所需的本土化人才需求[1]。2016 年，中共中央办公厅、国务院办公厅发布的《关于做好新时期教育对外开放工作的若干意见》,进一步重申了上述内容,但同时特别强调要"稳妥推进境外办学"。针对职业院校仍处于"走出去"探索阶段的特点,教育部提出了多种形式、多层次的海外办学思路,如合作开发教育资源和项目,发展高等职业教育培训,培养地区急需的各类"一带一路"建设者。同时,2020年9月,教育部等九部门印发的《职业教育提质培优行动计划(2020—2023年)》除了强调专业教育"培养国际产能合作急需人才的任务"外,还提出培育一批"鲁班工坊",推进"中文+职业技能"项目,展示贡献职业教育的中国智慧、中国经验和中国方案,展示当代中国良好形象的具体要求。"一带一路"倡议要求职业院校根据国际发展趋势,有效把握国际就业导向,适应发展变化的科学认识,实现与时俱进的发展工作。由此可见,为"一带一路"倡议服务,为国家培养必要的科技人才,是职业院校海外发展办学的重要目的。

(二)促进职业院校国际化的深度发展

自21世纪以来,在国家和地方政策的推动下,国际化的概念已深入人心,国际化已成为职业院校发展的重要目标。2014年,国务院印发《国务院关于加快发展现代职业教育的决定》文件,要求高等职业学校加强国际交流与合作,实施中外职业院校合作办学项目。《高等职业教育创新发展行动计划(2015—2018年)》中,对职业教育国际化提出明确要求:加强与国际知名企业和发达国家在职业教育领域的交流与合作;支持职业院校引进专业标准、专业课程、教材体系和具有国际适用性的先进成熟数字教育资源;选择同类型、相近专业的国外高水平大学共同开发课程,共建专业、实验室或实训基地,建立教师交流、学生交流、学分互认等合作关系[2]。在各职业院校的积极努力下,我国职业院校在国际交流与合作中取得了丰硕的成果,提高了学校的国际化水平。我国目前共有251所高职院校与世界各国高等院校联合举办专科类中外合作办学项目718个(截至2018年6月)。从发展战略的角度来看,每个机构都侧重于引进外国优质专业,并为该院校的学生提供高质量的资源,为学生提供在国外大学进行国际交流和学习的机会,并获得双学位。从发展的角度看,它主要是通过引进优质资源,为职业院校的国际化发展拓展新思路。

(三)解决职业院校人才培养供需矛盾

职业院校积极推进海外教育的另一个重要原因是,我国职业院校必须解决人才培养的供需矛盾问题。人才培养供需矛盾的主要原因是专业人才匮乏,人才培养质量不能满足我国社会发展的需求。虽然我国近年来积极发展职业教育,但职业院校面临的困境是受传统价值观、大学扩招等因素影响,难以完成扩招任务。另一方面,随着产业推进和经济结构调整的不断推进,各行各业对复合型高科技人才的需求日益迫切,职业教育人才供应和社会发展需求结构性矛盾更加突出[3]。"走出去"办学,招收外国留学生和中资企业员工,是解决这一矛盾的好办法。

二、职业教育国际化发展存在的不足

(一)缺乏国际合作深度

目前,学院已经初步建立了国际职业教育交流平台,并建立了学院国际职业教育合作与交流中心。但是,通信渠道仍然相对简单。目前与"一带一路"共建国家的合作规模和合作领域主要限于与赞比亚政府和学校的学生交流和教师培训,交流与项目合作尚未健全,如国际专业资格证书的相互衔接和认证框架的制定缺乏合作的深度。

(二)缺乏创新驱动能力

职业教育国际化体系在战略规划、政策制定和建设上的合作共识和深度仍然不足。赞比亚国家与我国在政治、经济、文化和教育领域的差异,使职业教育无法满足赞比亚的个性化发展需要。尤其是相继实施了"互联网+""中国制造2025""大众创业"等国家战略,如何以新兴产业培育为主导产业,并促进移动互联网、大数据、物联网以及现代制造业等的整合;职业教育创新驱动能力如何促进"一带一路"共建国家在区域经济发展中的融合,服务于职业教育的进口;都是亟待解决的问题。

(三)缺乏专业外语教师

高职院校与其他学校建立良好的合作关系。一方面,积极派出专业教师出国参加培训,与外教交流学习,拓宽了教师的教学视野;另一方面,学院积极引进外语老师。但是,由于一些专业教师的外语能力差,他们无法灵活地使用外语进行深入的交流,更不用说理解和掌握优秀的外国专业教育经验了。此外,学院还没有建立一支国际教学能力强的专业教师队伍,这在一定程度上阻碍了职业教育国际化的顺利实现。

三、职业教育国际化的提升路径

(一)创建与企业相适应的职业教育发展模式

早在2014年《关于加快发展现代职业教育的决定》,国务院就明确要求:加强国际交流与合作,积极参与国际职业教育标准的制定,倡导与企业相适应的职业教育发展模式。职业院校必须有勇气与知名公司"携手并进",以走向全球,并与高质量的大型国际公司实现互联。职业院校可以充分利用学校的运作优势,为知名公司培养国际专业人才,根据知名公司的发展需求量身定制,并为公司实施培训计划,并将业务技术应用到课程标准中,以帮助中外员工实现文化互融互通。

(二)促进学校和有色金属行业海外公司的深度融合

职业院校不仅应完成理论课程的教学,还应组织各种实践教学。如何促进有色金属行业海外公司更深入地参与职业院校的运作,应赋予有色金属行业海外公司充分的参与权,并充分调动有色金属行业公司参与教育的积极性。可以鼓励社会力量与职业院校合作，建立共同拥有的专业学院，并鼓励学校和有色金属行业海外企业共同建设技术创新中心和培训基地。通过校企合作办学管理模式，加强公司与职业院校之间的联系，形成一个统一的社区，极大地提高教学质量和水平，提高教育决策的科学性，促进职业院校与行业公司之间的合理分工。

（三）加强国际合作交流

职业院校不仅必须为国家服务，而且还必须放眼世界，加强国际交流与合作。中赞职业技术学院矿业分校湖南有色金属职业学院赞比亚分校于 2019 年 8 月成立，探索由国内外学校联合颁发学位和证书的合作办学模式，使受过培训的学生适应经济全球化的发展形势。职业院校的教师可以"走出去"，学习国外先进的职业教育理念和相关的专业英语课程。"一带一路"共建国家的教师可以来学校学习，例如 2019 年 10 月，赞比亚老师来到我国接受培训和学习。院校依托校企共建的数字化服务平台，将开展矿山设计、矿山安全等方面的培训，重点是数字化智能矿山技术在矿山中的应用。

（四）推动有色金属行业支持职业教育国际化发展

为了促进与"一带一路"共建国家的高等教育合作，可以尝试建立"一带一路"研究所，在人员培训、科学研究方面进行合作，提供文化交流的平台。职业教育的国际化离不开有色金属行业的大力支持。在招募学生和吸引资本的同时，有色金属行业可以包装和推出具有附加值的教育产品，促进文化交流和相互学习，并在出口职业教育的同时出口"中国制造"。深化职业教育体制改革，促进职业教育国际化的协调发展，以提高有色金属行业职业教育的国际地位，扩大其国际影响力，提升有色金属行业职业教育国际化的总体发展水平。

四、结语

"一带一路"的倡议为新时期职业教育国际化的发展指明了新方向。职业院校要充分挖掘自身特色，充分发挥专业优势，积极响应"一带一路"倡议号召，将国际化理念和现实需求纳入职业教育发展规划的核心。从宏观战略制定和微观衡量两个方面的发展着眼，改变组织结构，结合国际化发展趋势，不断完善办学理念、课程体系和教学体系，为我国职业教育的发展做出贡献。

参考文献

[1] 国务院关于加快发展现代职业教育的决定[EB/OL].（2014-06-22）.[2019-08-18].http://www.Gov.cn/zhengce/content/2014-06/22/content_8901.htm.

[2] 国务院关于加快发展现代职业教育的决定[EB/OL].[2014-05-02].http://www.gov.cn/zhengce/content/2014-06/22/content_8901.htm.

[3] 张明勇.高职院校中外合作办学项目实施模式比较研究[J].天津中德应用技术大学学报，2019（03）：56-60.

高职教育"政校行企"协同海外办学运行机制探究

——以中国-赞比亚职业技术学院为例

周　燕　唐正清　陈　洋　谢丽呆　孟　晴

北京工业职业技术学院，北京，100042

摘要： "政校行企"协同海外办学，是职业教育助力"一带一路"建设的重要形式。"政校行企"合作虽得到了职教领域广泛关注，但从"政校行企"合作角度分析其联动耦合作用在高职院校海外办学中影响机理方面的研究相对较少。以中国-赞比亚职业技术学院为研究样本，构建"政校行企"四方联动模型，探索其在中赞职院管理组织架构、处室及院系设置、职业教育型孔子课堂中的作用，并总结中赞职院四方联动的办学机制，为进一步推动职业教育"走出去"贡献智慧和方案。

关键词： "政校行企"合作；"一带一路"建设；高职院校；海外办学

引言

"政校行企"合作是高职院校办学育人的新模式，建立"政校行企"合作模式是高职教育整合多方资源、形成合力的重要途径。近年来，"政校行企"合作得到了高职领域的广泛关注，形成了较为丰富的研究成果[1-3]。但在"走出去"海外办学研究中，多主体协同组织架构尚不健全[4]，"政校行企"合作机制尚不完善，因此从"政校行企"四方联动耦合的角度分析其在海外办学中的影响显得尤为必要。

由"政校行企"通力合作建设打造的海外办学成果——中国-赞比亚职业技术学院（以下简称中赞职院）成为职教领域的海外办学窗口和职业教育"走出去"的典范。笔者将以北京工业职业技术学院（以下简称北工院）服务"一带一路"建设为样本，充分探讨"政校行企"协同合作在中赞职院运行中的作用机理，并就如何构建四方联动的办学机制总结经验。

一、中赞职院简介

2015 年底，中国有色金属工业协会向教育部提出申请，在有色金属行业开展职业教育与企业协同"走出去"试点。中国教育部批复同意依托中国有色金属工业协会及全国有色金属职业教育教学指导委员会，以中国有色金属矿业集团作为试点企业，北工院等 8 所学校作为首批试点院校，在赞比亚开展我国第一批职业教育"走出去"试点工作，为职业教育协同企业"走出去"、服务"一带一路"建设探路。2019 年教育部批复"走出去"试点院校扩大到 13 所。

中赞职院是由中国有色金属行业职业教育"走出去"试点项目组，联合北工院等国内多所职业院校协同共建，并得到赞比亚职业教育与培训管理局（TEVETA）正式批准而成立的一所高等职业院校，是我国在海外独立开办的第一所开展学历教育的高职院校，是集聚中高职学历教育、职业与技能培训、工业汉语教学资源开发和汉语推广于一体的教育培训机构。

中赞职院前身是具有 50 多年办学历史的卢安夏技工学校，现已形成中赞职院、中国有色金属矿业集团赞比亚教育培训中心、国家开放大学赞比亚学习中心和独立孔子课堂"四位一体"的办学机构。学院主要面向当地高中毕业生开展中高等职业教育，面向企业开展员工技术技能培训，面向社会开展职业培训与汉语教学，传授中国先进职业教育理念，并提供高质量职业与创业技能知识培训。

中赞职院下设自动化与信息技术分院、机电分院、装备制造分院、机械制造与自动化分院、矿业工程分院和建筑工程分院等 6 个二级学院，现有教职工 50 余人，其中专职教师 34 人，各类在校生近 400 人。同时珠宝分院、冶金分院、汽车工程分院、旅游分院、新能源工程分院正在筹建中。

北工院积极参与职业教育"走出去"项目，负责自动化与信息技术学院的建设管理工作，同时正在积极筹建中赞职院珠宝学院。学校先后选派 10 余名优秀专业教师赴赞比亚开展工作，针对中赞职院在校生及中资企业海外公司员工开展学历教育和技术技能培训；确定五大专业教学标准，引领赞比亚国家职教标准；开发专业标准和课程体系，推广中国职业教育标准；输出先进教学设备、教学用具；聘任培养赞比亚本土师资，并选派教师来北工院跟岗培训；开创孔院新范式，建成中国第一所职业教育型孔子课堂。中赞职院业务开展架构图如图 1 所示。

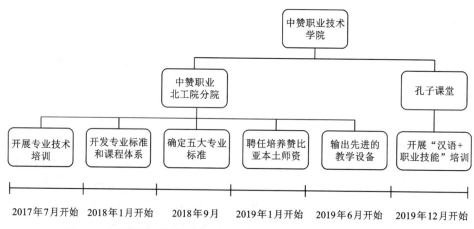

图 1　中赞职院自动化与信息技术学院（北工院分院）业务开展架构图

随着中赞职院自动化与信息技术学院（北工院分院）的设立和运行，我校海外分院建设进入了新阶段。这是学校积极参与职业教育"走出去"试点项目所取得的阶段性成果，标志着中国职业教育标准在赞比亚的落地实施，为职业教育的发展提供了范例，也为探索职业教育"政校行企"协同"走出去"贡献了北工院方案。

二、"政校行企"协同举办中赞职院

在中赞职院兴办之路上，政府、学校、行业和企业各担其责，高效协同共融。各级政府顶层设计、搭建平台、出台政策法规,国家各部委(教育部、外交部、商务部等)负责指导、审批、监管、协调等,在宏观层面上调动企业参与校企合作的积极性。

多所高职院校积极联动,共同开展试点项目,携手共建中赞职院。北工院主要以师资、教学设备、知识产权等作为投入形式,并负责分院日常教学和运营管理。

有色金属工业协会作为试点工作牵头单位,按照教育部要求,扎实调研,加强软硬件建设和统筹协调,做好各项综合协调工作,完成试点方案的设计与实施,并及时向高职院校反馈行业企业急需的技术技能人才信息。

中国有色矿业集团有限公司(以下简称有色集团)作为企业方,负责提供基础设施、后勤保障、实训场地、优先安排学生就业等。"政校行企"四方联动模型如图2所示。

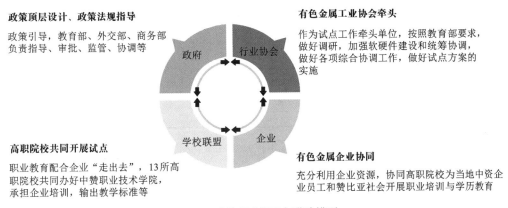

政策顶层设计、政策法规指导

政策引导,教育部、外交部、商务部负责指导、审批、监管、协调等

有色金属工业协会牵头

作为试点工作牵头单位,按照教育部要求,做好调研,加强软硬件建设和统筹协调,做好各项综合协调工作,做好试点方案的实施

高职院校共同开展试点

职业教育配合企业"走出去",13所高职院校共同办好中赞职业技术学院,承担企业培训,输出教学标准等

有色金属企业协同

充分利用企业资源,协同高职院校为当地中资企业员工和赞比亚社会开展职业培训与学历教育

图2 "政校行企"四方联动模型

三、中赞职院运行管理机制探究

(一)"政校行企"合作创建中赞职院管理组织架构

"政校行企"合作在中赞职院发展中扮演越来越重要的角色,是由政府、高校、行业与企业在各方利益共赢的前提下建立起来的四方联动合作办学模式。

通过构建"政校行企"合作的管理运行模式,中赞职院在办学实力、学生培养、教学管理、实习就业等方面能力显著提高;同时,也在拓宽办学资源和发展空间、增强服务赞比亚当地经济社会发展能力、提高招生吸引力、联合打造办学特色、进一步扩大学院的社会影响力等方面,起到重要的推动作用。

有色集团、有色金属工业协会、有色金属工业人才中心和职业教育"走出去"试点院校共同成立了中赞职院董事会。具体而言,政府负责政策支持、工作指导、业务协调和监督管理等工作。在中赞职院的建设中,教育部、北京市教委及中国驻赞比亚大使馆人员多次赴中赞职院进行调研考察,为学院建设提供宏观政策及具体操作等多方面的指导。

有色集团从企业的角度选派熟悉中资企业海外业务的管理人员参与到中赞职院的日常管理和后勤保障中,有色集团所选派的管理人员熟悉中资企业海外市场对员工的技术技能要求,能够起到指导和监督的作用;此外,由于长期扎根于赞比亚的业务发展,有色集团所选派的管理人员能够尽快帮助中赞职院对接大使馆和当地政府，使得中赞职院事务性运转更加顺畅。

有色金属工业协会和有色工业人才中心长期服务于有色金属工业生产建设，负责统筹协调行业职工培训工作，非常熟悉有色金属行业技术技能标准，且能够代表大批行业企业的需求和诉求。经过充分酝酿和考察，由其推荐并经董事会通过任命的中赞职院院长能够很好地胜任学院的统筹规划、组织协调和领导决策等各项工作。

有色金属工业协会依托全国金属职业教育教学指导委员会，将有色金属集团作为试点企业，并确定把北工院等职业院校作为试点项目学校，共同开展试点工作。作为试点项目院校，各职业院校凭借各自的专业优势和特色，建设管理中赞职院各分院，选派聘任合适的人选担任分院院长，并派出专业教师赴赞开展技术技能培训，将中国的职业标准分享到赞比亚。授之以鱼更要授之以渔，北工院分院面向赞比亚全国招聘专业教师，并分批将赞比亚本土教师选派来北工院学习培训，全方位提升教学能力和教师队伍水平。

"政校行企"协同框架下中赞职院管理组织架构如图3所示。

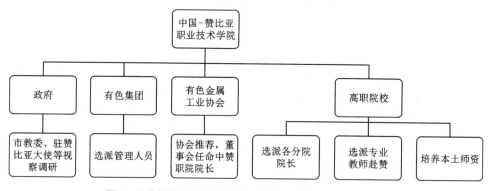

图3 "政校行企"协同框架下中赞职院管理组织架构图

(二)高职院校共同搭建中赞职院处室及院系架构

中赞职院由包括北工院在内的职业教育"走出去"试点院校共同建立。中赞职院初期下设6个分院，分别由不同的高职院校建设管理。各试点院校克服各种困难，发挥各自专长和优势，共同努力保障中赞职院运转顺畅。中赞职院集合了各试点高职院校的特色优势专业，在赞比亚共同建立打造"中国特色、世界水平"的职业教育体系。随着更多院校加入职业教育"走出去"项目，下一步将适度扩大院系规模，在原有学院基础上积极筹建6所新的二级学院，进一步优化院系设置结构。中赞职院院系设置架构图如图4所示。

中赞职院主要面向赞比亚高中毕业生开展3年制高等学历教育，面向中国有色集团等在赞比亚的公司员工及社会民众开展技能培训。中赞职院内设职能部门分为综合办公室、财务处、教务处、学生处、培训处、实训处和后勤处，行政处室由各试点院校负责承建与协管，职责明确、分工合理，形成较为科学的行政机构设置。中赞职院行政处室协管任务分工图如图5所示。

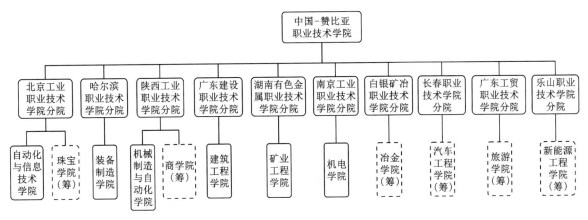

图4　中赞职院院系设置架构图

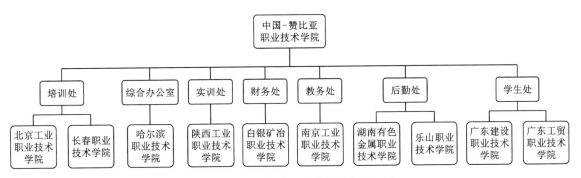

图5　中赞职院行政处室协管任务分工图

（三）多主体联合共建职业技能型孔子课堂

在赞比亚建立的首个职业教育型孔子课堂是多主体合作的生动实践。经有色金属工业协会牵头，该孔子课堂由中国国际中文教育基金会批准，由中方合作院校——北工院、外方合作院校——中赞职院、中色卢安夏铜业公司共同建立。其中外方合作院校隶属中色卢安夏铜业有限公司。

通过北京市教委向基金会提交申请，基金会批准同意后设置孔子课堂。基金会主要负责资质审查审批，教育部中外语言交流合作中心负责孔子课堂国际中文教育项目的开展；中方院校——北工院负责推荐中方院长并进行日常管理；隶属于卢安夏铜业的外方院校——中赞职院主要负责办学场地、基础设施和部分后勤保障等。有色金属工业人才中心/有色金属工业人才协会负责整合培训资源和培训需求，组织教师参与中文培训项目的同时，调研企业技能需求，旨在帮助孔子课堂更好地提供"中文+职业技能"教育。职业教育型孔子课堂中多主体协同作用模型如图6所示。

北工院、有色集团、有色金属工业人才中心、中赞职院共同成立了中赞职院孔子课堂理事会。孔子课堂的发展战略、重大事项、重大人事调整和重要财务事项的决策等一律通过理事会的决定，确保决策的有效性和科学性。

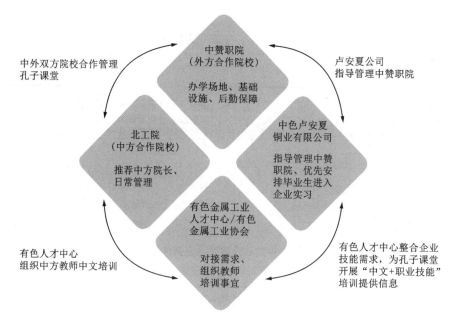

图 6　职业教育型孔子课堂中多主体协同作用模型

(四)群策群力推进制度体系建设

制度体系建设是中赞职院建设的重要内容,学院的良好运转离不开科学规范的制度体系设计与落地实施。

多方共同研究起草成体系的规章制度并经过董事会审议通过,所形成的制度包括"中国-赞比亚职业技术学院教学管理规定""中国-赞比亚职业技术学院财务管理制度""中国-赞比亚职业技术学院招生工作管理方法""中国-赞比亚职业技术学院驻赞教师管理规定""中国-赞比亚职业技术学院教师教学工作量考核办法""中国-赞比亚职业技术学院固定资产管理制度""中国-赞比亚职业技术学院学生奖励办法"等。

四、中赞职院海外办学的思考与启示

(一)"政校行企"资源整合,实现深度合作

高等职业教育政校行企四方联动长效机制的构建依赖于各主体资源的有效整合及深入合作。在中赞职院管理组织中,政府、高职院校、有色金属行业协会及有色集团四方高度重视主体责任、充分调动各自资源优势。具体而言,政府负责政策顶层设计、政策法规指导;高职院校发挥专业与师资优势,共同开展试点;有色行业协会负责牵头,做好综合协调工作;有色集团利用企业资源,协同高职院校"走出去"办学。

孔子课堂的运行也离不开多主体的密切合作,中外方合作院校、有色集团、有色工业行业协会各负其责、密切配合,保障了孔子课堂的顺利运转。

(二)"政校行企"各司其职,构建专业化团队

在高职教育海外办学领域,政府、高校、行业和企业等都应参与海外办学的治理。但目

前来看,部分主体忽视了管理专业化的重要性[5]。在中赞职院管理组织中,政府、有色集团、有色金属行业协会及高职院校四方着力共同打造一支专业化的管理团队。具体而言,政府抓总体并派专人考察指导,企业选派管理人员,行业协会任命中赞职院院长,高职院校选派分院院长、派出师资赴赞及打造本土化教师团队,从而实现了四方高效联动。

当前我国部分职业院校的海外办学项目定位不够明确,海外分院的专业设置缺乏明确的发展规划[6]。中赞职院专业化的院系学科体系由多所高职院校强强联合、合作创建,集合了各试点院校的特色优势品牌专业。与此同时,多方共同努力成立的中赞职院董事会也进一步体现了管理决策的专业性和可靠性。

(三)加强制度建设与机制保障,推进规范化管理

中赞职院实行董事会领导下的院长负责制,由高校、行业和企业代表等组成学院事务最高管理机构,董事会拥有学院章程制定和修改权、重大事项决定权等。董事会制定并审议通过了《中国-赞比亚职业技术学院董事会章程》《中国-赞比亚职业技术学院章程》《中国-赞比亚职业技术学院工作报告》《中国-赞比亚职业技术学院2020年重大项目报告》和《中国-赞比亚职业技术学院2020年经费预算》。此外,中赞职院形成的制度体系进一步确保了管理工作的科学化和规范化,实现了多元治理、共同参与的管理机制体制。

五、结语

在"政校企行"协同举办中赞职院中,各方主体厘清责任、高效共融。政府负责顶层设计、高位统筹推动;高职院校强强联合,共同开展试点;行业协会做好调研,沟通各方需求;企业利用资源,做好支撑保障。四方联动耦合已根植于中赞职院运行管理之中,多主体协同基因在高职教育海外办学中得到了表达,还将得到进一步延续和发展。未来,以结果导向进行本土化人才多元的协同培养运行机制研究,将是检验"政校行企"联动效果的一大方向。

参考文献

[1] 赵忠见,刘志英.高职院校三螺旋式"政校行企"协同共育技术技能型人才研究与实践:以郑州职业技术学院为例[J].河南农业,2020(12):4-6.

[2] 卢育红,黄海端,任莉.高职院校"政行企校"合作、工学结合的人才培养模式探究[J].华北理工大学学报(社会科学版),2018,18(4):101-104.

[3] 陆英杰.以"1+X"证书改革为契机,政校行企联合推动职业培训高质量发展[J].中国成人教育,2020(9):23-25.

[4] 刘兴凤,林红梅.高职教育"政校行企盟"协同海外办学模式研究与实践[J].齐齐哈尔大学学报(哲学社会科学版),2020(9):168-171,177.

[5] 康淑,马万东.高等职业教育政校行企四方联动长效机制的构建:基于社群主义理论视角[J].中国成人教育,2020(9):19-22.

[6] 肖俊.职业院校海外办学的发展类型、表征与推进策略[J].职业技术教育,2019,40(21):57-61.

"中文+职业技能"海外人才培养目标下国际中文教育教学模式初探

陈曼倩[1]　刘冬霞[1]　薛慕雪[2]

1.哈尔滨职业技术学院，黑龙江哈尔滨，150081
2.哈尔滨开放大学，黑龙江哈尔滨，150001

摘要：国际中文教育在服务国家"一带一路"建设中起到主体性、支撑性和落地性的媒介作用，如何加强跨境校企合作，规划国际中文教育的交际实用性与职业技能培养的专业实操性有机融合的教育模式，对于打造"中文+职业技能"教育硬核品质具有重要意义。本文在"四位一体、双线融通"的国际中文教育混合式创新教学模式理念下，构建提出了"语技并重，思创同修"的国际中文教育模块式课程结构，有效地在真实职业岗位情境中促进汉语学习者的语言习得成效，对促进国际中文教育充分发挥在国家"一带一路"建设中语言桥梁作用具有重要意义。

关键词：中文+职业技能；国际中文教育；教学模式

伴随"一带一路"建设的"国际列车"不断加速前行，越来越多的中国企业走出国门寻求更加广阔的发展空间，实现中国产品、中国技术的海外输出，这使得汉语作为媒介语提高服务、提高"中国制造"品牌含金量的语言主导地位日益凸显，而各国对单纯的中文和中国文化的学习需求也正逐渐向基于中文的职业技术、技能教育转变，由此可见，"中文+职业技能"国际中文教育对于服务于"一带一路"建设的企业与行业所需的既懂中国技术和技术标准、又懂汉语和企业管理文化的本土技术技能型人才培养，起着不可或缺的"桥梁工程"作用。因此，如何充分发挥汉语在服务国家"一带一路"建设中主体性、支撑性和落地性的媒介作用，统筹规划国际中文教育的交际实用性与职业技能培养的专业实操性有机融合的教育模式，如何加强高水平高职院校、"走出去"中资企业与海外本土职业学校的务实合作，探寻"中文+职业技能"课程走进去、融进去的创新教学模式和跨境实施路径，特别是在后疫情时代的背景下，如何探寻依托信息化网络技术，灵活运用移动终端学习载体，构建完整、能动、不受时空制约的"互联网+"汉语海外推广模式，是当前国际中文教育可持续发展的关键，对于打造"中文+职业技能"教育硬核品质，实现"中文+"国际中文教育的应用推广，具有重要意义。

一、"中文+职业技能"培养目标下国际中文教育的创新教学模式

（一）"语技并重，思创同修"的国际中文教育模块式课程结构

基于"中文+职业技能"海外人才培养目标下的国际中文教育类课程是以培养高职留学生

及海外技术技能受训人员具备语言交际能力、综合专业技能、文化传播能力及职业素养四重能力为教学目标,以成果导向教育(OBE)理念为指导,构建"教学内容情境化、教学场所多元化、教学手段信息化、教学评估成果化、课程证书一体化"的国际中文教育课程教学模式;以"走出去"企业工科岗位的实际工作过程为导向,以汉语语言能力训练为基础,以文化传播能力培养为支撑,围绕 HSK 考级、职业汉语等级证书,"以言为基,以技为标",校企双元协同设置国际中文教育类课程模块,依据工业领域中特定职业的工作流程将关联性的"语言交际任务"整合为一体,在四个维度设计模块式教学内容,包括:汉语语言模块,创新"跨学科式"汉语学习,将基础汉语知识与工业行业标准用语相结合,满足学生岗位工作和技术交流需要;跨文化交际模块,提高学生跨文化交流能力,促进汉语国际推广;专业技能模块,创新"语技双轨式"技能学习,将中国技术标准、技术应用知识、技能操作与语言训练融合;文化思创模块,将创新创业素养提升和中国文化传播融入语言情境素材,推动语言学习与生活工作实践的相互作用,拓展专业情境国际汉语应用语言的产出实效,促进专业技术精通、汉语沟通熟练、跨文化交际顺畅、培养具有较强职业素养的高素质技术岗位人才。

(二)"四位一体、双线融通"的国际中文教育混合式教学模式

充分利用"互联网+"技术,建立云平台,实现智能化教学管理,通过"线上+线下"相交融的教学载体,实施"课堂精练、现场体验、课证考核、赛训互通"四位一体的教学模式。依托语言应用与岗位工作任务,运用情景式教学、任务式教学、项目式教学等方法,开展特色课堂教学活动,构建微信公众平台,或借助学习平台,充分利用预习、课后和练习板块。预习板块主要推送一些与本课程模块相关的补充资料,如一线岗位技能操作视频,将课程全程录入供学生课下反复复习;基于国际中文教育既有中文知识库,还有典型职业教育特征知识库和资源库[1],开发构建典型职业情境的汉语交际模块化虚拟课堂学习资源和在线测评资源实施练习模块的语言能力训练,并通过直播课、慕课、微课、在线辅导等形式,大数据记录学习轨迹,分析学情,掌握学生网络学习过程,并以数据为依据改进和创设高效的课堂教学活动,线上线下协同解决教学重点及难点问题,提升学习者"语言+技术"应用能力,实现信息技术与教育教学的融合创新;与校、企、政府合作,开展现场体验式教学,通过观摩、参观、动手操作等现场实践活动体验中国文化和中国技术应用,利用云平台创新语言实践、技能实训途径,与企业合作开发网络模拟实训项目,多种途径提升学习者语言能力、人文素养和岗位工作能力。

(三)"标准引领、理实并举"的国际中文教育立体式评价模式

实施"岗课证赛"结合的多维综合考评方式,突显教育教学成效,教学评价依据评价内容多样化与评价主体多元化相结合、形成性评价和终结性评价相结合,从语言技能、专业技能多角度评价学习效果,诊断课程教学质量,将语言等级证书与岗位职业资格证书作为教学考核的延伸。联合海外中资企业,以质量为根本,以培训为载体,以专业为依托,结合所在国实际情况,立足"一带一路"海外中资企业岗位人才聘用要求,开发符合当地经济发展需要的国别化职业技能标准和证书,形成课程与"X"证书融合的考评模式,结合海外市场需求,联系"走出去"中资企业与国内证书评价组织,筹备开发1+X证书海外版,在具备条件的地区考虑职业技能证书和国外大学课程学分体系融合,促进学业证书和职业技能证书衔接,推动实

现学分互认。为所在国的学员就业创业提供便利与支持，同时依托所在国教育主管部门、海外中资企业、教育机构和职业院校等，逐步搭建校企合作、协同育人的"生态圈"。打造"中文+职业技能"项目标准体系，重点开发《职业中文能力标准》，基于国际中文教育既有中文知识库，又有具典型职业教育特征的知识库和资源库，运用智能技术构建具有典型职业场景、统一等级特征以及指南性质的系列大纲，围绕标准体系设计课程、组织培训、开展考评，充分发挥"中文+职业技能"国际推广基地作用。

二、"中文+职业技能"培养目标下国际中文教育教学实践路径

（一）注重"教师、教材、教法"教学改革，打造国际中文教育教学共同体

组建一支由"国际汉语教师、专业骨干教师、企业一线技师、国际生德育导师"组成的专兼职国际中文教育教学团队，基于"中国技术的推广者、中国文化的传播者、中国故事的讲述者、中国形象的展示者、学生思想的引导者"，国际中文教育教师核心职能，开展师资各类专题培训，提升团队国际教育教学能力，打造"国际中文教育网红"教师；立足国际生在专业岗位领域汉语语言能力延伸的需要，选择"汉语综合""职业汉语"等国际中文教育类的核心课程，开展"三教"改革，改革聚焦学生主体，调整课程结构，在"汉语语言、技术应用、文化交际、双创素养"四个维度设计模块式课程，开发系列特色国际化双语教材，创新在新媒介语境下"启发式、讲授式、参与式、体验式"多元教学方法，满足学生以汉语为载体的岗位工作和技术交流需要，实现"语、技、文、思"学科融通，着力弘扬中国文化和中国工匠精神，实现技能发展与人文教育一体化。

（二）创新"实践、资源、平台"协同机制，赋能国际中文教育发展共同体

侧重学生的参与性、主动性与体悟性，设计语言虚拟仿真情境，重构教学培训能力实践体系，建立"交流研讨-教学应用-虚拟体验—竞赛评比—实践深化—交流研讨"的循环式国际中文教育内部语言实践管理机制；充分利用优质教学资源，校企合作开发"音频+视频+文本"的数字化国际中文教育资源素材库，内容覆盖历史地理、中国文化、技能虚拟实操、标准规范、教学案例等，在资源库里为学生提供生词学习，典型岗位用语、语点分析，语法训练；采用师生互动以及考试辅导等多种形式，借助直播教室、微信、抖音、美拍等新媒体手段，突破时空局限，向学生发布微课，推送教学资源，实现网络教学课程资源共享共建的国际中文教育"内涵式"发展思路。

（三）营造"课堂、学校、社会"教育方位，拓展国际中文教育育人共同体

积极推动课堂教学、课外活动、社会实践、人文体验等载体的共建，营造"课堂、学校、社会"大方位国际中文教育育人局面；改革现有国际汉语考核评价体系，提高语言应用在评价指标体系中的比重，建立以提高国际学生"三全"培养质量为主要考核指标的管理机制，将社会实践评价、社会公益服务、文化交流大赛获奖等内容纳入评价指标；设计并制定国际汉语"第二课堂"实施方案与指导手册，让国际学生走出校园，走出教材，走进企业，走进生产一线，走进社会；通过开展各类"中文+职业技能"汉语桥、科技文化专题讲座，带领国际学生

去工厂企业、社区参与社会实践,拓宽教育渠道,促进非洲和"一带一路"共建国家培养本土化高端技术技能人才的有效落地,也让学生近距离感受当代中国的发展变化,在促进国际生完成学业的过程中,真正培养出一批讲述中国故事、传播中华文化的交流使者。

职业教育对外开放"中文+职业技能"培养目标下的国际中文教育应转变教育思维与理念,借鉴职业教育工作过程与成果导向理论,遵循职业汉语的任务性、流程性的特点,对应一线企业典型汉语语言能力指标点,把握好专业与语言之间的"度",有效地在真实职业岗位情境中促进汉语学习者的语言习得,促使国际中文教育更好地发挥其在国家"一带一路"建设中的语言桥梁作用,为服务中国制造和产品输出、提供中国技术支持、为对外输出我国优质职业教育资源与特色的职业教育模式提供汉语语言支撑。

参考文献

[1] 教育项目研究组.构建"中文+职业技能"教育高质量发展新体系[J].中国职业技术教育.2021(12):119-123.

"一带一路"背景下职业教育"走出去"路径探究

高喜军

北京工业职业技术学院，北京，100042

摘要：职业教育"走出去"是国家"一带一路"倡议的重要支撑，是构建人类命运共同体的必然要求，也是学校自身发展的客观需要。"一带一路"倡议背景下，我国职业教育"走出去"具有完全必要性，也具有现实可行性。近年来，高职院校在职业教育"走出去"方面进行了积极探索，形成了不同模式和特点。北京工业职业技术学院（以下简称北工院）乘势而为，探索实践"政校行企"协同的职业教育"走出去"的路径，努力构建海外办学新模式。本文介绍北工院"走出去"工作的经验和成效，以期对职业院校"走出去"有所启发与借鉴；同时，简要分析职业教育"走出去"存在的问题，并对未来发展提出对策建议。

关键词："一带一路"倡议；职业教育；国际化

一、职业教育"走出去"的必要性及可行性

"一带一路"建设是实现人类命运共同体的重要途径，主动融入"一带一路"建设，积极服务企业"走出去"，是我国职业教育在新时期应承担的历史责任，也是教育不断对外开放赋予职业教育的时代使命。

（一）职业教育"走出去"的必要性

第一，职业教育"走出去"是推进"一带一路"建设的必然结果。中国提出的"一带一路"倡议赢得了国际社会广泛认同和积极响应。根据商务部、国家统计局和国家外汇管理局联合发布的《2020年度中国对外直接投资统计公报》，截至2020年，中国在"一带一路"共建国家设立企业1.1万家，中资企业雇用外方员工人数占企业员工总数的60%。在"一带一路"建设背景下，培养"走出去"企业在海外生产经营急需具有国际视野、通晓国际规则的本土技术技能人才，这是"一带一路"对中国职业教育的时代要求，中国职业教育迎来了走向世界的历史机遇。

第二，职业教育"走出去"是构建"中文+职业技能"教育高质量发展新体系的内在要求。推动"一带一路"建设，要真正实现共建国家民心相通和发展共同体建设，关键是帮助共建国家改善民生，根本在于提升劳动者素质和职业技能。孔子学院作为当前推进力度较大的教育和文化对外交流的"软联通"载体，在遇到一些影响其发展的不利情况下，亟须拓展职业教育等新的职能。相比较，国际中文教育与职业教育"双轨"发展越来越被广泛认可并得到国家的高度关注。2021年，教育部在答复政协《关于应对国际中文教育面临的挑战和风险的提案》中，鼓励国内职业教育机构、中资企业参与国际中文教育，发展"中文+职业技能"教育，促进

职业教育与国际中文教育"走出去"融合发展。职业教育"走出去",为国际中文教育创新发展开辟了新路径,成为国际中文教育发展的新载体。

第三,职业教育"走出去"是提升新时代教育对外开放水平的客观要求。2020年,《教育部等八部门关于加快和扩大新时代教育对外开放的意见》提出,要主动加强同世界各国的互鉴、互容、互通,形成更全方位、更宽领域、更多层次、更加主动的教育对外开放局面。职业教育作为教育领域的重要组成部分,应积极主动推动教育对外开放,扩大高职院校国际合作的广度和深度,推动教育对外开放高质量内涵式发展,为构建全球教育共同体贡献中国方案和中国智慧。

(二)职业教育"走出去"的可行性

第一,有国家政策支持。国家密集出台政策助推职业教育"走出去",为职业教育"走出去"提供制度保障。例如:2020年,教育部等九部门印发的《职业教育提质培优行动计划(2020—2023年)》明确提出,职业教育要服务国际产能合作行动,要加强职业学校与境外中资企业合作。2021年,中共中央办公厅、国务院办公厅印发《关于推动现代职业教育高质量发展的意见》,提出推动职业教育走出去,服务国际产能合作,积极打造一批高水平国际化的职业学校,推出一批具有国际影响力的专业标准、课程标准、教学资源。

第二,有人才培养需求。近些年,中国企业"走出去"成为常态,越来越广泛地参与国际产能与经贸合作。但"一带一路"共建国家的职教发展不均衡,难以支撑产业一线对高素质技能人才的需求,当地雇员中文能力有限,与中国企业文化融合困难,制约了中国企业在当地的发展[1]。在此背景下,作为与经济社会最为紧密的教育类型,职业教育能更有效地服务民生,尤其在欠发达国家,职业教育关乎就业和生存。因此,培养一批懂技术、会中文的复合型人才既可以提高其在当地劳动市场的竞争力,又可以解决中资企业人才需求的问题,改善民生,促进民心相通,推动构建更加紧密的人类命运共同体[2]。

第三,有职业教育优势。我国职业教育的快速发展为"走出去"奠定了基础,我国已建成世界规模最大的职业教育体系,目前职教适应性不断增强,现代职业教育体系加快构建,职业教育办学实力稳步提升。近年来,通过"示范校""双高"建设的引导,涌现出一批各具特色的优秀职业院校,在办学理念、办学模式、人才培养质量、产教融合等方面形成明显优势,对"一带一路"共建国家和学生产生较强的吸引力。

第四,有自身发展动力。职业教育"走出去"参与全球教育治理,提升国际化影响是职业院校内在发展要求,也是职业院校义不容辞的责任。在"走出去"的过程中,职业院校参与了国际产能合作,推动了专业标准落地,培养了一批适应中资企业发展需要的技术技能人才,客观上提升了国内院校教师国际化视野,促进了职业教育国际化发展。

二、职业教育"走出去"的现有模式及特点

2017年以来,高等职业教育海外办学呈多样化格局,海外办学模式日趋清晰,跟随企业走出去"借船出海"是目前高职院校海外办学最可行的方式。截至2020年,共有89所高职院校举办145个海外办学项目,包括职业技能培训、汉语培训等短期培训,也包括学历教育和非学历职业教育等长期项目。从办学主体角度看,近些年,我国职业教育"走出去"主要有以

下模式：

第一，行业企业主导的校企合作模式。"一带一路"倡议下，行业企业参与校企合作的积极性激增，纷纷与"一带一路"共建国家、中方高职院校合作建立"海外职业技术培训基地"，以便培养匹配企业海外发展的当地员工。中国有色金属工业协会是行业协会主导合作的代表。2015 年底，教育部在中国有色金属行业开展职业教育"走出去"试点项目，中国有色金属矿业集团联合国内多所职业院校共同"走出去"，先后为集团 800 多名赞比亚当地员工开展技术技能培训，成效显著。此外，民营企业是"一带一路"建设的重要力量，出口额逐年上升。在此模式下，学校与行业企业抱团出海，有利于得到当地政府支持并获得办学资质和生源保障。这些行业和企业在当地深耕多年，具有良好的政商基础，依托企业员工培训，便于在当地开展海外办学。同时，企业对海外办学进行资金和硬件投入，确保海外办学的可持续运转。

第二，政府统筹主导，学校、企业参与的模式。由天津市教委启动实施的创新型职教国际化服务项目"鲁班工坊"是该模式的典型代表。政府负责顶层设计，统筹职业教育与经济社会协调发展。这种模式的优势在于上下一盘棋，政策有保障、资金有支持，有力地推动了国内高职院校与海外企业的合作，共同培养适合当地经济发展的技术技能人才，促进当地社会经济发展。

第三，高职院校主导的跨境教育模式。跨境高等教育是指各国间高等教育领域中多种形式的人员、项目、机构等跨越国家司法界限和地理边界的流动，其形态繁杂多元，常见的有师生留学、访问、联合学位、海外分校、独立学院等。2022 年 5 月召开的教育部新闻发布会上提到，我国 400 余所高职院校与国外办学机构开展合作办学，全日制来华留学生规模达 1.7 万人，"一带一路"共建国家既是高职留学生主要生源地，也是境外办学的主要区域。此模式具有较高的办学自主权和相对的灵活性，可以与合作院校资源共享、共同发展。

三、北工院职业教育"走出去"的探索与实践

北工院与行业企业以及国内兄弟院校加强合作，探索出"四方联动、标准引领、语技融合"的海外办学新路径，"政府、学校、行业、企业"四方抱团出海，风险共担、资源共享，有效规避现有"走出去"模式的不足，为职业教育"走出去"开辟了新路径。

（一）四方联动，开创"政校行企"海外办学新模式

政府、企业、行业、学校四方发挥各自资源优势，探索出"政府引路、企业探路、行业铺路、学校创路"的"四路工程"，开创了"校校—校企"抱团出海的职业教育"走出去"新模式。其中，政府负责顶层设计，提供政策支持；学校提供教学资源，组织具体实施；行业负责组织协调，整合多方资源；"走出去"企业提供综合保障，奠定办学基础。

第一，建成中国在海外第一所开展学历教育的职业院校——中国-赞比亚职业技术学院。2019 年，经赞比亚职业教育与培训管理局（TEVETA）批准，在中赞两国政府及企业等见证下，中国在海外独立创办的第一所实施学历教育的高等职业技术学院——中国-赞比亚职业技术学院（以下简称中赞职院）在赞比亚卢安夏市挂牌成立。北工院承担中赞职院自动化与信息技术、珠宝两个分院的建设。中赞职院的成立具有里程碑式的意义，这是我国职业院校

在海外独自创办的第一所开展学历教育的高等职业学院,开启了中国高等职业教育"走出去"新篇章。

第二,建成全国首家职业教育型孔子课堂。2019年北工院(中方院校)与中赞职院(外方院校)联合创办了中国首所职业教育型孔子课堂,服务"走出去"中资企业和当地社会,以技术技能培训为切入点开展工业汉语、通用汉语、汉语言文化培训,走出了一条国际中文教育和职业教育协同发展的道路,探索出了"中文+职业技能"国际化发展新模式。

(二)标准引领实现中国职业教育海外本土化

海外办学,标准先行。根据中国职业教育的优势和特色,结合海外办学所在国国情、经济社会发展水平、受教育者素质、经济社会发展需求等,组建中外联合开发团队,标准引领,实现中国职教海外本土化发展。

第一,形成具有"国际理念、中国元素、海外特色"的人才培养方案及专业标准。通过借鉴国外先进职教模式,结合海外企业岗位需求,由我国与赞方教学管理人员、企业相关人员组成的"中赞联合"开发团队,深入研究中赞文化、赞比亚职教体系、英语思维下赞比亚职教教学模式,将中国职业教育理念本地化,形成具有"国际理念、中国元素、海外特色"的人才培养方案及专业标准,形成与非洲国家共同开发专业标准的新范式。

第二,中国特色职业教育标准首次进入其他主权国家国民教育体系。在"中赞联合"开发团队的努力下,北工院共开发14项国际人才培养方案和53项双语课程标准,其中2项专业标准(自动化与信息技术、珠宝设计与加工)和37项课程标准已纳入赞比亚国民教育体系并投入到教学实践中,标志着中国特色职业教育标准首次进入其他主权国家国民教育体系,填补赞比亚相关专业国家标准空白。

(三)语技融合,为职业教育"走出去"提供人才支撑

语技融合是职业教育"走出去"人才培养的具体要求,它既要求在海外人才培养过程中语言和技能的同步发展,又要求国内专业师资的语言教学素养提升。在海外人才培养上,依托"一学院、一课堂、二基地、三中心"(即中赞职院,孔子课堂,"中文+职业技能"基地、"一带一路"人才培养基地,有色赞比亚培训中心、国开赞比亚学习中心、中法能效中心),利用"中文联盟"、职业教育国际在线、超星等云平台,创建"国内国外双战线、线上线下双渠道、语言技能双融合"人才培养新途径,培养高素质、本土化复合型技术技能人才。在国内师资培养上,创新培养"能上讲台、能下车间、会教中文",集"专业讲师、工程师、中文讲师"于一身的复合型国内师资。

第一,建成全国高职首家"中文+职业技能"教育实践与研究基地。在2021年中国国际服务贸易交易会上,北工院与教育部中外语言交流合作中心合作共建的"中文+职业技能"教育实践与研究基地正式启动。这一平台发挥"中文+职业技能"教育智库作用,吸引行业、企业、高校、研究机构等多方参与,开展"中文+职业技能"教育理论研究和区域国别研究,共同开展"中文+职业技能"的交流和合作。截至2021年底,已有53名教师参加国际汉语师资班学习,22名教师获取国际中文教师资格证,兼具"专业教学、技能培训、国际中文教育"能力的复合型国际化师资队伍初步成型。

第二,建成北京市"一带一路"国家人才培养基地。北工院入选了首批北京市"一带一

路"国家人才培养基地,对来自赞比亚、刚果(金)、缅甸等"一带一路"共建国家100名技术骨干开展了多期"中文+职业技能"培训,同时在海外组织7000人次中资企业员工技术技能培训,开展对来自"一带一路"沿线10多个国家的国际学生培养。人才培养效果显著,得到各国政府、企业和社会各界的高度认可。

四、对职业教育"走出去"的思考及建议

(一)职业教育"走出去"目前存在的问题

第一,政府部门协同机制有待加强。一是教育部门内部缺乏协调机制,尚未将职业教育作为独立的教育类型纳入相关教育国际化发展政策体系,如中国政府奖学金类别中没有针对职业教育设置的奖学金,国家教育对外援助项目中也未涉及职业教育。二是职业教育国际化发展缺乏政策协同推进机制。目前,职业教育"引进来""走出去"均未能纳入国家外交、发改、财政、商务、文化的工作体系中,导致无法得到国家较高层面的政策支持,在人员出入境、固定资产海外管理等方面存在较大障碍[3]。

第二,海外办学面临办学经费困难。一是学费收入无法支撑学校正常运营。由于海外办学国家经济落后,民众难以承担较大的教育支出,学校办学主要依靠国内职业院校自筹经费。二是创办一所高水平的职业技术学院需要相当规模的资金投入。目前,尚未有职教"走出去"专项资金投入,一般来说,教学场所的建设和维护由企业承担,而运营资金多由"走出去"院校承担,职业院校在没有财政资金支持的情况下很难坚持下去。三是社会资金支持比重低。职业院校海外办学尚属新生事物,还没有得到社会广泛认可,尤其是海外中小型中资企业没有从中受益不愿意提供资金支持。当前,海外办学资金主要由国内职业院校和合作央企共同承担,社会面提供的资金支持比例一般不超过2%。

第三,校企协同的利益共享机制尚需完善。职业教育协同企业"走出去"在本质上是一种跨国(境)的校企合作,需要建立良好的协同机制。当前,校企双方既是利益共同体,又存在利益冲突。其中,企业更加关注经济利益,期望得到短期回报;而学校更加关注教育成效,愿意长期投入。从教学投入、成本分担到发展理念,校企双方须更加明确双方的责任和义务,从而避免利益机制问题影响校企间的长远合作。

第四,职业院校"走出去"能力还须提升。一是职业院校"走出去"师资能力还须提升。海外开展职业教育对教师的专业能力、英语水平均有较高的要求,在"中文+职业技能"背景下,部分教师还要承担中文教学任务。海外开展职业教育带来新的挑战,也给职业院校教师综合能力提出了新的要求。二是职业院校相关制度建设有待完善。职业教育"走出去"是一项系统性工程,涉及财务制度、人事管理等多方机构,部分职业院校缺乏与"走出去"配套的制度,尤其是激励机制和保障机制的缺乏导致个别职业院校"走出去"长期持续性不强。

(二)对未来职业教育"走出去"的建议

第一,加强政府统筹推动,形成政策合力。一是建立由国资委、发改委、教育部、工信部、商务部、外交部、人社部、国家国际发展合作署等单位共同组建的"走出去"国家治理机构,全面统筹职业教育与行业"走出去"的顶层设计、政策制定。二是地方政府要切实承担责

任，结合区域实际，掌握地方企业海外人才需求，推进本地区有条件的企业协同院校"走出去"，服务区域对外开放。

第二，建立多元投入滚动发展的资金保障机制。职业教育协同企业"走出去"可按多元投入、自我发展的原则解决运营资金问题。一是建立多渠道筹资机制，将职业教育与企业协同"走出去"纳入财政分配与奖励机制。二是鼓励企业、院校投入发展运营资金，对投入资金的企业优先列入国家产教融合型企业，对企业上缴的教育费附加给予减免，鼓励企业建立海外员工培训经费投入机制。三是可在孔子学院资金、国家国际发展合作署教育援外资金、商务部海外产业园区建设资金中设立职教"走出去"专项资金，保障经费投入。四是寻求社会资金的支持。逐步在当地打造职业教育品牌，为当地更多中资企业提供技术人才，使受益方不仅限于合作央企；将当地中小型中资企业人才需求纳入学校发展计划中，扩大影响面以获取广泛社会资金的支持。五是企业境外发展可设立员工培训保障资金，用于境外员工专业技能提升。

第三，优化校企协同"走出去"的利益机制。"走出去"企业需要高职教育为其培养合格雇员，职业院校需要在服务企业的同时实现自身价值，要优化校企协同"走出去"利益机制。一是要坚持企业主导原则。企业应该结合自身需要来设立项目，明确人才培养需求，遴选职业院校和专业，引导职业院校开发企业所需求的项目，实现校企供需的有效对接。二是要实现校企优势互补。职业院校要充分利用合作企业资源，把握行业动态，熟悉当地劳动力市场状况，联合企业开展课题研究，解决企业现实问题，发挥各自优势，合作共赢。三是要发挥政府统筹和行业协会的协调作用。职业教育"走出去"是新生事物，需要政府用好"发令枪"，从政策层面鼓励、支持和引导；需要行业协会发挥桥梁作用，整合多方资源，构建多家院校共同对接多家企业的合作模式，提升合作效率。

第四，加强职业院校服务企业"走出去"的能力建设。一是加强职业院校教师履行"走出去"任务的能力，培养"能上讲台、能下车间、能讲英文、会教中文"的国际化"三师+"型师资队伍。二是完善服务"走出去"企业的制度体系和激励机制建设。高职院校应完善和"走出去"相配套的制度，尤其应注重激励机制的建设，以激发教师积极性，保障职业教育海外办学行稳致远。

第五，复制推广"四方联动"抱团出海模式。经过实践探索，中赞职院运转顺利，有色金属行业职业教育"走出去"试点工作已从"试验田"变"示范田"。应积极复制推广"四方联动"走出去模式，建设更多的海外职业院校，构建海外新型"中文+职业技能"教育体系，更好地服务"一带一路"建设，服务海外企业人才需求。

职业教育"走出去"赋能"一带一路"沿线经济建设，培养懂技术、会中文、通晓中国文化的复合型人才，是对构建人类命运共同体这一时代诉求的必然回应，也是类型教育属性下高职院校建设发展的必然选择。进一步推动高职院校国际化内涵式高质量发展，护航"一带一路"建设，是今后职业教育发展的必然趋势。

参考文献

[1] 教育项目研究组.构建"中文+职业技能"教育高质量发展新体系[J].中国职业技术教育,2021(12):119-123.

[2] 李长波,王阳.中国职业教育走出去的时代选择[J].神州学人,2021(11):16-19.

[3] 王琪.高职院校服务企业"走出去"的现状、问题与优化策略[J].职业教育(下旬刊),2020,19(18):29-34.

"十四五"时期我国高职教育国际化发展研究

刘　聪　喻怀义

广东工贸职业技术学院，广东广州，510510

摘要：高职教育国际化是职业教育高质量发展的重要体现，也是"十四五"时期开展职教改革、服务产业升级和国家对外开放战略的重要支撑。当前，我国高职院校国际化发展和高职教育总体规模不适应，存在国际化发展理念不强、国际交流合作平台不足、职教"走出去"特色不明显等问题。对此，高职教育在"十四五"时期应强化国际化办学理念，完善体制机制建设；搭建国际教育合作平台，引进国际优质教育资源；推进职业教育"走出去"，开发国际通用的职业教育标准等，提升国际化办学水平。

关键词："十四五"；高职教育；国际化

在"十三五"时期，高职院校遵循"有特色、国际化、高水平"的发展思路，按照《国务院关于加快发展现代职业教育的决定》《现代职业教育体系建设规划（2014—2020 年）》《高等职业教育创新发展行动计划（2015—2018 年）》等国家政策性文件要求，发挥职业教育在"一带一路"建设中的基础性作用，主动服务企业"走出去"，推进职业教育对外开放，扩大国际交流合作，国际化办学成效显著。

一、"十四五"时期高职教育国际化发展的战略意义

2020 年，教育部等八部委印发《加快和扩大新时代教育对外开放》，提出要坚持教育对外开放不动摇，主动加强同世界各国的互鉴、互容、互通，形成更全方位、更宽领域、更多层次、更主动的教育对外开放局面。2021 年 3 月，《中华人民共和国国民经济和社会发展第十四个五年规划和 2035 年远景目标纲要》明确提出要坚持实施更大范围、更宽领域、更深层次对外开放，依托我国大市场优势，促进国际合作；推动共建"一带一路"高质量发展；深化国际产能合作，深化科技教育合作，促进人文交流。而要实施更大范围、更宽领域、更深层次对外开放，离不开高职教育国际化的有力支撑。因此，"十四五"时期加强高职教育国际交流合作势在必行。

（一）聚焦"走出去"企业海外发展，服务国际产能合作

改革开放初期，我国经济发展主要依赖于资源消耗和人力资源优势。随着我国提出"一带一路"倡议，依托国内市场，对接国际市场，中国产能可更好地实现"走出去"。但中国企业在推动"一带一路"建设时面临着巨大的人才痛点，众多矿产和铁路等项目海外本土技术技能人才严重不足，急需优质职业教育和技术技能培训，共建国家企业和社区居民也需要提升

职业技能。伴随"一带一路"建设中企业"走出去"步伐加快,高职教育作为企业"走出去"的服务支撑体系越发显得重要。近年来,高职教育积极响应"一带一路"倡议,国(境)外办学实体机构增长迅速。2019年,我国高职院校国(境)外办学机构数量达337个,相比2018年的188个,年增长率高达79.26%[1]。高职院校与"走出去"企业开展校企深度合作,为企业海外员工提供技能培训,可将优质职业教育资源和"走出去"企业的人才需求精准对接,培养一批职业技能优秀、理解中国文化、素质过硬的高水平海外本土人才,提高企业本土员工技术技能水平,帮助企业降本增效,缓解人才需求矛盾,促进企业技术优势发展,为企业破解海外发展困局、释放发展潜力、发挥后发优势奠定基础,满足企业在当地长远发展的需求,为"一带一路"建设增值赋能。

(二)拓展国际交流合作平台,助力民心相通

国际交流合作平台即国际交流合作的载体,包含传统师生国际交流平台、国际技能竞赛和创新创业竞赛等赛事平台、科研合作平台、培训开发平台和来华留学生中心等。高职院校拓展国际交流合作平台可开拓师生国际视野,培养学生跨文化意识,促进各国师生交流对话。实施国际交流合作平台建设的同时可构建全方位、多视点、广渠道的立体化宣传格局,用国际化、本土化语言有效讲好中国故事,传播中国声音,助力沿线国家民心相通,营造开放包容、互利共赢的舆论氛围。职业教育国际化办学还承载着输出中国装备、推广中国标准、传播中国文化和讲好中国故事的重要责任[2]。通过在国际交流合作平台开展中外人文交流活动,可促进人文交流,讲好中国故事,从而增进各国互联互通和民心相通。

(三)探索"中文+职业技能"模式,打造国际交流合作品牌

"一带一路"共建国家人口占世界总人口的63%,但经济总量只占29%,基本上属于发展中国家,中国企业在此发展前景广阔。2021年4月,全国职业教育大会提出要加强职业教育国际交流合作,探索"中文+职业技能"国际化发展模式。《职业教育提质培优行动计划(2020—2023年)》也指出,推进"中文+职业技能"项目,助力中国职业教育"走出去",提升国际影响力。这是国家层面提出的职业教育国际化发展的重要精神,指明了高职院校国际化发展的创新模式,即"中文+职业技能"模式。高职院校和"走出去"企业可通过共建海外职业教育独立孔子课堂等"中文+职业技能"项目,实现中文教育与职业技能教育同步进行、企业海外员工与企业海外所在社区民众共同参与、学历教育与培训开发同时开展,同时,研制和推广我国高职专业认证标准、编写本土化工业汉语教材、打造"鲁班工坊"等国际交流合作品牌,营造海外本土员工与中国员工互帮互助、中国海外企业与当地社区互相依存的良好氛围。

二、"十四五"时期高职教育国际化发展面临的问题和挑战

教育部公布的最新数据表明,截至2020年8月,我国现有1423所高职院校,绝大多数已有国际化发展举措,并配备专职的国际化工作人员。但大多数院校国际化办学层次较低、规模较小、形式不新,离落实国家"一带一路"倡议、满足国际化人才培养需求、建设高水平职业院校等要求还有一定差距,主要存在以下五个方面的问题。

（一）国际化顶层设计不足，国际化发展理念不强

近年来，高职教育积极引进国（境）外优质教育资源，建设了一批国际化创新特色项目，积累了一定的国际化办学经验，形成了一些高质量的国际化办学成果。在"一带一路"教育行动、粤港澳大湾区建设等国家战略的引领下，高职教育国际交流合作水平不断提升，涌现出一些品牌项目。但很多高职院校仍存在国际化顶层设计不足和国际化发展理念不强等问题，并未将其纳入院校长期发展规划和年度重点工作，导致较多国际化办学项目未能予以推动与落实，国际化人才培养也停留在喊口号层面。

（二）国际交流合作平台不足，师生国际视野不宽

2019 年 10 月，教育部、财政部在《关于实施中国特色高水平高职学校和专业建设计划的意见》中公布了中国特色高水平高职学校和专业建设计划建设单位（以下简称"双高"院校）名单，并提出既聚焦国内发展又放眼全球格局的新要求。笔者从 197 所"双高"院校中抽取了8 所，提取了 10 个观察点，整理成《8 所"双高"院校国际化发展现状一览表》（见表1）。

表1　8 所"双高"院校国际化发展现状一览表

双高计划院校	国际化发展定位	走出去			引进来			国际交流项目				
		境外办学/个	技术技能培训/（人·日）	国际标准推广/个	中外合作办学项目/个	国际标准引进/个	高端专家引进/个	境外合作院校/个	派出学生/[（人·次）/年]	派出教师/（人·次）/年]	累计招收留学生/个	招聘外教/[（人·次）/年]
北京工业职业技术学院	全球化国际化人才培养基地	1	4000	1	2	1	—	30	50	50	17	24
陕西工业职业技术学院	国家优质陕西一流	2	22000	15	0	1	—	100	70	50	200	7
金华职业技术学院	高职界"浙大"	1	8000	1	4	4	4	50	100		1000	10
黄河水利职业技术学院	全国先进	1	21000	1	7	—	—	55	—	4	500	8
深圳职业技术学院	深职模式、世界一流	2	6000	2	5	28		167	150		200	—
无锡职业技术学院	打造一流教科研平台和一流的师资团队	1	170000	—	8	—		100		180	475	30

续表1

双高计划院校	国际化发展定位	走出去			引进来			国际交流项目				
		境外办学/个	技术技能培训/(人·日)	国际标准推广/个	中外合作办学项目/个	国际标准引进/个	高端专家引进/个	境外合作院校/个	派出学生/[(人·次)/年]	派出教师/[(人·次)/年]	累计招收留学生/个	招聘外教/[(人·次)/年]
南京工业职业技术学院	世界一流大国工匠摇篮	1	10000	1	9	—	—	80	—	—	400	—
广东工贸职业技术学院	国内领先国际有影响力	1	3600	1	0	1	3	28	60	500	53	5

注：以上数据根据院校官网等资料整理而成。

表1显示，在职业教育"走出去"方面，8个"双高"院校都积极响应国家"一带一路"倡议，服务国际产能合作，开展境外办学、职业教育标准推广和境外技术技能培训等。在引进境外优质教育资源方面，"双高"院校大都已开展中外合作办学并引进国际专业标准。但在国际交流合作方面，就"双高"院校学生人数总量和教职工人数总量来看，高职院校师生参与国际化项目较少，来华留学生在学生总人数中占比较低，国际合作平台不足，师生国际视野不宽，未能很好地支持学生获得国际多校园学习经历，国际化教师队伍建设亟待加强。"双高"院校代表了我国职业教育领先水平，尚且存在明显的国际化发展短板，可见我国高职院校总体上都存在国际交流平台不足等情况。

（三）国际合作机制创新不够，国际交流合作不深

目前，高职院校较少聘请高端的外国专家来华参与国际化项目，较少参与和举办国际技能竞赛，较少在教师培训、课程开发、科研基地共建、培训基地共建以及人员交流等领域开展深层次合作。我国职业教育水平同发达国家相比仍存在较大差距，高职教育国际化程度不高，高职院校的国际交流和合作呈现浅层次、表面化的特点。低层次的师生互访互换较多，而高水平的专业性国际合作项目较少；短期的临时性的国际交流项目较多，而长期的常态化的深度国际合作项目较少；部分院校过分关注合作形式，而对国际合作实质性、基础性的内容重视程度不够，国际化专业建设处于较低水平。因此，要推进高职教育高质量发展，高职院校必须创新合作机制，加强高层次的深度国际合作，提升专业建设水平和学校整体发展水平，推动高职教育国际化发展，逐步增强我国职业教育在国际上的交流与对话能力。

（四）国际化区域发展不均衡，优质职教资源引进不足

《中国职业教育质量年度报告》是综合呈现我国高职教育发展的重要文本，设置了"国际影响力"的考察维度。其最新一期的"国际影响力50强"院校分布在我国21个省、自治区和直辖市，其中，江苏省的上榜高职院校19所，浙江省的上榜高职院校7所，山东省的上榜高职院校5所。高职院校国际化发展区域分布很不平衡，沿海沿边地区的高职院校国际化发展

远远领先于内陆省份和中西部地区。

　　高职院校中外合作办学是反映高职院校国际化发展水平的重要指标。根据教育部中外合作办学监管工作信息平台网站的数据，高职院校现有1102个中外合作办学机构和项目（含内地与港澳台地区合作办学机构与项目）。高职类中外合作办学机构和项目区域分布统计图（见图1）显示，我国沿海省份和直辖市中外合作办学机构和项目较多，主要集中分布在江苏省、山东省、河北省和上海市等沿海地区，其中，江苏省合作办学项目有210个。部分内陆和中西部省份合作办学数量较少，引进境外优质教育资源相对不足。内陆和中西部省份的高职院校投入资金较少、国际化发展理念不足、国际化发展政策支撑不够等，导致职业教育国际化发展落后和引进教育资源不足等问题。

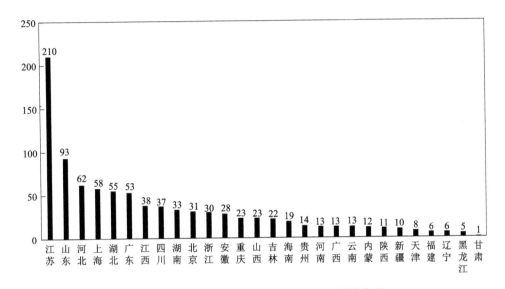

图1　高职类中外合作办学机构和项目区域分布图

(五)职业教育"走出去"特色不明显，与产业对接不密切

　　与高职教育总体规模相比，职业教育"走出去"特色不明显，与产业对接不密切。目前，很多高职院校还是以零散的课程、师资和标准等国际资源"走出去"为主，缺乏与产业密切对接合作。一方面，师资队伍建设是职业教育"走出去"能否成功的关键因素；高职院校师资队伍国际化水平较低，缺乏国外学习、培训的经历，跨文化知识贫乏，学术视野狭窄，创新能力不足，国际交流能力不强；另一方面，合作机制不健全，缺乏高层次、特色化、高水平的项目；职业教育"走出去"未建立与当地政府、行业、企业和高校的沟通机制，未能形成世界范围认可的完善的行业标准和职教领域境外办学品牌，职业教育"走出去"的项目普遍生命周期较短。目前，传统的孔子学院建设较多关注语言和文化领域，较少在教材编写、教学资源等方面关注职业教育领域。

三、"十四五"时期高职教育国际化发展的基本路径

"十四五"时期是我国开启全面建设社会主义现代化国家新征程的第一个五年，是保持经济社会持续健康发展的关键时期。高职教育要准确识变、科学应变、主动求变，在危机中育先机，于变局中开新局。应响应国家发展战略，把握国际化办学发展机遇，强化国际化办学理念，完善体制机制建设，搭建国际教育合作平台，引进国际优质教育资源，开展"中文+职业技能"项目，培养国际化复合型人才，推进职业教育"走出去"，开发国际通用职业教育标准等，打造具有国际竞争力的中国特色现代职业教育品牌，为"一带一路"建设增值赋能。

（一）强化国际化办学理念，完善体制机制建设

要解决高职教育国际化办学水平不高的瓶颈问题，首先应从体制机制改革入手，围绕提升国际化办学水平这一中心任务，强化国际化办学理念，完善国际化体制机制建设。一是完善机构设置，强化组织领导。成立专门的国际交流合作管理部门，落实项目归口管理，组建国际化领导小组和工作小组，形成多部门联动的大外事格局，保障国际化办学项目顺利推进。二是加强国际化办学队伍建设，提高教师和管理人员的国际化水平。开展国际化管理专职和兼职队伍建设，定期组织国际化管理人员进行外事培训和专题学习研讨，提高业务水平和专业素养；提高教师的双语教学水平，增强教师的国际化人才培养能力。三是加强国际化办学制度建设，完善高职教育国际化扶持政策，为高职院校国际化发展营造良好的政策环境。制定和实施有效的国际化合作办学管理制度、监控标准、督导体系和评价体系，完善院校内部激励机制，加强政府扶持力度，规范国际化办学各项工作。江苏省高职院校国际化发展走在其他省市之前，除了有地理优势外，其优越的职业教育国际化政策环境是关键[3]。四是力争经费支持，保障国际化办学质量。规范"走出去"境外办学经费、物资和人员的管理与使用，积极争取国家相关部门和民间组织的资金支持，力争实现境外办学经费良性循环。五是建立对话交流的国际平台与机制，如陕西工业职业技术学院牵头成立"一带一路"职业教育联盟、深圳信息职业技术学院组建粤港澳大湾区职业教育产教联盟等，汇聚国内外职业院校、行业企业优质资源，推动职业教育国际化发展，提升我国职业教育国际影响力。

（二）搭建国际教育合作平台，引进国际优质教育资源

高职教育国际合作平台不足、师生国际视野不宽是制约高职院校国际化发展的主要问题之一。高职院校可通过搭建多渠道、多层次的国际教育合作平台推动师生国际流动，拓展师生国际视野。一是采用高职教育国际化的重要手段进行中外合作办学引进境外优质资源，对接国际先进的人才培养和教学模式，积极推进课程体系创新，培养融合中西方文化、熟练掌握技能和精通外语的国际化技术技能人才。二是与境外知名院校深度合作，实施国际合作中外"双导师"工作坊，组建中外"双导师"团队，制定人才培养方案，开发国际化课程，培养师生的国际沟通能力，共同进行专业人才培养。三是利用高职院校优势专业创建来华留学职教品牌，增强职业教育吸引力，扩大职业教育国际化格局。四是选派师生赴境外高水平院校研修学习，加强学生的跨文化沟通教育，提高师生国际视野。五是推进"一院一品牌项目、一专业一合作单位"。争取做到各二级学院都有国际品牌项目，各专业都有境外合作单位。通过

举办和参加国际技能竞赛、创新创业竞赛和文化交流等活动，提升高职院校国际化氛围，扩宽师生国际视野。开设"国际教育与跨文化交流"等跨文化课程，提升师生国际化发展意识，定制线上培训交流项目，扩大职教国际交流合作规模。

(三)探索"中文+职业技能"项目，培养国际化复合型人才

探索"中文+职业技能"项目，培养国际化复合型人才，解决传统孔子学院缺乏职业技能内容、与"一带一路"国家经济发展需要和"走出去"企业人才培养目标不相融合的问题。推进"中文+职业技能"项目，可提升孔子学院吸引力和影响力，助力培养国际化复合型人才。首先，高职教育可充分利用职业院校技能教育与培训开发的优势，与"走出去"企业联合申办职业教育独立孔子课堂或职业教育特色孔子学院，在海外开展"中文+职业技能"教育。其次，依托中文联盟等合作平台推出"中文+职业技能"线上课程资源，校企联合编写"中文+职业技能"教材，开展远程教育，创新职业教育"走出去"模式。例如，2021年9月，南京工业职业技术学院以全国首个"中文+职业教育"项目基地为依托，积极与"一带一路"共建国家联系，筹建职业教育特色孔子学院；围绕机电一体化、汽车检测与维修和电子商务等试点专业开发专业汉语教材，将技能教育和汉语语言教学有机融合在一起，探索推进专业标准、创新发展教学资源、国际化师资人才、汉语水平考试和"1+X"证书等，服务"一带一路"共建国家经济社会发展需求，培养国际化复合型人才。

(四)推进职业教育"走出去"，开发国际通用的职业教育标准

澳大利亚仅经过20多年的努力就从职业教育进口国变成出口国，其最主要的途径就是合作办学，通过信息技术等实现课堂实时教学与远程教育[4]。德国高等职业教育不仅传承"双元制"传统，还有针对性地开发国际课程以及扩招外国留学生[5]。职业教育发达国家通过推广本土先进的职业教育模式扩大其职业教育影响力，实现职业教育国际化[6]。我国高职教育经过几十年的发展，在引进和学习国外先进职业教育理念的基础上，结合我国国情进行本土化创新，已形成中国特色的职业教育经验，应积极建立和推广与中国企业和产品"走出去"相配套的职业教育发展模式。例如，广东工贸职业技术学院等13所教育部"走出去"试点院校联合中国有色矿业集团有限公司，探索校企协同"走出去"模式，已建成中国-赞比亚职业技术学院、赞比亚企业培训中心、国家开放大学海外学习中心和职业教育独立孔子课堂，面向企业海外本土员工开展学历教育、工业汉语和职业技能培训等。再如，广东建设职业技术学院在总结经验的同时也重视理论研究，成立鲁班学院研究中心，积极探索职业教育"走出去"模式。我国高职院校可制定和推广国际认可的专业教学与课程标准等职业教育标准，引领和提高人才培养质量，扩大高职教育的国际影响力。例如，深圳职业技术学院开发的通信技术专业教学标准被马来西亚等国家同行认可和采用；宁波职业技术学院开发的33个课程标准被肯尼亚、尼日利亚等国家采用。

参考文献

［1］ 中国教育科学研究院，新锦成研究院.2020中国高等职业教育质量年度报告［M］.北京：高等教育出版社，2021.

［2］ 刘剑飞，陈彬.高职院校国际化办学模式和保障措施探析［J］.中国职业技术教育，2018(34)：84-87.

［3］ 喻馨锐，王媛."双高"背景下高职院校国际影响力的提升——基于"国际影响力50强"榜单的思考［J］.教育与职业，2021(7)：38-42.

［4］ Macionis N，Walters G，Kwok E. International tertiary student experience in Australia：A Singaporean perspective［J］.The Journal of Hospitality，Leisure，Sport & Tourism Education. 2019，25.

［5］ Lindner A. Modelling the German system of vocational education［J］.Labour Economics. 1998，5（4）：411-423.

［6］ 李友得."一带一路"倡议下我国职业教育标准输出之SWOT分析［J］.职业技术教育.2018，39(22)：29-34.

后疫情时代职业院校国际化办学的时代机遇及提升策略

张海宁

南京工业职业技术学院，江苏南京，210023

摘要：本文针对新冠对职业院校国际化办学的影响，采用文献分析、问卷调查和深入访谈的方法，调研了解后疫情时代职业院校国际化办学所面临的新的机遇和挑战，并从广度和深度调研国际化办学管理者、教师和学生的新需求，研判后疫情时代职业院校国际化办学发展趋势。基于调研结果，笔者提出以区块链思维赋能国际化办学管理改革，以交互式应用强化沟通效果，以标准化理论规范国际化办学教学秩序和以虚拟技术阶跃国际化办学远程线上教学模态的国际化办学机制及应对策略，从而提高国际化办学风险适应能力。

关键词：后疫情时代；职业院校；国际化办学

新冠病毒暴发时，世界经济正处于全球化十字路口，此次疫情备受瞩目，人类也进入了一个新的时代——疫情时代。随着疫情的发展，全社会进入了"巨大的不确定性"时代，经济全球化进程进入分水岭，国家在经济层面倾向于孤立主义，文化冲击与思维差异日渐向深化方向发展。纵观历史，疫情结束只是时间问题，当今世界的发展将大概率划分为"前疫情时代""疫情时代"和"后疫情时代"。疫情持续扩散，但教育不能因此停滞不前，因此在线教育被推上了时代的"风口浪尖"，职业院校国际化办学则面临着种种挑战。国际化办学是教育全球化的产物，由于国际化办学对国际交流与合作需求强烈的特点，这次突发疫情的影响范围可谓广而深：疫情期间，国境关闭、航班取消、外国人入境限制等政策，导致国际化办学面临"进不来、出不去"等重大难题。疫情常态化防疫要求保持人际社交距离，对学校的内部管理及教学等工作造成了深远影响。面对这些挑战，绝大多数办学机构推出线上授课等应对举措快速适应社会环境变化，但在实施过程中，仍存在许多问题和落实难点。本文针对疫情对职业院校国际化办学的影响，采用文献分析、问卷调查和深入访谈的方法调研获取后疫情时代职业院校国际化办学所面临的新的机遇和挑战，研究后疫情时代职业院校国际化办学趋势，探索高水平国际化办学机制及应对策略，提高国际化办学风险适应能力。

一、调研设计

对于职业教育国际化的内涵，不同学者也有着不同的见解，大多数学者是从宏观层面对于职业教育国际化的内涵进行阐述。杨旭辉（2006）认为高职教育国际化是一种资源的配置活动，是高职教育资源在世界范围内的合理流动。庞世俊（2016）则认为职业教育国际化是一种趋势和过程，他认为这是跨国界、跨民族、跨文化的职业教育交流与合作，将一国的职业教育理念、国际化活动以及与他国开展的相互交流与合作融入职业院校的教学、科研和服务等功能中的趋势和过程。莫玉婉(2017)则认为,高职教育国际化的根本目的还是培养学生具有国际水准的职业技能和开阔的国际视野,从而实现在生产要素全球流动基础上的国际化就业。目前,我国对于职业教育国际化所采取的策略往往为以下几种模式:①融合式:在人才培养过程中将中外两所学校的教学模式完全融合在一起,如"3+0";②嫁接式:保留各自的教学模式,各自对对方学校开设课程,主要有"3+1"和"2+1"两种模式;③松散式:聘请国外教育机构的教师来华指导教学,学生短期出国留学,如一些校际师生交流项目。职业院校的国际化是高职教育面向世界的一种交流与合作,具体表现在相互的教学、科研、服务等。目前,职业院校的国际化教育主要表现在生源国际化、师资国际化、课程资源国际化、专业培养目标国际化和人才培养模式国际化等方面。基于对职业教育国际化办学内涵的认知,本研究明确了调研对象、调研方法及调研步骤。

(一)调研对象

本研究针对疫情时代职业院校各层面的新需求以及对后疫情时代相关管理、教学和学生服务方面改进策略展开问卷调查,因此对于院校的选择上,研究选取了开设国际化课程或采用国际化教学模式的院校。受访职校中国家级重点高职(双高、示范、骨干院校建设单位)占比 79.37%,省级重点高职占比 12.7%,一般院校占比 7.94%;其中行业类高职占比 44.44%,地方综合类高职占比 55.56%,开展融合式国际化办学项目模式占比 55.56%,嫁接式占比 25.4%,松散式占比 19.05%。共收回有效问卷 660 份,计算获得信度标准化 Cronbach α 系数为 0.766,大于 0.7,研究数据信度质量良好。通过调查,试图深入了解后疫情时代职业院校国际化办学所面临的机遇与挑战。

(二)调研方法

研究首先整理疫情时代政府、企业及学校所采取的手段资料,设计可能解决疫情时代所面临难题和解决方案,以此为基础,针对疫情时代职业院校国际化办学中所突出的前疫情时代已完善的管理、教学等相关手段,突出的弊端,设计调查问卷。

通过深入访谈,获取疫情时代部分国际化办学管理者、教师和学生在学习、工作和生活等方面的困难,以及相关处理建议,整理出相关题目进行大范围调查,统计数据,根据权重,制定合理化分阶段解决方案。

通过问卷调查,进一步调研疫情时代国际化办学所面临的困难,及已整理的解决方案,统计数据,集思广益,修正完善所提出的解决方案。

(三)调研步骤

资料整理阶段:在研究初期,本研究整理出疫情时代政府、企业及学校所采取的手段资料,设计可能解决疫情时代所面临难题和解决方案,作为本研究的理论基础。疫情是催化剂,加快了全球教育技术的变革,疫情也是黏合剂,增强了有共同教育理念的合作伙伴间的共识,为教育资源全球融合、教育科技全球发展提供了新的增长空间。

调研阶段:选取开设国际化课程或采用国际化教学模式的院校,从管理维度、交流维度、教学管理维度和教学方式维度四大方面进行调研,寻找在疫情阶段下的在线教育的短板和调研高校对于国际化在线教育的具体实施情况。在疫情防控常态化的当前，虽然中外合作教育项目依然面临前所未有的挑战，但挑战即机遇，教育对外开放的战略方针没有变，教育全球化的方向没有变。

意见提升阶段：在最终阶段，根据所调研出的发展机遇与各高职院校国际化在线教育发展的不足，提出相应的提升策略。一方面全方位弥补已发现的不足，并制定相应措施预防潜在威胁，另一方面将自身优势放大，最大限度地结合办学双方甚至多方资源，发挥中外合作办学的独特优势，持续扩大中外合作办学在国内外的影响力。

二、后疫情时代职业院校国际化办学的现状

尽管疫情对我国职业院校国际化办学带来了强烈的冲击，尤其是跨境教育资源流通受阻更是对国际化办学事务的开展带来了十分不利的影响，但在危机中往往孕育着机遇，尤其是我国率先控制住疫情使国民经济得到较快发展，本研究通过调查发现，政府的关注、所采取的措施、留学体制机制和人才培养模式完善情况、网络教学基础设施应用等情况均给后疫情时代职业院校国际化办学提供了发展机遇，新教学模式带来的挑战为我国职业院校国际化办学的优化完善提供了难得契机。

(一)职业院校开展国际合作、援助以及防疫宣传的作用受到政府重视

以习近平同志为核心的党中央统筹国内国际两个大局，着眼人类发展未来，提出"人类命运共同体"理念，契合了人类追求幸福生活的美好愿景，开启了世界共同繁荣发展的崭新征程。疫情全球化蔓延，抗疫已发展成为全世界75亿多人口的共同战争。中国政府在抗击疫情期间所取得的已有成就为世界共享，中国经验正在为世界传递信心和力量，"人类命运共同体"是中国政府经验分享的态度。疫情期间，职校通过辅助国家、省市或者地方政府进行了国际援助，经调查，有17.46%的受访单位在疫情期间增加了承办国家、省市和地方政府的国际合作或援助项目，有53.97%保持原有数量，虽有28.57%的受访单位减少了国际合作或援助项目，但是可以看出仍有大多数的单位在疫情期间增加或保持着承办国家、省市和地方政府的国际合作或援助项目，也就是说，职校国际化工作在践行国家政策、服务国家政治方面有着重要作用。

(二)我国率先控制疫情为职业院校国际化办学再出发指明了方向

新冠病毒暴发以来，中国政府采取的防控措施有力有效，展现了出色的领导能力、应对能力、组织动员能力、贯彻执行能力，为世界防疫树立了典范。疫情刚暴发时，中国政府就出台了数十项经济支持政策，包括对部分企业免征增值税等，中国经济随后实现小幅增长，最后部分领域实现急速回升。这使中国广大中小企业对今后发展有了信心。这也为企业今后的创新发展打下良好基础。中国政府的成功经验为世界经济也为国际化办学指明了改革方向。

经调查，如图1所示，有超过60%的受访单位国际化职能部门认为中国政府疫情时代所采取的防疫和经济振兴举措对职校国际化办学发展策略制定有较大帮助，总的来说，疫情期间中国政府所采取的应急措施对后疫情时代职校国际化管理具有指导意义。

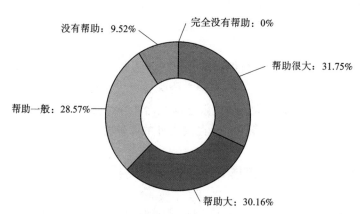

图1 中国政府疫情时代所采取的措施对职校国际化发展策略制定帮助情况调研

（三）疫情窗口期为职业院校完善留学体制和人才培养模式提供契机

职业教育适应经济全球化，后疫情时代，职业教育随着产业格局的重新洗牌，将迎来新的更多机遇和挑战。职业教育国际化办学面对新冠病毒这场大考，现有体制机制并未给出满意的答卷，职业教育是教育与经济的结合点，是科研成果向产业产品转化的纽带，是智力转化为生产力的桥梁，因此职业院校既具有学校性质，又具有企业性质。

疫情时代，人员流动受到很大限制，职业院校国际化办学由于对人员流动的依赖性，又兼有办学性质，所受冲击是教育行业最大的：产业多样化造成职业院校国际化办学管理难度更大，产业分散化造成职业院校国际化办学对教学基础设施要求更高，沟通难度更大，人才培养实践化对线上教学体验式技术需求更高。

针对疫情影响展开的调查，如图2所示，仅有11.11%的受访单位已经完善了来华留学体制机制和人才培养模式，还有9.52%的受访单位没有相关的完善计划，说明后疫情时代国际化办学人才培养模式有待进一步完善。

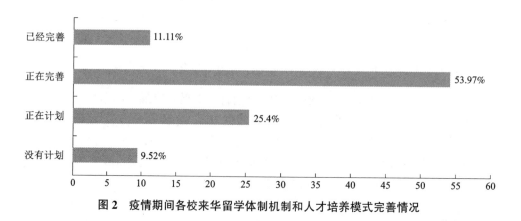

图2 疫情期间各校来华留学体制机制和人才培养模式完善情况

三、后疫情时代职业院校国际化办学存在的问题

通过深入访谈和问卷调查，得知疫情时代国际化办学所面临的困难主要集中在管理维度、交流维度、教学管理维度和教学方式维度四大方面。疫情全球蔓延阻碍了教育资源的跨境流动，在全球化疫情冲击下中外合作办学活动举步维艰，线上教学取代传统课堂亟待教学模式的变革，职业院校国际化办学模式亟待智能化、现代化，在线教育的全面推进亟待网络教学基础设施的提质升级。

(一) 新冠疫情全球蔓延阻碍教育资源的全球跨境流动

目前，国内"新冠"疫情基本得到控制，但全球范围内新冠病毒仍持续扩散。哈佛大学公共卫生学院一项研究认为，如无特效药或疫苗出现，可能到2022年都需要长期或者间歇性的社会疏远。如果疫情呈周期性的全球流行，人类彼此的隔离将成为常态。疫情给社会带来巨大影响的同时，也为中外合作办学带来了前所未有的挑战。根据近期联合国网站公布的数据，已有177个国家关闭了校园，课程被取消或者进行网上授课，原定的国内外学术会议、学生海外交流等全部停滞，大批进口科研设备采购放缓致使实验室建设进度滞后。与国际高等教育直接相关的是，有意申请入学的学生无法参加考试，各种出国留学计划被取消；国际学生无法前往校园或者无法返回家园；教职人员被要求不要前往疫情严重的国家或者被要求不要出国。计划中的人才招聘、入职等工作，由于存在必须到现场的一些环节，也存在一定难度。

(二) 逆全球化冲击下中外合作办学举步维艰

我国大学与美国等国家一流大学的合作办学，尤其是在高科技领域的合作办学的困难将前所未有；毕业学生在国外就业也愈加困难。部分家长和学生丧失了出国学习的信心。国外疫情蔓延伊始，大批在合作高校就读的学生和家长联系学院寻求帮助，甚至愿意放弃国外高校的学习机会转入国内高校就读。

中外合作办学因为涉及外方师资、国际形势、全球时差等各个因素，使教学工作变得尤其复杂，须考虑调整教学方案，教学转入线上，而传统的治理模式尚未更新，导致教学质量、教师管理、学生测评等基本处于粗放模式，而教育安全、教学成果知识产权保护等问题也是摸着石头过河。以考试为例，部分外方合作院校建议把本学期的课程考核全部推迟到下学期举行。不仅在我们国内，在他们本国亦是如此。因为疫情影响，法国升学会考笔试已全部取消，改由平时成绩代替，且为公平起见，"禁足"期间的平时成绩将不被计入。表面上是无法完全信任在线测试，但本质在需要有考核的学历教育中，高校的治理模式并没有相应地做出调整和变革。

(三) 线上教学取代传统课堂亟待教学模式变革

疫情期间，学生基本适应了在线学习的环境，也一定程度上让我们看到了中外合作办学开发远程在线授课模式的可行性，利于在线教育系统的完善和提升。但挑战在于各国线上教学采用不同的平台，无统一国际在线教学环境，既能保证系统与网络良好的耦合，又能在功能上满足教学中多环节的诉求。目前学院外方在线教学，多以录播形式开展，在传授"陈述

性知识"上效率较高，但缺乏完善的在线互动，实际上将传统教学中的师生实时互动解惑、个性化发挥指导以及同伴互动帮扶的优势抹平了。随着云视频通信技术的成熟，4G、光纤等网络普及，但跨国网络教育资源同步还有望进一步提升。一是线上教学对于网络宽带要求比较高，二是上网课还受到硬件费用影响和通信网络条件限制；而对于家里没有电脑或者通信条件欠发达国家和地区的学生来说，想要达到传统课堂的学习效果并非易事。

(四) 职业院校国际化办学管理模式亟待智能化

在关于后疫情时代职业院校国际化办学管理方面还需要引进哪些高科技手段的访谈中，所有参与者均认为后疫情时代急需推进国际化办学统筹管理全业务上网，从供给侧推进供给模式升级，构建网上综合服务平台、校园移动平台，开发网上办事大厅、网上微服务，提升国际化办学管理效率。

开发学习、管理和教学一体化软件。建设全球互通连接平台，信息共享对接平台，国际化在线学分银行，外方教师管理、考评系统，现代教育技术，虚拟实训教学平台，采用智能信息化手段，融入大数据、5G技术、人工智能服务、虚拟现实技术、数据挖掘技术、区块链技术，构建适应国际化办学的交互式"云管理"平台。引进电子白板和同步翻译机器，打造不受时间空间限制的现代个性化教学平台。

(五) 在线教育的全面推进亟待网络教学基础设施提升

职业院校的办学方针大体可概括为：以服务地方产业为宗旨、以高质量学生就业为导向、以培育高技能人才为本位。教师、学生和企业是国际化办学的主要直接参与者，其在疫情时代生产活动的切身体会最能够反映疫情对国际化办学的影响，他们在疫情时代的新需求是解决疫情影响国际化办学的主要方法。

作为国际化办学的主要参与人员，笔者调查了任课教师疫情期间的教学体验，设计了针对任课教师希望教学平台提供的国际化教学支持与服务项目需求情况方面的调研。如图3所示，受访教师对网络教学资源的需求高达91.11%，说明了网络课程建设的不完善度，对软件支持和技术保障方面的需求均超过60%，说明网络教学基础设施需要大的提升，对相关技术培训方面的需求有57.78%，说明教师对新教学模式适应能力比较快，但还有很大的提升空间。

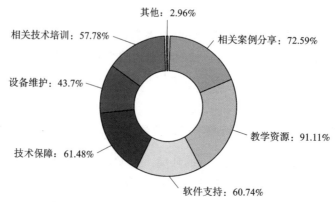

图3　任课教师希望教学平台提供的国际化教学支持与服务调研结果

四、后疫情时代职业院校国际化办学的提升策略

通过深入访谈和问卷调查,得知疫情时代国际化办学所面临的困难主要集中在管理维度、交流维度、教学管理维度和教学方式维度四大方面。通过检索大量的文献和相关报纸摘要、阅览其他调查问卷等相关资料,借鉴疫情时代国家、地方政府、企业及培训机构、各学校所采取应急措施,笔者提出了创新管理模式、提升沟通效果、强化课程标准和革新教学方式四大应对策略。在策略中,以区块链思维赋能改革的创新管理模式是核心,教学方式的革新、沟通效果的提升及课程标准的强化是相辅相成、相互成就的。

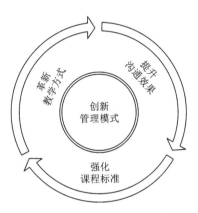

图4 后疫情时代职业院校国际化
在线教育发展之道的模型探索

(一)创新管理模式,以区块链思维赋能管理改革

非疫情时代,国际化办学紧随世界经济发展,具有全球化、组织分散、教学资源分散等特点,各组织通过人员流动紧密地联系起来。据航班管家联合联通大数据统计,2020年航空春运出行受疫情影响均出现断崖式下降,呈近5年来最低,民航发送旅客3839.0万人次,下降47.5%。2021年1月27日中国暂停出境游在内的全部团队旅游业务,据国际民航组织报告,大约70家航空公司取消往返中国的所有国际航班,国际航班执飞量持续走低。疫情期间全球人员静止不动,导致了国际对外交流工作基本停滞,国际化办学管理改革势在必行。

区块链涉及数学、密码学、互联网和计算机编程等很多科学技术问题。从应用视角来看,简单来说,区块链是一个分布式的共享账本和数据库,具有去中心化、不可篡改、全程留痕、可以追溯、集体维护、公开透明等特点。这些特点保证了区块链的"诚实"与"透明",为区块链创造信任奠定基础。而区块链丰富的应用场景,基本上都基于区块链能够解决信息不对称问题,实现多个主体之间的协作信任与一致行动。区块链是分布式数据存储、点对点传输、共识机制、加密算法等计算机技术的新型应用模式。

2019年10月24日,在中央政治局第十八次集体学习时,习近平总书记强调,"把区块链作为核心技术自主创新的重要突破口""加快推动区块链技术和产业创新发展"。区块链技术

的应用能充分解决疫情时代国际化办学管理存在的管理困难，采用区块链技术还能够提高应急响应能力，充分高效地利用现有教学资源。经调研，20.63%的受访单位认为后疫情时代非常有必要引入区块链技术辅助国际化办学管理，65.08%的受访单位也认为有必要，说明引入新的有效管理模式得到了普遍认可。

（二）提升沟通效果，以交互式应用强化教育沟通

疫情期间，国际化办学相关人员具有全球分散式、不能流通等特点，管理工作无法采用原有的面对面高效沟通方式，教学工作无法采用原来的课堂聚集统一教学模式。网络教学虽已完美解决了"停课不停学"等难题，但由于现有网络技术的限制，人员间无法采用多种社交手段进行沟通，互联网非面对面交流无法清晰观察对方的表情和肢体语言，不能够快速捕捉到对方细微的情绪表达，不利于增进感情，很难促进双方沟通达成目的。当遇到需要细致精确谈论的事情，用语言无法完全描述，需要借助绘制图画等辅助手段来更好表达时，互联网非面对面交流弊端凸显，对方无法理解事情的本质，交流沟通不畅，导致国际化办学工作无法正常开展。

交互原本是一个计算机术语，指系统接收来自终端的输入，进行处理，并把结果返回到终端的过程，亦即人机对话。从传播学看，交互是传者与受者双方的信息交流，因而在各种形态的教学活动中都存在着交互，交互其实是教学活动最基本的特征之一。只是在不同的教学形态中，交互所呈现的方式和特征有较大的差别而已。交互式教学最早由 Palincsar 于1982 年提出，其特点是着眼于培养学生特定的、具体的用以促进理解的策略。交互式教学是在宏观教学情景下，在多点自由切入的教学平台上，教师的教与学生的学围绕某一个问题或课题进行平等交流和自主互动的一种教学方法。因此，利用信息技术多样化网络沟通模式，升级传统教室和实验室是解决国际化办学的有效手段。

经调研，有66.67%的受访单位表示采用虚拟现实技术解决非面对面的沟通障碍，查阅相关资料显示：在疫情期间市场大环境的需求下，已成功开发出来的虚拟现实会议系统——3D 会吧，能够满足用户使用移动端或 PC 端进行虚拟现实会议、沟通、展览等需要，该系统具有超真实的场景代入感及功能多样化的人网交互方式，能够与非本地客户进行真实场景的互动交流，引入的新技术还需要进一步达成共识。

（三）强化课程标准，以标准化理论规范教学秩序

建立现代教学的最佳秩序是技术上的高度统一和广泛协调相结合，通过推行科学的标准，可建立起学校正常教学活动的秩序，标准化是实行科学管理的基础，标准化可使管理工作规范化、程序化，保证学校各部门按照预定的标准程序履行各项职责，以达到最佳的教学效率和效果。标准化也是学校质量管理的核心，要保证和提高教学质量，就必须制订和实施质量标准及其有关的技术标准与管理标准，这是质量管理的目标和依据。标准化能促进学校教学业务技术水平的提高。标准具有层次性和先进性，体现了在一定科学技术条件下的综合成果，是推动学校教学业务技术发展的有力工具，标准化还是减少浪费、厉行节约的重要手段。标准化要求产品和服务的成本经济合理，各种消耗在正常范围之内，尽量减少和消除不必要的劳动耗费与占用，以追求较好的学校管理经济效果。

调研任课教师的数据表明，疫情期间，有20%的受访教师认为网络教学平台上推荐的精

品课程不能满足本学校本专业培养方案和教学大纲的要求，有 2.96% 的受访教师认为完全不能满足。超五分之一的受访教师认为不能满足要求，说明各学校人才培养标准异化严重。标准化是指在经济、技术、科学和管理等社会实践中，对重复性的事物和概念，通过制订、发布和实施标准达到统一，以获得最佳秩序和社会效益。国际化办学以服务经济全球化为纲领，人才培养不统一势必造成人才能力良莠不齐，人才评价无章可循，国际化办学教学资源有效利用率低下，国际化办学管理秩序混乱。后疫情时代，统一国际化办学课程标准是提高国际化办学质量、高效利用国际化办学资源的有效手段。

（四）革新教学方式，以虚拟技术阶跃线上教学模态

虚拟技术能够实现多媒体的三维立体的交互，将看起来是虚拟的实则较为逼真的多媒体教学环境应用于课堂，给予学生身临其境的真实感受。虚拟技术的应用能够激发学生的学习兴趣，引导学生发挥想象力，提升学生的创新思维。虚拟仿真实验教学是高等教育信息化建设和实验教学示范中心建设的重要内容，是学科专业与信息技术深度融合的产物。虚拟仿真实验建设能实现真实实验不具备或难以完成的教学功能：在涉及高危或极端的环境、不可及或不可逆的操作、高成本、高消耗、大型或综合训练等情况时，提供可靠、安全、经济的实验项目。

疫情时代，针对占职校课程大比重的实验实践课程网络教学情况展开相关调研，有 21.48% 的受访教师认为现有虚拟仿真实验教学平台不能满足国际项目学生实验课程教学要求，有 0.74% 的受访教师认为完全不能满足，对现有网络虚拟仿真实验教学平台的不满意度超过 20%，网络虚拟仿真实验教学平台建设提升空间巨大。2018 年 6 月 5 日，教育部发布的《关于开展国家虚拟仿真实验教学项目建设工作的通知》中指出国家虚拟仿真实验教学项目是推进现代信息技术融入实验教学项目、拓展实验教学内容广度和深度、延伸实验教学时间和空间、提升实验教学质量和水平的重要举措。虚拟实验教学能够脱离软硬件条件限制进行虚拟实验，融入虚拟现实技术的虚拟实验室虚拟教学环境逼真，不受时间和地域限制，不但能产生视觉效果，还具有声音空间和触感效果，可以在虚拟实验环境下真实体验实验动态过程，获取实验结果。针对强化虚拟仪器和混合现实技术在虚拟实验平台上的应用能否提升教学效果展开相关调研，有 93.65% 的受访单位认为能够提升教学效果，业界认可度很高。

五、总结与展望

国际化办学是教育全球化的产物，具有对国际交流与合作强需求的特点，职业院校是教育与经济产业的结合点，职业院校的研究目标是快速将实验室科技成果实用化、产业化，降低企业新技术应用风险，提高新技术应用成熟度。人才培养目标是具有强动手能力，能快速地到生产现场投入到生产活动当中，能将在职业院校学习的新技术快速应用到生产活动当中的实际生产高技能型人才，实验课程重于理论和实践的结合，办学侧重于产业服务，产业多样化和分散化决定了职业院校管理体制不同于一般院校，而更类似于跨国公司，分公司开到哪里，人才输送到哪里，服务跟随到哪里。疫情时代教育行业中职业院校国际化办学可谓影响最大。

突发疫情给职业院校国际化办学带来了教育行业最大的机遇和挑战，职业院校肩负服务政府和产业经济,将实验室科技成果快速实用化、产业化,为产业提供实际生产所需的高技能型人才,服务下岗人员再就业等使命,后疫情时代职业院校国际化办学工作需要更高的应急响应速度、抗风险能力、创新力和经济竞争力。管理人员的危机意识,办学设施的完善、从业人员的信息化素养以及心理素质和开导学生心理的能力需要进一步提升,面对深刻变化的外部环境,职业院校国际化办学工作需要及时了解分析国际市场发展动态走向,紧跟国际经济发展步伐,保持战略定力,增强必胜信心,集中力量提升国际化办学质量。

参考文献

[1] 吉祥希.法国多举保障停课不停学[J].世界教育信息,2020,33(5):77.

[2] 克里斯·赫斯本兹,娜塔莉·戴,李津石.减轻新冠肺炎疫情对英国高等教育影响的八项干预措施[J].世界教育信息,2020,33(7):25-26,30.

[3] 陈晓婷.日本文科省就疫情下学校教学工作的实施提出方向性对策[J].世界教育信息,2020,33(7):73.

[4] 张铁光.新冠肺炎疫情影响下的美国就业市场与高等教育[J].世界教育信息,2020,33(5):18-20.

[5] 石雪怡,樊秀娣.全球疫情下联合国教科文组织的教育支持与对策探析[J].世界教育信息,2020,33(5):7-12,24.

[6] 张小锋.新冠肺炎疫情防控对中国高等教育的多重影响[J].北京教育(高教),2020(4):29-31.

[7] Altbach, P. G., &de Wit, H. (2020). Post pandemic outlook for HE is bleakest for the poorest. https://www.universityworldnews.com/post.php? story=20200402152914362.

[8] Byrnes, G. (2020). Universities: the future is here and it is online. Retrieved from https://www.massey.ac.nz/massey/aboutmassey/news/article.cfm? mnarticle_uuid=0A0743C0-19AC-46D8-B2ED-EB070F7BB6AA.

[9] Laura E. Rumbley. Coping with COVID-19: International higher education in Europe Author[R]. The European Association for International Education, 2020.

非洲劳动力需求分布及对职业教育的启示

车伟坚

广东建设职业技术学院, 广东广州, 510440

摘要：非洲资源丰富、人口红利巨大，在全球步入低生育率和老龄化的趋势下，非洲是世界未来劳动力的主要来源之一。就业不充分，青年失业率高，生活贫困，这是撒哈拉以南非洲青年就业的状况。通过分析农业、制造业、矿业、建筑业等行业，本研究认为，我国职业教育"走出去"，在专业设置和人才培养方面，需要紧跟当地经济发展需求。

关键词：职业教育；非洲；劳动力需求

为了促进海外投资，自 2001 年起，中国启动了"走出去"的全球性政策，从而开启了中国企业对外投资的浪潮，而非洲是这波浪潮的主要目的地之一。自此，中非贸易额逐年上升。2018 年，中非贸易额是 2042 亿美元；2019 年，继续上升到 2090 亿美元[1]，2022 年超过了2600 亿美元。非洲作为中国"一带一路"倡议的主要阵地之一，有其巨大的劳动力潜在优势。经济学家林毅夫指出，非洲经济与中国经济的互补性很强，非洲的优势是资源丰富，人口红利巨大，可以承接我国某些劳动密集型产业的转移[2]。

国内对非洲存在一些偏见，林毅夫驳斥说，非洲目前是世界上最贫穷的大陆，这一结果不是因为非洲人懒惰没有追求，也并非因为非洲人缺乏企业家精神，也并非非洲政府无作为，而是因为非洲国家思想理念上还是被西方国家殖民[2]。面对国际上对于中国企业在非洲的负面声音，卡洛斯·奥亚等人分别通过于 2017 年 3 月—8 月在埃塞俄比亚对 837 位工人和2016 年 9 月—2017 年 3 月在安哥拉对 682 位工人进行的两项调查，逐一反驳了三个没有事实根据的观念：中国企业倾向于雇用中国籍劳工；中国企业的工作条件很恶劣；中国企业提供的技能培训很有限。卡洛斯·奥亚等人指出相对于企业来源地，不同国家、不同行业的背景及调查所关注的不同经济体的状况是决定劳工状况和劳资关系的更为重要的因素。

中国企业走到哪里，中国的职业教育就走到哪里，这一理念是我国职业教育对"一带一路"倡议的社会主义核心价值观。非洲是一块广袤大陆，共有 60 多个国家和地区，捋清非洲的劳动力分布状况及经济发展需求，为我国职业教育"走出去"提供地域及专业开设方面的指导，是本文研究的初衷。

一、非洲人口快速增长，年轻化趋势明显

根据联合国经济和社会事务部人口司发布的《2022 年世界人口展望》，世界人口在2022 年底将达到 80 亿。全球人口预计将在 2030 年达到 85 亿，2050 年达到 97 亿，2100 年达到 104 亿。20 世纪 80 年代以来，撒哈拉以南非洲一直是人口增长最快的地区，预计未来将

占 2022 年至 2050 年世界人口增长量的一半以上。不仅人口增长速度快,非洲特别是撒哈拉以南非洲人口相比世界范围来说显著年轻化,主要表现在:①平均年龄低。截至 2020 年,非洲人口平均年龄是 19.7 岁。根据 2022 年数据,非洲最"年轻"的国家分别是尼日尔、乌干达、安哥拉、马里、乍得、刚果(金)、马拉维、赞比亚,年龄均在 17 岁以下[3]。2019 年,62%的撒哈拉以南非洲人口年龄在 25 岁以下。预计这一百分比在 2030 年将略微下降至 59%,并在 2050 年进一步下降至 52%左右,相比起世界其他地区,这一比例仍然是最高的。②老年人比例低。截至 2022 年,撒哈拉以南非洲 65 岁或以上人口的百分比是 3.0%,而东亚和东南亚、欧洲和北美均远超这一比例,预计到 2050 年,东亚和东南亚、欧洲和北美每 4 人里面,就有一位在 65 岁或以上的,而撒哈拉以南非洲仅略微上升到 4.7%,如表 1 所示。

表 1　选定地区 65 岁或以上人口的百分比　　　　　　单位:%

地区	2022 年	2030 年	2050 年
世界	9.7	11.7	16.4
撒哈拉以南非洲	3.0	3.3	4.7
东亚和东南亚	12.7	16.3	25.7
欧洲和北美	18.7	22.0	26.9

在撒哈拉以南非洲大部分地区,25~64 岁的劳动力人口增长速度快,意味着可以为加速经济增长提供充足的劳动力。在全球步入低生育率和老龄化的趋势下,非洲持续的高生育率,将会成为未来世界宝贵的劳动力来源。蒋大亮等人认为,非洲总人口扩张性地域分布呈现"南北弱、中部强"的特征,劳动力扩张性地域分布呈现"北退南进"的变化特点;人口快速扩张地区逐渐向西非地区和东非、中非的南部集中,这些地区均是非洲相对贫困的地区。在非洲经济相对发达的几内亚湾沿岸、地中海沿岸以及南非地区,人口增长均有放缓[4]。

二、非洲青年的就业和生活状况

在全球范围内,年龄为 15~24 岁的青年约有 12 亿人,占全球人口的 16%。2022 年,全球 15~24 岁青年的 EPR(指就业人口在工作年龄总人口中的占比)值为 34.1,即全球三分之一的 15~24 岁青年处于就业状态,女性 EPR 值 27.4,远低于男性的 40.3。东亚 15~24 岁青年的 EPR 值为 42.5,北非是 16.7,北美是 47.5,南部非洲为 22.6,撒哈拉以南非洲为 42.2。比较而言,北非的青年劳动力就业不够充分,超过半数的劳动力处于失业状态。相比起来,撒哈拉以南非洲就业情况相对好些。黎淑秀等人指出,青年的劳动参与率和青年 EPR 下降的原因部分归结于现在青年接受教育的时间变长了。全球范围内,初中入学率从 1999 年的 59%上升到了 2018 年的 66%,而高等教育的总入学率从 1999 年的 18%上升到 2020 年的 40%。青年接受更长时间的教育与培训,可以获得更高的技能水平,以及更高的总劳动力参与率。

在撒哈拉以南非洲,青年的失业人数在持续增加[5]。全球范围看,15 至 24 岁青年失业的可能性是 25 岁及以上成人的 3 倍。青年就业的脆弱性,在遭受经济危机时更加突出。在过去的两年里,全球青年的劳动力参与度普遍下降。2019 年,世界上约五分之一的 15~24 岁青年处在尼特(NEET，没有工作、教育或培训)状态，2020 年受 Covid-19 的影响，这一比例上升到了四分之一。2020 年，北非 15~24 岁青年处于尼特(NEET)状态的占 29.1%，这一数据在撒哈拉以南非洲是 21.8%，说明国家越贫穷，青少年越早脱离教育，出来谋生。

此外，撒哈拉以南非洲的贫困率一直居高不下。2019 年，撒哈拉以南非洲，41.5% 从业青年处于极端贫困(按购买力平价计算，每人每天低于 1.90 美元)状况，27.2% 从业青年处于中度贫困(每人每天 1.90 美元至 3.20 美元之间)状态。如表 2 所示。

表 2　全球和非洲从业青年中极端和中度贫困人口的情况

区域	极端贫困率/%			极端贫困青年人口/百万			中度贫困率/%			中度贫困青年人口/百万		
	1999 年	2019 年	2023 年	1999 年	2019 年	2023 年	1999 年	2019 年	2023 年	1999 年	2019 年	2023 年
世界	32.9	12.8	12.0	163.2	55.0	51.2	24.6	16.6	15.5	122.2	71.1	66.1
北非	5.6	1.4	1.3	0.5	0.1	0.1	22.2	8.2	7.4	2.0	0.6	0.6
撒哈拉以南非洲	60.3	41.5	38.1	35.8	38.6	39.3	20.4	27.2	27.2	12.1	25.3	28.1

就业不充分，青年失业率高，生活贫困，这是撒哈拉以南非洲的青年就业的状况。

三、非洲劳动力需求分布

(一)农业

农业是影响人口扩张的重要因素，非洲地区大多数国家的农业发展水平较低，以传统种植业、畜牧业为主，甚至部分地区还保留游牧业。哈佛商业组织在《2021 年的非洲农业：焦点报告》一文指出，在撒哈拉以南非洲，农业占国内生产总值的 14%，非洲大陆的大部分人口在农业部门就业。此外，咖啡、烟草、水果和棉花等出口作物也是非洲大陆各国重要的外汇来源。但非洲从事农业的劳动力逐年下降。1990 年，农业占撒哈拉以南非洲 GDP 总量的五分之一，到 2015 年下降到 15%。根据粮农组织的预测，到 2029 年这一数字将下降到 13%。根据非洲绿色革命联盟发布的《2020 年非洲农业现状报告》，耕地面积扩大以及化肥和高产种子等投入品的获取途径改善，促进了非洲农业的发展。粮农组织和经合组织预计，在 2020 年至 2029 年期间，撒哈拉以南非洲的农业和渔业产量将进一步增加到 21%。

非洲有丰富的可耕地，其中大部分是未开垦的。据非洲经济转型中心估计，非洲仅 10% 的可耕地被政府正式登记在册，90%~95% 的土地属于部落所有或者未登记，非洲大多数的司法案件源于土地冲突。据统计，世界未开垦耕地的 60% 都在非洲。小麦是北非的主食，块根、块茎、大蕉是中部非洲和西部非洲的主食，南部非洲的主食是西玛。中非农产品贸易自 21 世纪以来增长迅速，原因之一是从产品结构看，中非国家之间的农产品互补性较强。中国从非洲进口的农产品多为羊毛、木材、棉花、皮革等原材料，而中国向非洲出口的农产品多为蔬菜、茶叶等劳动密集型农产品。

蒋大亮等人认为，较低的农业发展水平导致农业对自然地理要素依赖强，其中，对水资源的依赖尤为明显[4]。由此可见，非洲农业需要懂得灌溉、使用化肥、引入高产种子的相应劳动力。

（二）建筑业

非洲是中国企业生产投资和建设服务输出的主要目的地之一。中国基础设施建设承包商在非洲的收益占其全部海外收益比例从 2000 年的 13% 上升到 2017 年的 30%。中国企业占非洲最大 250 家国际建筑承包商的营业收入比例从 2004 年的 15% 上涨到 2017 年的 60%。麦肯锡公司估计，1000 多家中国建筑业和房地产企业几乎占据了非洲市场的 50%。而其中，筑路业占据重要位置。

（三）矿业

南部非洲是世界上矿产资源最为丰富的区域之一，矿产丰富的国家有南非、东非、纳米比亚、博茨瓦纳等。矿业及相关产业在这些国家的经济中占据重要地位，并对政治和社会产生重要影响。

北非拥有巨大的石油和天然气储量，主要分布在阿尔及利亚、中非、埃及等国。

（四）制造业

麦肯锡报告，大约有 1 万家中国企业在非洲经营，其中大部分是私营企业。这些企业有 31% 属于制造业，25% 属于服务业，22% 是贸易公司，15% 是建筑企业和房地产企业。制造业占中国在非洲直接投资存量的 14%，而中国在非洲所有工程项目中所占的比重明显更高。

中国海关数据库 2018 年数据显示，2018 年中国对非洲出口额达到 1028.9 亿美元，其出口的产品以机电产品为主，排名第二的是劳动密集型产品，而该年中国从非洲主要进口商品分别是原油、钻石、铁矿、铜矿、农产品、木材等。

2018 年，中非贸易总额排名靠前的国家有南非、埃及、尼日利亚、安哥拉、阿尔及利亚、加纳、刚果（布）、肯尼亚、坦桑尼亚、苏丹共和国等。为了促进中非贸易合作，截至 2019 年 6 月，中国在非洲埃及、埃塞俄比亚、尼日利亚、赞比亚等国家建设了 25 个中非经贸合作区，包括赞比亚中国经贸合作区的卢萨卡园区和谦比希园区、埃及苏伊士经贸合作区、尼日利亚莱基经贸合作区等。制造业和外贸的发展，离不开经贸合作区的协同发展，职业教育需要与经贸合作区的入驻企业紧密合作，为驻非企业培养当地的技能人才。

四、总结

职业教育的专业设置、人才培养方向，需要紧跟当地经济发展需求。具体是：①在耕地丰富、水资源充足的国家，培养农业方面的人才，了解化肥的使用，懂得引入新种子，懂得灌溉等技术；②在矿产丰富的国家，与中非经贸合作区企业紧密合作，为我国驻非企业培养当地相应的制造业、矿业、贸易业人才。

参考文献

［1］中国统计年鉴 2022［EB/OL］.［2023-02-08］. http：//www. stats. gov. cn/tjsj/ndsj/2022/indexch. htm.

［2］林毅夫：非洲国家为什么贫穷？［EB/OL］.［2023-02-08］. https：//www. sohu. com/a/156938593_454708.

［3］截至 2021 年年龄中位数最低的非洲国家？［EB/OL］.［2023-02-08］. https：//www. statista. com/statistics/1121264/median-age-in-africa-by-county/.

［4］蒋大亮，任航，刘柄麟，蒋生楠，张振克. 1996—2015 年非洲人口扩张区域类型划分与区域演变分析［J］. 世界地理研究，2021，30(4)：851-863.

［5］黎淑秀，钟卓雅. 青年就业的全球和区域趋势［J］. 广东青年研究，2021，35(3)：105-114.

"一带一路"倡议下职教集团国际化发展的时代价值与应然向度

杜玉帆

广东工贸职业技术学院，广东广州，510510

摘要： 本文分析了"一带一路"倡议下职教集团国际化发展的机遇和实然审视，并基于温特建构主义理论，从行为体互动、身份建构、利益建构、共有观念和国际体系文化等方面，对"一带一路"倡议下职教集团国际化发展的应然向度提出建议。

关键词： "一带一路"；职教集团；国际化发展

"一带一路"倡议是我国拓展思路、率先探索跨区域合作的重大倡议和战略构思，得到国际社会广泛认同。2020年我国对"一带一路"共建国家进出口总额达93696亿元，对外劳务合作派出各类劳务人员30万人。[1]教育部陈宝生在2021年全国教育工作会议上指出，要深入实施共建"一带一路"教育行动，同有关国家和地区构建更紧密的教育共同体。然而，当前"一带一路"沿线许多国家和地区职业教育发展仍然较为落后，大部分国家职业教育占比不足10%，学生可选择的职业教育培训机会甚少。《推进共建"一带一路"教育行动》明确提出教育具有基础性和先导性作用，要共同致力于培养大批"一带一路"倡议急需人才。推进示范性职业教育集团（联盟）建设是教育部2021年工作要点之一，职教集团要充分抓住"一带一路"倡议的历史机遇，丰富内涵发展的同时积极走出去，推动国际产学研合作平台建设，促进国际教学资源共享，实现高质量发展。因此，分析"一带一路"倡议下职教集团国际化发展的时代价值与应然向度，具有重要的现实意义。

一、"一带一路"倡议下职教集团国际化发展的机遇

2015年，《高等职业教育创新发展行动计划（2015—2018年）》首次明确提出了职教集团配合"一带一路"倡议，与跨国企业、境外教育机构等开展合作的任务与举措；2016年，教育部《推进共建"一带一路"教育行动》强调政府引领、行业主导在"丝绸之路"合作办学中的推进作用，通过合作开展多层次职业教育和培训，培养当地急需的各类"一带一路"建设者；2017年，《国务院办公厅关于深化产教融合的若干意见》强化"一带一路"职业教育项目的金融支持；2019年，《中国教育现代化2035》鼓励有条件的职业院校在海外建设"鲁班工坊"；2020年，《职业教育提质培优行动计划（2020—2023年）》提出在"一带一路"共建国家举办中国职业教育发展成果展，贡献职业教育的中国智慧、中国经验和中国方案。中共中央、国务院及教育部等出台的系列政策为职教集团服务"一带一路"提供了科学指导和行动纲领，为沿

线各国教育合作发展带来了政策红利，也为职教集团提供了国际化发展机遇。

(一)"一带一路"为推进职教集团国际化发展进程提供有利环境

《推动共建丝绸之路经济带和21世纪海上丝绸之路的愿景与行动》明确了"一带一路"沿线65个国家覆盖面积，划分了6大经济走廊，区域经济占据全球经济总量的38.2%，经济发展潜力巨大。依据人力资本理论，经济发展必然需要人才供给，教育在"一带一路"倡议中的使命是为沿线各国政策沟通、设施联通、贸易畅通、资金融通提供人才支撑，架设沿线各国民心相通的桥梁。据亚洲开发银行测算，共建国家在通信、电力、公路、铁路和港口等基础设施产业领域预计到2025年新增约50亿元规模投资需求，技术技能人才需求缺口将达到数以万计。全面实施"一带一路"倡议，亟须培养国际化高素质复合型技术技能人才，人才需求为职教集团"走出去"提供了发展机遇，为加速推进集团国际化发展进程提供了有利环境。

(二)"一带一路"为构建职教集团产教融合发展新业态提供广阔平台

"一带一路"倡议必将推进中国企业多领域、全方位走向国际市场，包括输送电网建设、修桥建路等基础设施，中国与沿线各国产业合作空间持续扩大，必然反哺产业结构优化升级。职教集团必将打破囿于国内产教融合的禁锢，重新思考匹配"一带一路"产业与教育融合发展问题，形成新业态，实现职业教育融通发展。另外，我国中西部地区因经济发展滞后而导致人才吸引力不足，"一带一路"建设必然增强共建国家的投资吸引力，快速吸引各类人才向西部流动，不断增加就业机会，不断涌入未来技术技能人才。"一带一路"倡议必将为职教集团打开金融、物流、装备制造、建筑、电子商务等领域的产教融合发展之门，从横向上促进区域间平衡发展。

(三)"一带一路"为促进职教集团提质增效提供方向引领

随着"示范校""优质校""骨干校""一流校"等系列建设计划的推进，国际化发展已然成为高职院校未来建设发展的应有之义，《关于做好新时期教育对外开放工作的若干意见》指出要提升对外开放的质量和水平。中国职业教育只有提升自身质量，才能提高国际话语权，"一带一路"倡议为实现这一目标提供了平台支撑和方向引领。我国现阶段职业教育处于规模扩张向内涵转变发展的关键时期，职教集团服务"一带一路"要和实现职业教育高质量发展结合起来，注重创新发展，倒逼职教集团克服自身不足，不断改革，反思集团运行存在的问题，持续加大经费投入，开展国际合作办学，培养符合"一带一路"建设的高技术技能人才，形成集团优势和特色。"一带一路"倡议为职教集团探索高质量发展之路提供了新的指导方向，促使集团积极转变发展观念，扩大发展格局，以全球化视野和国际化思维逐步推进职教集团提质、培优、增效、升级。

(四)"一带一路"为提升职教集团品牌竞争力提供良好契机

"一带一路"沿线各国教育发展水平参差不齐，大部分高等教育毛入学率平均水平仅为10%，与世界平均水平的30%相差甚远，成为实施共建"一带一路"教育行动的绊脚石。改革开放40多年来，我国职业教育已建成世界上规模最大的职业教育体系，年均培训各级各类技术技能人员200多万人，每年输送技术技能人才近千万名，[2]与共建国家相比，我们在办学模式、办学理念、办学质量等方面优势突出，为我国职业教育走向世界舞台奠定了扎实基础。"一带一路"建设需要职业教育发展成为中国特色，形成中国方案，提高中国职业教育国际话语权、影响力和吸引力。职教集团作为职业教育办学模式最重要的创新实践之一，是适应国际化发展、社会大生产和市场经济发展的必然产物，是建设中国特色现代职业教育体系的重大举措。[3]职教集团在培养区域技能型人才上具有独特优势，"一带一路"倡议下的职教集团要抓住契机，开展境外办学，输出优质教育，吸引来华留学生，提升集团品牌竞争力，将具体实践经验介绍到共建国家，成为中国职业教育品牌特色的领头羊。

二、"一带一路"倡议下职教集团国际化发展的实然审视

据统计，截至2021年1月底，我国已与171个国家和国际组织签署了205份共建"一带一路"合作文件，2020年以来对共建国家非金融类直接投资177.9亿美元，共建国家企业也看好我国发展机遇，在华新设企业4294家，直接投资82.7亿美元。当前，"一带一路"共建国家共有31.72万名来华留学生，占来华留学总人数的65%。其中，学历留学生占其总量的60%以上，预计2025年共建国家来华学历留学生将增长至31.28万人，年均增长率为10.09%。这无疑为"一带一路"倡议下职业教育合作交流提供了有力支撑，也为推进"一带一路"倡议下职教集团国际化建设发展提供了成长环境。随着"一带一路"倡议下职教集团国际化发展的不断推进，我们需要时刻清醒认识到其建设发展过程中所面临的新问题和新挑战。

(一)"一带一路"沿线部分省(区、市)职教集团发展基础薄弱

高职院校牵头组建的职教集团是数量最多的一种职教集团类型，占据76.53%；[4]广东省国家(骨干)和省示范性职业院校90%以上牵头组建或参加了相关职教集团。然而，"一带一路"沿线18个省(区、市)大部分高等教育学校基础设施较为薄弱，如表1所示，2019年西藏、青海、宁夏、海南、甘肃、内蒙古、新疆、吉林、上海、云南、重庆、广西、福建等13个省(区、市)的高等教育学校在占地面积、图书数量、计算机数、教室数量和固定资产值等方面均明显低于全国平均水平，相对应于职教集团而言，其国际化发展的物质基础薄弱，不能为可持续和高质量发展提供根基保障。

表1 "一带一路"沿线省(区、市)2019年高等教育学校资产情况(学校产权)统计

地区	占地面积/平方米	图书数量/万册	计算机数/台	教室数量/间	固定资产值/万元
全国平均水平	59333329.85	8949.65	429403	23870	8085035.56
西藏	3831721.81	419.82	22355	947	392554.11
青海	5377816.63	713.27	34390	2189	424154.24
宁夏	12233521.63	1264.47	71101	4995	1146221.80

续表1

地区	占地面积 /平方米	图书数量 /万册	计算机数 /台	教室数量 /间	固定资产值 /万元
海南	12226461.40	1815.72	79163	4474	1561786.98
甘肃	33046943.25	4233.16	189866	12787	3595224.23
内蒙古	35519222.61	3802.75	203688	14175	4217692.06
新疆	42197522.67	3079.41	144154	13112	2537998.35
吉林	42383368.94	6800.77	351753	14270	5915548.19
上海	35725473.03	7839.82	348763	17092	10690338.92
云南	45376573.15	6781.88	249957	20590	6034247.92
重庆	50079784.44	7134.71	348977	20049	7327106.16
广西	56437573.86	7458.90	357319	20748	5173974.70
福建	53601509.07	8175.03	376382	18706	7579181.65
黑龙江	59938132.53	8116.90	348763	23127	6969717.08
陕西	64911540.75	11778.30	562614	28350	11610981.68
辽宁	68994970.72	10069.45	540182	28544	9525637.37
浙江	67802711.16	12096.42	637087	27444	12073329.93
广东	106362164.46	18372.89	907500	31036	16604675.46

数据来源:《2019 年教育统计数据》,中华人民共和国教育部门户网站。注:不含民办的其他高等教育机构数据。

职业院校"双师型"教师队伍是职教集团国际化发展必不可少的人力支撑,是职教集团助力"一带一路"倡议实施的核心要素。如表 2 所示,"一带一路"沿线 18 个省(区、市)的大部分职业院校师资数量不充沛,海南、重庆、吉林、辽宁、广西、陕西、新疆、云南 8 个省(区、市)生师比均超过全国平均水平,最高比例高达 26.5∶1;另外,"一带一路"沿线 18 个省(区、市)的高等教育学校校办企业职工数量不均衡,其中西藏、青海、宁夏数量为 0;海南1 人;黑龙江、内蒙古、甘肃、重庆、吉林、辽宁、广西、新疆、云南 9 个省(区、市)均未达到全国平均水平。毋庸置疑,"一带一路"沿线省(区、市)"双师型"教师队伍匮乏,师资队伍基础薄弱,极大降低了职教集团开展对外合作的自信心和积极性。同时,"一带一路"沿线18 个省(区、市)的上海、甘肃、吉林 2019 年普通高等学校一般公共预算教育事业费生均支出为负增长,而黑龙江、宁夏、重庆、辽宁、陕西、新疆、云南均未超过全国平均水平,这在一定程度上抑制了职教集团"走出去"的底气。

表2 "一带一路"沿线省(区、市)2019年专科院校生师比、普通高等学校生均一般公共预算教育事业费支出增长率和高等教育学校校办企业职工统计

地区	专科院校生师比/%	普通高等学校一般公共预算教育事业费生均支出增长率/%	高等教育学校校办企业职工数/人
全国平均水平	19.24	5.09	720
西藏	16.15	40.50	0
青海	16.69	19.70	0
浙江	17.48	14.48	1462
上海	17.48	−1.13	1143
黑龙江	17.45	3.72	439
内蒙古	17.58	8.26	45
宁夏	17.86	1.74	0
广东	18.26	17.79	761
福建	18.91	7.15	2424
甘肃	18.98	−5.88	44
海南	19.69	7.36	1
重庆	19.85	3.65	421
吉林	20.05	−0.65	278
辽宁	20.43	3.97	569
广西	21.74	7.69	531
陕西	21.84	1.87	773
新疆	22.48	1.98	160
云南	26.50	1.18	125

数据来源：《2019年教育统计数据》，中华人民共和国教育部门户网站。

(二)"一带一路"沿线省(区、市)职教集团国际化办学水平不高

加拿大教育家吉恩·纳特1993年提出，大学教育国际化是将教学(teaching)、学习(learning)、研究(research)、服务(service)和管理(management)置于全球教育和文化建设管理的理念、政策和措施。从内涵看，其国际化要素可概括为教育理念、人才培育、专业品牌、课程标准、师资队伍、学生组成及教育服务与管理六个方面。[5]

作为我国职业教育办学模式最重要的创新实践之一，职教集团并未形成诸如德国"双元制"、澳大利亚"TAFE体系"、北美"能力本位职业教育(CBE)"和英国"质量保障体系"等高度总结和系统提炼的典型模式和符号，职教集团国际化发展理论高度还远远不够。同时"一带一路"沿线大部分省(区、市)职教集团更多是将目标定位于培养适应区域经济发展的高技术技能人才，从某种角度讲有利于职教集团形成特色，有利于集团自身的生存与发展，但不

可避免导致职教集团教育发展格局视野狭窄。

在国际化人才培养上，一方面职教集团培养的毕业生还远远不能满足"一带一路"共建国家建设需要，了解共建国家政治、经济、文化和制度的高技术技能人才尤为匮乏；另一方面职教集团本身品牌效应还未形成，国际交流合作专门的管理机构又很欠缺，职业教育的影响力和对留学生吸引力不足，无法满足对"一带一路"共建国家投资扩大带来的人才技术增长需求。如 2019 年高职(专科)院校中具有独立法人资格开展中外合作办学的仅有 3 所；在教育部 2018 年来华留学统计中，"一带一路"18 个沿线省(区、市)中仅有上海(61400 人)、浙江(38190 人)、辽宁(27879 人)、广东(22034 人)、云南(19311 人)进入了接收留学生排序前 10 名；接受来华留学生国别排序前 15 名中属于"一带一路"共建国家的有：泰国(28608 人)、巴基斯坦(28023 人)、印度(23198 人)、俄罗斯(19239 人)、印度尼西亚(15050 人)、老挝(14645 人)、哈萨克斯坦(11784 人)、越南(11299 人)、孟加拉国(10735 人)、蒙古国(10158 人)和马来西亚(9479 人)。

另外，职教集团服务"一带一路"共建国家的国际化师资力量还十分薄弱，除了国际化教育教学理念层面的问题外，语言问题、科研问题和文化问题等方面的限制，使得很多教师无法理解共建国家的教学模式、教学理念和教学方法，这样在一定程度上阻碍了职教集团国际化发展的借鉴与输出。

(三)职教集团参与"一带一路"建设的政策制度供给滞后

高校战略联盟是组织系统，若在管理上得不到相应的政策扶持和制度保障，那么难以实现联盟构建的初衷[6]。职教集团作为一种联盟组织系统，可持续发展的必要前提是有制度可依，制度建设是职教集团参与"一带一路"建设的重要载体和基本保障。当前，国际社会行为体的普遍选择离不开"制度参与"[7]，"制度安排"可以有效实现预期效果[8]。职教集团更多是一种非实体性质的多方合作教育组织，各组成单位具有独立法人资格，更多是基于章程的探索式实践，"一带一路"职教集团国际化联盟合作的稳步深入，更是迫切需要政策制度支撑。

然而，职教集团参与"一带一路"建设的政策制度供给滞后，一是制度供给主体单一割裂。国家层面出台了《关于做好新时期教育对外开放工作的若干意见》《推动共建丝绸之路经济带和 21 世纪海上丝绸之路的愿景与行动》《推进共建"一带一路"教育行动》等系列政策，为"一带一路"倡议下职教集团国际化发展行动路线指明了方向。中央政府作为制度供给的第一行动集团，需要借助地方行政力量去实现制度安排，然而地方政府政策供给不足，并未给制度供给提供实质性力量。二是制度供给格局僵硬片面。国家不断完善"一带一路"建设的政策支撑体系，丝路基金已覆盖北非、东南亚、北美、欧洲、中亚、南美、西亚等地区多个国家。总体看来，"上下联动、左右协同"的"一带一路"政策支撑协调体系已经形成，为"一带一路"国家合作发展注入了十分重要的驱动力。然而，与"一带一路"广泛多样化的职业教育国际交流合作需求相比，当前制度供给相对较为僵硬，国际化人才培育方面的"人才培养项目""参与留学推进计划"在区域和层次上都过于集中，校企联合培养人才方面，更多是基于自上而下的制度供给被动参与国际交流合作。另外，从中外合作办学角度来看，国际合作的政策扶持和制度保障的格局仍不够开放、较为片面，中国在老挝、马来西亚、新加坡、泰国都设立了海外分校，中国-东盟已开展一百多个合作办学项目，但是中国仅与中欧的波兰开展 8 个合作项目, 中阿合作办学仅限于孔子学堂与孔子学院, 国际合作并未得到广泛延伸, 中国-中欧、中阿整体国际合作制度格局较小。

三、"一带一路"倡议下职教集团国际化发展的应然向度

"一带一路"倡议下职教集团国际化发展除了要和共建国家建立经济互动、实现教育互融外, 其应然向度还在于能够和共建国家建立集体身份, 通过建构集体身份去重构地区秩序理念, 从而为实现教育命运共同体做出贡献。本文尝试通过温特的建构主义理论对"一带一路"倡议下职教集团国际化发展的应然向度提出建议。建构主义理论最早于 20 世纪 80 年代在国际政治研究领域引起学术界关注, 90 年代在批判和借鉴现实主义、自由主义两大国际关系理论过程中逐步上升为国际关系领域的主流理论学派, 其中美国学者亚历山大·温特最有代表性, 其 1999 年出版的《国际政治的社会理论》全面阐述了社会建构主义理论, 奠定了国际关系建构主义理论体系, 标志着"温特式"建构主义理论成熟。

温特建构主义理论体系是在哲学基础上建立的, 温特认为任何社会理论(包括建构主义理论)都暗含或清晰于特定的本体预设和哲学视角, 建构主义理论是建立在理念主义本体论、整体主义方法论和科学实在认识论的基础之上。温特建构主义理论有两个基本假设: 一是人类关系结构不是由物质力量而主要是由共有观念(shared ideas)决定的; 二是有目的的行为体身份和利益不是天然固有的, 而是由这些共有观念构建而成的。温特坚持国际体系结构存在的根本因素是共有观念, 尤为强调"国家施动者"之间的互构, 通过国家行为主体之间的交往实践活动, 形成特定社会环境中共有的理解与期望, 逐步产生和加强共有观念, 形成国际体系文化。这一过程是从微观互动层次到宏观文化层次, 国家行为主体通过互应逻辑形成互动层次共有观念, 通过多种途径的集体再现并达到一定程度, 就形成宏观层次的文化结构(见图 1)。

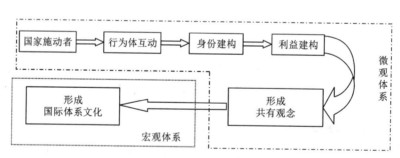

图 1 温特建构主义的因果作用模式

本文研究的基本理论逻辑是: 国家的身份在不同观念和文化影响下也是可以被建构的, 即国家所认定的利益在不同身份下必定会有所不同, 并非现实主义者先验的"自私/自我利益"的狭义国家利益。温特建构主义理论本质是一种文化理论, 观念结构置于物质和利益结构之前, 赋予物质结构价值, 两者又同时定义利益结构[9], 这是观念沉淀形成共同知识的理论[10]。

(一)从"实践"到"认同", 提质增效"一带一路"职教集团行为体互动

温特建构主义中的行为体互动思路是基于符号互动论的理论基础, 假定"行为体互动过

程中'进行'的内容超出了单纯根据代价调整行为的做法",即由于行为体之间的互动,行为施动者与受动者双方的身份得以重新建构,换言之,施动者本身亦是互动的结果,并随着进程推进而动态变化。"若互动一方产生结果要取决于其他各方选择,那么行为体就要处于相互依存的状态。"若要加强行为体互动关系,还需在实践中转化相互依存关系,从"实践"到"认同",将"客观"相互依存关系转成为"主观"相互依存关系。

美国哈佛大学前校长萨默斯认为,"一带一路"倡议是极具远见和无比重要的,中国必将在世界舞台上扮演更积极和更有建设性的角色。"一带一路"搭建的大平台已具备丝路基金、亚洲基础设施投资银行、金砖国家新开发银行等雄厚的资金资源,具有创造10倍于北美市场体量的巨大市场潜力,将为国际关系带来质的改善。"一带一路"倡议已得到沿线170多个国家和国际组织的积极响应,2020年,我国与墨西哥、缅甸、白俄罗斯、智利新建了贸易畅通工作组,同时推动与更多国家建立投资工作组和服务贸易工作组等,全年与共建国家货物贸易额达1.35万亿美元,同比增长0.7%(人民币计为1.0%)。

当前,"一带一路"倡议下中国与共建国家之间的客观相互依存关系已然存在,政治对话机制、合作机制平台、经贸合作往来等皆是证明。"一带一路"倡议下职教集团国际化发展亟须将"客观"相互关系逐步转化为"主观"相互关系,通过与共建国家不断互动,重新认定集团自我及他者身份,在长期合作中,通过政治、经济和教育的合作互补,提高"主观"相互依存的质量及温度。"一带一路"倡议下职教集团对外教育合作要加强顶层设计,通过搭建"项目+平台"载体,聚焦职教集团与共建国家教育合作本身,重点放在专业、课程、教材、教学、师资、基地建设、成果转化等实实在在的教育合作上,实现由粗放式合作向集约式合作转变,并认真评估项目合作的可行性和效益性,精准施策,提质增效;同时,借助中国东盟教育、东亚峰会、亚太经合组织、中非合作论坛、中澳合作论坛、亚欧峰会等多边合作平台,广泛开展高层次教育合作项目,树立职教集团国际化战略理念,实现合作对话平等权。

(二)从"认同"到"情感",互动重构"一带一路"职教集团集体身份

"集体身份的先决条件是行为体根据将他们构成群体的特征相互视为同类"。同类共同命运的客观条件是构成集体身份形成的原因,"它更多体现在互利共生发展理念与和衷共济人文气息中,使有关国家结成风雨同舟和休戚与共的关系。"因此,从"认同"到"情感"的"同舟共济"是集体身份的建构因素。

不可否认,"一带一路"沿线各国历史、宗教和文化各异,国情复杂,各国诉求和定位皆不相同,因此减少异质性和建构共同利益对于推进"一带一路"建设十分重要。同质性能够减少矛盾,使行为体之间更容易彼此认同,更有助于建构集体身份。"一带一路"倡议下职教集团要遵循包容性、普惠性和开放性原则,增加同质性,减少异质性,共担责任,促进集团集体身份建构。一是建立健全职教集团资源要素跨境流动体制机制。中国与"一带一路"沿线各国政府要充分发挥职教集团成员单位中学校、企业在职业教育国际合作的市场主体作用,放宽政府管制,取消成员单位师资间跨境自由流动限制,降低对职教集团跨国投资的政策限制和市场准入门槛。二是加强"一带一路"职教集团运行机制战略建设。各级政府要高度重视,将"一带一路"职业教育国际化发展战略纳入"十四五"发展规划,建立"一带一路"职教集团研究中心,制定"一带一路"职教集团国际化行动计划,同时加强政策引导,以制度规范和约束职教集团国际化行为。三是建立健全"一带一路"职教集团资源协同共享机制。要改变职

业院校走出去"单打独斗"的局面,整合职教集团成员单位的政府、学校、行业和企业等多元主体跨境资源,联合沿线各国开发符合"一带一路"建设需求的国际化专业课程,同时依托国家重大项目,实施"走出去"办学战略,建立沿线各国职教集团海外教育基地,为当地学生入学和就业提供专业咨询和技术服务,为教师做好教学和科研等信息支持与服务工作。

(三)从"情感"到"约束",理性增进"一带一路"职教集团共同利益

"法治是康德无政府体系的一个显著特征,这为国家谋取自我利益的合法性限定了范围。国家只要内化了限定规则,便会视为对国家行为主体的合法约束,并通过集体方式加以执行。"国家在无政府状态下是能够实现自我约束的,"国家往往会在解决冲突、遵守法制、组织经济关系"等对外政策行为中外移或外化其国内体制[11],其实就是通过对外政策方式向其他国家展示已经内化的规范。

"一带一路"沿线各国数量众多,既有传统的欧洲大国,又有实力相对偏弱的北非、中亚、中东等地区的国家,还有新兴"金砖国家",各国实力难以均衡。倘若大国率先做到自我约束,必将有助于群体内其他各国建构其亲社会性。习近平主席提出"一带一路"倡议势必打破强国必霸的传统模式,表明中国与周边各国和平合作、共同发展的决心。《推动共建丝绸之路经济带和21世纪海上丝绸之路的愿景与行动》明确提出"政策沟通、设施相通、贸易畅通、资金融通、民心相通"的战略合作框架。其中"政策沟通"是首要,"一带一路"倡议下职教集团要建立推动"一带一路"职业教育行动的制度体系,既要有战略合作项目等宏观政策保障机制,又要有项目预测机制、预警机制、推进机制、执行评价和监督机制等微观运行机制。同时,集团应积极发挥主观能动性,主动邀请沿线各国的学校和企业成为集团成员单位,制定《"一带一路"职业教育集团章程》,完善职教集团利益相关主体合作制度,保障集团各主体参与合作项目的合法性和可持续性,尤其在校企合作项目中,需要制定合作方案,签订合作协议,明确双方责任和权利,将利益主体的"各自利益"和"共同利益"结合起来,形成动态利益链,并协同相关部门建立人才需求数据库,制定"一带一路"职教集团教育行动计划,同时配套相关经费,完善落实行动计划动力机制的保障制度,提高执行能力。

(四)从"约束"到"共识",夯实"一带一路"职教集团共有观念

"自我—他者的界限在认同过程中变得模糊起来,并在交界处产生完全超越,自我被'归入'他者。"建构主义主要观点可简述为"观念决定身份,身份决定利益,利益决定行为,行为又可建构观念"[12],利益是其中间变量,其中主观利益是行为的直接动机。然而动机并不等同于行为,行为除了动机外,还需要有满足实现行为的实力或认为行为可以实现的需求或信念,这也是温特提出的行为公式:Desire+Belief=Action(愿望+信念=行为)。

"一带一路"倡议涵盖沿线各国在各个领域跨地区合作,其本质是强调利益与责任共担。沿线各国会主观考量"一带一路"建设能否满足自身利益,尤其会对已开展合作项目的参与国进行观望,若其他参与国的行为能够提供获利示范,权衡利弊后,尤其在能够获利的情况下,就会产生加入"一带一路"建设的意愿和信念,形成共识,产生合作行为。"一带一路"倡议下职教集团国际化合作的前提是达成共识,为了保障各方合作后利益不受损,尤其保障合作优势发挥效果,应在项目合作开始之前,进行风险评估,科学识别因项目权利、责任和义务引发的合作风险,归档形成合作风险清单,同时运用情景分析法、时间序列法等对风险清单中

存在的风险逐一分析,提出风险应对解决策略。与此同时,根据风险评估结果,对职教集团合作项目方案进行动态调整,为沿线各国加入"一带一路"职教集团国际合作奠定基础。

(五) 从"共识"到"文化",共同构建"一带一路"职教集团命运共同体

"国际体系文化能够产生因果和建构两种作用,建构作用表述了 X 的属性如何构成了Y","如果建构作用存在,那么从某种意义上说,个体和结构的关系是'互构',而不是'互动'。""无政府状态"是国家在互动中所建构出来的,温特笔下的"无政府状态文化"包括"互为朋友"的康德文化、"互为竞争"的洛克文化和"弱肉强食"的霍布斯文化。"康德文化"寻求国家间友好合作相处,这才是实现符合国家利益的正确行动。[13]"人类命运共同体"倡导建立全球合作朋友关系,与康德文化异曲同工,着眼于人类长远的共同利益。

"一带一路"参与倡议的国家自然形成了命运共同体身份关系,但从"一带一路"建设完成度来看,仅靠身份关系往往不稳固,唯有构建命运共同体,形成康德文化体系,才能实现共赢。"一带一路"倡议下职教集团国际化发展需要与沿线各国达成共同体意识,提升文化领域开放水平,促进文化交流,面向全球合作,形成"一带一路"职教集团命运共同体。"一带一路"职教集团在国际化发展中要考虑到沿线各国多元文化的碰撞,在追求自身利益时要兼顾沿线各国合理关切,促进民心相通;要考虑到地缘政治、宗教信仰、历史文化、民心社情等现实文化差异;要重视文化认同教育,达成文化理解和文化包容,形成文化自信,最终到达文化自觉,促进各国共同发展。

参考文献

[1] 国家统计局.中华人民共和国 2020 年国民经济和社会发展统计公报[EB/OL][2021-02-28].http://www.moe.gov.cn/s78/A01/s4561/jgfwzx_xxtd/202103/t20210301_516000.html.

[2] 翟帆,樊畅,杨文轶.在服务经济社会发展中提质升级:党的十八大以来我国教育改革发展述评·职业教育篇[N].中国教育报,2018-09-07.

[3] 朱新洲,银奕淇.高等职业教育集团化办学可持续发展研究[J].湖南社会科学,2016(4):243-246.

[4] 邹珺,王孝斌.行业型职教集团体制机制研究[M].武汉:武汉大学出版社,2018.

[5] 戴小红.高职院校教育国际化动因、内涵与路径选择[J].黑龙江高教研究,2012,30(6):81-84.

[6] 董云传,邓凡.大学联盟·雷声大雨点小[N].中国教育报,2016-01-18(5).

[7] 王明国."一带一路"倡议的国际制度基础[J].东北亚论坛,2015,24(6):77-90,126.

[8] 吴越.基于理性选择制度主义的高校联盟分类研究[J].中国高教研究,2014(7):60-65.

[9] 刘莹.共有观念与中俄战略协作伙伴关系:以建构主义理论为视角[J].东北亚论坛,2013,22(4):10-18,128.

[10] 宋伟.国际关系理论:从政治思想到社会科学[M].上海:上海教育出版社,2011.

[11] Lumsdaine D H. Moral Vision in International Politics:the foreign aid regime,1949—1989[M].Princeton,NJ:Princeton University Press,1993.

[12] 秦亚青.国际政治的社会建构:温特及其建构主义国际政治理论[J].欧洲,2001,19(3):4-11,108.

[13] Alexander Wendt. Social Theory of International Politics:Four sociologies of International Politics[M]. New Jersey:Addison-Wesley Pub. Co. ,1999.

我国海外鲁班工坊高质量发展：实然审视与应然向度

赵 红 刘 聪

广东工贸职业技术学院，广东广州，510510

摘要： 海外鲁班工坊建设是响应"一带一路"倡议的有力抓手，可助力与合作国的"心联通""硬联通""软联通"。当前海外鲁班工坊建设仍存在政府政策供给滞后、企业办学地位凸显不够和职教影响力不足等困境。本文从政府、企业和院校层面分别对海外鲁班工坊高质量发展的应然向度提出建议。

关键词： 鲁班工坊；高质量发展；人类命运共同体；"一带一路"

当前我国正处于加快和扩大新时代教育对外开放的关键时期，为更好地服务国际产能合作，落实《推进共建"一带一路"教育行动》《中国教育现代化 2035》的要求，我国迫切需要加强海外鲁班工坊等境外办学建设，培养一大批认同中国企业文化和掌握中国技术的高素质技术技能人才。2016 年 3 月，我国首个海外鲁班工坊由天津渤海职业技术学院在泰国成立。习近平总书记于 2018 年和 2021 年分别在中非合作论坛和上海合作组织成员国元首理事会上提出，要在非洲和上海合作组织国家设立 10 个鲁班工坊。2022 年，新修订的《中国职业教育法》首次以法律的形式提出"鼓励有条件的职业教育机构赴境外办学"。经过七年的发展，鲁班工坊已成为中外人文交流的知名品牌。然而，随着"一带一路"建设的不断演进和鲁班工坊项目数量的不断增加，鲁班工坊项目逐渐出现政策供给滞后、企业办学主体地位凸显不足、全球教育治理能力有限等问题。本文通过审视海外鲁班工坊建设存在的问题，分别在政府、企业和院校层面提出相应解决路径，推动政府、企业和院校共建模式下的海外鲁班工坊高质量发展。

一、我国海外鲁班工坊建设的价值意蕴

"一带一路"已成为全球规模最大的国际合作平台。作为"一带一路"建设的知名教育品牌，鲁班工坊为"一带一路"建设提供民心保障、提升企业员工技能水平、配置优质教育资源。鲁班工坊建设有助于构建人类命运共同体，使国际产能合作更有操作性，搭建起中国职教与世界沟通的桥梁，助力我国与合作国实现"心联通""硬联通""软联通"。

(一)构建人类命运共同体，实现各国人民"心联通"

习近平总书记在党的二十大报告中强调，构建人类命运共同体是世界各国人民的前途所在。当今世界，各国间的联系日益加强，同时也存在各种不稳定因素，动荡和变革成为新常态。面对复杂严峻的国际形势，世界各国应树立"天下一家"的理念，坚持对话协商、共建共

享、合作共赢的基本原则。作为"一带一路"建设的重要国际教育平台，海外鲁班工坊利用我国扶贫脱贫和全面建成小康的经验，提升合作国劳动力技能水平，缓解合作国技能人才不足和就业难的问题，就是实施国际性精准扶贫。海外鲁班工坊发挥职业教育"润物细无声"的作用，能潜移默化地在合作国厚植构建人类命运共同体的民意基础，培养合作国本土居民对我国"走出去"企业的认同感，实现世界人民"心相通"。

(二)助力国际产能合作，实现世界经济"硬联通"

中国式现代化成就斐然。在中国发展成就的激励下，"一带一路"共建国家积极借鉴中国经验，探索适合自身国情的现代化道路。截至2023年1月，中国已同151个国家和30多个国际组织签署200余份共建"一带一路"合作文件。"一带一路"聚焦国际产能合作，将优势产能与优质资源输出到国际市场，通过资源优化配置与优势互补，推动我国与合作国在基础设施等领域的合作。2022年，我国企业寻求国际产能合作，在"一带一路"共建国家非金融类直接投资1410.5亿元人民币，较上年增长7.7%。如表1显示，我国对"一带一路"共建国家的非金融类直接投资额和对外承包工程营业额仍基本呈逐年上升的趋势。"一带一路"建设有力推动合作国工业化进程。然而，"走出去"企业在合作国发展却面临外派劳务人员数量不足、本土劳务人员技能水平较低、国际市场竞争后劲不足等问题。在这样的背景下，鲁班工坊为"走出去"企业排忧解难，推进技能培训和学历教育，可帮助中国装备、产品、技术和服务走向世界，推动合作国经济结构改善和产业发展升级，从而实现世界经济社会"硬联通"。

表1 2017—2022 对外非金融类直接投资额及对外承包工程营业额一览表

年度	对外非金融类直接投资额/亿元	对"一带一路"国家非金融类直接投资额/亿美元	对外承包工程队"一带一路"国家营业额占投资总额比重/%	对外劳务合作派出各类劳务人员/万人
2017	8108	144	50.7	52
2018	7974	156	52.8	49
2019	7630	150	56.7	49
2020	7598	178	58.4	30
2021	7332	203	57.9	32
2022	7859	210	54.8	26

数据来源：《中华人民共和国国民经济和社会发展统计公报(2017—2022)》，国家统计局门户网站。

(三)参与全球教育治理，实现优质教育"软联通"

"走出去"企业助力合作国产业升级需要大量的高素质技术技能人才。然而，对外劳务合作派遣人员费用过高，不利于企业控制成本，且派出人员数量远远无法满足企业海外需求。如表1所示，我国对外劳务合作派出人员数量已基本呈逐年下降趋势。"一带一路"合作国中，76.5%都属于中低收入国家，人均GDP仅9032美元，相当于全球平均水平的83%。这些国家的经济社会发展水平较低，职业教育发展更为滞后，制约其产业发展和技术升级改造，迫切需要鲁班工坊等境外办学项目助力提升职教水平。为此，教育部与天津市政府签订国家现代职业教育改革创新示范区协议，明确提出要围绕"一带一路"建设，提高职教国际化水平[1]。鲁班工坊针对合作国职教发展需求，深度参与国际教育规则和专业标准的研制，积极参与全球教育治理，可为合作国培养国家发展所需的技能人才，也可实现我国职业教育与国际产业标准、职业教育标准直接碰撞，这将倒逼我国职业教育的内部改革[2]，促进我国职业教育与国际接轨，构建更大范围、更宽领域、更深层次教育对外开放格局，实现世界优质教育"软联通"。

二、对我国海外鲁班工坊建设的实然审视

海外鲁班工坊属新事物，在政治、经济和教育等层面对促进"一带一路"建设具有重要意义，具有强大的发展潜力。然而，由于起步时间晚、受语言文化差异等因素制约，海外鲁班工坊发展仍存在政策供给滞后、企业办学主体地位凸显不足和职业教育影响力不充分等问题。

（一）政府政策供给滞后，地区分布欠均衡

第一，政府政策供给滞后。2019年，中国高等教育学会发布《高等学校境外办学指南（试行）》。该指南填补了境外办学领域的政策空白，对鲁班工坊等境外办学的可行性分析、筹备建设和组织管理等提供技术指导。然而，随着鲁班工坊建设不断推进，政策供给滞后的问题逐步显现。2022年，中国教育国际交流协会、鲁班工坊联盟秘书处及联盟专家委员会共同发布《鲁班工坊运营项目认定标准（试行）》《鲁班工坊建设规程》。前者包含办学基础、师资队伍、校企合作等认定指标和观测点，为鲁班工坊运营项目提供认定依据。后者则对鲁班工坊的原则、立项条件和项目管理进行规定。然而，以上政策未从立法层面对境外办学提供法规依据，且法治保障、政策层级较低；仅在宏观层面鼓励校企合作"走出去"，宽泛地提到院校应对项目质量和绩效负责，却未对参建各方的职责分工、利益分配、项目监督和考核等进行具体界定，不利于对项目开展有效管理、及时发现问题和消除办学风险。

第二，海外鲁班工坊数量不足、国别分布欠均衡。截至2022年11月，共有27个项目被中国教育国际交流协会与鲁班工坊建设联盟专家委员会认定为鲁班工坊运营项目，项目国别分布见表2。我国现有高职（专科）学校1486所、本科层次职业学校32所。对比我国职业教育规模和151个"一带一路"合作国数量，现有海外鲁班工坊项目数量偏少。此外，海外鲁班工坊国别分布欠均衡。非洲地区鲁班工坊运营项目分布较多，占比59%。商务部数据显示，我国对"一带一路"主要投资国为新加坡、越南、哈萨克斯坦、马来西亚、老挝、阿拉伯联合酋长国等。可见，海外鲁班工坊暂未完全覆盖到这些"一带一路"主要投资国，项目发展明显跟不上"一带一路"建设的步伐。

表2　官方认定的我国海外鲁班工坊项目分布国别表

洲别	国家
非洲	埃及、肯尼亚、卢旺达、马达加斯加、南非、尼日利亚、乌干达、马里、贝宁、吉布提、加蓬、科特迪瓦、摩洛哥、埃塞俄比亚
亚洲	巴基斯坦、泰国、印度、印度尼西亚、柬埔寨、塔吉克斯坦
欧洲	保加利亚、葡萄牙、塞尔维亚、英国、俄罗斯
美洲	美国

数据来源：中国教育国际交流协会门户网站。注：不含8个未整改的有条件运营鲁班工坊项目数据。

第三，海外鲁班工坊参建院校分布失衡。当前各省（市）参与"一带一路"建设热情高涨，如江苏省2022年对"一带一路"共建国家进出口值为1.49万亿元；甘肃省2022年对"一带一路"共建国家进出口值同比增长率为23.8%。然而，35个鲁班工坊运营项目和有条件运营项目中，24个的发起单位为天津市高职院校（占比68.8%）。目前除天津市政府出台了《关于推进我市职业院校在海外设立"鲁班工坊"试点方案》等指导性文件外，其他省（市）暂未有推进政策出台，这不利于提升职业院校建设鲁班工坊的积极性。2019年，教育部、财政部印发《关于实施中国特色高水平高职学校和专业建设计划的意见》（简称"双高计划"），提出开展国际职业教育服务，建设一批鲁班工坊。然而，如图1所示，197所"双高计划"院校中，参与境外办学建设并被认定为鲁班工坊项目的院校极少。

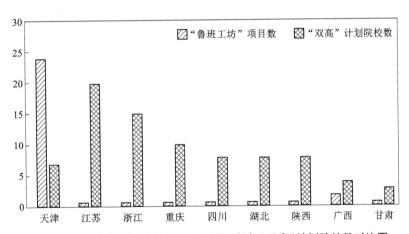

图1　我国部分省（市）院校鲁班工坊项目数与"双高"计划院校数对比图

（二）企业主体地位凸显不够，办学投入不足

第一，企业办学主体地位凸显不够。政府、院校和企业三方皆为海外鲁班工坊的办学主体。但部分参建企业未明确其办学地位，认为境外办学只是院校的事。企业作为鲁班工坊主要办学主体的作用发挥不够，参建职责与推进任务未予以明确。此外，企业参与鲁班工坊建设联盟等合作平台较少。2020年11月，鲁班工坊建设联盟成立。该联盟目前共有72家成员单位，但仅有7家为企业成员。

第二,企业办学资金投入不足。境外办学项目一般由"走出去"企业和高职院校共同筹措资金。"走出去"企业在项目启动前大都提供了基本的办学场地和教学设备,但随着办学规模逐渐扩大及运营成本逐年增加,部分企业未能持续投入办学资金,导致项目无法稳步推进。部分鲁班工坊还存在办学条件有待改善的问题,如教学和实训场地不足、实训设备缺乏、未预留鲁班工坊标识空间等。目前,除位于柬埔寨的鲁班工坊面积有近7000平方米以外,其他项目整体建设面积皆偏小,虽已招收一定的生源,但无法开展大规模的职教活动,育人成效难以有效彰显。

第三,企业参与程度不够。部分企业未发挥"走出去"的领头羊作用,完成鲁班工坊挂牌成立的形式后,参与鲁班工坊建设程度严重不足。部分企业未与院校形成长期深度合作关系,未提出对境外办学人才培养的具体需求并携手院校共同制定办学发展规划、年度发展计划、人才培养方案、专业教学标准和课程体系,导致项目人才培养目标易偏离初衷,项目课程内容未包含"中文+职业技能"相关重点元素等。

(三)院校优质教育资源缺乏,职教影响力不充分

第一,海外鲁班工坊师资队伍建设有待提升。部分鲁班工坊师资力量较为薄弱,教师数量不够充足,难以有效保障各项教学活动顺利开展。海外鲁班工坊项目教师一般分为中方外派教师和海外本土教师两大类。中方外派教师主要是指具备双语教学能力的职业技能专业教师,以持国际中文教师证书者为佳。海外本土教师则是在项目合作国招聘和培养的本土专业教师。一方面,由于出入境受限等原因,院校往往无法稳定派遣中方教师常驻境外进行教学和管理,只能派出流动性中方教师及聘请少量海外本土教师;而流动性中方教师驻外时间较短,刚适应环境不久就要回国,难以与海外本土教师建立良好的协作关系,不利于项目长远发展。另一方面,海外本土教师需中方为其提供系统完整的岗前培训,使其对专业教学标准、人才培养目标、课程体系和"中文+职业技能"教材深入理解和全面掌握,培养时间较长。

第二,海外鲁班工坊的专业标准研制和教学模式建设有待加强。鲁班工坊已设的23个国际化专业中有10个专业标准获落地国教育部门评估认证[3],被纳入其国民教育体系。专业建设虽已取得一定成绩,但专业认证率不到50%,且已获认证的专业种类并不多,主要为轨道类专业,专业设置还不完善。此外,天津市实施了海外鲁班工坊工程实践创新项目(EPIP)教学模式,其内涵为以实际工程项目为导引,以实际应用为导向,以创新能力培养为目标,以项目实践为统领的应用型技术技能型人才培养新途径。[4]我国国际专业标准和EPIP教学模式虽在泰国等实现了项目内共享,但受语言和文化差异等因素制约,教学效果欠佳,学生对教学内容的理解和掌握程度参差不齐。除天津市以外的其他省(市)主导的海外鲁班工坊则主要以零散的课程、师资和标准等教育资源"走出去",教学模式建设更为薄弱。

第三,我国职业教育自身能力建设亟待提升。一方面,我国职业教育"走出去"起步晚,积累的优质资源不足。据相关问卷调查显示,72.46%的学生认为资源不足,学习效果不理想。[5]针对不同学习层次不同学习需求,海外学生的优质教学资源开发仍需加大力度。另一方面,我国职业教育成果共享不充分,国际影响力不足。海外鲁班工坊等境外办学项目已取得一定成就,但一些成果局限于实践层面,国际舆论正面引导不足,成果辐射效应还不明显,示范引领作用有待进一步发挥。

三、鲁班工坊高质量发展的应然向度

我国海外鲁班工坊建设初具规模，积累了丰富的全球教育治理经验，已进入高质量发展阶段。政府、企业、院校三者通过角色调整、资源整合、利益分配、信息共享，将鲁班工坊建设过程中不同功能要素有机结合起来，形成互利共赢的协同育人机制。政府、企业和院校三方高效协同（如图2所示）对实现我国海外鲁班工坊高质量发展具有重要意义。一方面，政府、企业和院校三方仍然分别履行各自的职责。另一方面，政府、企业、院校三方在功能重叠之处加强合作，三方各自由此获得更多能量，产生"1+1+1>3"的效应，推动整个鲁班工坊建设形成良性循环，实现高质量发展。

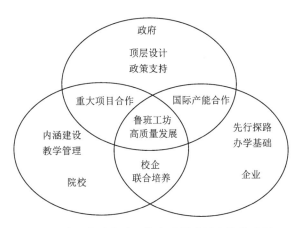

图2　我国海外鲁班工坊高质量发展合作模式图

（一）政府加强顶层设计，完善优质公共产品与服务

在鲁班工坊高质量发展阶段，政府要加强顶层设计，提供优质的公共产品和服务[6]。政府要从立法层面对境外办学提供高层级政策供给，为构建人类命运共同体提供制度保障。在鲁班工坊高质量发展过程中，政府职能的转变起着关键性作用。政府要勇于打破组织边界，不仅提供政策保障，更要为参建企业提供减税政策和配套资金等激发企业参建意愿，委托专家进行政策解读，细化政策指导，增强鲁班工坊的实践可操作性，确保企业及院校能读懂政策、用对政策。此外，政府还要建立利益分配和风险分担机制，减少建设过程中的推诿行为和降低协调过程中的"内耗"概率。

政府在鲁班工坊建设过程中既要雷厉风行，又要久久为功，要持续完善质量保障体系。政府可制定海外鲁班工坊项目监督和评估体系，引入全过程质量监控，用年度考核、评估和建议反馈相结合的形式，对鲁班工坊进行跟踪管理，健全项目退出机制，严把质量关，做到宁缺毋滥。同时，政府要加强"中央部署、部委规划、地方推进"力度。持续搭建"全球—国家—地方"三层网络治理架构，优化鲁班工坊全球分布结构[7]，提高鲁班工坊国别分布与"一带一路"建设的契合度。政府还可通过指导性文件调整各省（市）参建院校布局，督促各省（市）院校将鲁班工坊建设纳入"十四五"规划、出台具体的激励措施，提升职业院校特别是

"双高计划"院校办学积极性,从而实现省(市)推进,形成合力,突出特色。

成果共享是鲁班工坊高质量发展的内生动力。近年来,鲁班工坊等境外办学项目已积累丰富的办学经验。政府要坚持成果导向理念,以最终建设目标为设计起点,对鲁班工坊进行反向设计;以成果导向推动职责的履行,擦亮鲁班工坊品牌名片。同时,政府要适时成立鲁班工坊研究中心等机构,及时总结有益实践经验,推动境外办学理论研究,优化国别和区域研究。如天津市建立"鲁班工坊"研究与推广中心,开展理论与政策研究、质量监控与评估、教师培训、资源开发及成果宣传推广等,为鲁班工坊的发展提供决策、监控与支持服务[8]。此外,还应适度扩大鲁班工坊建设联盟成员单位规模,吸纳项目三方主体参与,定期举办论坛会议,组织相关院校进行优秀案例推广,分享项目发展经验,提升国内外辐射效应,为鲁班工坊高质量发展提供智力支撑。

(二)企业明确办学主体地位,提升海外办学参与度

企业先行探路和进行基础建设是鲁班工坊高质量发展的有效保障。在高质量发展阶段,企业要进一步提升鲁班工坊办学参与度。根据我国"十四五"规划提出的"加快培育参与国际合作和竞争新优势,推动中国产品、服务、技术、品牌、标准'走出去'"要求,"走出去"企业可通过与院校共同分析人才培养目标、共建课程体系、职业标准和实训基地等,推动产教融合提质增效,将国际先进的产品标准、服务标准与技术标准等融入鲁班工坊项目,做到深入践行"一带一路"倡议,实现在"走出去"的同时又能不断升级"走上去"。

在鲁班工坊项目运转稳定后,企业在追求降本增效的同时还要及时增加办学经费投入。企业要着眼长远发展目标,通过建设虚实结合的实训教室等进一步改善鲁班工坊办学条件,积极选派优秀员工参与海外鲁班工坊人才培养实践,为院校提供案例课程,推动校企合作走深走实,共育高质量亲华友华的本土技能人才。

企业还可利用长期扎根海外发展的有利优势,进一步加强国际传播。中国政府、"走出去"企业和职业院校共建鲁班工坊彰显了大国担当,为解决全球性问题提供了"中国方案"。"走出去"企业应利用海外本土宣传渠道,讲好构建人类命运共同体的"中国故事",加强正面舆论引导,促进鲁班工坊项目可持续发展,提升中国话语权与国际影响力。

(三)职业院校练好职教内功,强化全球教育治理能力

职业院校要全面提升职业教育的内涵建设水平,强化全球教育治理能力,做到可服务国际产能合作,促进教育链拉紧产业链,产业链耦合民心链,实现教育链、产业链、民心链有效衔接,实现鲁班工坊建设提质升级。

第一,职业院校要转变观念,不仅积极为政府建言献策,更要主动为企业排忧解难。通过与企业分析确定技术人才需求,将产业场景融入实际教学,利用自身优势和特色,以优质师资和课程资源"走出去",开展定制式海外技术技能培训,解决合作国大批青年就业问题,缓解合作国发展职业教育的"近忧"。

第二,院校要提升中国职业教育全球适应性。一是提升海外人才培养质量。通过以合作国产业需求为导向,不断完善理论招生体系、实行 EPIP 教学模式、编制难度适宜的工业汉语系列教材、强化实训基地建设、探索专业教学标准建设等,促进海外人才培养质量提升,助力合作国产业升级,缓解合作国的"远虑"。二是探索"岗课赛证"融通的境外办学版本:针对

岗位技能需求和具体工作场景，与企业合作开发课程，举办技能竞赛和开展职业技能等级认证。三是促进民心相通和文明交流互鉴。院校还可结合企业和当地社区的实际情况开展中华文化交流活动，以人文交流促民心相通。

第三，职业院校要打破信息孤岛。一方面，院校还要加强"校校共享"，避免"各自为战"。参与鲁班工坊等职业教育"走出去"的院校都积累了不同的建设经验，也面临着各自的发展困境。院校之间通过资源共享可在一定程度上解决鲁班工坊发展中的棘手问题，也能以经验成果共享促进项目高质量发展。另一方面，院校要主动争取来自各级政府和"走出去"企业的资金支持。如申请亚洲合作项目资金、中非合作基金、中国-东盟合作基金、独联体合作基金等项目经费支持，拓展多元化资金渠道。

参考文献

[1] 吕景泉.鲁班工坊[M].北京：中国铁道出版社，2018.

[2] 刘立新，周凤华.新职业教育培养面向未来的人才[M].北京：中国人民大学出版社，2020.

[3] 王岚.基于"鲁班工坊"提升我国参与全球职业教育治理能力研究[J].职教论坛，2022，38(3)：37-44.

[4] 吕景泉，汤晓华，史艳霞.工程实践创新项目(EPIP)教学模式的研究与实践[J].中国职业技术教育，2017(5)：10-14.

[5] 王岚.鲁班工坊学生就业质量研究：现实审视与提升路径[J].天津市教科院学报，2020(3)：33-38.

[6] 黄利梅.高校创业教育协同创新机制——基于三螺旋理论视角[J].技术经济与管理研究，2016(6)：25-29.

[7] 王岚，杨延.全球职教命运共同体：基于"鲁班工坊"看中国参与全球职业教育的网络治理[J].中国职业技术教育，2021(6)：12-19.

[8] 中国教育科学研究院，全国职业高等院校校长联席会议.2022中国职业教育质量年度报告[M].北京：高等教育出版社，2023.

职业教育独立孔子课堂的功能定位思考

赵　红　何军拥

广东工贸职业技术学院，广东广州，510510

摘要：随着"一带一路"倡议与"走出去"战略的实施，我国与世界各国教育文化的交流合作日益顺畅，为应对合作国对掌握汉语，学习专业技术、技能的需求，由高职院校与"走出去"合作企业联合在境外设立职业教育独立孔子课堂。本文尝试探索其功能、影响功能实现的因素，并提出促进独立孔子课堂功能实现的举措。

关键词：职业教育；孔子课堂；功能

自 2004 年全球第一家孔子学院——韩国首尔孔子学院成立之后，孔子学院迅速发展，已嵌入中国梦与"命运共同体"的时代命题之中，成为与世界各国教育文化的交流合作、实现"一带一路"倡议目标"民心相通"的重要工具。合作国随着经济发展，对合作企业技术援助的需求市场越来越大，不仅有掌握汉语的需求，更多产生了对专业技术、技能的需求，而本国提供的汉语教育以及职业技术教育机会不足，难以满足合作国对学习技术、技能及汉语的需求，职业教育独立孔子课堂应运而生。

一、职业教育独立孔子课堂的功能定位

关于功能，《辞源》中称，功，事也；"事有成效曰功"。能，能量；功能指事功和能力或功效与作用。《现代汉语词典》给功能的定义是"事物或方法所发挥的有利的作用或效能"。

职业教育是教育体系的一个重要的组成部分，广义的职业教育包括职业陶冶、职业准备教育、职业教育与培训。职业教育的功能除了具有政治、经济、文化等教育的社会功能之外，其特有的促进就业功能、个体持续发展的功能可有效推进社会的进步与发展。党的十九大报告明确，指出"完善职业教育和培训体系，深化产教融合、校企合作"。国务院印发《国家职业教育改革实施方案》开宗明义提出了"职业教育与普通教育是两种不同教育类型，具有同等重要地位"。这就明确了职业教育的主体由原有的单一主体(学校)向双主体(学校与企业)或多主体(学校、企业、行业等)转变，因此，职业教育的功能也要随之升级。

孔子学院为汉语和中华文化的海外传播、为增进中国同世界各国的友好交流做出了重要贡献。按照孔子学院章程所述，孔子学院本着相互尊重、友好协商、平等互利的原则，在海外开展汉语教学和中外教育、文化等方面的交流与合作。孔子学院主要提供五个方面的服务，即开展汉语教学；培训汉语教师，提供汉语教学资源；开展汉语考试和汉语教师资格认证；提供中国教育、文化等信息咨询；开展中外语言文化交流活动等。截至目前，全球已有162 个国家(地区)设立了 541 所孔子学院，在不同国家与地区的孔子学院在海外异质环境中

运行，都会派生出不同特性的教育功能，在具体功能的构成和侧重方面有所不同，因此不同孔子学院具有不同的教育功能。尽管如此，孔子学院作为特殊的教育实体，其功能相对比较单一，主要集中于文化交流的社会功能与个体发展功能。

职业教育独立孔子课堂是在中外语言交流中心（国家汉办）的支持下，由高职院校与合作企业联合在境外设立的办学机构，以职业教育、职工培训为特色，以面向企业员工以及当地社区居民汉语言文化、工业汉语教学、技能培训为主要任务，是孔子学院的一种派生模式。其校企双主体运行的特点决定其除了具有教育的两大功能即影响社会功能与个体发展功能之外，技能培训的延伸功能得到强化。通过职业院校与企业共同参与对劳动力市场的调研，联合设计技术技能培训项目、课程，联合实施对学生的培养与培训，让学生获得就业所需要的职业技能，增强合作国青年学生群体就业的能力，真正实现教育和就业的紧密联系。独立孔子课堂作为一种"走出去"的教育形式，主要发挥汉语教学、人才培养、文化交流、技术培训、技术转移等五大功能。其基本教育功能与延伸功能共同构成了多元化、多层次的独立孔子课堂教育功能系统，并通过此功能系统与合作国环境发生相互作用。

职业教育独立孔子课堂只有确保自身功能定位准确、机制合理，符合当前国际社会环境和教育发展的时代要求，才能保障其功能充分发挥。

二、制约独立孔子课堂功能实现的因素

独立孔子课堂具有何种功能是由职业教育与孔子学院的实际结构决定的。它的功能能否正常发挥、能否全部发挥、能发挥到什么程度，受到客观与主观多种因素的制约。客观因素包括合作国的政治、经济、文化等环境因素，主观因素主要包括个人的文化背景、学习能力、学习取向等个体因素以及合作方之间的相互信任、理念认同、合作模式等协作因素。

(一)环境因素

独立孔子课堂是高职院校与在境外的合作企业共同开展技术技能教育、实施培训的机构。其功能的实现会受到包括合作国的政治、经济、文化等各种环境因素的影响。首先，与合作国的政治互信是实现合作的基础和前提，国家间互相信任、友好的关系是合作开展的必要条件。为了促进各自多方面发展，国家往往根据自身利益和在国际体系中的位置与其他国家结成战略伙伴关系。建立全面战略性合作伙伴关系的两国往往会在经济、政治、文化等领域开展深入合作。其次，政府政策的影响、社会需求、文化环境、合作国国内需求对孔子课堂在本地实现其功能是非常重要的因素。再次，合作国的经济发展情况、对外开放程度、进出口总额等都会影响孔子课堂的设立与运作。最后，合作国高等院校的数量、中外合作企业与中国"走出去"企业数量，也是影响孔子学院与独立孔子课堂设立与运作的重要因素。也就是说，合作国的政治、经济、文化以及终身教育的理念等环境因素会对孔子学院（孔子课堂）的设置、运营产生影响。

(二)协作因素

国内高职院校联合"走出去"企业合作办学是独立孔子课堂最有特色的一种办学模式，校企双方的分工协作就成为影响孔子课堂功能实现的重要因素，包括双方协作理念、协作模式

等多个方面。首先，校企双方的合作目标契合度高、保持相互信任与共同付出的合作理念是保障独立孔子课堂能够顺利发展、实现教育功能的合作基础。其次，不同主体进行合作时，要尊重彼此操作的规范性，尤其是学校（事业单位）与企业的规章制度与操作规范存在差异，如果忽视了这种差异，就可能出现合作障碍，失去信任的基础。第三，校企协同办学还需要双方权利义务的分配的对等，需要双方的共同付出，共同投入人力、物力、财力以及教育、培训资源，以保障孔子课堂的持续发展，提升双方合作空间。

此外，职业教育独立孔子课堂运作还需要中外语言交流中心支持、教育主管部门指导、行业协会协调等多方协同，共同推进。尤其是合作国政府的支持与认同。通过不同合作主体之间的互动与博弈，不断创造新的共同利益点，保障孔子课堂组织系统机制运行顺畅，使得基于教育的各项功能顺利实现。

（三）条件因素

目前我国走出国门在境外开展合作办学的高校鲜有，尤其是高职院校走出去与在境外的企业联合办学更是凤毛麟角。孔子学院章程中明确了设立孔子学院所必需的基本条件，即人员、场所、设施和设备，必备的办学资金和稳定的经费来源，这些也是保障境外孔子学院（课堂）各项功能实现的基本条件。因此，要保障职业教育独立孔子课堂各项功能的实现，需要校企双方共同投入满足以下基本条件。一是要有可以实施教育与培训的办学场所，包括教室、图书室、实训室等；二是要有可以开展教育与培训的设备，包括多媒体设备、生产实训仪器设备等；三是要有数量充足来自学校与企业的可以满足汉语教学与技术、技能指导与培训的教师与专业技术人员；四是要有一定数量的教学资源与培训资源，包括校企共同开发的教材、素材、培训包等教育与培训资源；五是要有一支具有先进职业技能教育理念、能力较强的、素质较高的管理队伍；六是校企双方都要有持续充足的资金投入等。只有校企双方在共同的理念指导下，和谐共处、共生共长，共同创造出满足独立孔子课堂运行的基本条件，才能保障职业教育独立孔子课堂各项功能圆满实现。

（四）个体因素

个体是相对于群体而言的具体的个人，是处在一定社会关系中具有独立地位、自主能力、能发挥独特作用与自主行使权利义务的有生命的单个的社会人。对个体而言，通过教育可以改变个体社会地位、政治地位和经济地位，促进个体和谐全面的发展。中国"走出去"企业面临普遍、亟须解决的一个问题是当地雇员职业素养较低、与中国企业文化融合困难的问题。职业教育独立孔子课堂的设立目的是开展语言教学与技能培训，为合作国的青年个体的发展创造良好的教育环境，为提高国民技能水平，实现更高质量和更充分的就业创造机会。能否顺利实现孔子课堂的功能受到个体因素的影响，不同国家不同个体内在的认知、人格发展各不相同，个体与外在的人际、群己、社会、自然等各种关系的处理能力，都会影响到社会关系服务于个体发展的实践需要。个体的能力、素质、需要、个性等方面的发展同样会影响到教育功能的实现。

三、独立孔子课堂功能实现路径

英国 Brand Finance Plc（简称 BF）发布了其对世界最强 60 个国家软实力的最新研究报告——《全球软实力排名 2021》，中国排第 8 位，很多国家已经深刻地感受到中国的综合实力和文化影响力，特别是"一带一路"共建国家。职业教育独立孔子课堂作为推动中国文化走出去的重要途径和促进中外文化交流的重要形式，要想充分实现自身教育功能，就要借助中国在世界各地区的影响力，进一步促进源远流长的中华文化走向国际社会，在全世界得到一致的认可。

（一）借助国家战略，优化合作环境

国家主席习近平提出建设"新丝绸之路经济带"和"21 世纪海上丝绸之路"的合作倡议，"一带一路"倡议旨在借用古代丝绸之路的历史符号，高举和平发展的旗帜，积极发展与共建国家的经济合作伙伴关系，共同打造政治互信、经济融合、文化包容的利益共同体、命运共同体和责任共同体。"一带一路"倡议的实施为相关国家民众加强交流、增进理解搭起了新的桥梁，为不同文化和文明加强对话、交流互鉴织就了新的纽带，推动各国相互理解、相互尊重、相互信任，营造了良好的国际合作环境；此外，"走出去"战略及在境外企业的设立、境外投资管理、境外加工装配、对外承包工程、对外劳务合作等方面制订一系列政策措施，为推动我国企业"走出去"开展跨国经营创造了顺畅的国际合作环境。

中国企业积极与"一带一路"相关国家进行了投资、共建等合作项目，2020 年，我国企业在"一带一路"沿线对 58 个国家非金融类项目直接投资 177.9 亿美元。截至 2020 年 11 月，中国已经与 138 个国家、31 个国际组织签署 201 份共建"一带一路"合作文件。随着"走出去"企业建设工作的深入，企业将会雇用更多的当地员工，合作国对职业技术教育和汉语学习需求十分迫切。职业教育独立孔子课堂将为实施技术、文化走出去的战略举措，顺应国家战略营造的良好合作环境，协同走出去企业以树立良好的国家形象、提升中华文化的国际影响力共同努力。

（二）深化校企协同，提升治理能力

正如孔子学院主要采取合作办学的形式一样，独立孔子课堂也是采用了合作办学的方式。所不同的是孔子学院大多采取境内高校与境外高校合作，而独立孔子课堂采用的是境内高职院校与"走出去"企业在境外合作办学，因此，深化合作主体之间的良性互动是促进独立孔子课堂功能实现的重要途径。

职业教育独立孔子课堂的运作是基于产教融合、校企协同、中外合作的开放的动态系统，只有充分明确了学校与企业这两个主体之间的权力与责任的关系，两个主体各自明确自身的定位与发展方向，做自己最有能力做好的事情，共同为独立孔子课堂的整体利益服务，这个双主体合作运行机构的治理能力才能得到提升。其中，学校与企业内部各要素的有机协同，包括人才、物质、技术、信息等资源要素的协同尤为关键。只有校、企内部各要素之间协同合作，相互配合，在协同中和谐地实现自身的功能，才能获得最终的协同效应，顺利实现独立孔子课堂的功能。

深化校企合作要基于共同目标实现协同发展。首先,双方在政府的指导下,根据自身发展需求,以目标导向进行协同共商确定合作意向,制定合作的相关章程并形成规范化的合作协议;其次,双方在专业技术人才的培养和培训等方面形成深度合作的共建共育机制;第三,按照双方共同设置的孔子课堂的规则程序、组织机构、运行机制等,实施规范化的管理;第四,由企业的工程师与高职院校的教师共同设计、建设课程资源,以保证整个课程体系与相应的职业标准对接,体现出技能性。最后才能提升治理能力,保障独立孔子课堂的顺利运行,切实用于指导高职院校和企业的具体工作。独立孔子课堂校企合作治理机制如图1所示。

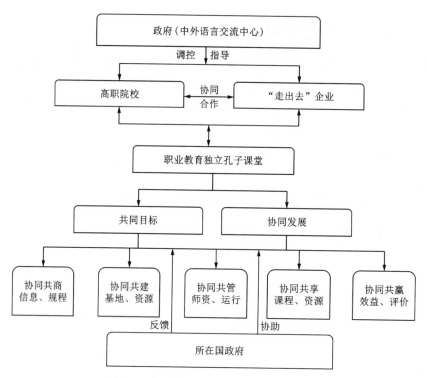

图1 独立孔子课堂校企合作治理机制

(三)增强办学条件,整合多方资源

要保障独立孔子课堂各项功能的实现,不仅要满足《孔子学院章程》中设立孔子学院所必需的基本条件,即人员、场所、设施和设备,必备的办学资金和稳定的经费来源,还要发挥多元合作模式的优势,不断整合多方资源,增强办学条件。一是要在政府支持下,构建完善职业教育与企业境外联合办学相关法规政策,逐渐通过合作国的规范化认证程序实现认证课程与文凭,更好地促进职业教育独立孔子课堂的发展;二是在《孔子学院章程》下,借助多元合作的各方力量,各自发挥优势,分工负责、齐抓共管,共同配备孔子课堂开展教学与培训的软、硬件条件,并不断优化提升,以保障接受教育与培训学生与学员的权益。逐步形成中外语言交流中心(原国家汉办)宏观管理,合作国政府、行业协会、教育主管部门等社会监督、

高职院校与企业联合办学的有效运行机制（见图2）。三是要加强孔子课堂自身能力的建设。明确办学指导思想、做好顶层设计，设计科学管理机制，才能保障办学条件，包括教学实训场地、教学培训设备、教学培训师资、管理团队完善并且运行高效，在合作国形成较高的影响力。

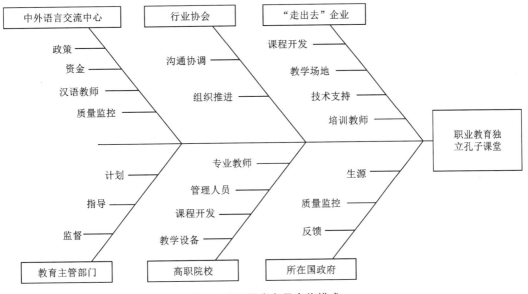

图 2　孔子课堂多元合作模式

多主体参与的高等职业教育需要政府、企业、学校、学生等参与主体紧密合作，通过参与主体要素的创新推动高等职业教育全要素创新，通过机制、体制创新实现高等职业教育现代化的发展和价值增加。相对于主体性质和利益目标的差异，多主体参与的高等职业教育需要通过创新打破产权、组织边界，在利益平衡的基础上实现高等职业教育功能。可以从多主体高等职业教育的组织形式、产权内涵、参与过程、局部参与形式等进行探索创新，不仅可以探索"校企合作"，也可以打破"所有制产权"的产权思维，探索"混合所有制"等组织方式。这个过程离不开资源共享和风险共担，需要建立健全多方认可、科学的民主参与机制，通过民主参与机制实现多主体协作的积极性、整体性，进而实现深度融合。这是实现整合多方资源的合作前提，也是增强办学条件的必要举措。

(四)激发个体学习热情,保障技术传授效果

职业教育孔子课堂通过开展技术与技能教育培训，解决职业技能和劳动力市场所需技能不匹配的问题，针对一些有特定需求的年轻人，把他们的需求和企业供给搭建起桥梁从而使得就业水平更高效合理，同时也满足了"走出去"企业在合作国承担部分社会责任的需求。

一是借鉴"欧盟2020战略"联合合作国政府，推进支持通过教育活动帮助青年获取、提升就业技能。在此框架下提出了对终身学习计划加大财政投入支持；对失业的成人进行职业技能再培训；开发非正规和非正式的资格技能认证培训课程；通过职业教育和非正规教育活动帮助青年获取就业技能等。可由"走出去"企业与高职院校联合当地政府，为个体学习者提

升就业能力与就业水平创造良好环境。

二是充分激发个体学习者的学习动机。有效的教学首先应当深入了解并激发当地参加学习与培训者的学习动机，包括以兴趣为驱动力的融入型动机，以实用性和外部因素为驱动力的工具型动机。内部动机能对学习产生较为持久的激励作用，外部动机也很重要，是激励学习者坚持学习的另一重要动力。孔子课堂在开展汉语教学、技术培训时，应激发学习者学习汉语与技能的动机，并且在教学的过程中强化学习动机，促使学生保持学习汉语、学习技术的兴趣和积极性。

三是联合"走出去"企业建立与当地政府和社会的合作发展模式。联合开办独立孔子课堂的企业积极开展与当地政府和社区的合作发展模式，为当地居民创造各种培训条件，提高职业技能，促进当地居民就业及社会发展，这也非常有利于汉语语言推广和文化传播。

此外，通过互联网技术支持，加强网络在线学习资源的建设与应用，也是扩大语言、技能、文化传播范围，增加学习者兴趣，保障孔子课堂功能实现的重要路径。

总之，在国家"一带一路"倡议背景下，独立孔子课堂要通过不断提升教学、培训、管理、科研等方面水平，保障其教育功能的顺利实现。

参考文献

［1］贺书霞，冀涛. 多主体高等职业教育的功能重塑与属性发展［J］. 中国职业技术教育，2020（15）：82-88.

［2］蓝洁. 技术技能积累机制转型与职业教育功能承载［J］. 中国职业技术教育，2017（12）：31-34.

［3］刘晶晶. 基于协同理论的高职教育产教融合机制及优化策略研究［D］. 武汉：华中师范大学，2019.

［4］陈璐，东南亚孔子学院分布与数量的影响因素研究［J］. 文学教育（下），2020（6）：44-49.

［5］高奇. 职业教育功能［J］. 中国职业技术教育，2005（5）：17-20.

［6］李亚军，窦志铭，李健艺. 企业大学功能演进与职业教育产教融合、校企合作［J］. 中国职业技术教育，2019（19）：69-74.

［7］赵跃. 孔子学院教育功能研究［D］. 济南：山东大学，2014.

［8］戴瑶. 维也纳大学孔子学院发展及现状调查研究［D］. 北京：北京外国语大学，2014.

在"一带一路"历史机遇下孔子学院
与鲁班工坊融合发展模式的探索与研究

——以"中国-赞比亚职业技术学院(赞比亚鲁班工坊)"为例

曾锦翔 孟晴 谢丽呆 王瀛

北京工业职业技术学院,北京,100042

摘要: 本文旨在研究在"一带一路"倡议的历史机遇下,孔子学院与鲁班工坊融合发展模式。职业教育联合有色行业建立中国-赞比亚职业技术学院,进而推动了两者融合,使学校发展孔子学堂,走向高端化、精品化、国际化,使孔子学院与鲁班工坊共同服务"一带一路",配合企业发展,培训有色集团海外企业员工,招收当地学生,发展工业汉语的同时输出中国的职业教育模式,输出中国职业教育标准,打造可复制的职业技术学院。

关键词: 孔子学院;中国-赞比亚职业技术学院;中文+职业教育;有色金属行业职业教育走出去

引言

"一带一路"倡议是承载时代使命的世纪工程,是构建人类命运共同体的伟大实践,掀开了世界发展进程新的一页。"一带一路"互联互通的理念不仅影响着世界,也为国内的行业、企业、院校提供新的合作发展理念与机遇。在教育领域,服务"一带一路"建设,配合中国装备"走出去"和国际产能合作的重要举措是加快职业教育国际化步伐,丰富孔子学院内涵建设,深化校企产能合作,共同培养职业教育海外技术技能人才的重要战略举措。这一举措不但能切实提升职业教育对外开放层次和水平,提高非洲自身人才"造血"功能,而且能不断提升职业教育国际化、服务中非共同发展大局的能力。

一、孔院的辉煌与挑战

孔子学院是我国在海外设立的以教授汉语和传播中国文化为宗旨的非营利性教育机构,其宗旨是增进世界人民对中国语言和文化的了解,发展中国与外国的友好关系,促进世界多元文化发展,构建和谐世界。自 2004 年开始,随着中国经济的快速增长和国际交往的日益广泛,世界各国对汉语学习的需求急剧增长,中国海外孔子学院的成功落户极大地促进了和谐的国际环境的构建。截至 2018 年 12 月 31 日,全球 154 个国家(地区)建立 548 所孔子学院和 1193 个孔子课堂,在推动汉语快速走向世界,提升中国语言文化上有巨大影响力。

孔子学院作为中国文化传播的重要桥梁，同时作为提升中国国家形象和中国国际关系的重要变量，在跨文化交往和信息传播过程中，不同国家和地区间的文化接触、摩擦、碰撞与融合的现象不可避免，其在跨文化传播中也存在着盲点。近年来以美国为首的西方国家封闭政策抬头，他们越来越趋向于寻找各种各样的理由来限制中国的发展。在文化教育方面，孔子学院的发展就遇到了巨大的挑战。

在中国"软实力"的构建中，中国孔子学院负载的巨大功能及其独特性，当然不是某一个教育专业或者机构所能比拟的。以往孔子学院与本科院校进行合作，如今面对新的形势，孔院可以居安思危勇于创新，而在职业院校实力提升的今天，在国家职业教育改革实施方案20条提出职业教育与普通教育具有同等重要地位的今天，或许职业教育同样可以申请孔子学院/孔子学堂，彼此打开一个新的窗口，在未来更好地实现孔子学院作为中国在世界范围内的文化符号的重要价值，也为今后孔子学院的进一步建设与发展提供些许借鉴。

二、"一带一路"倡议下的机遇

"一带一路"倡议作为我国主动参与全球开放合作、促进世界各国共同发展繁荣、推动构建人类命运共同体的重大举措，已然成为当前国际社会最受欢迎的全球性倡议。2018年中非合作论坛北京峰会以"合作共赢，携手构建更加紧密的中非命运共同体"为主题。峰会通过了《关于构建更加紧密的中非命运共同体的北京宣言》和《中非合作论坛-北京行动计划（2019—2021年）》两个重要成果文件。"八大行动"中的第五条是实施能力建设行动。中国决定同非洲加强发展经验交流，支持开展经济社会发展规划方面合作；在非洲设立10个鲁班工坊，向非洲青年提供职业技能培训；支持设立旨在推动青年创新创业合作的中非创新合作中心；实施头雁计划，为非洲培训1000名精英人才；为非洲提供5万个中国政府奖学金名额，为非洲提供5万个研修培训名额，邀请2000名非洲青年来华交流。

职业教育为我国经济社会发展提供了有力的人才和智力支撑，服务经济社会发展能力和社会吸引力不断增强。随着我国"一带一路"倡议的提出，沿线各国产业升级和经济结构调整不断加快，各行各业对技术技能人才的需求越来越迫切，职业教育的重要地位和作用越来越凸显。校企联合办学活力显著，在这个新的发展阶段，可以说缺少职业教育的国际化是不完整的教育国际化。而如此高规格、大规模的文化交流与合作，为孔子学院与中国-赞比亚职业技术学院（鲁班工坊）的融合发展提供了良好的历史机遇。

三、有色金属行业职业教育走出去项目（中国-赞比亚职业技术学院——非洲鲁班工坊的成立）

自教育部批准《关于同意在有色金属行业开展职业教育"走出去"试点的函》（教职成厅函〔2015〕55号）以来，中国有色金属工业协会在教育部指导下，依托全国有色金属职业教育教学指导委员会，以中国有色矿业集团为试点企业，组织国内8所职业院校积极开展职业教育"走出去"试点，得到了赞比亚政府、社会和驻赞企业的高度认可，取得显著成效。主要开展的工作有：

(1)积极开展企业员工培训。北京工业职业技术学院等多所国内合作高职院校先后为驻赞中资企业开展了钳工、电工、机电维修工、仪表工、电焊工等十多个工种、近50期员工技能培训,受训人员达800多人。联合国家开放大学开发《工业汉语》双语教材、职业教育走出去系列英文专业教材,提升了海外企业本土员工职业素养和技能,为企业发展提质增效。

(2)输出中国职业教育教学标准。提升了职业教育服务国家战略的能力。2019年3月20日,试点院校与赞比亚职教专家合作开发的5项教学标准通过了赞比亚高等教育部审核,现已纳入赞比亚国民教育标准,既填补了赞比亚国家职业教育教学标准的空白,又迈出为世界职业教育发展贡献中国职教方案、中国职教智慧的第一步。

(3)摸清政策要求。有色金属行业通过与教育部、外交部、发改委、财政部、商务部、国家国际发展合作署等部委沟通,摸清了现有政策要求和支持渠道,利用孔子学院、来华留学、教育援外等相关资源,确保了试点工作的稳步推进。通过试点探索和实践,制约职业教育"走出去"的难点问题正逐步得到解决,为国家提供了可借鉴的政府、行业、企业、学校协同"走出去"的发展模式。

(4)成立中赞职业技术学院。中国有色矿业集团有限公司与试点院校联合举办的中国-赞比亚职业技术学院获赞比亚政府批准成立,开启了校企联合海外办学的新模式,也是我国首个在海外开展高等职业学历教育的院校。以产教融合、校企合作为原则,组织高职院校协同国内外企业走出去,在海外成立独立举办的、具有中国标准的、开展学历教育的高职院校。依据当地法律法规与教学要求,按照校企联合董事会框架,面向所在地高中毕业生开展中、高等职业教育,以及本土化员工的技术技能培训。始终以构建高质量教育体系为总目标,切实增强职业教育国际性与适应性,打造为可复制的、具有中国特色、世界水平的现代职业教育体系重要一环,为促进经济社会发展和提高国家竞争力提供优质人才资源支撑。

四、中国-赞比亚职业技术学院人才模式与孔子学院的契合点

中国-赞比亚职业技术学院将在2019年正式申办在赞比亚开展职业教育,为赞比亚的经济建设和工业化培养高水平的技能人才,尤其是为在赞的中资企业营造良好投资环境,提供有力的人力资源支撑。如图1。

以企业的实际工作任务为依托,与院校共同开发培训课程,实现了技能培训课程设置与员工就业岗位要求的有效对接,优化产业结构的同时,促进劳动者实现更高质量的就业。制定与之相对应的师资队伍建设规划,优先配置五大专业标准领域的师资队伍资源,切实加强一体化人才队伍的建设工作。明确企业实际生产岗位的要求,按照岗位能力课程体系的标准,把工作任务作为教学的最小单元,完成生产项目到教学任务的转化,提高企业员工的各项专业技能与生产效率,进而推动技术更新与产业升级。中色卢安夏铜业有限公司也将继续支持做好教师代管以及校舍升级改造工作。

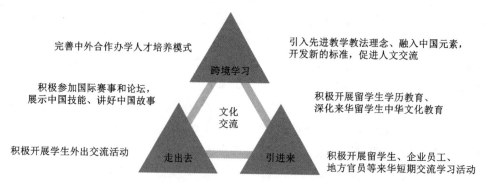

图1 中文+职业教育多元化培养国际人才促进国际文化交流

（一）建设海外人才建设高地

一是与海外国家国民教育体系深度融合，输出中国职业教育标准，建立适应中国技术装备标准的人才培养标准，打造海外国家职业教育的优势地位；二是通过开展学历教育、员工培训为企业培养具备较高汉语水平、较强技术能力、熟悉中国企业文化的技术技能人才，提高应用型、技术技能型和复合型人才培养比重，将学校建设成为技术技能创新服务平台。

（二）完善国际化人才培养模式

为我国职业教育"走出去"探索新路径、打造校企深度合作新模式。职业教育"走出去"试点工作的核心成果，是"行、企、校"三方联动的成功案例，是为服务国家"一带一路"倡议而生，是为保障国家资源安全而生，是为促进职业教育产教融合而生。完善国际化人才培养模式的方法有：将向应用型、技术技能型人才培养倾斜，做好实验实训实习环境、平台和基地建设，鼓励吸引行业企业参与，建设产教融合、校企合作、产学研一体的实验实训实习设施。

（三）完善校企人才激励机制

开创性地将汉语能力特别是工业汉语能力与企业薪资挂钩，激励海外员工的汉语学习积极性，拓展汉语教学规模，壮大海外企业的生产经营生命力。在开展海外企业员工技能培训和学历教育的同时，与国家开放大学成立赞比亚学习中心，推广工业汉语教学、与孔子学院成立孔子学堂，大力传播中华文化，并借助有色金属行业的规模，将影响力进一步扩大到"一带一路"共建国家，建立教育交流合作机制，吸引优秀留学生来华交流学习与工作。

（四）建设多元办学格局

"职教20条"提出，经过5到10年左右时间，职业教育基本完成由政府举办为主向政府统筹管理、社会多元办学的格局转变。而中国–赞比亚职业技术学院(鲁班工坊)与孔子学院融合产生的鲁班学院的成立就是一个由追求规模扩张向提高质量转变，由参照普通教育办学模式向企业社会参与、专业特色鲜明、独具中国文化特色的教育类型转变，大幅提升新时代职业教育现代化水平，为促进经济社会发展和提高国家软竞争力提供优质人才资源支撑的典范。

(五)积极服务"一带一路"倡议,探索孔子学院与鲁班工坊合作的新模式

中国–赞比亚职业技术学院(鲁班工坊)与孔子学院的融合将诞生一个升级版的职业院校:鲁班学院。它不仅仅是一个 workshop,更是一个集合多种职业技能+中文的、能为"一带一路"共建国家培养当地急需的技术技能人才的 institute,一个集现有国家专业教学标准和优质国际化职业教育资源输出的成功范例,一个服务中国企业走出去、形成独具中国特色的,具有国际影响力的现代职业教育品牌。结合现有的中国–赞比亚职业技术学院的架构,孔子学院直接参与到校董会的工作当中,直接参与讨论、决策各种管理问题,从顶层进行中文的教育引入与实施的问题。

五、积极配合企业"走出去",服务于国家"一带一路"倡议发展战略

随着我国"一带一路"倡议和国际产能合作的逐步推进,为积极配合企业"走出去",职业院校也在全面提升职业院校国际化水平,为职业教育国际化发展开山铺路。更新教师顺应时代发展的专业技能,重点在于通用技能与专业技能的提升。通用技能包括英语、汉语、文化交流(语言学习如考雅思+国际英语教师证);专用技能为不同专业的技能水平与专业背景(取得各专业证书+参加信息化教学大赛+取得 1+X 证书等);鼓励教师在专业领域深耕的同时,拓展取得《国际汉语教师资格证》。如图 2。

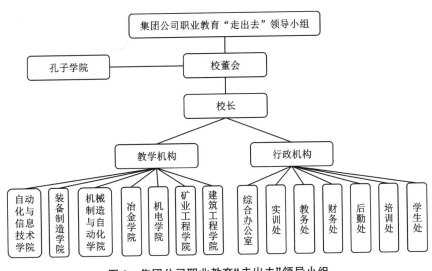

图 2 集团公司职业教育"走出去"领导小组

(一)职业院校申办孔子课堂

北京工业职业技术学院作为"走出去"8 所院校之一,从一开始就确定了将海外分院建设成具有典型意义的鲁班工坊的目标,按照从企业海外员工的技能培训、孔院学生的汉语+专业学习、到选录优秀学员来华留学(设立奖学金)、最后学员学成返回海外企业的模式培养学生。院校培养的优秀员工不仅掌握中国技术、理解中国文化更成为"一带一路"的心心相印建

设者。与此同时，不断完善高层次应用型人才培养体系，制定国际技能大赛、全国职业院校技能大赛、世界技能大赛获奖选手等免试入学政策，探索长学制培养高端技术技能人才。职教20条提出要培育大量的产教融合型企业，推动建设具有辐射国际、引领示范作用的高水平专业化产教融合实训基地，支撑建设至少50所鲁班学院，分布全球不同国家。北京工业职业技术学院也将积极争取，并按照"中文+职业技能"模式开展职业教育。

（二）中国走向海外的职业教育教学标准融入孔子学院汉文化元素

中国有色集团倡导员工与企业的共同成长，从海外员工的发展需求与能力素质出发，由试点项目组召开两次教学工作研讨会明确专业和专业标准，协同有色金属行业协会牵头各试点院校起草和反复修改教学标准，使他们有更多机会在学校系统学习专业知识，为赞比亚培养更多的技术人才。在有孔子学院加入的情况下，教学的内容将更加丰富，也更具有中国特色。员工具有基本的操作技能可以提高企业生产力；培养理论与实际相结合的技能人才去额宝保证企业的生产效率

加入中国文化的学习可以培养理解与接受中国文化的管理人员，确保企业管理政策顺利实施。最终，企业员工变成通晓中国标准与接受中国文化的心心相印建设者。学生也可以包含外籍教师、外方政府机构管理者等(图3)。

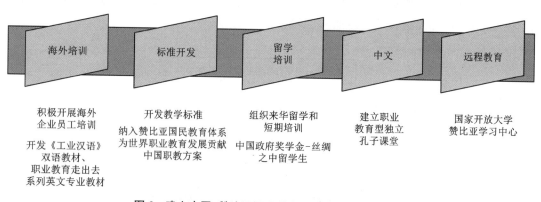

图3 建立中国-赞比亚职业技术学院，开展学历教育

（三）共荣共生——打造可复制的高一阶"走出去"合作平台

链接政、行、企、校，构建应用型人才生态体系。从政府的层面来讲，应主导通过更多的政策调整来推动社会资源的调用，解决产教融合中的一些实际问题，打通政策壁垒，支持企业在人才标准建设上的自立；从行业的层面来讲，应协同推动行业标准的建立，实现跨行业、跨企业的共用共享，以行业发展趋势引领企业的人才培养方向；从企业的层面来讲，应有更好的开创心态，创新业务实际场景，更好地支持学校进入，鼓励企业中的专家走进校园，培养一批企业能够认可的人才，推动人才标准的建设，参与学校课程、师资和教学等工作；从学校的层面来讲，应具备改革和开放的心态，针对企业用人标准梳理人才培养方案，打通相关课程，将实际业务生态引入校园，参与标准建设。打造高一阶合作平台，做好资本和品牌输出、文化与价值观的输出(图4)。

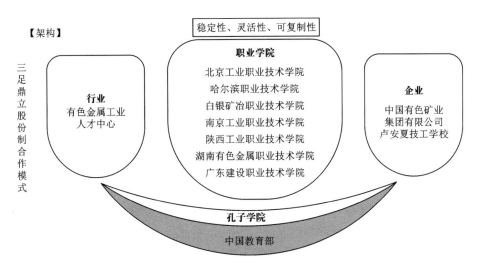

图4 政、行、企、校合作模式

建设一批以中国海外系列职业技术学院,以中国首个职业教育型孔子课堂为抓手,借力我国海外企业的优质资源,将中赞职业技术学院和孔子课堂教学模式和"中文+职业技能+等级证书"制度逐步复制到刚果、哈萨克斯坦等"一带一路"共建国家,扩大试点工作成果,为"一带一路"倡议贡献职教方案、职教智慧。

结语

在新的形势下,孔子学院与时俱进,主动求变。新时势引入新的机制提升自身的"软实力",适应输入国的文化环境,对接高职院校成立孔子课堂,形成独具特色的中华文化传播的亮丽窗口:职业技能+汉语。这不但丰富了高职院校的国际学生培养事业,是推进"一带一路"建设的重要部分,也将为扩大"一带一路"朋友圈,实现人类命运共同体提供必要的人才支持。高职院校也应明确自身在"一带一路"建设中的职责使命,以主动的姿态,为国家培育大批"一带一路"共建国家高素质职业人才。

赞比亚共和国就业需求及趋势分析

车伟坚　沈燕芬　杜　营　王咸锋

广东建设职业技术学院, 广东广州, 510440

摘要：本研究通过分析赞比亚普通教育状况、就业状况和技能培训状况，指出赞比亚职业教育应该优先考虑制造业、农业、畜牧业、师范教育、信息和通信技术、医疗卫生、旅游业。

关键词：职业教育；赞比亚；就业需求

2015年12月，教育部批准中国有色金属工业协会依托全国有色金属职业教育教学指导委员会，以中国有色矿业集团作为试点企业，在有色金属行业开展我国第一个职业教育"走出去"试点，首批参与试点项目的有8所职业院校，2019年扩大至13所。试点院校先后派出若干批专业教师赴赞，为当地企业的近千名员工开展建筑架子工、焊工、钳子工等培训；试点院校先后开发的9项教学标准通过了赞比亚高等教育部审核且纳入赞比亚国民教育标准。2019年4月，中国有色矿业集团有限公司与试点院校联合举办的中国-赞比亚职业技术学院获赞比亚政府批准成立，开启了校企联合海外办学的新模式，也成为我国首个在海外开展学历教育的高等职业学院。学院主要面向赞比亚高中毕业生开展中等职业教育和高等职业教育，以及面向中国有色集团驻赞企业员工开展技术技能培训。目前，中国-赞比亚职业技术学院下设自动化与信息技术、机电一体化、机械制造与自动化、装备制造、建筑工程、矿物加工、资源环境工程、选矿工程等8个专业。学院位于赞比亚卢安夏市，占地100亩，现有教室、实训室30余间，学生宿舍4栋。

海外办学异常艰辛，人才培养方向受到当地经济、文化、政治、地理等因素的影响，笔者拟从赞比亚的教育状况、就业状况和技能培训状况等进行分析，力图为海外办学的人才培养方向做探索。

一、赞比亚的基础教育现状

赞比亚是撒哈拉以南的内陆国家，总面积为75.2614万平方公里，是中南非洲面积较小的国家之一。赞比亚独立之前称为北罗得西亚，1924年，成为英国殖民地。1964年10月24日，独立成为赞比亚共和国，此后先后经历了1964年至1972年的多党制、1972年至1991年的一党制和1991年以来的多党制三个主要执政阶段。赞比亚共有十个省，细分为105个区，卢萨卡是赞比亚的首都和政府所在地。2018年，赞比亚的总人口是1760万。

赞比亚教育实行"9-3-4"的学制结构，即九年基础教育（包括1~4年级的低级基础，5~7年级的中级基础，8~9年级的高级基础）、三年高中教育和四年的大学第一级学位（获得本科文凭）。各阶段性间的升学须由国家组织的选拔性考试来决定，由此形成了7年级、9年级和12年级考试三大考试。这三大考试统一由赞比亚考试委员会（ECZ）来组织实施，并负责发放相应的毕业证书和文凭。赞比亚的资格证书分为十个级别，如表1所示。

表1 赞比亚的学制结构表

国家资格证书框架级别	学龄	年级	学制/年	基础教育与高中教育	TEVET职业	高等教育
10			3			博士学位
9			1~2			硕士学位
8			1~2			研究生学历
7			4~5			学士学历
6			1~3		毕业文凭（技术人员）	大专学历
5			1~3		高级证书（技师）	
4			1~3		技工证书	
3			1~3		贸易证书	
2	16~19	10~12	3	高中教育		
1	14~16	8~9	2	基础教育-高级基础		
0	7~14	1~7	7	基础教育-低级基础 & 中级基础		

赞比亚普通教育部（Republic of Zambia Ministry of General Education）从2004年起，平均每年发布一份《教育统计公报》，公告赞比亚的基础教育状况。

（一）入学情况

2017年公报指出，赞比亚2017年共有328.8万名小学生，小学的毛入学率是104.3%（有些超龄入学），净入学率是87.9%；共有85.15万名中学生，中学的毛入学率是46.4%，净入学率是42.9%。对于一年级新生来说，毛入学率是110%，净入学率是50.5%。

赞比亚有三所公立大学，2015年的总招生人数是2.28万人，只有35%的学生是理工科，显示公立大学的培养目标与劳动力市场的要求不符。共有职业学院学生2.6万人，接受高等教育的比率不到1%。

（二）学校与设施

公报指出，截至2017年，赞比亚的中小学校共9852所，其中小学8843所（占90%），中学1009所（占10%），分配非常不均衡。81.7%的小学和66.1%的中学位于农村地区（农村人口占总人口的65%）。

中小学校共有 64639 间教室,其中小学 53564 间(占 83%),中学 11075 间(占 17%)。在教室设施方面,共有固定教室 53843 间(占 83%),其余为未建好或者临时教室。小学拥有固定教室 43627 间(占 81%),中学 10216 间(占 19%)。

赞比亚的生书比非常低,平均生书比即普通学生总数(不包括 APU 学生)除以书籍总数。小学阶段,英语、生活技能、数学和赞比亚语的生书比分别为 2/7、1/5、1/4 和 2/7,中学阶段为 2/7、1/6、1/5 和 1/6。书籍的缺乏特别是生活技能和数学书籍的缺乏,是限制赞比亚教育发展的主要原因之一。同时由于教学资源缺乏,大部分小学生在校上课的时间是半天。从 1 年级到 12 年级,学生花费在培养读写能力上的时间从 1.5 小时逐年上升到 5.0 小时,具体的情况如表 2 所示。

表 2   2017 年赞比亚中小学生的生书比、生室比和在校时长情况表

	生书比	生室比(学生人数与教室数之比)	学生平均每天在教室时间/小时
小学	1.02	42.0	5.1
中学	0.82	45.7	6.7

在电脑配置方面,赞比亚中小学共有 34872 台电脑,生机数为 118.7,只有 5.8% 的小学和 28.5% 的中学连通了互联网。

(三)师资情况

公报指出,截至 2017 年,赞比亚共有中小学教师 106270 名,其中 73.5% 是小学教师。从性别看,小学教师的男女比例是 0.82,中学教师这一比例上升到 1.13。中小学教师流失率为 6.2%,主要原因是待遇低。小学的生师比是 42.1,而中学为 30.2。具体情况如表 3 所示。

表 3   赞比亚中小学师资情况表

	教师人数/名	教师流失人数/名	生师比
小学	78099(73.5%)	5250(6.7%)	42.1
中学	28171(26.5%)	1328(4.7%)	30.2
总和	106270	6578(6.2%)	

公报指出,截至 2017 年,赞比亚中小学教师中,获得学士学历的有 10922 人(占 10.3%),获得大专学历的有 52966 人(占 49.84%),获得职业证书的有 38454 人(占 36.19%),不清楚或没有接受过任何训练的有 3928 人(占 3.7%)。41% 的小学教师拥有教师资格证,38% 的小学教师拥有初等教育或中等教育文凭;7% 的中学教师拥有教师资格证,65% 的中学教师拥有初等教育或中等教育文凭。

2017 年,有 37% 的教师和 40% 的在校生接受过生活技能、防治艾滋病和性教育的培训,生活技能、防治艾滋病和性教育的培训覆盖了 62.4% 的学校。只有 53.1% 的学校提供了女生经期管理教育。

赞比亚的大学教师有 373 人,职业学院教师有 873 人,共占赞比亚教师总人数的 1.16%。

(四)教学质量

公报指出,截至 2017 年,赞比亚的初中等教育中,共有 71.7% 的学生能进入 9 年级的学习,31.8% 的学生能进入 12 年级的学习,93.5% 的学生可以一直学习到 5 年级。

政府政策是 7 年级自动升级到 8 年级,因为有足够的名额。9 年级学生的考试通过率是 55.27%,12 年级学生的考试通过率是 64.84%。

公报指出,低教学质量、低教育完成率、低生书比、低在校时间,预示着赞比亚的普通教育还有很长路要走。

二、劳动力发展及现状分析

(一)劳动力概况

赞比亚的中央统计局(Central Statistical Office)和劳动及社会安全部(Ministry of Labour and Social Security)于 1986 年进行了第一次劳动力调查,2005 年、2008 年、2012 年、2014 年和 2017 年分别做了全国范围的以家庭为单位的劳动力调查。《2017 年劳动力调查报告》(2017 Labour Force Survey Report, LFS, 2018 年 12 月发布)指出:

(1)2017 年,全国总人口预计 1641 万,农村人口占 57.5%,城市人口占 42.5%;女性占 51.5%,男性占 48.5%。人口按照年龄分布呈金字塔形,平均年龄 17 岁,0～14 岁占比 44.79%,15～34 岁占比 34.11%,35～59 岁占比 16.78%,60 岁以上老人占比 4.31%。由此可见,赞比亚有 79% 的人年龄在 34 岁以下。

劳动适龄人口(working age population, 15 岁及以上)905.7 万,劳动力人口(labour force population,有劳动能力和就业要求的劳动适龄人口)339.8 万,青年劳动力(15～35 岁)188.7 万,占劳动力人口的 55.5%。

(2)截至 2017 年,就业人口 297.1 万,其中在正规部门就业的占 45.7%,在非正规部门就业的占 31%,自用生产劳动(activities of household as employers)者占 23.3%。正式就业者占 36.9%,非正式就业者占 63.1%。86.6% 就业人员的受教育水平在高中或以下,如表 4 所示。

表 4 就业人员的受教育水平

受教育水平	总人数/人	占比	男性比例/%	女性比例/%
总和	2971170	100%	60.5	39.5
没有受过教育	164700	5.54%	44.7	55.3
1～7 年级	969795	32.64%	52.5	47.5
8～12 年级	1436797	48.36%	67.3	32.7
证书/文凭	324014	10.91%	60.4	39.6
学士学位	61488	2.07%	68.2	31.8
硕士学位	14375	0.48%	77.5	22.5

（3）失业人口 42.7 万，失业率 12.6%。男性失业率为 11.9%，女性失业率为 13.5%；青年失业率 17.4%，男青年失业率 16.2%，女青年失业率 19.1%。劳动适龄人口中的非劳动力人口 565.9 万，其中 165.1 万属于潜在劳动力。将失业人口和潜在劳动力相加，为劳动力利用不足的数量。赞比亚劳动力利用不足率为 41.2%，女性为 48.8%，男性为 34.8%。

（4）有 23 万名愿意加班的工人每周工作时间少于 40 小时，工作时间短导致不充分就业率达到 27%。总体来看，每周平均工作时间为 40 小时，农村地区平均 33 小时，城市平均 44 小时；男性平均 42 小时，女性平均 35 小时。

（5）带薪员工平均月收入 K3330（K 为当地货币计量单位，科瓦查），女性平均月薪 K3401，高于男性 K3301，城市地区的平均月薪是 K3297，低于农村地区的 K3425。在正规部门工作的员工平均月薪最高，为 K3933，而自用生产劳动者的平均月薪最低，为 K1632。正式就业员工的平均月薪是 K4261，远高于非正式就业员工的 K2313。

（6）2006 年和 2010 年生活条件监测调查（LCMSs）结果显示，2006 年和 2010 年的贫困水平分别保持在 62.8% 和 60.5% 的高位。2006 年和 2010 年的极端贫困人口比例分别为 42.7% 和 42.3%。2015 年，极端贫困人口达到 54.4%。农村地区的贫困水平高于城市地区。农村贫困人口比例为 76.6%，城市贫困人口比例为 23.4%。

（二）就业领域分析

关于就业领域，赞比亚流行两种就业领域的划分标准：按照职业划分的 ISCO-08 标准和按照行业划分的 ISIC 第 4 号修正版标准。

1. 按 ISCO-08 标准划分职业就业

从 2012 年至 2017 年，专业人员和技术人员增多一倍，服务及销售人员增多一倍多，成为就业人数最多的职业，而农业、林业、渔业工人数量逐年下降，已经占比不到五分之一。如表 5 所示。

表 5 按 ISCO-08 标准划分职业就业状况

职业	2012 年	2014 年	2017 年
经理	0.95%	0.98%	2.01%
专业人士	3.96%	3.63%	7.69%
技术人员	1.35%	1.28%	3.55%
行政支持人员	0.67%	0.58%	1.38%
服务及销售人员	14.00%	14.29%	31.96%
农业、林业、渔业熟练工人	48.67%	45.44%	19.93%
工艺及相关行业工人	6.89%	6.60%	11.03%
工厂机器操作员和装配工	2.68%	3.13%	5.95%
基本的工人	20.67%	23.65%	16.28%
其他	0.16%	0.41%	0.22%
没有表态	0.01%		

2. 按 ISIC 第 4 号修正版划分行业就业

从事农林渔的比例从 2012 年的 52.23% 断崖式下跌到 2017 年的 25.87%，从业人员排第二；采矿业略有上升；制造业差不多增长一倍；建筑业略有上升；批发零售贸易从业者增长一倍多，成为从业人员最多的行业；运输存储从业者增长显著；信息和通信仍然是弱势行业；从事教育者的比例增长显著，与教育部近年来招收大量教师来应对教育压力有关。如表 6 所示。

表 6　按 ISIC 第 4 号修正版划分行业就业状况

行业	2012 年	2014 年	2017 年
农业、林业和渔业	52.23%	48.88%	25.87%
采矿和采石业	1.60%	1.41%	1.95%
制造业	3.94%	3.82%	7.87%
电力、天然气、蒸汽和空调供应行业	0.22%	0.28%	0.44%
供水；污水收集、废物管理及修复工程行业	0.27%	0.19%	0.31%
建筑业	3.42%	3.12%	4.89%
批发零售贸易业；修理摩托车和摩托车行业	11.74%	11.81%	26.86%
运输和存储业	2.50%	2.60%	3.77%
住宿和餐饮服务行业	1.14%	1.23%	1.93%
信息和通信业	0.77%	0.35%	0.42%
金融及保险业	0.27%	0.30%	0.77%
房地产业	0.13%	0.09%	1.08%
科技业	0.35%	0.24%	0.86%
行政和支持服务业	1.05%	0.90%	2.30%
公共行政和国防业；强制性社会保障业	1.10%	1.24%	2.57%
教育业	2.73%	2.71%	6.38%
人类健康和社会工作业	1.13%	1.08%	2.30%
艺术、娱乐业	0.19%	0.17%	0.11%
其他服务业	2.01%	1.83%	2.74%
家庭作为雇主的活动	13.14%	17.41%	6.49%
域外组织和机构的活动	0.07%	0.06%	0.08%
其他		0.06%	

(三) 第三方评价

世界银行(The World Bank)2017 年发布的《赞比亚就业诊断》(Jobs Diagnostic Zambia)总结了赞比亚就业的几个特点：①就业成为赞比亚经济发展的中心问题。自 21 世纪初以来，受铜矿驱动带来的繁荣和私营部门对商业环境改善的投资反应,赞比亚经济得到了快速增长,但是贫困率几乎没有下降,绝对贫困率仍然很高,特别是在农村地区。②按平均年龄计算,赞比亚仍然是非洲最年轻的国家之一。根据联合国的中期人口预测,到2030年,平均每年至少有37.5万年轻人将进入劳动力市场。从2030年到2050年,这一平均数字将翻一番,达到每年74.7万个工作岗位。③经济增长快速,但就业成果不显著。2000年至2014年,经济年均增长7.3%,人均国内生产总值增长4.3%。④劳动生产率的增长不是来自内需,而是来自各个领域之间的就业转移(工人从农业转移到服务业和工业)。在赞比亚2000年至2014年的年度增长中人均增加值为4.35%,有3.6个百分点来自就业从农业向服务业的转移,以及较小程度上地向工业的转移。整个时期,农业和服务业的劳动生产率几乎停滞不前。⑤大多数赞比亚穷人(即农民)对从事农业积极性不高,这给减少贫困带来了挑战。该报告指出,技能发展是确保穷人从经济增长中受益的关键。

国际劳工组织(International Labour Organization)2015年发布的《赞比亚包容性增长与生产性就业研究》(*Inclusive Growth And Productive Employment in Zambia*)指出,赞比亚经济高速增长,但生活水平几乎没有改善,缺乏生产性就业机会,不平等现象日益加剧。在就业方面,最突出的问题是:非正式就业率高(将近90%),导致收入低和缺乏社会保障;工作贫困率居高不下;失业率停滞不前(约8%)。而国际劳工组织2017年发布的《赞比亚就业概况:多样化、正式化和教育》(*Zambia's Employment Outlook:Diversification,Formalization and Education*)指出赞比亚不能忽视的几个事实:过去10年,经济年均增长5%至6%;在全球最大的铜生产商中排名第九,在非洲排名第二;是世界上人口增长最快的国家之一,很快达到1700万;60%的人口生活在贫困线以下,而42%的人被认为生活在极度贫困之中;是世界上最年轻的国家之一,平均年龄为17岁;2010年人类发展指数在169个国家中排名第150位;全球艾滋病毒感染率最高的十个国家之一,有12%的成年人受到感染。

(四)小结

综上所述,赞比亚的就业有几个值得关注的特点:

(1)年轻化,赞比亚是非洲"最年轻"的国家之一。非洲国家人口大多比较年轻,世界银行报告指出,相对于世界其他地区日益严重的人口老龄化及不断攀升的劳动力成本,若非洲大陆政局保持稳定,且对劳动力素质的基础教育与职业教育的投入不断增加,则非洲大陆未来可用于经济发展的人口红利颇为可观。

(2)贫困程度高;

(3)教育质量不高,且教育方向与国家的就业需求不符合;

(4)人口从从事农林渔转向制造业、批发零售贸易、运输储存和教育行业,部分原因是非洲根深蒂固地对从事农业的鄙视。

(5)就业不充分,表现在参与就业率不高和工作时长不够两方面。大部分60岁以上的老年人不愿意工作,而庞大的15岁以下的人口需要培育。

赞比亚政府制定"2030远景"的目标是使赞比亚成为"一个富裕的中等收入国家",强调通过支持对素质教育和技能发展的投资来发展高质量的人力资本。

三、技能培训状况及趋势分析

　　赞比亚于 2013 年颁布了《教师职业法》，促进了教学服务的专业化，规范了教师培训机构。为了进一步实现技能发展的多样化目标，技术教育、职业和创业培训（TEVET）确保建立人力资本，以抵消获得高质量技能培训机会少、技能培训质量差和技能不匹配等方面的限制。"职业教育与培训管理局"（The Technical Education, Vocational and Entrepreneurship Training Authority, TEVETA）管理赞比亚学历中的 3~6 级，包括各类职业学院的培训场所统称培训机构。TEVETA 将培训机构划分为三个等级：等级 1 的培训机构是一个很好的培训机构，有成熟的管理系统，管理人员有必要的资质和经验，培训师与 TEVETA 被认可，有适当装备车间、安全、足够的课堂空间，足够的教学和学习参考资料，信息技术（ICT）的通信设施和设备和足够的卫生设施；等级 2 的院校也是一所良好的院校，符合《最低培训标准指南》中规定的最基本的要求。但是，该机构可能有一些需要改进的领域，例如在规定的管理制度、人员配备、讲习班、安全、工具和设备以及教室方面；等级 3 的机构勉强达到进行培训的最低培训标准，但在管理制度、行政人员素质、车间、安全、工具和设备以及教室等方面可能有一些短处的机构。将允许这样一个机构在执行任务时提出一项强有力的建议，以改进已查明的领域，并进行后续检查。入学率过高是影响一些院校成绩的一个原因，这主要是由于缺乏公平的培训投资。

　　截至 2017 年 12 月 31 日，在 TEVETA 注册的培训机构共有 284 间，其中 13% 为一级，36.5% 为二级，50.5% 为三级。中国–赞比亚职业技术学院目前属于二级。TEVETA 登记的大多数培训机构集中在铁路沿线，卢萨卡省的登记机构所占比例最大，是 39%，铜带省占比 26%，排名第二。TEVET 考试时间为：4—5 月、7—8 月、9—10 月、11—12 月，2015—2017 年共有 8.4 万名考生参加了 TEVET 考试。

　　TEVET 基金每年会资助一些培训方案，2015—2017 年，TEVET 培训主要集中在机器维修、建筑、农业和畜牧业、旅游业和裁缝几方面。

　　根据赞比亚发展署 2012 年发布的发展策略，赞比亚优先发展的行业包括：①信息和通信技术行业；②医疗卫生行业；③教育和培训技能行业；④制造业；⑤旅游业；⑥农产品、林产品、有色金属及其产品、宝石加工业。而国际劳工组织 2017 年发布的《赞比亚就业概况：多样化、正式化和教育》（Zambia's Employment Outlook：Diversification, Formalization and Education）报告将农业、教育、建筑和制造业列为重点发展行业。

四、几点建议

（一）优先考虑发展的专业

　　综合以上研究，笔者认为未来开设的专业应该考虑制造业、农业、畜牧业、师范教育、信息和通信技术、医疗卫生、旅游业。在笔者的搜索范围里，无法得知赞比亚各个专业的毕业生数量，无法得知该专业就业人数是否饱和，但由于赞比亚高等教育覆盖率不到 1%，笔者认为这个比例不影响上面的结论。

（二）与园区合作，依托企业

赞比亚-中国经济贸易合作区是中国在非洲设立的第一个境外经贸合作区和赞比亚第一个多功能经济区，其前身是中国有色集团建立的赞比亚中国有色工业园。合作区由谦比希园区和卢萨卡园区构成，首期规划总面积 17.19 平方公里。

谦比希园区位于赞比亚铜带省卡鲁鲁西市的谦比希地区，距首都卢萨卡约 360 公里，距赞比亚第二大城市恩多拉约 70 公里，距第三大城市——铜带省采矿业和工业重镇基特韦市约 28 公里。目前合作区拥有谦比希地区 41 平方公里土地的使用权，首期规划面积为11.49 平方公里，其中建成区 5.56 平方公里，剩余面积正在建设中。

卢萨卡园区位于赞比亚首都卢萨卡市东北部，距离城市中心 25 公里，属于大卢萨卡区域。园区邻近卢萨卡国际机场，属于即将新建的空港新城范围，园区呈不规则三角形，总规划面积 5.7 平方公里，目前已开发建成 0.25 平方公里。目前卢萨卡园区可提供 500 平方米的居住办公面积以及 4 栋标准厂房。

截至 2017 年 9 月 30 日，赞中合作区已成功引进包括中色非洲矿业有限公司、谦比希湿法冶炼有限公司、谦比希铜冶炼有限公司等在内的入园企业及功能设施用户共计 48 家，其中运营投产的企业共 44 家。卢萨卡园区入区企业 10 家，谦比希园区入区企业 38 家。两个园区的业务主要涉及采矿、勘探、冶炼、有色金属加工、化工制造、建筑、贸易、物流，以及农产品、制药、金融等行业。

中赞职业技术学院想要发展应该与合作区的企业合作，优势有：①校企合作，培养目标更加精准；②学院课程加入中国文化部分，学生毕业后进入企业，可以有更高的企业忠诚度。

（三）了解当地情况

根据中国与全球化智库(CCG)统计，2015 年我国职业教育在与"一带一路"共建国家合作中，由于对合作方的法律法规不够了解导致合作项目终止或失利的案件约占 16%，其中1/3 是因为职业教育领域派出去的工作人员不了解当地的劳工法。

（四）培养"三会"人员

"三会"人员指的是会理论，会实践，会外语。国家信息中心发布的 2017 年度《"一带一路"大数据报告》指出，"一带一路"共建国家众多，语言种类丰富，语言人才需求迫切。然而，我国职业教育领域内的职教教师这三方面的素养出现了严重脱节现象：一是拥有较高的专业技术水平的教师普遍缺乏运用外语进行教学和交流的能力；二是外语水平相对较高的职教教师又非职业教育相关专业的毕业生；三是我国职业教育课程体系中缺乏对职教教师外语能力的培养，大多数职业院校外语课程中仅开设英语课程，其他语种课程几乎没有。

参考文献

［1］赞比亚中央统计局(Central Statistical Office)和劳动及社会安全部(Ministry of Labour and Social Security). 2017 Labour Force Survey Report[R]. Zambia, 2018.

［2］赞比亚中央统计局(Central Statistical Office)和劳动及社会安全部(Ministry of Labour and Social Security), 2014 Labour Force Survey Report[R]. Zambia, 2014.

［3］赞比亚中央统计局（Central Statistical Office）和劳动及社会安全部（Ministry of Labour and Social Security），2008 Labour Force Survey Report［R］.Zambia，2008.

［4］赞比亚普通教育部（Republic of Zambia Ministry of General Education）.2017 年教育统计公报（Educational Statistical Bulletin 2017）［R］.Zambia，2018.

［5］职业教育与培训管理局（The Technical Education，Vocational and Entrepreneurship Training Authority，TEVETA）.2017 年度报告（Annual Report 2017）［R］.Zambia，2018.

［6］职业教育与培训管理局（The Technical Education，Vocational and Entrepreneurship Training Authority，TEVETA）.2016 年度报告（Annual Report 2016）［R］.Zambia，2017.

［7］职业教育与培训管理局（The Technical Education，Vocational and Entrepreneurship Training Authority，TEVETA）.2015 年度报告（Annual Report 2015）［R］.Zambia，2016.

［8］国际劳工组织（International Labour Organization）.赞比亚就业概况：多样化、正式化和教育 Zambia's Employment Outlook：Diversification，Formalization and Education［R］，2017.

［9］世界银行（The World Bank）.赞比亚就业诊断（Jobs Diagnostic Zambia）［R］，2017.

［10］朱华伟.《赞比亚高等教育质量保障体系》述评［J］.世界教育信息，2018，31（11）：66-71.

［11］冯典.区域·国家·学校：赞比亚基础教育质量评价的三重维度［J］.比较教育研究，2016，38（2）：34-40.

［12］蔡丽娟.赞比亚"技术教育以及职业和创业培训"的改革与发展研究［D］.金华：浙江师范大学，2011.

［13］孟广文，隋娜娜，王雪.赞比亚—中国经贸合作区建设与发展［J］.热带地理，2017，37（2）：246-257.

［14］王志芳，杨莹，林梦，等.中国境外经贸合作区的发展与挑战——以赞比亚中国经济贸易合作区为例［J］.国际经济合作，2018（10）：83-87.

"1+X"证书制度国际化探索路径研究

陈昱玲

有色金属工业人才中心，北京，100000

　　摘要：当前我国正处在转变生产方式、调整产业结构的关键时期，尤其是"一带一路"宏伟倡议的实施，对于掌握职业标准和技能的各种职业人才的需求极为紧迫。1+X证书制度是我国职业教育重要制度创新，推动其国际化是对内实现我国职业教育改革的重要突破口，也是对外展示我国职业教育类型特色、输出职业教育标准、产业标准的关键窗口和重要抓手，将有助于深化我国职业教育改革，有助于提升我国职业教育在世界教育服务贸易市场的核心竞争力，有助于提升我国技术标准影响力。本文简要介绍了1+X证书制度及其国际化的重要意义，并以赞比亚和塔吉克斯坦为试点国家，分析探究了我国1+X证书制度国际化发展主要面临的契机和潜在挑战。

　　关键词：1+X证书；国际化；路径

一、1+X证书制度概述

(一)内涵与特点

　　"职教20条"中首次提到"1+X证书制度"，指出"要进一步发挥好学历证书作用，夯实学生可持续发展基础，鼓励职业院校学生在获得学历证书的同时，积极取得多类职业技能等级证书，拓展就业创业本领，缓解结构性就业矛盾"。其中"1"指学历证书，是基础；"X"指若干职业技能等级证书，是补充。"1"学历证书与"X"职业技能等级证书协同发挥育人和育才的作用，两者相互衔接、相互融通、协同配合。

　　相较于职业资格证书和双证书制度，1+X证书制度采用社会化建设机制，由培训评价组织负责开发、考核、颁证，由职业学校负责1+X证书制度的具体实施，并通过联合有关行业龙头企业、优质院校共同开发职业技能等级标准，为企业深度参与职业教育提供话语权，将课程教学标准与企业最前沿的技术、工艺、规范、企业优秀文化及职业岗位能力结合，形成综合化、动态化、多角度的评价体系，具有市场化程度高、紧跟行业发展、评价模式创新等特点。

(二)国内运行现状

　　1+X证书制度是项重大系统工程，实施过程中牵涉职业院校、培训评价组织、行业企业等多个利益主体，涉及证书遴选与标准建设、教学及培训资源开发，培训考核认证与证书发放管理等多方面工作任务。培训评价组织是证书的建设主体，职业院校是证书制度的实施主体、行业组织、企业是重要的参与主体，而国家政府部门在1+X证书制度实施过程中主要扮演指导者和服务者的角色，并对1+X证书制度实施情况进行监测和监督。"校政行企"各类主体不仅各司其职、各尽其责，还相互配合、协同联动，充分发挥出多元主体共同参与的合力。

自1+X证书制度试点启动以来，累计开发职业技能等级证书达400余个，基本涵盖了现代农业、先进制造业、现代服务业、战略性新兴产业等20个技能人才紧缺领域，回应了国家和市场对新型人才的需求，填补了紧缺技能领域的证书空白。

二、1+X证书制度国际化的重要意义

随着"一带一路"建设的深入推进，国际产能合作的需求越发迫切，国内企业"走出去"过程中，需要大量技术技能型人才以及相关生产技术的支持，但是大部分发展中国家的职业教育发展水平滞后，致使技能型劳动力培养不足，技术研发相对落后，无法满足企业的需要。据统计，目前我国"走出去"企业在海外雇用的本土人才超过五百万，但是本土人才技术技能水平普遍较差，本国职业教育落后，不能支持"走出去"企业海外用人需求。1+X证书制度创新了职业教育模式，具有"新标准、新范式、严要求、灵活性"的特征，是职业教育作为类型教育的重要特征体现。推广1+X证书具有符合"一带一路"共建国家需求、进一步推进我国特色职业教育品牌建设等重要意义。

(一)引领职业教育对外开放的重要抓手

1.促进我国职业教育标准输出，提高我国职业教育国际影响力

1+X证书制度为中国职业教育国际化提供了发展特色、高质量的发展模式，对1+X证书进行国际推广与应用，通过梳理职业教育的"中国经验"，形成职业教育的"中国方案"，并逐步推向其他"一带一路"共建国家，有利于推进中国职业教育品牌建设。

2.带动我国职业教育标准与国际标准对接，提高我国职业教育国际竞争力

通过校企合作开展国际1+X证书推广工作，探索我国向"一带一路"共建国家推广职业技能证书的路径，明确国际化技术技能人才的培养规格，使国内职业教育标准与国际标准对接，为后续人才培养过程提供目标、方向、规范和指导，以外促内倒逼职业教育改革，提高职业教育质量，促进人才培养国际化，提高中国职业教育在国际教育服务市场上的竞争力。

(二)提升中国软实力的重要手段

1.证书育人才，为我国构建新发展格局提供人才保障

海外中资企业以1+X证书为载体，通过培养和使用"懂技术、通语言、精技能"的本土专业技术技能的人才，培厚"一带一路"人力资源，奠定对华友好总基调，一方面助力企业提质增效，降低企业运营成本，提升我国海外企业在合作的吸引力，促进我国海外企业可持续发展；另一方面，通过带动当地就业，提升就业质量，使当地人有更多的获得感，可以拉紧国际产业链与我国依存关系，提高"一带一路"共建国家与我国之间的经济黏度，把"一带一路"共建国家本土人才转化为构建新发展格局的重要人力资源要素，成为助力"一带一路"倡议的加速器。

2. 证书受欢迎, 满足他国职业教育与培训需求

中国企业到海外办工厂, 其发展主要依靠的是本地化的海外员工。"一带一路"共建国家经济正面临转型升级的关键时期, 职业教育尚处于发展的初级阶段, 发展水平极不平衡, 高素质技术技能人才极度缺乏, 已经成为制约本国产业转型升级的严重阻碍。在中国走出去企业员工本地化发展中, 企业很看重员工的技能等级水平, 并希望能在企业中推行或试点中国的职业技能培训、考核、认证制度。1+X证书项目是用人单位筛选岗位所需员工的重要凭证, 海外中资企业可以根据证书培训提升本土员工技能水平, 并更加精准地培育和筛选岗位所需的专业技能人才。

(三) 服务国际产能的重要保障

1. 推动建立海外企业人才评价体系

由于当地职业教育落后、人才评价体系不相通, 海外中资企业本土员工在就业、升职时往往无所依据, 缺少可以正确评价技能水平、满足人才境外就业需求的凭证。没有岗位匹配的人才作支撑, 中资企业想优化产能、提升国际竞争力无异于纸上谈兵。1+X证书的出现给海外中资企业人才培养带来了转机, 中资企业可以借助1+X证书建立科学的人才评价体系, 对员工开展以职业道德、职业规范、职业技能、职业标准为核心内容的职业培训, 有效提高员工的文化素质和职业技能水平, 让评价有载体、成长有通道, 破除员工职业生涯各种障碍, 铺就职业上升新通道、搭建人才成长新阶梯。

2. 促进技术标准向中标靠拢

技术标准是发明创新和商业化之间的纽带, 具有宏观调控、控制市场的功能, 一个国家如果能把它的技术标准推广到全球, 不仅能从这些产业中获取诱人的市场红利, 还能体现它深厚的硬实力。1+X证书为企业参与标准制定提供了载体, 通过校企合作培育行业企业发展所需复合型技能人才。推动"中国标准"走出去, 不仅有助于我国实现从"规则追随者"到"规则制定者"身份的转变, 增强中国国际市场竞争话语权, 还有助于我国海外中资企业提升技术和贸易竞争力, 提高企业效益和社会影响力。

三、1+X证书制度国际化路径探索

(一) 在赞比亚的实践与探索

采矿业和冶炼业是赞比亚重要支柱产业, 中国是赞比亚主要出口国之一, 铜及其他矿产占出口比重约95%。试点以中资企业需求为导向, 对驻赞中资企业产业发展需求、岗位需求进行充分调研, 了解有色金属行业走出去企业急需和紧缺的职业技能, 遴选社会需求迫切、企业岗位技术技能紧缺的矿山开采数字技术应用、冶金机电设备点检证书为试点对象, 在赞比亚开展了以下工作。

1. 积极向相关部门申请证书使用和备案

试点根据赞比亚中资企业数字化采矿人才需求, 优先选取矿山开采数字技术应用证书, 并积极向赞比亚职业教育与培训管理局(TEVETA)申请备案。TEVETA在态度上对此表示大力支持, 但由于申请流程烦琐、申报文件准备与翻译等工作进展缓慢、其他相关部门对1+X

证书制度仍需进一步了解等，目前认可和备案工作尚在推进中。

2. 开展证书本土化适应性研究

试点依托中资企业，对照证书职业技能等级标准，梳理了对应的1+X课程学习领域及能力指标点，对职业技能要求、工作领域等进行适应性评估、调整，从而符合产业智能化、数字化发展要求，以及满足岗位人才培养需求。中赞职业技术学院作为1+X证书制度试点院校，在中赞职业技术院校已开设的信息与自动化、金属与非金属矿开采等专业教学标准上，结合前期充分调研驻赞企业的岗位需求情况，将1+X证书制度试点与专业标准建设紧密结合。依托在赞中资企业专家和参与建设中赞职业技术学院的国内职业院校教师资源，以当地通用语言英语为准，对矿山开采数字技术应用证书标准进行了英文翻译。

3. 开展培训工作

在赞中资企业在建设数字化矿山背景下，提出对数字化、智能化采矿方向技术技能人才的需求。中赞职业技术学院依托金属矿与非金属矿专业师资，通过英文授课方式，面向在赞中资企业本土员工开展了理论知识与实践操作技能培训。此外，中赞职业技术学院设有由国内各职业院校申办的独立孔子课堂，通过"职业教育+汉语""汉语+技能"的模式开展工业汉语教学提升赞比亚当地员工职业素养，加深对中国文化的认同。

(二)在塔吉克斯坦的实践与探索

塔吉克斯坦矿产资源丰富，具备较大的工业发展潜能，但工业基础相对比较薄弱。试点结合以塔吉克斯坦矿业和冶金工业企业为主的中资企业的人才培养需求，围绕塔吉克斯坦工业人才培养及1+X证书在塔吉克斯坦的推广进行了探索与尝试。

1. 积极向相关部门申请证书使用和备案

争取塔吉克斯坦政府认可和备案是1+X证书在塔吉克斯坦试点顺利开展的前提和保障。2022年7月，经塔吉克斯坦总统办公厅教育和科学监督局审核、批复，塔中职业技术培训中心正式取得塔吉克斯坦的营业执照和办学许可，在当地可以开展珠宝首饰加工、冶金工程、地质学和采矿加工工程课程方向的教育活动。塔吉克斯坦教育部负责做好职业教育与培训标准化工作，根据矿业和冶金工业企业为主的中资企业的人才培养需求，优先选取矿山开采数字技术应用、冶金机电设备点检、贵金属首饰制作与检验三个证书，积极向塔国教育部门申请认可与备案。

2. 设立1+X证书考核评价中心

2022年5月4日，有色金属工业人才中心、北京诺斐释真管理咨询有限公司正式授予塔中职业技术培训中心1+X职业技能等级证书塔吉克斯坦考核评价中心，可以开展矿山开采数字技术应用、冶金机电设备点检、贵金属首饰制作与检验三个证书的考核评价工作。中塔各方高度重视，有色金属工业人才中心、甘肃省教育厅、塔吉克斯坦工业和新技术部、塔吉克斯坦布斯通市政府、塔吉克斯坦冶金学院孔子学院、紫金矿业集团股份有限公司、中塔泽拉夫尚责任有限公司，塔中矿业有限公司等中塔政企单位以及高校的50余位代表出席会议。塔吉克斯坦布斯通市政府代表为职业技能等级证书塔吉克斯坦考核评价中心揭牌。

3. 开展证书本土化适应性研究

在塔中职业技术培训中心的合作框架下，合作各方在开展学术交流、学科建设、联合培训、合作办学、教材开发等方面开展了一系列工作。培训中心依托企业深入调研，结合各方需求，塔中职业技术培训中心起草编写了珠宝首饰加工、冶金工程、地质学、采矿加工工程等专业的人才培养方案，并正式提交塔吉克斯坦教育部管理部门审核、备案；统筹各方资源，联系塔吉克斯坦当地中资企业，结合企业实际情况、员工技能水平，根据企业实际需求对三个证书的标准内容进行修改和完善，最终确定在塔吉克斯坦开展认证工作的标准内容。塔中职业技术培训中心联合孔子学院，完成了证书标准的塔语翻译工作，并利用孔子学院的师资优势，启动三个证书的培训教材、考核方案、培训方案、理论试题和实操试题等资料的塔语（俄语）翻译工作，为在塔国本土员工中开展认证工作创造资源条件。

四、面临的机遇和挑战

在"走出去"企业和职业教育发展的基础上，经过两个国家的试点探索，1+X 证书在国际上推广虽然拥有广阔的市场需求，具备一定的客观基础，并在试点中取得了一定的成绩，但是也存在不同程度的困难与问题。

（一）面临的机遇

1. 试点国对中国职业教育认可度高，在引进1+X 职业技能等级证书上表示支持与欢迎，国际市场广阔

我国正着力推广大型化、自动化、智能化矿山机械和先进采、选矿系统在赞比亚的应用。在中赞两国合作下，建设了非洲第一座"数字化矿山"，有力促进了赞比亚经济转型发展。塔吉克斯坦经济正在进行结构性变革，大力推进工业产业发展，其中采矿业、有色冶金、贵金属等产业占据重要地位。矿山开采数字技术应用、冶金机电设备点检、贵金属首饰制作与检验试点证书紧紧围绕行业发展需求开发，聚焦各产业最新发展方向。在证书申请使用和认证过程中，两国政府教育部门均表示欢迎和大力支持，认为引进证书对加强本地人才培养、提高职业教育水平具有重要意义。

2. "走出去"中资企业更倾向中国证书标准，欢迎1+X 证书进入合作国市场

赞比亚是中国在非洲最早建立经济合作园区的国家，近年来，园区合作不断升温，成为双边合作的重要平台。自2013 年中塔建立战略伙伴关系以来，塔吉克斯坦吸引了不少中方企业来塔吉克斯坦投资建厂。中资企业在海外规模化发展对具备相关职业技能和一定中文语言基础的高素质本土员工的要求越来越紧迫，但由于教育体系不配套、培训标准不统一、人才培养供需不匹配等原因，严重制约企业发展。在赞比亚和塔吉克斯坦试点中，矿山开采数字技术应用、冶金机电设备点检、贵金属首饰制作与检验试点证书标准内容契合产业发展方向，满足岗位人才培养要求，企业对在试点国引进中方证书表示支持和欢迎。

（二）存在的挑战

1. 受环境差异影响

赞比亚和塔吉克斯坦职业教育发展落后，毕业生质量不佳、能力水平较低，面对聚焦产业发展最新方向的试点证书，学生接受起来存在难度。赞比亚和塔吉克斯坦都是多民族国家，语言环境、文化背景、舆论体系、宗教信仰等与我国存在较大差异，试点实践中对当地宗教、文化、语言等情况的了解还停留在一般性的认识，如何具体落实到人才培养过程，如何

对接企业需求,还需要再做深入探讨,进而能够及时对标调整适合当地产业发展需求、适应当地职业教育发展要求的证书标准、课程标准内容,制定人才培养方案。

2.存在他国竞争

和西方发达国家相比,我国教育服务贸易起步晚、发展慢,中国现代职业教育发展时间较短,相关标准体系尚在完善构建阶段。赞比亚官方语言为英语,英美在语言上占据天然优势。塔吉克斯坦正积极加入欧盟博洛尼亚进程,致力于构建对标欧盟的国际化高等教育体系。独特的地理位置让塔吉克斯坦成为众多国家的合作对象,是欧美、俄罗斯等大国博弈的主战场。1+X证书海外推广会在一定领域内与英美等国在海外现有的资格认定体系产生竞争。

结语

1+X证书制度是我国职业教育改革的一项新制度,虽然在国际化路径探索中遇到不少问题与困难,但是总体来说,机遇大于挑战。随着我国"一带一路"倡议持续深入推进,"走出去"中资企业对本土技术技能人才的需求越来越大,要求越来越高,共建国家人才培养与企业岗位人才需求不匹配矛盾愈发凸显。1+X证书制度在完善职业教育和培训体系、深化产教融合和校企合作上能发挥重要作用,在国际化推广中要结合各国实际发展情况,在实践中不断探索、逐步完善。

参考文献

[1] 兰先芳,李书光.粤港澳大湾区高职教育"1+X"证书制度实施路径的探索[J].职大学报,2021(5):79-82.

[2] 杨清,李卫东.以东盟国家为例论物流管理1+X证书的国际化发展[J].教育与职业,2020(10):98-101.

[3] 王琪.高职院校服务企业"走出去"的现状、问题与优化策略[J].职业教育(下旬刊),2020,19(18):29-34.

[4] 孙善学.对1+X证书制度的几点认识[J].中国职业技术教育,2019(7):72-76.

"1+X"证书制度国际化试点路径探究

——以储能材料技术专业为例

邓盼盼

乐山职业技术学院，四川乐山，614000

摘要：随着经济全球化和中国"一带一路"国际化合作倡议的深入，"走出去"试点企业普遍面临本地技术技能人才匮乏的困境。本文研究以中国-赞比亚职业技术学院为例，搭建适合1+X证书试点的共享平台，建立符合赞比亚技术技能人才本地化培养的模式和试点参与主体，以储能材料技术专业作为实例，在教学层面分析如何通过培养目标融合、课证体系融合、课程模块衔接、课外辅导强化等具体举措，开展1+X证书国际化试点。

关键词：职业教育；1+X证书制度；国际化；海外试点；储能材料

一、课题背景

全球化和信息化是社会发展的重要趋势[1]。国家应对全球经济发展、科技革命与产业变革的能力与是否拥有高素质、高技能、高适应力的人力资源紧密相关。储能材料技术大有可为，持续提升潜在和现有人力资源的知识、技能和素养水平是提高国家竞争力的关键。随着世界经济不断发展和人工智能时代的到来，许多传统工作岗位正逐渐消失，社会对人才需求已经发生重大变化，对技术技能人才的适应力、创新素质、服务技术进步和产业变革的能力有了新要求。为适应不断变化的产业发展和技术变革需求、服务人的全面发展，职业院校不仅要开展学历教育，还要面向在校学生、在职者、求职者、转岗转业者等群体实施高质量的职业培训，实现职业院校的"转型升级"，为提高国家竞争力提供人才支撑[2]。

然而，传统的学业评价方式对技术技能人才的国际流动带来两大困难：一是课程成绩难以全面、客观地反映学习者的技术技能水平和职业素养；二是各国在相同职业领域中的教育与培训课程存在差异，无法实现互认[3]。基于1+X证书制度开发"证书型"课程，可以对技术技能人才面向不断变化的市场需求的适应能力进行科学评价，打破以学习者的学历教育作为唯一凭证的传统评价方式，有助于用人单位识别、聘用适合的劳动者，更加科学、有效、全面地评价技术技能人才的职业能力与素养，打通国际流动渠道，促进职业教育与培训的高质量发展。

1+X证书制度顺应经济全球化，探索促进沿线各国发展的新路子，为世界各国疫后经济复苏、实现共同繁荣带来更多新机遇。基于"技术引领、校企共建、共育人才"的产教融合新理念，搭建"一带一路"共建国家深层次、立体化、全方位办学模式的高水平人才培养新平台[4]，以服务产能合作国为契机，立足国际标准，建构起一整套逐步被国际认可的技术标准、技术话语和技术范式，助力共建国家发展，也助于提升中国技术话语体系和中国产业政策体系在共建国家的认可和接受,逐步筑起并完善深度服务"走出去"企业人才培养的新平台,成为职业院校的时代使命和重大责任。

二、储能材料技术发展现状

随着新能源和电力电子设备的渗透率快速提高,电力系统对多时间尺度的灵活性需求不断增加,储能技术也因此而出现快速发展,不仅出现了诸如超级铅酸电池、金属空气电池、超临界压缩空气储能等新型高性能储能技术,而且电化学储能的成本也在逐年下降。在需求增长和技术进步的双重推动下,储能技术在电力系统中的应用发展迅速。截至2021年9月,全球已投运储能项目累计装机规模达193.2GW,同比增长3.8%。储能提供的功能也更加多样化,结合已有的应用工程及示范项目,全球抽水蓄能累计装机达172.5GW,在所有储能中占89.3%;电化学储能累计装机规模为16.3GW,位居第二,占8.5%;其他储能装机规模较小,共占2.1%。在各类电化学储能中,锂电池累计装机规模最大,占92.8%;钠硫电池和铅酸电池分别占3.1%和3.0%。在过去20年中,抽水蓄能的规模占比持续降低,而电化学电池的装机规模呈现出爆发式增长,占比持续升高[5]。由表1可知,在储能应用的发展中,电化学储能逐渐占据重要地位,理论研究和工程实践应用均有较高的占比。

表1　储能在电力系统中的应用功能现状

	机械储能			电化学储能					电磁储能		
	抽水蓄能	飞轮储能	压缩空气	锂电池	铅酸电池	钒液流电池	液流电池	钠硫电池	氢储能	超导储能	超级电容
快速调频	A	A	A	A	A	B	A	A		B	A
抑制低频振荡		B								B	
AGC	B		A	A		B		A			
平衡新能源出力		B		A	A	A	A	A	A	B	A
微网黑启动	B		B		B			A			
削峰填谷	A	A	A	A	A	A	A	A			
市场调节	B			A							
热备用	B	B	A	A	A		B	B		A	
冷备用	A		A			A		A			
AVC		A		A	A			A			
SSO										A	B
电能质量控制		A	B	A	A	A	A	A			A

注:A代表已有工程实际应用,B代表处于理论研究阶段。

三、研究基础与内容

中国–赞比亚职业技术学院坐落于赞比亚的花园城市卢安夏，中国–赞比亚职业技术学院得到办学许可是中国与赞比亚政府达成的建设一所职业技术学院的协议履行结果，是有色金属行业职业教育"走出去"试点工作的重要成果，得到了国资委、教育部的高度重视。该校由中国有色集团公司、中国有色金属工业协会、国内各试点高职院校联合举办，是赞比亚境内一所师资团队实力雄厚、设施设备先进的高等职业技术学院。学院主要面向赞比亚高中毕业生开展高等学历教育，同时也是中国有色集团公司驻赞企业培训中心，负责组织协调各企业赞方员工利用学院教学设备、师资力量开展培训，通过提升员工技术技能水平，提高劳动效率，满足赞比亚各行各业发展的人力资源需求[6]。以中国–赞比亚职业技术学院为例，当前储能材料技术专业标准已经被赞比亚认证，纳入国民教育体系，中国–赞比亚职业技术学院将在赞比亚招收该专业的学历制教育学生。因此，提前思考推进1+X证书制度国际化，能够有效做到书证融通，为下一步1+X证书制度国际化打下坚实的基础[7]。

本课题研究以中国–赞比亚职业技术学院为例，搭建适合1+X试点的共享平台，建立符合赞比亚技术技能人才本地化培养的模式和试点参与主体，以储能材料技术专业作为实例，在教学层面分析如何通过培养目标融合、课证体系融合、课程模块衔接、课外辅导强化等具体举措，开展1+X证书国际化试点。

四、试点参与主体构建

1+X证书制度试点需要政、行、企、校再加上培训评价组织的协同配合，五个主体各司其职，分别负责教育培训、认证监督、证书鉴定及证书颁发等工作。海外试点过程中需要充分发挥赞比亚政府及教育管理部门的职能，由赞比亚职业教育与培训管理局（TEVETA）牵头，做好1+X证书制度的顶层设计工作，试点过程中全程主导，发挥好认证与监督、审批与准入、评价与反馈的管理职能。中国–赞比亚职业技术学院作为1+X证书制度试点的执行主体，要将人才培养和评价模式融入输出的专业标准建设当中，以推动适合赞比亚产业发展的专业建设不断升级，主动配合TEVETA遴选一批服务产能合作国急需的证书作为试点。将中国–赞比亚职业技术学院列为1+X证书制度试点院校，结合前期充分调研驻赞企业的岗位需求情况，中国–赞比亚职业技术学院基于已开设的信息与自动化、机电设备维修与管理、建筑工程、矿物加工、机械制造与自动化、机电一体化、储能材料技术、汽车应用与维修技术、宝石设计与加工技术、旅游等10个专业大类，遴选社会需求迫切、企业岗位技术技能紧缺的专业，将1+X证书制度试点与专业标准建设紧密结合，联合中国–赞比亚职业技术学院实训中心、中色集团赞比亚教育培训中心、国家开放大学赞比亚学习中心等院校、行业、企业，同时借鉴国内1+X证书制度建设成功经验，开发能体现有关职业技能新技术、新工艺、新规范、新要求的等级标准，本着严格控制数量，扶优、扶强的原则逐步推进。

五、课证融合以储能材料技术为例试点分析

(一)培养目标融合

专业人才培养目标是人才培养需达到的基本要求,1+X制度下等级证书培养目标是人才的特色化要求[8],所以专业培养目标与1+X证书培养目标要互相融合,通过专业培养出学生核心专业素养,再结合1+X证书特色技能,二者融合培养出具备核心职业能力的复合型技能人才。前期完成的储能材料技术专业教学标准,已经被赞比亚纳入国民教育体系,其中对储能材料技术专业培养目标描述为,储能材料技术专业培养学生应掌握的储能材料技术专业知识和技术技能,让学员具备设计、维保、循环再造及管理储能电池的知识、技能及素养。因此在1+X证书构建中,按照课证融合的原则,完全匹配人才培养方案,设计Energy Storage Maintenance 1+X证书的技能目标与等级标准,如表2所示。1+X证书目标设置为Ⅰ-Ⅲ共计三个等级,由易到难对应不同能力目标值。取得不同等级的证书,一方面反映学员掌握该X证书技能的程度,另一方面也可以作为后期企业用人评价、岗位定级、薪资待遇的制定依据[9]。

表2 Energy Storage Maintenance 1+X 证书目标设置

Grade	Foundational Competences	Practical Competences	Reflexive Competences
Ⅰ	Possession of specialised knowledge of energy storage materials	Ability to assemble batteries Ability to test the performance of energy storage batteries	Communicate effectively Ability to exercise personal responsibility
Ⅱ	Possession of specialised knowledge of energy storage materials Possession of specialised knowledge of chemistry	Ability to Use electrical equipment in energy storage applications Ability to assemble batteries Ability to Test the performance of energy storage batteries	Communicate effectively Maintain batteries Ability to exercise personal responsibility
Ⅲ	Possession of specialised knowledge of energy storage materials Possession of specialised knowledge of chemistry Possession of specialised knowledge of batteries	Design energy storage structure Ability to use electrical equipment in energy storage applications Ability to assemble batteries Ability to test the performance of energy storage batteries	Communicate effectively Maintain batteries Ability to exercise personal responsibility Ability to apply management skills

(二)课证体系融合

根据专业培养方案,专业核心课程门数有限,不可能涵盖专业相关的所有技能等级证书。专业基础课程涉及知识面广,一门课程涉及多个知识模块,例如energy storage materials课程涉及锂离子电池、钠离子电池、液流电池等多个知识模块以及电池材料的制备技术,可

以实现知识模块与职业技能等级证书的有机融合。因此，要全面分析储能行业发展现状，充分调研储能行业相关岗位需求，与行业企业共同研究职业技能关键素养，构建"基础能力培养—核心能力培养—特色能力培养"培养路径，培养过程中以 X 证书作为特色能力进行延伸，打造储能材料技术专业"课证融合"体系[10]，如表 3 所示，对标专业培养方案及课程设置匹配度，证书 Energy Storage Design 可在第二学年完成后进行试点考核，而证书 Energy Storage Maintenance 与 Energy Storage Recycling 需要在第三学年完成后再进行考核[11]。

表 3 储能材料技术专业"课证融合"体系

学年	第一学年	第二学年	第三学年
培养目标	基础能力培养	核心能力培养	特色能力培养
课程	Engineering Mathematics I Energy Storage Materials Chemistry Engineering Drawing Communication Skills Introduction to Computers	Energy Storage Battery Structure Design Entrepreneurship Engineering Mathematics Ⅱ Quality Control Chemical Power Supply Computer Aided Design Electrical and Electronic Technology	Energy Storage Battery Manufacturing Technology Energy Storage Battery Detection Technology Energy Storage System Management and Maintenance Energy Storage Battery Ladder Utilization and Recycling Technology Environmental Protection in Energy Storage Battery Studio Project
1+X 证书		Energy Storage Design	Energy Storage Maintenance Energy Storage Recycling

(三) 课程模块衔接

职业院校确定好课证融合教学改革的课程模块后，对课程模块的教学内容进行重组，以项目化教学的形式将证书考纲内容有机融合到课程教学内容中[12]。教学项目内容设计时以单节课容量为单位，根据项目内容的多少设计单课时教学项目、双课时教学项目及多课时教学项目。每个教学项目既要能实现课程教学目标，还要实现考纲训练目标，对于考纲训练目标较高的项目，以课外加强训练的方式达到实际要求。

两门以上专业基础课程模块的课证融合改革，要做好课程模块之间的衔接，统筹分析各课程模块之间的侧重点，在进行教学内容设计时，项目化教学设计要形成前后关联、由易到难的完整体系[13]。以 Energy Storage Recycling 1+X 证书为例，涉及 Electrical and Electronic Technology、Energy Storage Battery Structure Design、Energy Storage Battery Detection Technology 等多门课程的知识模块。这需要对课程大纲进行全面分析，同时对证书考纲进行分析，寻找两者的关联点，实现既能完成课程教学目标又能融合考纲内容的教学内容重构，最好能邀请专家并组织教学团队对课证融合的可行性进行全面论证[14]。

(四) 课外辅导强化

为实现"课证融合"的目的，教学内容的设计需灵活处理。以储能材料技术专业开设的

Energy Storage Battery Structure Design 课程为例，实际授课100课时，而课程既包括一定的理论知识学习，还包括大量的技能训练和计算机制图训练，课时数远远不足。因此，通过课外辅导进行课程强化是非常有必要的[15]。课外辅导不属于常规的教学范畴，目的是强化学生在1+X证书某一方面的知识和技能操作水平。学生要想在1+X证书技能领域取得突出的成绩，课外辅导课程显得尤为重要，这也是实现课证融合教学的重要途径。

六、结论

本文以中国-赞比亚职业技术学院的储能材料技术专业作为实例，分析了如何通过培养目标融合、课证体系融合、课程模块衔接、课外辅导强化等具体举措，开展1+X证书国际化试点。分析结果表明，在构建好试点参与主体的基础上，开展多样化的1+X证书国际化试点是可行的，同时也应该考虑到不同国别政策、法律、教育体系上的区别，设计合理的证书体系，便于试点工作的顺利进行。

参考文献

[1] 高柏枝.全球化和信息化时代中国软力量面临的问题和挑战[J].环球人文地理，2014(12)：267.

[2] 习近平总书记关于大国工匠重要论述摘编[J].新湘评论，2021(9)：5-7.

[3] 吴昀辰.高职艺术院校学生学业评价方式改革探索[J].教育与职业，2013(12)：178-179.

[4] 景安磊，周海涛.推动高等职业教育高质量发展的基础、问题与趋向[J].北京师范大学学报(社会科学版)，2021(6)：50-58.

[5] 谢小荣，马宁嘉，刘威，等.新型电力系统中储能应用功能的综述与展望[J].中国电机工程学报，2023，43(1)：158-169.

[6] 侯洋.我国高职教育国际化实践研究：以北京工业职业技术学院为例[D].北京：外交学院，2020.

[7] 陈子季.优化类型定位加快构建现代职业教育体系[J].中国职业技术教育，2021(12)：5-11.

[8] 刘加凤."1+X"证书制度创新专业人才培养模式的实践研究——以研学旅行管理与服务专业为例[J].宁波职业技术学院学报，2022，26(4)：12-17.

[9] 王琴."1+X"证书融入建筑装饰专业课程体系研究[J].淮南职业技术学院学报，2022，22(4)：45-47.

[10] 张小涛，王斐，李晨波，胡亚州."1+X"证书制度下的土木工程专业BIM技术应用课证融合研究[J].现代职业教育，2022(24)：154-156.

[11] 蒋子仪.数字化背景下中国与赞比亚职业教育合作路径探析[J].宁波职业技术学院学报，2022，26(1)：6-10.

[12] 马静.以融媒体为介质对思想道德修养与法律基础课程项目化教学创新的研究[J].现代职业教育，2022(24)：13-15.

[13] 戴翠萍，朱竹青，张玉红，次仁曲桑.实践课程模块化教学模式探索与实践——基于藏苏中高职衔接护理专业[J].科教导刊(中旬刊)，2020(35)：47-48.

[14] 陈文贞.中职纳税实务课程课证融合教学资源开发研究[J].现代职业教育，2021(48)：36-37.

[15] 谢云飞，朱亮.1+X证书背景下土建类中高职衔接"双主体、三递进、四融合"人才培养机制的创新与实践[J].现代职业教育，2022(26)：52-54.

"中文+职业技能"汉语桥项目服务有色金属行业职业教育"走出去"的策略研究

胡卓民　谢娟娟

湖南有色金属职业技术学院，湖南株洲，420006

摘要： 本文基于有色金属行业职业教育"走出去"进入新的发展阶段，以及大力推进"中文+职业技能"国际化发展的背景，从线上线下相结合、跨文化交流与合作、技能标准的统一与认可三方面探讨了"中文+职业技能"汉语桥项目服务有色金属行业职业教育"走出去"的策略。

关键词： 线上线下相结合；跨文化交流与合作；技能标准的统一与认可；色金属行业职业教育走出去

一、研究背景和动机

职业教育"走出去"是国家"一带一路"倡议的重要支撑，有色金属行业作为我国最早"走出去"的行业之一[1]，在积极推动国际产能合作的同时，在人才与文化交流、职业教育国际化等方面也同步开展了大量工作，开创了职业教育国际合作新局面。而"中文+职业技能"汉语桥项目作为汉语桥与职业教育相结合的一种新模式，其以培养海外学生的汉语能力和职业技能为目标，为有色金属行业职业教育"走出去"提供了新的机遇，为推动有色金属行业的国际合作与发展带来了积极影响。本文旨在通过探讨"中文+职业技能"汉语桥项目服务有色金属行业职业教育"走出去"的策略，分析其对人才培养和国际合作的效果，提出进一步改进和发展"中文+职业技能"汉语桥项目的建议，以更好地服务有色金属行业职业教育的国际化需求。

二、有色金属行业职业教育"走出去"的现状和趋势

职业教育国际化是我国职教高质量发展的重要方面，自2015年起，中国有色矿业集团受教育部委托，协同国内十所院校，积极探索职业教育校企协同育人走出去的新模式，首次在国外建立了中国-赞比亚职业技术学院，开启了校企联合海外办学的新模式，我国职业教育教学标准首次走出国门，纳入赞比亚国民教育标准，踏出了为世界职业教育发展贡献中国职教方案、中国职教智慧的重要一步。同时建立了独立孔子课堂和赞比亚学习中心，服务"走出去"中资企业和当地社会。开办汉语言文化和工业汉语教学为主要任务的独立孔子课堂[2]，在提升赞方员工工业汉语水平和文化认同感的同时，助力着职业教育"走出去"和企业高质量发展。与此同时，有色金属工业人才中心组织国内多所职业院校与企业专家共同开发

工业汉语系列教学资源，成立"中文+职业技能"教育实践与研究基地，这一系列举措加强了职业教育与实际产业需求对接，为学生提供了更多实践机会，助力各国青年职业发展，促进了国内职业院校的国际交流与合作，同时也为提升国家软实力提供了有力支撑。随着"一带一路"合作的深化和全球面临的新机遇与挑战，有色金属行业职业教育机构之间的跨国合作与交流将日益频繁。通过建立合作伙伴关系、开展学生交流和教师互访等方式，加强国际的职业教育合作，促进知识共享和经验互补，将会是今后的主流。

三、汉语桥项目的概述和发展

"中文+职业技能"汉语桥项目，作为汉语文化学习与职业教育相结合的新模式，旨在促进中文教育和职业技能的融合。该项目建立在传统汉语桥项目的基础上，尚处在新的探索阶段，项目通过组织团组交流活动，将国际学生带到中国，让他们亲身体验中国的语言、文化和职业技能培训。行程安排一般结合学习和实践，让学生既能提高汉语水平，又能了解中国的职业领域和实践经验。同时，学生将参与各种文化体验活动，如参观名胜古迹、体验传统文化艺术、参与传统节日庆祝等，帮助学生更好地了解中国的历史、文化和社会风俗习惯。"中文+职业技能"汉语桥团组交流项目为国际学生提供了一个全面而深入的学习和体验中国的机会。通过学习汉语、体验中国文化和参与职业技能培训，学生可以获得综合性的知识和技能，为将来的学习、职业发展和国际合作打下坚实基础。

四、"中文+职业技能"汉语桥项目服务有色金属行业职业教育走出去的策略

(一)线上、线下相结合

有色金属行业职业教育院校推进"中文+职业技能"汉语桥项目多采用线上和线下相结合的模式，以确保学员获得全面的教育和培训。这种策略结合了现代技术的优势和传统教育的价值，提供了灵活性和实践性的学习环境。

首先，线上教育打破时空限制，成为"中文+职业技能"汉语桥项目的重要组成部分。通过在线教学平台，学员可以灵活地学习汉语和职业技能，不受时间和地点的限制。线上教育提供了丰富的学习资源，包括课程资料、学习视频和在线互动等，使学员能够自主学习和掌握知识。同时，线上教育也提供了实时的学习支持和反馈机制，可以帮助学员解决问题和加强学习效果。

其次，线下实践是"中文+职业技能"汉语桥项目的重要环节。通过赴华实地参观和实际操作，学员可以更深入地了解有色金属行业的实际运作和技术要求。学生可以参与实际的工作任务和项目，通过实践锻炼自己的技能，并与行业专业人士进行交流和合作。线下实践提供了与行业现实接触的机会，帮助"一带一路"共建国家学员将理论知识应用于实际工作中，并增强他们在职业领域的竞争力。

最后，为了保证线上和线下教学的质量和有效性，还需要建立相应的支持体系和评估机制。项目团队可以提供学员指导和支持，包括学习指导、课程咨询等。同时，定期的评估和

反馈机制可以帮助项目团队了解学员的学习情况和需求，及时调整和改进教学策略和方法。

综合而言，"中文+职业技能"汉语桥项目在有色金属行业职业教育"走出去"中采用线上和线下相结合的实施策略和方法，可以充分满足学员的学习需求，有利于更快达成培养目标。

（二）跨文化交流与合作的重要性

在有色金属行业职业教育"走出去"中，跨文化交流与合作是"中文+职业技能"汉语桥项目的重要策略。有色金属行业是国际化程度较高的行业，涉及不同国家和地区的企业和市场[3]。因此，学员需要具备跨文化交流和合作的能力，以适应和融入国际化的工作环境。

首先，跨文化交流能够帮助学员理解和尊重不同文化背景的人员的观念。在"中文+职业技能"汉语桥项目中，学员通过学习汉语和接触中国文化，加深了对中国的了解和尊重。这为他们与中国企业员工进行跨文化交流奠定了基础。同时，项目也注重培养学员的文化敏感性和跨文化沟通技巧，使他们能够有效地与不同文化背景的人合作和交流，有助于学生建立国际化视野、扩大人际网络，并培养国际合作意识和能力。其次，跨文化合作是"中文+职业技能"汉语桥项目的目标之一。学员通过参与中国企业实践，参与国际项目，培养了团队合作和跨文化合作的能力。他们学会了与来自不同文化背景的人员协作，处理跨文化的工作挑战，并在合作中提升了自己的专业能力。

综上所述，跨文化交流与合作是"中文+职业技能"汉语桥项目服务有色金属行业职业教育"走出去"的重要策略，能助力提升职业教育全球适应性，为"中文+职业教育"融合发展、传播中国文化、培养心心相印的"一带一路"倡议者提供有色金属行业示范。

（三）技能标准的统一和认可

技能标准的统一和认可是"中文+职业技能"汉语桥项目服务有色金属行业职业教育走出去的重要策略。技能标准的统一和认可可以确保学员在不同国家和地区具备同等水平的职业技能，促进国际合作和交流。首先，中国有色金属行业职业教育"走出去"，应致力于与"一带一路"沿线各国有色金属行业相关机构和组织合作，制定统一的职业技能标准。通过"中文+职业技能"汉语桥项目的学习，确保学员的技能学习能符合行业要求。其次，认可机制是确保技能标准统一和认可的重要手段。"中文+职业技能"汉语桥项目与相关国家和地区的认证机构合作，建立认可机制，确保学员在完成项目后获得的技能培训证书在国际范围内得到承认和认可。这能为学员的职业发展提供有力支持，增加他们在跨国企业就业的机会。

综上所述，技能标准统一和认可是"中文+职业技能"汉语桥项目在有色金属行业职业教育国际化中的重要策略。通过与国际机构的合作制定统一标准，并建立认可机制，项目确保学员接受的技能培训被"一带一路"共建国家认可，从而增强他们的国际竞争力。

五、案例分析

通过笔者所在湖南有色金属职业技术学院举办的"中文+职业技能"汉语桥线上团组交流项目"展翅汉语桥：体验班组长的一天"为例，应用效果是显著的。该项目立足"中文+班组建设"，分为三个方面。第一，交际汉语与班组建设工业汉语。依据"中文+班组建设"的理念，以我国某有色金属企业班组长的一天为背景进行教学设计，内容既涵盖日常交际中的基础汉语，同时包括班组长工作情境中的工业汉语，学员们在学习汉语的同时，体验中国企业班组管理特色。第二，主题讲座与云端研学。主题讲座包括《5S 环境管理》《生产工作巡查与督导》《产品质量管控》等专题培训和《茶韵看湖南》《中国文化讲座》等文化拓展；云端访学包括企业车间参观、云游湖南等特色内容。第三，汉语实践大赛与拓展练习。包括汉语知识有奖问答、班组长综合管理云竞赛、班组文化墙绘制等主题活动；拓展练习设置为结合本国实际，为本国班组长管理、行业应用献言献策。

项目学员主要来自越南、赞比亚等"一带一路"共建国家，通过直播课和录播课的形式，聚焦中文学习和技能学习两个维度，开展丰富的线上云端交流活动，参训学员纷纷表示不仅学习到了新的中文词汇，而且对于中国企业的管理文化有了更多了解，对湘韵文化产生了浓厚兴趣，渴望能够来中国实地走访，近距离体验中国文化，学习中国技术。

然而在该项目的实践中，我们发现该项目同时面临一些挑战。首先，语言学习和技能培训需要一定的时间和精力投入，参训学员需要调整工作安排和学习计划，以适应培训的要求。第二，由于员工的背景和学习能力各不相同，项目团队进一步需要设计差异化的教学方案，确保每个员工都能获得有效的学习成果。第三，职业技能板块的学习中，学生缺乏深入的体验感，同步推进线下赴华实地研学非常有必要。第四，为传播我国企业的先进生产理念和管理理念，应加强与企业的合作，邀请企业专家进行实践授课，丰富课程内容。

六、意义和局限性

随着全球化进程的加速，有色金属企业"走出去"需要大量具备跨文化交流能力和专业技能的人才，以适应不同国家和地区的市场需求和合作伙伴关系。"中文+职业技能"汉语桥项目在有色金属行业职业教育国际化中架起了新的桥梁，该项目在有色金属行业中的成功实施具有行业示范和引领作用，其成功经验和做法可以为其他行业的职业教育国际化提供参考和借鉴。通过在有色金属行业中的推广和复制，可以促进更多行业的职业教育国际化发展，推动我国整体职业教育的国际化水平上升。然而目前，"中文+职业技能"汉语桥项目的实施也有一定的局限性需要突破。首先，"中文+职业技能"汉语桥项目的有效实施，需要各职业院校与有色金属企业之间密切合作，有色金属企业可以提供实践机会和职业技能培训资源，学校则为企业提供人才培养和教育支持，这种校企合作模式不仅有利于该项目的顺利推进，更有助于加强产学研结合，促进职业教育与实际产业需求的对接。其次，"中文+职业技能"汉语桥项目需要大批具有跨文化教学能力和职业技能培训经验的师资队伍支持，而目前在国内各院校，这方面的力量还是参差不齐，极大地制约了该项目的高质量发展。最后，目前"中文+职业技能"汉语桥项目的实施效果缺乏科学的评估机制，学习效果多以问卷调查的形式进行，无法进行准确的量化评估。

七、改进的建议

为了进一步完善"中文+职业技能"汉语桥项目服务有色金属行业职业教育"走出去"的策略，笔者有以下建议：

首先，加强项目的评估和追踪机制，对项目效果进行定量和定性评估，了解学员的学习成果和职业发展情况，为项目改进提供依据。

其次，与有色金属企业建立更紧密的合作伙伴关系，深入了解行业的人才需求和发展趋势，根据实际情况调整项目内容和培训重点，确保培养的人才符合行业要求。

再次，加强师资队伍建设，培养具备跨文化教学和职业技能培训经验的教师和导师，开拓企业实践指导专家资源，提供高质量的教学和指导服务。

最后，拓展项目的国际合作，与其他国家和地区的教育机构、行业协会等合作伙伴开展联合培养和交流项目，促进跨国人才的培养和交流。

通过以上的研究结果和建议，"中文+职业技能"汉语桥项目在服务有色金属行业职业教育"走出去"中的策略将得到进一步的改进和优化，为行业人才培养和国际化发展提供更有效的支持。

参考文献

[1] 刘建国，赵丽霞."一带一路"倡议下职业教育"走出去"的探索与实践[J].哈尔滨职业技术学院学报，2018(02)：1-4.

[2] 刘聪，喻怀义.服务国际产能合作的职业教育"走出去"实践与研究[J].广东教育(职教版)，2020(11)：16-18，27.

[3] 段绍甫，周遵波.有色对外投资发展历程[J].中国有色金属，2011(11)：34-35.

新时代背景下国际中文传播的思考与建议

黄 灿

山东理工职业学院，山东济宁，272067

摘要： 国际传播能力的提升是我国对外发展的重要战略任务之一，随着我国在全球事务处理中发挥的作用日益突显，加强我国国际话语权、建设对外传播工作显得尤为重要。时代背景下，国际中文传播工作取得了较大进展，但在以国际中文教育为中心的传播工作中，传播形式与传播战略还需要进一步地完善。基于此，本文将围绕新时代背景下国际中文传播的思考与建议展开研究。

关键词： 新时代；国际中文传播；思考；建议

一、国际中文教育与国际中文传播

随着世界格局的不断变动，我国的全球治理方案、人类命运共同体理念逐渐受到了国际社会的更多认同。这一背景下，国际中文传播的重要性逐渐得到了凸显，为国际社会提供了更多中国智慧，中文国际传播工作是增进国际关系、促进文化交流、推进构建全球治理机制的重要前提。近年来，社会发展趋势与国际传播速度的加快，推动着国际中文教育质量不断提升，为国际中文教育带来了新的发展机遇。国际中文教育与国际中文传播是两个概念，厘清这两个概念有利于提高理解能力，促进国际中文传播工作的开展。

要在新时代背景下充分优化国际中文传播能力，提高传播效率，需要深刻认识到国际中文传播能力的科学内涵，深刻把握并分析各类能力的构成。国际中文传播包含了几方面的内容。首先是语言国际传播，语言国际传播可以指掌握并使用某种语言的人数增加，语言使用范围的扩大，范围的扩大出现在国家之间、跨越了国家的界限。语言传播是基于交际网络实现某种特定交际功能、采用语言或语言变体，促进交际网络范围扩大的过程。语言传播是语言的扩散，也表现为语言能够在更大的范围内被学习、被应用。语言传播一般是自然传播，也包含对某一种语言有意识地传播，社会学角度上看来，语言的对内传播发生在国家内部，对外传播则是向非母语国传播[1]。中文国际传播即是语言的对外传播，是指中文向其他国家传播，促进使用范围或使用区域的扩大，增加使用中文的人数。汉语国际传播关注域外的传播工作，当下的中文国际传播由国家主动进行统筹，是有意识地协调并积极传播的行为。

随着我国中文国际传播工作的高效化推进，我们逐渐意识到了国际中文传播的重要意义，中文国际传播能够有效提高国家的文化实力，遵循语言规律，促进我国走向世界，提高各国对汉语的应用需求。我国当下推行的传播工作是政府支持、民间合作的，其主要的目标是讲好中国故事、推动传统文化传播，突出了当下我国全球治理的重要意志。对当下我国国际中文传播的历史、未来进行综合，可以说国际中文传播能够分为两方面的概念：首先从狭义上看,国际中文传播可以专门指代国际中文教育工作;其次,广义上来说,国际中文传播是国家、个人、组织等主体,通过各种领域、媒介进行的传播,搭载着中国文化、价值观念,实现对外传播。

二、国际中文传播的构成要素

传播活动一般的构成要素有传播主体、传播客体、传播内容、传播渠道或媒介、传播效果等。国际中文传播活动中,传播主体主要指的是国际传播过程中传播我国文化的主体;传播客体是指对我国文化或中文有了解意愿的人群;传播内容是中文及中华文化;传播媒介包含了传统媒介与互联网媒介[2]。从传播主体上看来,传播主体既可以是政府文化或教育部门,也可以是非营利组织、语言研究机构,或者企业、传媒机构、教育培训机构等。同时,个人也可以是传播主体,海外华人、教育组织成员、中文教师都可以作为传播活动的主体。其中中文国际教育是国际中文传播工作中的主要渠道之一,其主体也具有多元化的特点。在教育领域中,传播的信息基本上是实用性的技能、中文知识,例如口语、书写、文化背景等,对其传播效果的期望一般放在了促进学习者掌握语言技能、文化知识等层面上,进而提高客体在情感方面的认知、行为上的变化。

新时代背景下,国际中文传播能力的提升离不开教育、人才培养、传播服务等方面的能力,具体来说,国际中文教育能力指的是中文教师对教学质量的提升,使得学习者对中文学习的态度更加积极,提高其掌握中文、理解文化的能力,对国际中文教育能力的把握,是决定中文国际传播效果的中心重点[3]。其次,对国际传播人才的培养工作也具有一定的重要性,对中文教师的培养、留学生的培养、汉语研究人员的培养都有利于打开并扩展海外的中文传播渠道。同时,对相关管理人员的培养也需要同步展开,实现国际中文传播的重要价值,为后续的传播工作打下优质的基础。再者,中文国际传播工作的服务能力,主要是传播主体提供的服务,例如教育机构、各类企业文化活动的展开,为传播客体提供了解中华文化的平台,并做好培训、资源调配、统筹规划等一系列工作,提高海外舆情的监测能力、准备应对突发事件的机制等。

三、新时代背景下国际中文传播的发展趋势

我国综合实力的逐年提升,中文国际传播工作也在不停地发展与进步,新时代背景下,国际中文传播逐渐形成了多学科交叉、跨媒介传播的趋势,不断为自身创造着有利的条件。几年来,国际中文传播呈现出跨文化、跨学科的发展趋势,借助科技创新的赋能,逐渐延伸演化。信息化时代下,为适应智能化教育的发展,科技工作需要作为国际中文传播工作效率提升的助推力,加强国际中文传播的深度,实现显性、隐性传播并行的局面。科技创新使得传播主体能力得到提升、传播内容进一步精练、传播渠道逐渐显现出了多元创新的发展特点。新时代背景下,中文国际传播也需要紧跟时代发展,推进科技工作与中文国际传播的融合,顺应时代发展。同时,新时代发展背景下,海外传播过程中,需要提高海外中文传播的受众、提高风险防范与规避的能力,国际传播能力的提升需要动态化发展,各个部门、各要素进行可持续发展互动,发挥各自的优势。

四、新时代背景下对国际中文传播的建议

(一) 推进中文国际传播教育工作

要在新的时代背景下促进中文国际传播能力的提升，要讲好中国故事、传播中国理念，国际中文传播能力的提升也会有效带动我国的文化影响能力，有利于教育体系方面的完善化。国际中文传播在海外的发展与建设工作需要在不同领域、不同国家地区、不同传播受众之中进行选择，实现传播方式的精准化建设，推进中文、中华文化的区域化传播，提高中文国际传播的实效性。国际中文传播工作要以教育为核心，将重点放在国际中文教育工作之上。首先，要关注对外语教学工作或汉语第二语言的学习，提升中文研究方面的工作效率[4]。以往的中文国际教育中，学科体系建设工作还不够完善，学科体系、课程设置、师资力量建设都关系着教育工作的最终成果，从教育工作的整体目标看来，国际中文传播教育工作随着我国经济实力的提升不断发展，这就需要我们重点思考国际中文传播教育中的学科建设问题。从当下的情况看来，国际中文教育的学科设置还不够清晰明了，国际中文教育一般会被设置在文学或教育学门类下，在本科、硕士、博士阶段均有着差异，学科定位不够清晰。因此，在课程设置方面要进行更加细化、合理化的安排，按照人才培养目标展开教学，增设本科国际中文专业，扩大更高等级的学校设点，积极借鉴其他专业的经验，落实优质发展。其次，在对教师队伍的建设方面，需要投入更多的重视，国际中文教育中教师起到了决定性的作用，影响着国际中文传播人才的培养、教学质量的提升。中文教师的选派关系着中文教学工作的整体质量，需要选择具有实际教学经验、文化水平较高，具备责任意识、指导能力的优秀教师。海外中文教师或志愿者的专业范围需要进行划定，例如选择语言学、教育学、文学等方面的学科，减少专业能力、专业相关度不足人员的选派。海外汉语教师的能力要包含语言知识、教育学理论、传播学专业知识、我国传统文化知识、世界文化知识、信息化教学能力、我国历史地理知识等多个层面，因此，对教师的培养工作也要进行同步。海外中文教师要具备一定的人格魅力，使得学习者乐于学习、领略中华文化的魅力，进而对我国的文化理念产生认同，实现国际中文教育的目标。

(二) 落实国际中文传播需求调查工作

在了解国际中文传播几个构成要素的基础上，要制定合适的传播策略，就需要对受众的实际需求进行把握，实现更加高效化的传播。我们要结合实际工作的经验，对不同国家地区、不同区域、不同职业的中文学习者进行调查，寻找吸引其学习中文的要素，细化对受众类型的分布，进而找到影响中文传播工作的因素，对这些因素进行深入分析，划分出针对不同受众的传播策略。海外传播工作中，不同受众群体会呈现出多元化、动态化地接受文化需求，建立起立体化的需求关系图纸，以此为依据展开国际传播工作[5]。通过实践我们能够了解到各个国家地区不同个体受众呈现出的需求较为多元，受众需求也在不断地变化过程之中，因此，在传播需求的调查工作中，新的问题总是能够成为阻碍因素。在调查工作中，调查差异带来的困难需要得到重视，同时也要将影响这些需求的深层原因结合起来进行分析，例如国家地区经济水平、文化传统、宗教政策、教育形式等因素，得出调查结果，并依据这一

结果制定合适的传播工作策略。

除去受众的学习需求调查，我们还需要关注新时代背景下国际中文传播产品、服务、平台的调研工作。围绕国际中文传播的平台展开调查，可以应用好信息化、大数据技术，利用科技赋能，获得更加优质的调查结果。例如对传播受众规模的调查、受众分布的情况、对受众选择与对学习成本的规划的调查，效率都能够得到提升。我国的国际中文传播工作对平台的灵活利用，能够促进产品、服务、教育的安全性、流畅性提升，重视实时交流与互动，获得需要的数据。例如，在教育工作中，线上平台的启用就能够促进师生快捷交流，增加线上教学功能、提高用户与受众的参与感与学习兴趣。

（三）提高国际中文传播服务水平

以往的国际中文传播主要以孔子学院为载体，在国家的支持下设立，这一形式消耗资源较大，同时，也需要较高的服务质量，才能够提升我国国际中文传播工作的影响力，完善推广工作。服务质量关系着国际中文传播工作的整体效果，对服务质量的判断影响着传播效率的提升。服务质量与服务理念、服务方法选择、服务管理工作有着密切的联系。首先，国际中文传播工作的服务理念需要更加国际化，需要我们认真思考海外受众的需求、能够获得的价值，进而反向思考传播工作中受众的主体，考虑不同国家在思想文化、日常习惯、文化理念方面的差异，提供更加合适的服务，才能够使中文教育在海外扎根、促进文化的延伸与发展。其次，新时代背景下，要顺应服务信息化趋势，以智能化、信息化手段提高中文国际传播的服务质量，使得国际传播主体与受众能够在优质的环境下进行互动，实现现代化的思想与手段灵活融入，落实与时俱进。再者，服务管理工作方面，国际中文传播工作要实现长期化，就需要联通各个主体与环节，实现各类机构、企业、学校、组织的协调配合，发挥互动作用，实现资源的均衡配置，做到规划精准、落实精确。

总而言之，新时代背景下，我们应当清楚认识到，我国的形象需要得到尽快建立，如何塑造我国的对外形象、提高话语权、促进中华文化海外传播，对我国的全球治理战略尤为重要。因此，要强化国际中文传播，需要顺应新时代的发展，提高教育工作整体质量、突破并创新传播模式，站在新时代的起点上，构建具有我国特色的国际中文传播工作体系，为构建人类命运共同体贡献自身的力量。

参考文献

［1］毕四通.汉语国际教育助力人类命运共同体构建的时代路径——评《中文国际传播：人类命运共同体的语言实践》[J].教育发展研究，2023，43（10）：2.

［2］洪丽嘉，苟轶清，陆克珠.国际中文教育背景下民族传统体育国际传播的困境与现实路径[J].兰州文理学院学报（社会科学版），2023，39（3）：123-128.

［3］杨昕怡.新媒体语境下小人物故事的中国传播——以国际中文教育中小人物文学作品的教学为例[J].吉林省教育学院学报，2023，39（2）：158-165.

［4］曹必聪，杨迎兵.国际中文教育视角下中国文化在冬奥会期间的传播研究——以张家口冬奥村文化中国展厅为例[J].汉字文化，2022（S2）：178-180.

［5］祖晓梅.新时期中国文化教学与传播的新探索——以《国际中文教育用中国文化和国情教学参考框架》为例[J].宁波大学学报（教育科学版），2023，45（1）：5-7，19.

高等职业教育国际化课程建设途径探索

刘　楠　高汝林　吕海侠

陕西工业职业技术学院，陕西咸阳，712000

摘要：通过对"一带一路"时代背景下课程建设内涵剖析，提出"一带一路"视阈下推进高等职业教育国际化课程建设的应用价值、建设目标与课程定位，重点分析了高等职业教育国际化课程建设的研究内容，包括以中印合作交流为切入点推进国际化课程建设，以国际班和国际合作项目依托推动国际化课程教学标准研究，以中赞鲁班学堂职业技术创新人才培养项目为依托推动国际化课程教学模式探索，以世界技能大赛为依托推动国际化创新项目研究校企合作协同办学机制研究等，提出"一带一路"视阈下的高职国际化课程建设的途径与建设策略。

关键词："一带一路"；国际化；高等职业教育；课程建设；途径；策略

　　"一带一路"倡议的提出为高等职业教育的发展提供了机遇，同时也带来了前所未有的挑战。我国实施"一带一路"建设工作，惠及共建国家和地区 26 个，服务人群 44 亿。当前，我国的高等职业教育实现了历史性的新跨越，高等职业教育已经成为目前世界上规模最大的职业教育体系。我们需要通过"走出去"与"引进来"的社会发展需求，加强高等职业教育国际化课程体系、教学标准、教学模式及创新项目开展等国际化课程建设[1]。据中国知网统计，以"一带一路"并含"课程建设"为主题词搜索的文献仅有 43 篇，以"国际化课程建设"为主题搜索的文献仅有 47 条，以"国际化"并含"高职课程建设"搜索的文献仅有 21 条，表明在"一带一路"视阈下对国际化课程建设研究的作者较少，尤其是针对高等职业教育研究国际化课程建设。

　　9 月初，中非合作论坛北京峰会开幕前夕，受邀出席中非合作论坛北京峰会的马拉维共和国总统阿瑟·彼得·穆塔里卡阁下率代表团莅临陕西工业职业技术学院考察访问，希望能与学院在技能人才培养方面进行合作，共同培养优秀人才。穆塔里卡指出，马拉维政府正在实施一项青年成才计划，即通过职业技术院校，为马拉维的发展培养充足且训练有素的劳动力。笔者借助印尼 Kopertip 高等教育联盟、赞比亚"走出去"项目、教育部立项的学院"中赞鲁班学堂职业技术创新人才培养项目"等与"一带一路"共建国家高校开展的教师和学生交流项目为依托开展项目的研究工作，对高等职业教育国际化课程建设提出如下思考与探索。

一、高等职业教育国际化课程建设的理论意义及应用价值

(一)理论意义

高等职业教育国际化课程建设是在新时代新形势背景下对高等职业教育提出的新要求，是落实 2018 年全国教育大会精神以及《国家中长期教育改革和发展规划纲要》中提出的"国际化人才"培养目标以及推进高等职业教育课程建设国际化的重要指标，是落实《国务院关于印发国家职业教育改革实施方案的通知》(国发〔2019〕4 号)中对完善教育教学相关标准的基本要求，是支撑职业教育改革发展的基石，是为各行各业培养技术技能人才的关键实施环节。高等职业教育的国际化课程建设必须建立适应国家职业教育改革发展的国际化课程建设目标、定位、标准及模式，并积极推广应用。

(二)应用价值

课程建设是促进我国与"一带一路"共建国家高校或企业开展项目合作与交流的关键途径，高职课程建设国际化就是要在课程建设中融入多元文化，形成具有国际标准的课程建设体系。课程建设国际化对于持续推进我国高等职业院校国际化进程有很大的作用，要提升高等职业教育国际化人才培养，就要建立国际化课程体系，以助推我国高等职业院校在"一带一路"倡议下开放办学的进程。

二、高等职业教育国际化课程建设目标与定位

(一)课程建设目标

我国与沿线国家在高等职业教育领域合作的深入，需要进一步明晰国际化课程建设的路径及策略，细化国际化课程建设的理论体系及建设框架。要将培养具有全球化视野的国际化人才和世界公民作为高等职业教育课程国际化建设的目标，我国可以依托各级各类国际化交流合作项目，探索国际化课程体系、课程教学标准、教学模式及创新项目等 4 个方面的国际化课程建设框架以及实现途径，通过探索研究高等职业教育的国际化课程建设，提升高等职业教育的师资团队业务能力以及学生的技能培养，为我国高等职业教育课程建设走向国际化提供可供参考的研究依据[2-3]。

(二)课程建设定位

国际化课程建设需结合"一带一路"共建国家的相关课程建设标准及要求，注重教师和学生的跨文化交际能力培养，比如工程监理课程建设需集合"一带一路"国家工程建设与管理方面的法律法规和工程管理监理的相关制度，以及国际化工程施工监理人才的培养需求。

国际化课程开发首先要确定课程面向的对象，结合"一带一路"共建国家最主要的语言交流工具以及国情、行业规范、标准及要求，确定课程建设原则、规划课程建设步骤及建设内容，要研究开发适应国际化学生学习的授课方式与授课方法，结合院校实际可以试点布局基

于双语教学的专业普适性在线开放课程的建设与应用，加强双语课程的团队建设、资金投入比例，比如商务汉语课程的开发应以视、听、说为主要教学方式，教学方法上要体现案例教学与任务型教学方法；课程内容选择上要结合当前的商务环境与时代主旋律，做好精品在线开放课的建设与孵化[4]。

三、高等职业教育国际化课程建设内容

结合院校实际，以印尼 Kopertip 高等教育联盟等平台，教育部有色行业职业教育"走出去"项目为契机，结合自身院校实际对课程国际化建设进行总结和探讨。

(一) 以中印合作交流为切入点，推进国际化课程建设研究

结合陕西工业职业技术学院于2018年启动的与印尼、孟加拉国等"一带一路"共建国家高校开展更多教师和学生交流项目，打造 1~2 个全英语(或其他语种)授课的通识性国际化课程，拓宽国际化课程建设领域。学院也可从国际化课程选择上，从市场性、国际性和特色性三大维度出发，不断开展国际化专业的探索和试点。

(二) 以国际班和国际合作项目为依托，推动国际化课程教学标准研究

结合院校实际开展的教育部有色行业职业教育"走出去"赞比亚电工培训班项目，探索在国际化课程建设上优化教材内容，探索新型活页式、技能训练手册式的教材开发，课程讲授形式采用双语授课、双语习题等模式；通过与"一带一路"共建国家相关院校及国际化企业的合作，推动职教在线精品课程建设中双语课程的建设与推广应用，适应"互联网+职业教育"的育人模式，探索基于工作过程的授课方案及项目开展方式，制定基于"一带一路"共建国家特色的教学标准[5]。

(三) 以中赞鲁班学堂职业技术创新人才培养项目为依托，推动国际化课程教学新模式

以中赞鲁班学堂职业技术创新人才培养项目为依托，探索人才培养方案及培养方式，探索基于专业的课程授课模式，提升专业办学层次与水平。"中赞鲁班学堂职业技术创新人才培养项目"是我院作为教育部批复的"有色金属行业职业教育'走出去'试点"院校，协同中国有色矿业集团驻赞比亚企业及所属卢安夏技工学校，通过建设中国赞比亚职业技术学院，在赞比亚开展学历教育、企业员工培训，探索校企协同"走出去"的职业教育发展模式，响应"一带一路"倡议和2018年中非合作论坛北京峰会精神，促进中赞两国民心相通的创新创业人才培养项目。

(四) 以国际化教学活动开展为依托，创立中国职教课程国际品牌

以院校教师及学生参加的"一带一路"共建国家各级各类合作项目为依托，学院探索以教师及学生为主体的国际化教学活动开展模式，加强教师和学生的创新精神和创造能力的同步培养，探索引导教师和学生"走出去"，到"一带一路"共建国家参观、实习、服务。引导学生参加全国职业院校技能大赛、世界技能大赛，培养学生的创新意识和创新能力，利用网络资源，开发双语国际化项目训练指导书，双语国际化教材，扩展"一带一路"知识体系，扩展教

学时空。我院与俄罗斯某大学联合建立的"中俄丝路青年服装设计师工作坊",开展国际时装设计大赛、师生双向交流、服装设计专业的合作办学和科研合作等项目。该工作坊是我院与"一带一路"共建国家高校联合设立的首个以合作共建实训室为基础,开展人文交流、联合办学、创新创业教育的综合性国际化交流合作平台。

四、结束语

对"一带一路"倡议下国际化课程建设进行探索分析,提出"一带一路"倡议下推进高职国际化课程建设的应用价值和课程建设的建设目标和定位,重点分析高职国际化课程建设的研究内容,对于促进高等职业教育形成开放办学,培养"国际化人才"具有非常重要的意义;对于院校优化资源,应对国际新形势,推进院校国际化和课程建设国际化进程、培养学生国际化视野以及增强国际交流与技术技能国际竞争力,具有非常重要的意义。

参考文献

[1] 刘楠,刘引涛.基于"互联网+"动态分层的高等职业教育课程改革实践[J].机械职业教育,2018(2):46-48.

[2] 劳丽蕊,徐广飞,郭婧,等.基于OBE理念的创新创业教育课程体系建设[J].工业技术与职业教育,2018,16(4):51-53.

[3] 刘引涛.基于普通(技术)课程的新加坡中学教育模式探析[J].教育现代化,2018,5(45):273-275,288.

[4] 张冉,孟祥海,吴丽学.中德合作办学背景下焊接专业高职课程改革策略研究与实践[J].工业技术与职业教育,2017,15(2):34-37.

[5] 刘引涛,梅创社,刘其兵.高等职业教育教学质量监控与保障体系的研究——以陕西工业职业技术学院为例[J].工业技术与职业教育,2017,15(2):72-74.

"一带一路"背景下职业教育"走出去"现状探析

刘笑月

湖南有色金属职业技术学院，湖南株洲，412006

摘要： "一带一路"倡议的提出，为我国职业教育"走出去"提供了发展契机。职业教育迈出国门，走向世界，既存在自身发展的内在动力，又有政府、行业和企业等方面的外在助力。诸多职业院校响应号召，广泛开展"走出去"的探索实践，逐渐形成了不同的模式和体系，并在"中文+职业技能"构建、教学标准建立、海外办学等方面形成独特经验。同时，后疫情时代到来，对我国职业教育系统化"走出去"提出了新的目标和挑战。

关键词： "一带一路"倡议；职业教育；"走出去"

一、前言

我国职业教育国际化发展，经历了从单向"引进来"到"走出去"的过程。随着国际化进程加深，"一带一路"倡议作为我国对外开放重大举措，成为我国未来很长一段时间内对外开放和对外合作的总规划和总方向。职业教育响应号召，作为"走出去"的先锋，以其自身的优势和特点，积极服务"一带一路"倡议，携手企业"走出去"，不断探索国际化实践。近年来，我国已在"一带一路"共建国家建立 20 多家"鲁班工坊"，1500 多所孔子学院，有 400 多所职业院校参与海外办学，包括中国有色金属行业协同学校、企业"走出去"在海外创办的第一所高职院校——"中国-赞比亚职业技术学院"。职业教育"走出去"，既有其历史责任，又有其时代使命。

二、职业教育"走出去"的内部动力和外部需求

(一) 耦合国家发展计划

2013 年 9 月和 10 月，习近平总书记在访问中亚和东南亚国家时提出共建"丝绸之路经济带"和"海上丝绸之路"的重大倡议。2017 年习近平总书记在"一带一路"国际合作高峰论坛开幕式上指出，"推进'一带一路'建设，要聚焦发展这个根本性问题，释放各国发展潜力，实现经济大融合、发展大联动、成果大共享"。"一带一路"是庞大复杂的系统性工程，推动"一带一路"发展，扩大国际"朋友圈"，需要以丝路精神为核心，秉承"共商共建共享"原则，通过"五通"建设(政策沟通、设施联通、贸易畅通、资金融通、民心相通)，推动"一带一路"建成和平之路，繁荣之路，开放之路，创新之路，和文明之路，以实现普惠平衡，弥合发展鸿沟。为大力提升教育对外开放治理水平，完善教育对外开放布局，2016 年，中共中央办公厅、国务院办公厅联合印发了《关于做好新时期教育对外开放工作的若干意见》(简称《意

见》），对新时期教育对外开放工作进行了规划和部署。《意见》指出要"通过发挥教育援助在'南南合作'中的重要作用，加大对发展中国家尤其是最不发达国家的支持力度"。为配套《意见》实施，教育部印发《共建"一带一路"教育行动》，提出了推进共建"一带一路"教育共同繁荣的使命和"推进民心相通、提供人才支撑、实现共同发展"的合作愿景，为教育工作参与"一带一路"建设提供了方向和指引。2021年，中共中央办公厅、国务院办公厅印发《关于推动现代职业教育高质量发展的意见》，提出"打造中国特色职业教育品牌"要求。"品牌"是一种复杂的集合体，不仅是一种符号和象征，还具有辨识、价值等功能，可以凝聚共识，起到"沟通和连结"的作用。通过"品牌"建设，向国外输出中国职业教育的理念文化和教学标准，是推动合作交流平台、拓展和合作交流水平提高的重要方式。2022年8月，在天津举办了首届世界职业教育大会，以此为契机，成立了世界职业技术教育发展联盟，举办了首届世界职业院校技能大赛和世界职业教育产教融合博览会，形成"会、盟、赛、展"相结合的国际交流合作新模式。习近平总书记向大会致贺信，强调"职业教育与经济社会发展紧密相连，对促进就业创业、助力经济社会发展、增进人民福祉具有重要意义"。因此，我们要继续助推职业教育国际化，开展形式多样、内容丰富、影响长远的职业教育国际交流活动，为合作国培养大批本土化技术技能人才，向世界展现中国力量，在更加宽广的国际视野和国际经验之下，助力产教融合和职业教育"走出去"更上一个台阶。

（二）契合企业国际化需求

随着"一带一路"建设不断推进，"走出去"步伐的不断加快，基础设施联通作为共建"一带一路"的关键领域和核心内容，形成巨大的建设需求、人才需求和教育需求，为职业教育国际合作提供新机遇、大契机。2015年12月，教育部批准同意有色金属行业依托中国有色矿业集团作为试点企业，在赞比亚开展第一批职业教育"走出去"试点，探索职业教育与企业、行业协同"走出去"的职业教育国际化发展模式。职业教育"走出去"，是服务"一带一路"建设、提高国际产能合作、实现"民心相通"的坚固桥梁和重要基础。

（三）符合职业教育高质量发展需要

过去，我国职业教育一直处于定位不清晰、地位不重要的状态。为构建一体化职业教育体系，2019年1月，国务院印发《国家职业教育改革实施方案》，指出"职业教育与普通教育是两种不同教育类型，具有同等重要地位"，从此，明确了职业教育的定位，由"层次"向"类型"转变。以类型教育为逻辑起点，职业教育具有教育对象大众性和培养目标应用性的特点。教育对象大众性即职业教育面向的群体广泛，应不断营造"人人皆可成才，人人尽展其才"的良好育人环境，服务人的全面发展，构建人才培养多样化体系。培养目标应用性即职业教育应注重实践教育，紧密对接产业发展。因此，推动职业教育高质量发展，关键在于增强职业教育适应性，走内涵式发展道路。随着我国进入新发展阶段，产业逐步升级，经济结构优化调整，"双循环"新发展格局加快构建，"走出去"作为职业教育现代化的重要途径之一，也是推动产业链、创新链、教育链的有效衔接不可缺少的一环。随着"一带一路"倡议的推进，中国海外基础建设项目不断增长，高技术技能人才缺口不断扩大，职业教育"走出去"的重要性和作用越来越凸显，与其他类型教育相比，职业教育在紧密联系经济和产业上展现出无可比拟的优势。

三、职业教育走出去的探索和实践

(一)构建"中文+职业技能"体系

作为国际中文教育和职业教育携手出海的新尝试,大力实施"中文+职业技能"具有广阔前景。语言是交际的工具和信息的载体,是增进社会、国家和个体之间互相理解和交流最重要的形式,也是有效开展国际交流合作十分必要的基础与不可或缺的前提。开展国际中文教育是我国教育对外交流合作的重要组成部分,是中国融入世界、世界了解中国的重要平台,在职业教育国际化过程中承担着文化传承和交流融合的作用,是促进我国职业教育高质量国际化发展的重要抓手。随着职业教育对外开放程度不断加深,加快职业教育与国际中文教育融合发展,精准培养"中文+职业技能"复合型人才,是职业教育"走出去"转型升级的发力点和突破口。推动"一带一路"建设,促进民意相通、文明互鉴,语言是纽带,文化是关键。在国内师资培养上,就要求语言能力与理论、实践能力并重,培养集"理论教学、实践教学、中文教学"于一身的复合型师资,如孔子学院、鲁班工坊等作为职业教育"走出去"实践的一文一武,在传播中国语言文化和技术技能上起着举足轻重的作用,有效对接职业教育在当地的办学标准和技术标准,成为提升职业教育高质量发展的重要推动力。面对新时代新形势提出的新任务新要求,以国内职业教育"1+X"证书制度试点基本做法为借鉴,通过语言服务职业教育,实施"中文+职业技能",推动国际中文教育与职业教育协同"走出去",对提升国际中文教育和中国职业教育全球适应性,增强中国教育品牌整体国际影响力,助力当地国经济社会发展,具有重要实践意义。

(二)组建"政校行企"利益共同体

政府、学校、企业和行业抱团出海,需要以海外学院为根基,以学校和企业为主轴,以政府和行业为保障,以大数据网络平台为支撑。其中,学校承担的主要是人才培养、技术更新和文化传输的作用。一是对接企业和产业的需求,培养能熟练操作生产设备、熟悉技术标准规程、了解中国文化的技术技能人才。二是发挥师资团队的技术优势和语言能力,积极开展学科建设,推动技术迭代更新,为学校和企业"走出去"提供技术支持,服务海外企业高质量发展。三是将学校的育人作用与文化传播紧密结合,探索职业教育品牌建设,提高职业教育"走出去"软实力,输出中国智慧,提高当地对我们国家及企业的文化认同。企业位于"一带一路"建设的最前线,对市场需求有最敏锐的嗅觉,对前沿技术有最密切的关注,对共建国家以及当地国的发展情况有最直观的认识,起到主力军的作用。企业在服务"一带一路"建设和深度参与职业教育"走出去"的过程中,一是要充分了解当地风俗习惯和当地信仰,在尊重风土人情的基础上,做好企业文化和中国文化的传播与介绍。二是要积极履行社会责任,发展不能短视,眼光要放长远,坚持绿色发展,坚守社会责任,在增加税收、支持就业、促进教育、发展医疗等方面贡献力量,积极做好中国企业形象的宣传与推广。政府和行业起到政策保障和沟通协调的作用。一是在职业教育国际化过程中,存在不同维度和主体,其价值需求和利益诉求之间的冲突、争议不可避免,市场调节具有盲目性、滞后性,这就需要政府和行业建立健全争议协调机制，优化资源配置，化解主体之间的冲突和矛盾，达成不同主体之间的利益共识，集中力量解决主要矛盾和问题。二是完善顶层设计，做好政策宣传，加强方向引导，提高企业协同职业学校"走出去"时的风险防范，充分发挥宏观调控作用，做好政策、法律、经费等方面的保障。

(三) 搭建标准体系

根据《关于推动现代职业教育高质量发展的意见》，要"积极打造一批高水平国际化的职业学校，推出一批具有国际影响力的专业标准、课程标准、教学资源"。从 2019 年开始，随着各校学分银行"开户"、1+X 证书试点施行，标志着从国家层面开启了全国职业教育体系普遍认证工作。因此，职业教育"走出去"，教育标准等成果的输出是关键，主导和参与制定国际职业教育通行标准是必由之路且迫在眉睫。当前，由我国主导制订的国际标准较少，2021 年，由中国有色金属行业职业教育"走出去"试点院校共建的中赞职业技术学院，依据中国教育理念和教学模式、结合赞比亚教学实际研发制定的八项教育教学标准获得赞方批准，进入赞比亚国民教育体系，为赞比亚高质量技能人才培养、投资环境营造、中资企业发展建设提供了有力人才保障。

四、后疫情时代职业教育"走出去"面临的挑战和机遇

2023 年 2 月 23 日，国务院联防联控机制新闻发布会宣布，我国对新冠病毒感染实施"乙类乙管"，新冠疫情在我国已基本结束。2023 年 5 月 5 日，世界卫生组织（WHO）宣布，新冠不再构成国际关注的突发公共卫生事件（PHEIC）。至此，持续三年的世纪疫情宣告"退场"。世界疫情和百年变局的交叠冲击，对世界格局演变造成剧烈影响，全球化进程面临多重挑战，逆全球化效应进一步放大，单边主义、民粹主义抬头，"信任赤字""发展赤字"依旧严峻，受国际环境影响，职业教育国际化的制度壁垒和政策壁垒加深了，许多国际合作项目进展困难。加之，要从三年疫情造成的签证紧缩、出国难度增加、人员流动减缓等影响中恢复，需要一定的时间和条件，并且其教育发展与合作的状况很难再退回到疫情之前，这些都无形中增加了职业教育"走出去"的资金成本、人员成本和时间成本。同时，后疫情时代带来的信息技术的迅速发展和广泛应用，突破了职业教育国际合作、学术交流的物理限制和时空界限，不同文化与价值观之间的碰撞愈发激烈。

但是在后疫情时代下，职业教育国际化也迎来新的机遇和契机。一是"一带一路"共建国家和许多发展中国家职业教育水平相对落后、教育资源匮乏、教育能力短缺，随着当地基础建设增加，制造业转型发展，对技术技能人才需求迫切，为我国职业教育"走出去"提供了巨大发展空间。二是后疫情时代职业教育发展新趋势逐步凸显，"互联网+"、人工智能、大数据、云计算等新业态与职业教育的融合越来越密切，在线教学变成"新常态"，成为职业教育"走出去"必须具备的基础条件。三是国内国际双循环相互促进的新发展格局，既有利于消除排斥，加强融合，促进文明互鉴，又能彰显我国职业教育理念和本质，构建和打造具有中国特色的"职业教育品牌"。

参考文献

［1］ 邵彦，许世建.职业教育服务企业"走出去"协同办学共同体的构建——基于三螺旋理论的解释框架［J］.职教论坛，2021（3）：14-21.

［2］ 张晓娟，彭霞.职业教育优质资源走出去模式探究［J］.科教导刊，2021（29）：1-3.

［3］ 丁锦箫，龚小勇.后疫情时代高职教育国际化：挑战机遇与行动策略［J］.中国职业技术教育，2021（31）：53-58.

［4］ 姜红，许晓婷.后疫情时代高校国际化发展路径探析［J］.安徽农业大学学报（社会科学版），2023，32（2）：136-140.

以"中文+职业技能"助力"一带一路"人才培养

马隽　孟晴　孔令俐

北京工业职业技术学院，北京，100042

摘要：伴随"一带一路"倡议的深入实行，我国不断尝试面向全球注入更多新鲜活力，促进全球化发展可以迸发新的活力和生机。而"一带一路"倡议的有序实施，需要以语言为媒介搭建桥梁。该倡议为职业教育人才培养工作提供了发展新机遇，但同时也提出了新的挑战。在新时期发展环境下，职业教育应以"一带一路"倡议为导向，对汉语技能型人才培育工作进行创新和改革，深化国际中文教育和职业教育"走出去"战略的实施，并协同企业力量进行技能型人才培养，塑造中文教育与职业教育协同发展的新模式，为"一带一路"倡议的顺利实施而服务，切实深化"中文+职业技能"人才培养工作。

关键词："中文+职业技能"；"一带一路"；人才培养

一、"一带一路"建设背景下中国职业教育的新使命

(一)全国职业教育大会顺利召开

2021年4月12—13日，全国职业教育大会顺利召开，习近平总书记做出重要指示强调职业教育前途广阔、大有可为。这是新时代职业教育事业发展史上的又一件盛事，也是开启"十四五"时期深化职业教育领域改革、提质增效、加速发展的总部署、总动员，具有十分重要的历史意义。

(二)国际中文教育与职业教育"走出去"迎来时代机遇

随着我国对外开放不断深入，尤其在"一带一路"建设持续推动下，我国企业加快走出国门，广泛参与国际经贸合作，取得举世瞩目的成就。但是世界各国尤其是"一带一路"共建国家的职业教育发展不均衡，往往难以支撑产业一线对高素质高技能人才的需求。以赞比亚为例，赞比亚劳动力资源很丰富，但师资水平低下，培训资源紧缺，民众受教育程度较低，渴望接受高一层次教育的需求较大。在赞比亚，中资企业高达350余家，中国有色矿业集团下属15家企业，雇用当地员工15000余人，但这些企业员工受教育程度低，初中及初中以下水平高达50%以上，素质状况明显满足不了企业的要求。

此外，当地雇员存在中文能力有限、与中国企业文化融合困难等突出矛盾和问题，这些都成为中国企业"走出去"、融入当地发展的重要制约性因素。在这种形势下，推动国际中文教育与职业教育"走出去"协同发展，构建面向新时代的国际中文教育与职业教育高质量发展新体系，成为"十四五"时期我国教育领域改革创新发展的重要任务[1]。

(三)职业教育协同企业"走出去"的大胆探索

2015 年起，有色金属行业和国内包括北工院在内的五所试点院校就开始了职业教育协同企业"走出去"的大胆探索。同年 12 月教育部办公厅下发《教育部办公厅关于同意在有色金属行业开展职业教育"走出去"试点》(教职成厅函〔2015〕55 号)的文件，批准了职业教育走出去的《实施方案》。

2016 年 4 月教育部在试点单位中国有色矿业集团召开项目启动工作会。同年 6 月参与试点工作的 5 所院校和相关单位一行 10 人组成考察团，抵达赞比亚进行考察。北工院教师谢丽呆常驻赞比亚，参与了从选址到海外职业院校建校的全过程。

2019 年 8 月，在多方共同见证下，全国第一所在海外开展学历教育的职业院校——中国赞比亚职业技术学院在赞比亚卢安夏市正式挂牌。同年，依托中赞职业技术学院的现有条件，北工院建立的孔子课堂正式挂牌成立，开启了中文教育与职业教育协同发展的新范式。

2019 年 12 月 9 日，国际中文教育大会在长沙开幕，"中文+职业技能"发展进入了快车道。

2021 年 9 月，北工院与中外语言交流合作中心共建了高职首家"中文+职业技能"教育实践与研究基地，基地的启动仪式在 2021 年服贸会国际教育服务贸易论坛举行，这是高职院校开展"中文+职业技能"又一里程碑式的事件。

二、多措并举为"一带一路"共建国家培养懂技能、会中文的人才

(一)建设中赞职业技术学院，开展海外学历职业教育

2016 年北京工业职业技术学院被教育部确定为职业教育"走出去"首批试点项目院校，协同中国有色行业协会、中国有色金属矿业集团和国内多所优秀职业院校在赞比亚共同创办了中赞职业技术学院，实践探索"政-行-企-校"协同海外办学模式；北京工业职业技术学院独立开发自动化与信息技术和珠宝设计与加工两大专业标准并被纳入赞比亚国民教育体系；为确保中赞职院北工院分院的人才培养质量，学院分批次选派优秀专业教师赴赞任教，并组织赞方本土专业教师来华培训。

在学院课程资源建设方面，组织专业教师团队编写出版职业教育"走出去"系列专业英文教材和工业汉语教材。当前已出版 8 本专业英文版教材，另有 9 本专业教材、4 本工业汉语教材正在编写中。2021 年 5 月 17 日，北工院举行中国职业教育"走出去"系列专业教材捐赠仪式，向中赞职业技术学院捐赠了 50 套(每套 7 本，共计 350 本)专业教材。赞比亚驻华使馆公使衔参赞、市教委领导出席了捐赠仪式。

(二)创办中国首所职业教育型孔子课堂，探索孔院发展新模式

2019 年经北京市教委和语合中心审批同意，北京工业职业技术学院(中方院校)与中赞职业技术学院(外方院校)联合创办了中国首所职业教育型孔子课堂，开创"中文+职业技能"教育模式。该孔子课堂是以职业教育为特色，服务"走出去"中资企业和当地社会，开展汉语言文化和工业汉语教学为主要任务的"中文+职业教育"类型独立孔子课堂。

(三)成立"中文+职业技能"教育实践与研究基地

2021年9月3日,北工院与中外语言交流合作中心共建"中文+职业技能"教育实践与研究基地启动仪式在服贸会国际教育服务贸易论坛举行。在中外130多位嘉宾见证下,北京工业职业技术学院"中文+职业技能"教育实践与研究基地正式启动。

"中文+职业技能"实践与研究基地的主要职能为通过建立"中文+职业技能"教育北方校企协同机制,按照强强联合、优势互补原则,吸引政、校、行、企等相关机构积极参与,共同开展"中文+职业技能"教育领域的交流合作;积极开展"中文+职业技能"培训,开发"中文+职业技能"教学资源,探索依托海外中资企业及外方相关机构,试点推进"中文工坊"等相关项目,同时开展"中文+职业技能"教育理论研究和区域国别调查研究,发挥"中文+职业技能"教育智库作用等。

(四)承担北京市"一带一路"国家人才培养基地项目,打造海外企业员工来华培训品牌

2017年北工院入选北京市首批"一带一路"国家人才培养基地,积极服务于国家发展战略,为"一带一路"共建国家和企业培养专业技能人才。2017年至2019年间,学校分别为来自赞比亚、缅甸、刚果(金)等国家的中国海外企业员工及政府官员等开展了五期的专业技能培训,共计培训80余人;同时锁定优势专业,着手课程体系开发,三年共完成27门"一带一路"国家人才培养基地课程开发以及3个专业人才培养方案和课程标准开发。

三、当前成效显著,未来更加可期

(一)构建了"政-校-行-企"协同的海外办学模式

以中国-赞比亚职业技术学院为例,政府负责政策顶层设计、政策法规指导;高职院校共同开展试点;有色行业协会统筹协调;有色金属企业配合高职院校为当地中资企业员工和赞比亚社会开展职业培训与学历教育,如图1。

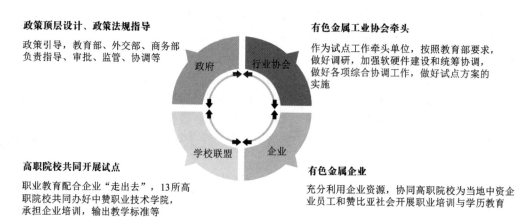

政策顶层设计、政策法规指导
政策引导,教育部、外交部、商务部负责指导、审批、监管、协调等

有色金属工业协会牵头
作为试点工作牵头单位,按照教育部要求,做好调研,加强软硬件建设和统筹协调,做好各项综合协调工作,做好试点方案的实施

政府   行业协会

学校联盟   企业

高职院校共同开展试点
职业教育配合企业"走出去",13所高职院校共同办好中赞职业技术学院,承担企业培训,输出教学标准等

有色金属企业
充分利用企业资源,协同高职院校为当地中资企业员工和赞比亚社会开展职业培训与学历教育

图1 "政-校-行-企"协同的海外办学模式

(二)开启了中文教育与职业教育协同发展的新模式

依托海外职业院校和孔子课堂的结合,开创出了可复制可推广的"中文+职业技能"教育模式,该模式不仅为职业教育发展开创了新道路,更为汉语在世界的推广开辟了一条新路径。

(三)打造了开展"中文+职业技能"教育领域的交流合作的平台,努力创造合作共赢的新局面

成立"中文+职业技能"实践与研究基地,建立"中文+职业技能"教育北方校企联盟,从点到面,吸引政、校、行、企等相关机构积极参与,共同推动基地市场化发展,力争将基地打造成"中文+职业技能"标准化、特色化推广的标杆与典范。基地建设内容主要包括:

1.服务"一带一路"倡议,开展"中文+职业技能"相关培训

服务"一带一路"倡议,开展"中文+职业技能"相关培训。整合资源,打造"中文+职业技能"师资培训团队。为国内各院校专业骨干教师提供国际中文教育培训,并组织国际汉语教师资格证书考试,培养培训一批既懂得对外汉语教学又兼具专业教学能力的"双师型"青年骨干教师,建设"国际中文教育+专业教学"人才资源库。开展海外院校本土师资、本土管理人员及技术人员培训,为"一带一路"共建国家培养大批懂中文和中国文化的本土人才。

2.积极参与中资企业中文工坊建设

创新孔子学院(课堂)与中文工坊结合模式,依托赞比亚孔子学院(课堂)资源,在对赞比亚中资企业员工技术技能培训基础上,开展工业汉语培训。推动企业总部将中文工坊建设相关工作纳入其海外企业的绩效考核指标体系。

3.聚焦赞比亚工业体系和职业教育,开展赞比亚国别研究

以中赞职业技术学院为依托,在赞比亚当地中资企业协助下,重点开展赞比亚工业体系及职业教育领域的国别研究,打造与当地制造业相配套的,符合当地经济社会发展需求的职业教育品牌和孔子课堂,以解决海外中资企业人才需求短缺和长期可持续发展人才培养问题,从而助力赞比亚中资企业在海外深度发展,促进赞比亚经济社会发展,促进两国民心相通。

4.以"三教"改革为抓手,统筹一体化设计教学资源

打造"中文+职业技能"系列教材,开发专门用途中文教材以及双语专业教材,搭建"中文+职业教育"线上学习平台,建设线上学习资源。对各类学习资源进行一体化设计,实现教学资源体系化、标准化、本土化、专业化、智能化、素材化。资源建设突出职业性和实用性,培养更多知华、友华、亲华的职业技能人才,促进民心相通。

5.实践与理论相结合,加强基地相关课题研究

探索"中文+职业技能"教育推进机制,以"工业汉语+技术技能"项目、中资企业中文工坊建设、海外试点"1+X"证书制度为重点开展实践与理论相结合的研究。

力争使研究成果满足"中文+职业技能"学习者的学习需求,满足海外中资企业的用人需求,满足国家新形势下发展需求。

定期举办"中文+职业技能"基地专题学术研讨会,为"中文+职业技能"基地的后期高质量发展汲取智慧。

6.探索职业院校海外试点"1+X"证书制度，优化校企合作育人质量

鼓励海外院校学生在获得汉语水平证书的同时，积极取得本土紧缺人才相关职业技能等级证书等，提高就业创业本领，促进当地经济社会发展。海外试点"1+X"证书制度共有两种模式。

模式一："1+学历教育+职业技能"，针对学历教育。

模式二："1+职业技能"，针对非学历教育。（"1"指中文。）

（四）助力当地民生发展，巩固了"一带一路"共建国家"朋友圈"

通过开展"中文+职业技能"教育助力当地民生发展，在对华友好的社会阶层中树立了良好形象，促进了民心相通，巩固了"一带一路"共建国家"朋友圈"。

北工院开展"中文+职业技能"的工作得到了上级单位和社会的认可。2021年9月北工院作为职业院校代表受邀参加了中国国际服务贸易交易会教育专题展，教育部及北京市教委等多位领导莅临北工院服贸会展位，高度肯定了北工院国际化办学成果，评价北工院国际化办学工作为"有特色，可推广，干得好"。

四、启示

（一）国际中文教育与职业教育"走出去"是时代机遇

我国企业随着加快走出国门，对海外本土员工质量和数量也提出了更高的要求，这决定了中文教育与职业教育协同走出去正当其时，名正言顺。围绕"一带一路"倡议开展"中文+职业技能"是时代赋予的重大机遇。

（二）避免"单打独斗"，注重协同创新

中国-赞比亚职业技术学院成功的关键在于政府支持，行业引导，校企协同。中国有色矿业集团在赞比亚深耕多年，积累了丰富的政商资源，了解当地情况，并已建立起完备的工作、生活的设施，这为职业教育"走出去"创立了现实基础。

中国职业教育院校之间相互协作，共享资源，均摊风险，中赞职业技术学院已由原来的8个职业院校扩展为现在的11个职业院校，使中赞职业技术学院能够持久运行。

本科院校应主动了解职业院校，结合本科院校在科研上的优势和职业院校在应用上的优势，共同推进"中文+职业教育"工作。职业院校应主动了解企业需求，结合自身技术技能培训和工业领域汉语的优势，主动为企业开展横向服务。

参考文献

[1] 教育项目研究组.构建"中文+职业技能"教育高质量发展新体系[J].中国职业技术教育，2021（12）：119-123.

"中文+职业教育"走出去
在塔吉克斯坦的实施路径研究

石光岳　马　琼

兰州资源环境职业技术大学, 甘肃兰州, 730021

摘要: 随着"一带一路"倡议的提出, 国际中文教育迎来新的发展机遇与挑战: 一方面国际中文教育在国际语言文化交流乃至科技、经济发展中发挥着越来越重要的作用; 另一方面为配合"一带一路"建设对高素质复合型国际化人才的培养需要, 国际中文教育正在逐步探索一条适合新时代国际化人才培养理念的人才培养模式[1]。本文通过结合在塔吉克斯坦从事"中文+职业教育"走出去相关实践工作经验, 研究探索了"中文+职业教育"在塔吉克斯坦的实施路径。

一、引言

"中文+"这一概念于2018年被首次提出。由此, "中文+"内涵建设成为国际中文教育发展的重要目标。"中文+"内涵建设内容与"一带一路"建设需求对接度非常高, 其务实合作的要义是对"一带一路"建设所急需人才的培养和输送。作为国际中文教育工作者, 特别是作为"一带一路"共建国家教育工作者, 我们的教学工作应从以往单一的汉语人才培养模式转变为符合当地用人需求的多元化人才培养模式, 这也是我们所面临的新的机遇与挑战。2021年10月, 国务院办公厅印发《关于推动现代职业教育高质量发展的意见》指出, "要打造中国特色职业教育品牌, 提升中外合作办学水平、拓展中外合作交流平台、推动职业教育走出去"。为积极响应国家政策, 结合塔吉克斯坦实际发展人才需求, 如何建立具有更强针对性、实用性的"语言+技能"人才培养体系, 为当地培养符合企业发展需求的专业技术人才, 是本课题开展深入研究意义所在。

二、塔吉克斯坦"中文+职业教育"走出去实施路径及发展现状

(一)在塔吉克斯坦开展职业教育走出去可行性论证

目前, 高职教育国际化已经进入"引进与输出"并重的时期, 输出主要体现在以下三个方面: 一是服务中国企业"走出去", 为涉外企业提供人力和技术支撑, 帮助企业培养当地员工等; 二是开展高职院校学生来华留学工作, 大量招收并培养来华留学生, 通过留学生教育将中国文化、专业技术、教育理念与模式等传播至海外; 三是开办海外分院、海外课堂、海外人才培养基地等, 实现教师、教材等教育资源的直接输出[2]。

塔吉克斯坦是古丝绸之路上的"明珠"，是"一带一路"倡议的重要参与者与建设者。塔吉克斯坦矿产资源丰富，具备较大的工业发展潜能，但工业基础相对比较薄弱。自2013年中塔两国元首共同签署《中华人民共和国和塔吉克斯坦共和国关于建立战略伙伴关系的联合宣言》，建立中塔战略伙伴关系以来，塔吉克斯坦由于其丰富的矿产资源吸引了不少中方企业投资建厂。截至2021年底，中方投资建设的涉及矿石采、选、冶及电力输出企业达数十家，本土员工超过2万人，为塔吉克斯坦经济发展做出了很大的贡献。

对本土人才的发掘与培养是企业在塔发展面临的最大问题。通过走访当地十余家中方投资企业我们了解到，一方面，企业急需本土翻译人才来解决与当地员工交流问题。在当地孔子学院与相关大学、培训机构的支持下，近年来通过孔子学院课堂培养出的语言翻译人才为企业在塔吉克斯坦发展提供了良好的支持。另一方面，任何企业的发展都离不开技术人才的支撑，无论是塔吉克斯坦本土企业还是中方投资企业，都急需大批"既懂汉语又懂技术"的本土人才来支撑企业实现可持续发展。

（二）"中文+职业教育"在塔吉克斯坦的实施路径

在塔吉克斯坦实施"中文+职业教育"基本框架是：联合国内高水平职业教育高校兰州资源环境职业技术大学及塔吉克斯坦优质中资企业，以塔吉克斯坦冶金学院孔子学院为依托，建立专门的"中文+职业教育"人才培养机构——"塔中职业技术培训中心"。培训中心建设内容包括教学基础条件建设、师资队伍建设、课程体系建设、实训基地建设、学员引入与人才输出、人才培养质量评价等方面内容。

具体举措包括：

1. 建立了研究中心，形成了特色课程

目前通过联合国内高水平职业教育高校兰州资源环境职业技术大学、塔吉克斯坦冶金学院、塔中矿业有限公司等国内外高校、企业，已在塔吉克斯坦成立"塔中职业技术培训中心"。在培训中心框架下，联合中国有色金属工业人才中心、兰州资源环境职业技术大学、塔吉克斯坦冶金学院、塔中矿业有限公司等开发本土化的"中文+职业技术"教材资源库，目前已开发出"中文+有色金属冶金""中文+电力工程""中文+矿业工程""中文+石油工程""中文+法律事务""中文+财会"等一批特色课程。

2. 建立了良好的师资团队，编写了优秀教材

在师资队伍建设方面，全力开发教师资源和潜力，鼓励所有在岗中文教师学习和了解一门职业技能，成为"双师型"中文教师。与塔吉克斯坦冶金学院等工科院校合作，支持校方选拔条件优秀的专业课教师利用国际中文教师奖学金和塔中矿业企业奖学金赴华深造，从两个渠道分别培养"中文+职业技能"的"双师型"师资队伍。目前，从塔吉克斯坦冶金学院孔子学院、塔吉克斯坦冶金学院选拔的5名本土专、兼职教师，计划于2023年赴兰州资源环境职业技术大学学习研修相关专业课程，本土"双师型"教师的培养进一步增强了本土教师实力、优化了塔吉克斯坦本土中文教师师资结构。兰州资源环境职业技术大学派出的2名冶金工程专业的专业课教师作为首批职业教育专家已抵达"塔中职业技术培训中心"任教，为培训中心开展职业培训提供了技能人才支撑。同时，派驻老师深入相关企业生产一线，了解企业实际生产工艺现状与人员现状，针对企业所需职业技能，拓展学习冶炼方面的职业知识，对多种俄语冶炼书籍、相关行业汉语术语进行总结整理，深度挖掘适用于塔吉克斯坦员工的冶炼行业

工业汉语(职业汉语)知识，开始着手编译教材。

3. 建立了良好的校企合作基础

目前，学校已与塔中矿业有限公司、中塔泽拉夫尚有限公司等多家中资企业开展"中文+职业技能"专业人才定向培养合作，拟在培训中心成立"定向培养班"开展职业技能人才培养。在为不同企业定向开展人才培养的过程中，针对企业实际现状，制定出了符合企业实际需求的人才培养方案。与相关合作方共同制定的"有色金属智能冶金技术人才培养方案"、"宝玉石加工与鉴定专业人才培养方案"等一批人才培养方案已逐步实施。以与塔中矿业有限公司合作模式为例，培训中心与企业联合兰州资源环境职业技术大学，制定出为期三年的"1+1+1"人才培养模式，即公司输出的学员首先在职业技术培训中心接受为期一年的培训，在此期间，学员的首要任务是打好中文基础，学习一年后如果具备中文交流、学习的基本能力，再开始学习有关铅金属冶金的基础知识。第一阶段考核合格的学员将于第二学年赴兰州资源环境职业技术大学接受为期一年的出国培训。在此期间，学员在继续夯实其中文能力的同时将系统学习工艺技术方面的知识。学员学成后第三年进入企业实习，在此期间，学员将把前两年学习的成果在实际生产中得以应用。目前来看，此种模式兼顾中文水平+职业技能的培养，在具备相关条件的前提下可以较为系统地培养本土人才综合能力。此培养模式的实施将为后续人才培养过程提供借鉴意义。

4. 成立了职业技能考评中心

在职业技能评价国际化方面，在中国有色金属工业人才中心授权下成立塔吉克斯坦首家"'1+X'职业技能等级证书考核评价中心"，培训中心具备包括"冶金机电设备点检""矿山开采数字技术应用""贵金属首饰制作与检验"等三个职业技能等级证书的考核评价资质，将"1+X"证书的推广应用及"中文+职业技能"项目的人才培养探索出一条切实可行的路径，为职业教育"走出去"探索出新的合作模式。

(三)预期成果

通过研究近年来职业教育"走出去"在塔吉克斯坦发展情况，"中文+职业教育"在塔国当地发展的预期目标包括：建成塔吉克斯坦首家国际化"中文+职业教育"人才培养机构，建成能够持续有效运行的人才培养体系，每年为塔吉克斯坦批量培养精通中文的"冶金工程、矿业工程、宝玉石加工与鉴定、电力工程、石油工程、法律事务、金融财贸"等行业技术技能人才；建设成体系的中塔双语对照的相关专业领域"中文+"培训教材、课程、专著、论文等材料；建成达到国际领先水平的相关专业领域实验、实训室，支持培养机构学员日常实验、实训及为当地企业、高校、社会人员提供相关专业领域实验、分析化验设施条件；建成塔吉克斯坦首家具有国际通用资质的权威性职业技术人才技能鉴定体系评价机构等。

三、结语

塔吉克斯坦工业基础相对薄弱，现有的职业化教育理念及工业人才培养体系较为滞后，近年来随着国内中资企业投资力度加大，懂汉语的本土技能人才缺乏严重，基本靠企业从国内派遣技术人员到塔吉克斯坦当地企业支撑企业日常运行，此运营模式对企业而言用工成本投入大，且从长期来看不利于企业长期可持续发展。同时，中方投资企业涉及专业领域门类庞杂,难以统一批量化培养。因此,创新性地研究探索出符合当地发展需求,针对不同行业领域企业人才需求实际情况制定出针对性强、见效快的人才培养方案,是解决当地企业人才需求的可行性路径。通过借鉴国内相关校企合作育人经典案例做法,在塔吉克斯坦与当地企业联合开展"订单式""定向式""学徒制"人才培养,为不同企业量身定制人才培养方案,精准对接解决企业人才需求,缩短人才培养周期,是塔吉克斯坦开展"中文+职业教育"在职业教育国际化领域开拓的创新性途径。

参考文献

[1] 朱延宁."一带一路"倡议背景下的高校教育国际化[G].沈阳大学学报(社会科学版),2018,20(5):562-565.

[2] 唐现文,吉文林.新时期高职教育国际化:形势、对策与评价[J].教育与职业,2019(7):44-51.

"中文+职业技能"推动国际中文教育
职业教育融合发展的实践模式研究

——以有色金属工业人才中心探索实践为例

陶瑞雪

有色金属工业人才中心，北京，100048

摘要："中文+职业技能"发展模式是深化国际中文教育与职业教育合作，构建人类命运共同体的时代选择。有色金属工业人才中心立足国际产能合作，以"中文+职业技能"为抓手，展现了国际中文教育与职业教育融合发展的新样板。本文通过对有色金属工业人才中心在"中文+职业技能"方面的实践探索进行总结，凝练出可供借鉴的四条经验，即校企共建中文工坊，打造中文教学新模式；联合开发教学资源，服务国际产能合作；培养对外汉语师资，提升海外教学能力；搭建合作交流平台，促进中外民心相通。未来进一步完善"中文+职业技能"发展模式，需要形成"中文+职业技能"多方政策合力、建立"中文+职业技能"多元投入机制、加快"中文+职业技能"教学资源建设。

关键词：中文+职业技能；实践；国际中文教育；职业教育

"中文+职业技能"作为中国职业教育的重大制度创新，是引领职业教育高质量发展的重要举措。2021年，中办、国办印发的《关于推动现代职业教育高质量发展的意见》明确指出"推动职业教育走出去。探索'中文+职业技能'的国际化发展模式。服务国际产能合作，推动职业学校跟随中国企业走出去"[1]，为我国开展职业教育国际合作，推广"中文+职业技能"提供了根本保障。当下，中国正在加快构建以国内大循环为主体、国内国际双循环相互促进的新发展格局，它将继续让经济朝着可持续、高质量增长的方向发展，"双循环"背景下，中国要推动高水平对外开放，带动与世界各国的往来合作，以实现共赢局面。后疫情时代，中国和世界各国开展广泛的人文交流，将促进相关国家和地区的文明交融与发展，深化多元化的合作，尤其是伴随着产业链、贸易链、供应链等不断完善，跨学科小语种人才需求扩大，国际中文教育人才需求扩大，"中文+职业技能"的发展模式愈发重要。

有色金属作为经济发展、国防建设的关键性战略材料，对于保障人民生活和国家安全、提升国家技术水平和综合实力，发挥着重要作用。有色金属行业是中国国际产能合作的先导行业，产品涉及40余个有色金属品种，境外出资企业本土员工超50万人，近年来在产能合作国开展了全方位、多领域、多层次国际合作，为促进经贸发展和合作国工业化进程做出了重要贡献。例如，在印尼创办了第一个不锈钢企业，在塔吉克斯坦创办了第一个锌冶炼企业，在赞比亚创建了第一个铜冶炼企业。产能合作为合作国带来了产业转型升级和产业链聚集，同时，提高了政府税收和劳动人口就业能力。在这一过程中，有色金属工业人才中心（以下简称有色人才中心)充分发挥教育促进海内外经济贸易发展的战略价值,推动合作国实现跨越式发展,尤其在"中文+职业技能"领域开展了大量的实践活动,获得社会各界广泛赞誉,总结分析有色人才中心在"中文+职业技能"领域的实践成果,对促进国际中文教育与职业教育融合发展、实现"一带一路"产能输出、促进人类命运共同体构建有着重要意义。

一、时代背景

(一)对外投资规模平稳增长,带来新的发展机遇

据商务部统计,2021年,我国境内投资者共对全球160个国家和地区的6430家境外企业进行了非金融类直接投资,累计投资1168.5亿美元,同比增长2.8%;中国在境外共设立企业4.6万家,分布在全球190个国家和地区,境外企业资产总额超过8万亿美元,从业员工总数395万人,其中雇用外方员工239.4万人[2]。对外投资企业提供了大量就业机会,同时也带来了职业教育"走出去"与国际中文教育发展的新机遇。围绕国家外交方向,促进职业教育国际化发展,加快在广大发展中国家培养技能人才,通过技能培养,带动文化熏陶,进而争取人心,凝聚人心,已经成为增强国家软实力战略的重要组成部分。

(二)职业教育国际合作产生重要战略价值

基于"中文+职业技能"的职业教育国际合作,对推动合作国实现跨越式发展、促进民心相通具有重大意义。第一,有利于促进合作国就业,改善人民生活。通过职业教育国际合作方式,校企协同发力,服务"一带一路"建设,在合作国当地开展技能操作培训和工业汉语培训,在为当地创造更多的就业岗位的同时,提高当地人就业能力,奠定一个社会阶层对华友好的总基调。第二,有利于发展合作国经济,提供人才保障。通过我国技术和产业优势,带动合作国培育新的产业,从而培养适应经济形势变化的中高级技术技能人才,促进当地工业化、信息化社会发展,为合作国今后的可持续发展提供人才保障。第三,有利于改进合作国教育,实现民心相通。利用职业教育走出去培养本土人才,有助于使之成为服务我国经济发展的重要人力资源要素,成为构建"双循环"新发展格局的加速器。中国与世界各国开展各种类型的合作交流,借鉴彼此先进的教育经验和教育理念,加强青少年对不同国家文化的理解,有助于增进两国人民友谊,深化民心相通。

(三)有色金属行业持续加强国际产能合作

为加强国际产能合作,服务企业海外行稳致远,自2015年起,有色金属行业受教育部委托,以中国有色矿业集团作为首个试点企业,将"一带一路"建设和国际产能合作人才发展需求作为切入点,组织国内多所高职院校在赞比亚积极探索校企协同"走出去"新模式,建立中国-赞比亚职业技术学院。2020年12月,教育部职业教育与成人教育司司长陈子季在介绍"十三五"期间职业教育改革发展情况时指出,在海外独立举办的第一所高职院校"中国-赞比亚职业技术学院"是职业教育改革发展最大亮点之一。中国-赞比亚职业技术学院成功构建了以行业为支点、企业为重点的产教融合新模式,在"一带一路"共建国家和地区打造了中国职业教育国际品牌。

2021年，为继续深入推进职业教育"走出去"工作，服务国际产能合作，赋能"走出去"企业，有色人才中心在教育部、中国有色金属工业协会的指导下，先后与山东省教育厅、甘肃省教育厅合作，在共建职业教育高地的框架下，组织更多的国内高职院校与"走出去"大型有色金属中央企业和特大型地方企业合作，在刚果（金）、刚果（布）、塔吉克斯坦等国家，建设了一批中国海外职业技术学院，积极打造"中文+职业技能"国际推广基地，开展"中文+职业技能"培训，参与申报、实施了"汉语桥"线上团组项目和"中文+职业技能"教学资源建设项目。职业教育"走出去"工作进入"多国布局整省推进"新阶段。

二、主要成效

培养心心相印的本土员工离不开语言学习。围绕职业教育"走出去"，结合国际中文教育发展态势，"中文+职业技能"应势而生。有色金属行业依托职业教育"走出去"试点，以"中文+职业技能"为抓手，积极推广国际中文教育。自2018年起，有色人才中心与教育部中外语言交流合作中心（以下简称"语合中心"）开展战略合作，依托海外中资企业，创新中文推广模式，在海外成建制大规模推广国际中文教育，共同为"走出去"企业提供人才保障，支撑有色金属行业"走出去"企业在海外高质量发展[3]，推动国际中文教育与职业教育融合发展，取得了显著成效。

（一）校企共建中文工坊，打造中文教学新模式

中文工坊采取嵌入式发展形式，由中外职业院校和企业深度合作，通过校企共同设计课程，组织教学，开展实训，为企业订单式培养人才，共同推动中国与世界各国的往来合作，以实现共赢局面。截至2023年7月，语合中心已经在全球16个国家建立21所中文工坊。有色人才中心组织国内职业院校、"走出去"中资企业在海外共建13所，面向海外企业本土员工、厂矿社区居民、周边学校学生提供"中文+职业技能"培训。通过开展培训，懂技术、通语言、精技能的本土员工数量逐渐增加，实现了与中方员工的技术交流和学习，减少了企业中方用工数量，降低了海外经营成本和员工沟通成本，提高了安全生产水平，提升了现场生产效率，为企业"稳链固链扩链"打下了良好基础。企业将员工汉语学习能力纳入绩效考核指标，对于达到一定水平的员工给予激励，助力企业在海外高质量发展。

（二）联合开发教学资源，服务国际产能合作

中国企业文化、管理经验、技术标准要想实现在国外的落地，语言交流是基础，教学资源是载体。2018年，为提升海外中资企业本土员工工业汉语水平，有色人才中心组织国家开放大学、海外中资企业、国内高职院校创造性地研发打造了《工业汉语》（职业汉语）系列丛书和课程。2021年，为服务所有行业海外人才培养，有效缓解"中文+职业技能"教学资源短缺现状，有色人才中心协助语合中心起草了《"中文+职业技能"教学资源建设行动计划（2021—2025年）》，计划开发300本教材、500门课程、2000个微课。有色人才中心负责协助项目申报及提供管理服务。目前第一批57个选题项目已经完成遴选和立项，共有39所国内职业院校参与其中。

（三）培养国际中文师资，提升海外教学能力

赋能首要增技，增技应先通语，通语依靠教师。据不完全统计，目前国际中文教师缺口庞大，国内和海外本土国际中文教师双重培养是破解"国际中文教师荒"的有效办法。为提高职业院校教师"中文+职业技能"教学能力和跨文化适应能力，有色人才中心在语合中心支持下，申请了《国际中文教师证书》考试认证考点，至今先后组织6期国际中文教师培训与考试，70余所职业院校超过770名教师参加，培养了一大批精通专业、善教中文、爱岗适教的国际中文教师，通过将中文传播与"授人以渔"相结合，助力"一带一路"共建国家及其他国家培养中高级产业技术人才。同时，有色人才中心组织海外职业技术学院本土教师来华培训，有目的、有计划地培养亲华适教的本土师资，从而扩大海外国家对华友好的力量占比。

（四）搭建合作交流平台，促进中外民心相通

一方面，提供合作机遇，促进原有孔子学院转型升级。例如在塔吉克斯坦，组织兰州资源环境职业技术大学与当地矿业冶金学院及孔子学院合作，在专业建设、课程开发、科学研究等方面开展深层次、全方位的交流与合作，为塔吉克斯坦冶金、地质、宝玉石加工等领域培养紧缺型高素质技术技能人才。另一方面，自2021年起，为满足海外青少年和"走出去"中资企业本土员工中文学习需求，成功组织60余所参与职业教育"走出去"试点和参建中国海外职业技术学院的职业院校申报立项近80个语合中心"汉语桥""中文+职业技能"特色团组交流项目，参加学员近万人，内容涵盖地质寻宝、冶金矿物加工、新能源汽车、机电一体化等数十个领域。

三、政策建议

当前，作为国际中文教育与职业教育携手出海的崭新尝试，实施"中文+职业技能"教育缺乏可借鉴的成熟模式和经验[4]，"十四五"规划明确提出"建设中文传播平台，构建中国语言文化全球传播体系和国际中文教育标准体系"[5]，由此可见，国家在政策和经费上的支持是第一推动力。

（一）形成"中文+职业技能"多方政策合力

建议将合作国本土人才培养和国际中文教育推广纳入国家对外开放的重要内容，逐步形成由国资委、教育部、外交部、商务部、财政部等多个部门协调合作的政策协同推进机制，出台有关政策或文件，保障参与者获得应有利益，加强统筹协调，强化部际沟通，形成推动合力，在"一带一路"倡议下、中外人文交流机制为我国"走出去"企业人才培养提供政策保障；建议将"中文+职业技能"纳入国资委对企业海外人才培养考核体系，国内企业将海外子公司境外本土人才队伍建设情况纳入集团履行政治责任、社会责任考核指标；同时，在顶层设计上要加大调研力度，前期要进行充分科学的调研，围绕企业生产对员工技术技能的要求，围绕企业设备管理维修的要求，围绕社区脱贫减灾的需要，开展实地调研，设计系统完善的培训方案，特别要注意员工的原有能力基础，在制度层面实现精准对接。

（二）建立"中文+职业技能"多元投入机制

一是建议将"中文+职业技能"纳入各类财政分配与奖励机制，给予专项经费支持，并纳

入与地方发展规划和地方教育规划相应的经费预算，鼓励高等院校、职业院校、"走出去"企业积极申请发改委、财政部、商务部建立健全援外培训基地；二是支持"走出去"中央企业将在合作国必须投入的海外社会公益资金优先用于在合作国建设运营培训中心（或与孔子学院、中文工坊合作）或是鼓励海外中资企业投入专项资金，为本土员工开展"中文+职业技能"培训提供保障，优先录用或提拔中文专门用途人才；三是积极探索利用国家开发银行、中非合作基金、国家援外建设资金等金融资金投入"中文+职业技能"的教学，建议国家国际中文教育推广资金向"走出去"企业倾斜。

（三）加快"中文+职业技能"教学资源建设

一方面，注重国际化师资队伍建设。坚持"走出去"与"引进来"相结合，以需求为导向，加大既具备专业技能又具备语言教学能力的"双师型"本土教师培养力度，提高其跨文化交流能力和国际化专业教学水平，加大亲华友华的海外本土师资培养力度，加快培养企业驻外技术人员国际中文教育能力，努力实现海外本土化人才培养和企业需求精准对接[4]。完善师资选拔要求和评价标准，建立健全国际化师资库。另一方面，加快国际化教学资源建设。建设一批结合合作国本土工业化、信息化发展要求的"中文+职业技能"教材、数字化资源。探索语言能力和技能水平同步发展的模式，依托移动互联、大数据、人工智能等新技术，建立健全双语教学资源库和远程教育平台。

参考文献

[1] 教育项目研究组.构建"中文+职业技能"教育高质量发展新体系[J].中国职业技术教育，2021(12)：119-123.

浅析国外资历框架国际化路径及赞比亚资历框架探究

张文新

广东建设职业技术学院，广东广州，510440

摘要：资历框架对一个国家或区域的教育与培训乃至劳动力市场及经济市场都有着非常重要的影响。一套体系完整的资历框架，可提高教育与培训质量、民众学习热情，提高人才技能，增强劳动力市场流动性，促进经济发展。本文通过分析几个具有代表性的国家或区域的资历框架，以及探究赞比亚教育与培训的发展，得出三点总结：①本文中的国家或区域，构建资历框架的目的大致相同，即提高教育与培训质量，提高劳动力技能水平及劳动力市场流动性，使教育与培训资历得到更广泛的社会认可及可信度，增加就业以刺激经济市场；②各国家或区域，都根据本国国情或区域情况制定相关的质量保障机制，以及相关立法保证资历框架的构建和实施；③对于资历国际化探索，出于各种原因，国际化程度参差不齐。在全球化影响不断加深的当下，各国或区域在资历国际化探索中，还有很长的路要走。这需要各国共同努力推动全球化进程以及加深对世界共同体理念的认同。

关键词：资历框架；教育与培训；劳动力市场；质量保障；资历等级；国际化

一、前言

随着世界共同体的逐步推动和全球化影响的加深，世界范围内的合作日趋繁盛，同时也伴随了日益激烈的竞争。全球化的最大载体即是经济的全球化，经济与市场息息相关，因此，作为市场一部分的劳动力市场，日益凸显出其在全球化进程中的重要地位。与劳动力市场联系最为紧密的就是教育。教育是为劳动力市场提供人才的最主要源头。因此，提高教育质量及教育优化、规范化，是在全球化市场中增强竞争力的重中之重。

目前已有众多国家或国家联盟进行教育的不断优化和规范化，不断尝试推动通过教育实现人才流动的全球化，其中最主要的方式就是资历框架的国际化，即区域内、区域与国家、国家与国家之间学习成果的相互衔接与认证。

资历赋予社会实践以地位和力量。[1]社会对资格的认可，呈现了不同层次学习成果的结构与水平。资历框架搭建了教育体系纵向历史传承与横向国际衔接的桥梁。

二、各国家或区域的资历国际化路径浅析

对于资历国际化，在世界范围内多个国家或区域，已有相当程度的发展与研究。本文针对研究资历框架国际化比较有代表性的几个国家和区域进行浅析，旨在探索赞比亚资历框架建设及国际化路径的发展。

(一) 新西兰

新西兰是首个推出资历框架的国家, 在世界范围内资历框架的研究和发展可以说是元老级的。其推出资历框架目的是, 使教育体系、课程分类及资历层次系统化标准化, 从而提高教育与培训质量, 提高人才的知识和技能, 更好服务国家经济市场。新西兰资历框架基于"知识、技能、知识与技能的应用"三个维度的学习成果标准, 将资历框架分为10个层级: 1~4级颁发学历证书, 5~6级颁发学历文凭, 7级水平可以获得学士学位和本科文凭, 8级水平可以获得研究生文凭和证书及名誉学士学位, 9级水平获得硕士学位, 10级水平获得博士学位。[2] 在保证实施路径方面, 第一层次是国家政府主导, 于顶层设计和市场宏观调控两方面着手, 并加以制度性保障; 第二层次是多方社会机构参与调研与标准制定, 以确保资历框架实施过程中的质量保证及社会认可度。[3]

在资历框架国际化方面, 2009年新西兰推出一套独立的外部评审系统, 随即在2011年又推出一套与外部评审系统相联系的激励与惩罚机制, 进行评估的评审团是由国际专家组成。[4] 如此, 在寻求国际化路径方面新西兰迈出了重要一步。

(二) 澳大利亚

20世纪90年代, 为"适应当前和未来澳大利亚教育和培训的各种目标"[5], 澳大利亚构建了与就业、教育和职业培训息息相关的资历框架。澳大利亚资历框架就是一个典型的综合型资历框架, 覆盖了普通教育、高等教育和职业培训领域的所有资历。其层级分为10级, 评价层级标准的维度有三个, 即知识、技能、知识和技能的应用。这10个级别分别为: 第一级证书、第二级证书、第三级证书、第四级证书、文凭、副学士学位、进修文凭、学士学位、学士荣誉学位、研究证书、研究文凭、硕士、博士等10级。[6] 在实施路径方面, 一方面, 通过国家层面立法, 出台相关法律法规, 以保障国家资历框架的实施力度; 另一方面, 通过设置专门的资历框架机构, 以保障其实施的质量及提升资历级别的可信度和社会认可度。

另外, 澳大利亚在保证资历框架法定的、确保质量地实施同时, 也注重其与文化和传统相融合。[7] 当其与国家传统和文化相融合, 就赋予资历框架以深厚底蕴和深层的意义。

为"扩大全球影响力, 提升跨区域国际流动性"[8], 澳大利亚政府积极参与国际上的交流, 在国际层面, 寻求其他国家或区域对其国家资历框架的认同。2015年, 澳大利亚将国家资历框架同新西兰资格框架进行了比较, 提出增强互通。为实现国际上一定程度的技能认证和劳动力流动, 澳大利亚还与亚太经济合作组织(APEC)经济体的综合参考框架进行合作。为支持澳大利亚与欧盟两地区的终身学习、技术交流、人员流动, 澳政府与欧盟委员会已完成对澳大利亚资历框架和欧盟资格框架的初步比较, 以改善未来两地区资历框架之间的融通效果。

(三) 欧盟

为建立欧盟相对公认的资格标准, 欧洲议会与欧盟理事会提出, 建立各国或地区统一的资格框架, 用以协调欧盟国家间各种资格标准。[1] 欧洲资历框架的建立, 旨在为欧盟国家之间提供一种转换的工具, 这种转换工具主要针对欧盟各国的普通教育、高等教育、职业教育与培训等方面教育实践的各个资格级别。如此一来, 一定程度上欧洲资历框架可保障不同层次教育的质量、社会认可度、教育成果公正度。这样, 欧盟国家公民的终身学习意识得到提高, 欧盟国家之间就业流动性增强, 不同层次的人才得到更有效更合理的配置。这就要求欧洲资历框架必须打通欧洲各国正规教育、非正规教育与非正式学习之间的沟通隧道，以推动欧洲教育与培训乃至人才市场、经济市场的更加合理化发展。

欧洲资历框架，由于地区的原因，自然包含多个参与国，因此本身就是一种国际化的探索和实施。而欧盟与澳大利亚等国家或区域的合作探索，即为跨区域、全球化的资历框架实施路径探索。

（四）美国

美国建设资历框架的目标是，提升国家各类教育的质量、提高学习成果透明度和可移植性，促进教育与劳动力市场的衔接更加顺畅，进而提高国家经济竞争力和吸引跨国技能人才向美国流动。[9]在私有化程度较高这种国情下，美国的资历框架建设路径与大部分国家或区域的"自上而下"式不同，采用的是"自下而上"由民间组织牵头发起、有多方利益相关者参与其中（包括联邦政府、教育培训机构、行业企业雇主等）[10]、官方相关部门负责督察资历框架在教育领域和劳动力市场的实施成效以及利益相关者的接受程度这样的方式。

美国资历框架的能力标准有两个大维度，即知识和技能，技能维度下面又包含三个小的维度（专业技能、个人技能和社会技能）。基于以上维度，美国资历框架将其组织架构分为8个等级。

考虑到全球视角，美国资历框架在建构过程中，采用各参与方都可以理解和接受的国际通用语言，以便于同世界其他国家和区域的资历框架进行比较和国际对接，促进全球范围内的人才吸引和劳动力流动。

（五）东盟

东南亚国家联盟简称"东盟"，在亚洲乃至世界范围，是一个不可忽视的区域联盟经济体。为东盟各国之间更好地合作、促进人才流动及发展经济，此经济体中的各国政府联合构建一个既可实现区域教育和培训资格互认互通，又可提高该经济体区域内学习者和劳动力流通速度的通用化、透明化、互认度高的标准。这套标准即"东盟资历参照框架"。[11]东盟资历参照框架从三个维度（①认知性知识；②功能性技能；③自我认识能力、价值观和个人素质）被分为八个级别。

东盟各国国情各有不同，因此，资历参照框架欲有效实施，需集东盟各国之合力，建立一套完整的、可比较的且各国都认同的质量保证体系。为此，东盟推出《关于东南亚高等教育区域一体化结构框架的提议》（接下来简称《提议》）。[12]同年发布《吉隆坡宣言》宣布建立东盟质量保证网，以确保《提议》有效实施，促进东盟区域内各国资历互认、劳动力跨境流动及保障东盟资历参照框架的实施。

在国际化路径探索中，东盟大力推动与非东盟国家和区域的交流与合作。如，与亚太经合组织和致力于亚太地区高等教育质量保证的亚太质量网络的成员国建立联系、通过亚欧峰会学习欧洲区域资历参照框架的经验和方法等。[11]

（六）南非

南非构建资历框架主要为了反映政治改革的诉求。[3]在特定的历史背景下，为推进民主政治改革进程，以及渴望创建统一的高质量的教育与培训系统，南非颁布了《南非资历署法》，以此反映南非社会改革的雄心。在政治目的之下，其旨在教育方面，增加教育、培训及就业机会, 提高教育与培训质量, 加快纠正存在于教育、培训和就业领域的歧视。

南非资历框架等级划分情况为 8 等级 3 阶段。[13] 等级 1 主要是普通教育和培训, 属第一阶段; 等级 2~4 主要是继续教育和培训, 属第二阶段; 等级 5~8 主要是高等教育和培训, 属第三阶段。

为保证资历框架构建, 南非政府力量在其中的作用是主导性的。其通过立法(《国家资历框架法》), 为资历框架的构建和实施保驾护航。为确保资历框架的实施质量, 南非实施双重质量保障机制, 由上而下进行认证。首先是国家层面, 由资格署认证教育和培训质量保障机构的资质并规定其应履行的职能; 其次在机构层面, 得到国家认证的教育和培训质量保障机构须在机构层面认证教育和培训提供者的资质; 同时, 资格署任命审查机构, 对质量保障机构进行评判, 评价其质量保障实施是否公平公正、有效可信。

三、赞比亚教育发展现状

赞比亚共和国(以下简称赞比亚)是地处中南部非洲的内陆国家, 其经济与教育等方面相对落后。赞比亚还未构建出完整体系的国家资历框架, 但其教育结构和资格等级较为完整, 这就为其未来探索和构建国家资历框架提供良好的基础。

目前赞比亚教育实行"7-5-4"的学制结构, 即七年初等教育(包括四年低级阶段和三年高级阶段)、五年中等教育(2 年初中, 3 年高中)和四年的大学第一级学位。各阶段间的升学须由国家组织的选拔性考试来决定, 由此形成了 7 年级、9 年级和 12 年级考试三大考试。这三大考试统一由赞比亚考试委员会(ECZ)来组织实施, 并负责发放相应的毕业证书和文凭。赞比亚的资格证书分为十个级别, 如表 1 所示。

表 1 赞比亚国家资格证书框架级别

国家资格证书框架级别	学龄	TEVET 职业	高等教育
10			博士学位
9			硕士学位
8			研究生学历
7			学士学历
6		毕业文凭(技术人员)	大专学历
5		高级证书(技师)	
4		技工证书	
3		贸易证书	
2	高中(12 年级)		
1	基础教育(9 年级)		

注: TEVET(Technical Education, Vocational and Entrepreneurship Training)是技术教育及职业和创业培训。

　　赞比亚于 2013 年颁布了《教师职业法》，促进了教学服务的专业化，规范了教师培训机构。为了进一步实现技能发展的多样化目标，技术教育、职业和创业培训（TEVET）确保建立人力资本，以抵消获得高质量技能培训机会少、技能培训质量差和技能不匹配等方面的限制。"职业教育与培训管理局"（The Technical Education，Vocational and Entrepreneurship Training Authority，TEVETA）管理赞比亚学历中的 3～6 级，包括各类职业学院的培训场所统称培训机构。TEVETA 将培训机构划分为三个等级：等级 1 的培训机构是很好的培训机构，有成熟的管理系统，管理人员有必要的资质和经验，培训师与 TEVETA 被认可，有适当装备车间，安全、足够的课堂空间，足够的教学和学习参考资料，足够的通信设施和设备和足够的卫生设施；等级 2 的院校也是良好的院校，符合《最低培训标准指南》中规定的最基本的要求。但是，该机构可能有一些需要改进的领域，例如在规定的管理制度、人员配备、讲习班、安全、工具和设备以及教室方面；等级 3 的机构是勉强达到进行培训的最低培训标准，在管理制度、行政人员素质、车间环境、安全、工具和设备以及教室等方面可能有一些短处的机构。政府允许这样一个机构在执行任务时提出一项强有力的建议，以改进已查明的领域，并进行后续检查。入学率过高是影响一些院校成绩的一个原因，这主要是由于缺乏公平的培训投资。2015—2017 年连续三年，TEVETA 各发布了一份年度报告。

　　截至 2017 年 12 月 31 日在 TEVETA 注册的培训机构共有 284 家，其中 13% 为一级，36.5% 为二级，50.5% 为三级。中国-赞比亚职业技术学院目前属于二级。TEVETA 登记的大多数培训机构集中在铁路沿线，卢萨卡省的登记机构所占比例最大，是 39%，铜带省占比 26%，排名第二。TEVET 考试时间为：4—5 月、7—8 月、9—10 月、11—12 月。根据 TEVETA 于 2017 年底发布的《2017 年度报告》（Annual Report 2017），2015—2017 年共有 8.4 万人参加了 TEVET 考试。如表 2 所示。

表 2　年度考试人数统计表

	2015 年参加考试人数/人	2016 年参加考试人数/人	2017 年参加考试人数/人	2017 年通过率/%
ZQF 4~6 级课程	12979	13441	12628	86.4
技能奖计划	0	0	887	
贸易的测试项目	12697	11510	19759	
总计	25676	24951	33274	

　　TEVET 基金每年会资助一些培训方案，从中可以看到 TEVET 对技能培训的支持。从表 3 中可以看到，TEVET 培训集中在机器维修、建筑、农业和畜牧业、旅游业和裁缝几方面。

表 3　TEVET 培训项目及人数统计表　　　　　单位：人

类别	项目	2017年招生目标	2017年实际报名人数	2016年招生目标	2015年招生目标	2015年实际报名人数
电子与电器	Auto Body Repair 车身修理	45	48			
	Automotive Mechanics 汽车力学	20	20	50	80	80
	Driving Class C1 驾驶丙级	20	20		30	30
	Diesel Mechanics-Hydraulic and Pneumatic Maintenance and Repair 柴油机械保养和维修	45	42	30		
	Electrical –domestic house wiring 家电				40	40
	Metal Fabrication & Welding 金属制造与焊接	290	255	125	100	101
	Gas Welding 气焊	20	22			
	Welding Technology 焊接技术	50	46			
	Power Electrical 电力电子	260	290	250	60	62
	Automotive Electrical 电力	45	27			
	Refrigeration & Air Conditioning Installation，Repair and Maintenance 制冷空调安装、维修和维护	45	46	30		
	Plumbing & Sheet Metal 管道及钣金	140	152	80	40	40
建筑	Bricklaying & Plastering 砌砖 & 抹灰	360	416	220	120	118
	Roofing and Upholstering 屋顶和室内装潢			20		
	Block moulding/ Manufacturing and paving 砌块成型/制造和铺装			25		
	Carpentry & Joinery 木工和细木工	435	410	135	160	158
	Camp Building 营地建设	50	50			
	Horticulture 园艺	45	44	40		
农业和畜牧业	General Agriculture 一般农业	115	145	170	40	41
	Sustainable agriculture 可持续农业			40	30	30
	Fish Farming 鱼类养殖	90	66			
	Food Production 食品生产	235	190	85	60	61
	Beekeeping 养蜂	45	48			
	Pig Production 猪生产	65	64	100	20	20
	Goat Production 山羊生产	100	110			
	Poultry Production 家禽养殖	250	320	50	30	31

续表3

类别	项目	2017年招生目标	2017年实际报名人数	2016年招生目标	2015年招生目标	2015年实际报名人数
旅游	Driving Wildlife Safari Guide and Transfer Guiding 野生动物狩猎指南	50	50			
	Walking Safari Guide and Transfer Guiding 徒步旅行指南和换乘指南	50	45			
	Wildlife Canoe Guiding and Transfer Guiding 野生动物驯养与转移指南	25	25			
	Safari tour guiding 旅游导游				50	52
	Design, Cutting & Tailoring 设计和裁缝	385	365	175	140	140

四、总结

本文分别从构建资历框架的目的、资历级别、实施保障及国际化路径探索等方面,浅析了新西兰、澳大利亚、欧盟、美国、东盟和南非等国家或区域资历框架的发展及现状;并且通过实地调研及数据表格,分析了赞比亚教育与培训现状。从以上分析,得出以下几点总结:

(1)本文中的国家或区域,构建资历框架的目的大致相同,即提高教育与培训质量,提高劳动力技能水平及劳动力市场流动性,使教育与培训资历得到更广泛的社会认可及可信度,增加就业以刺激经济市场。

(2)各国家或区域,都根据本国国情或区域情况制定相关的质量保障机制,以及相关立法保证资历框架的构建和实施。

(3)对于资历国际化探索,出于各种原因,国际化程度参差不齐。在全球化不断加深的当下,各国或区域在资历国际化探索中,还有很长的路要走。这需要各国共同努力推动全球化进程以及加深对世界共同体理念的认同。

参考文献

[1] 王仁彧.中国社区教育资格框架:欧洲资格框架的逻辑映射与思维嬗变[J].职业技术教育,2016,37 (16):74-79.

[2] 颜丽红,张力,尹海涛.新西兰和澳大利亚资历框架的比较与启示[J].教育评论,2017(7):151-154.

[3] 彭荣础.苏格兰、新西兰和南非资历框架建构之特色比较[J].教育文化论坛,2020,12(5):73-79.

[4] 张伟远,段承贵.建构终身学习立交桥的先驱:新西兰的经验和教训[J].中国远程教育,2013(12): 14-19,95.

[5] 郑炜君,王顶明,王立生.国家资历框架内涵研究——基于多个国家和地区资历框架文本的分析[J].中国远程教育,2020(9):1-7,15,76.

[6] 张伟远,段承贵.终身学习立交桥建构的国际发展和比较分析[J].中国远程教育,2013(9):9-15.

［7］ 叶声华，邓小华.我国国家资格框架研究：反思与前瞻［J］.职教论坛，2017(13)：5-10.

［8］ 林晓雯，刘志文.澳大利亚国家资格框架的演变历程、管理模式及运行机制［J］.职业技术教育，2019，40(25)：74-79.

［9］ 谢青松.美国资历框架的发展范式和特征解析［J］.成人教育，2019，39(12)：82-88.

［10］柴草.发达国家职业教育资历框架建设的先进经验及启示［J］.九江职业技术学院学报，2021(1)：7-10.

［11］张伟远，傅璇卿.搭建教育和培训的资历互认框架：东盟十国的实践［J］.中国远程教育，2014(5)：46-53，96.

［12］谢青松，吴南中.终身教育资历框架下的质量保证机制：欧盟和东盟的策略与启示［J］.成人教育，2019，39(3)：86-93.

［13］李建忠.南非国家资格框架的发展与改革［J］.比较教育研究，2010，32(4)：18-21，27.

"中文+职业技能"工业汉语高质量教材开发的实践性探析

——以《工业企业班组管理工业汉语》开发为例

谢娟娟[1]　罗　希[2]

1. 湖南有色金属职业技术学院, 湖南株洲, 420006; 2. 广东建设职业技术学院, 广东广州, 510440

摘要: 基于有色金属工业人才中心与教育部中外语言交流合作中心共同开发(职业)工业汉语教学资源的背景, 本文以《工业企业班组管理工业汉语》初级教材开发为例, 探讨了在工业领域关于工作流程教材的研发, 在具体内容的编排设计上融合了对外汉语语言复现教学的特点及文化传播需求, 采取"导-学-练-习-拓"一体化结构, 以期最大限度实现语言、技能、文化"三融合", 进而协同工业汉语数字化教学资源的开发与实践。

关键词: 基于工作流程; "导-学-练-习-拓"一体化结构; 语言+技能+文化"三融合"; 生词复现率; 数字化教学资源

一、"中文+职业技能"工业汉语教材推广背景

随着国家"一带一路"倡议的进一步实施, 国家经济发展"走出去"战略迈入了新阶段, 职业教育在服务国家外交战略, 服务"一带一路"建设的作用也日益凸显。2015 年, 中国有色金属工业协会受教育部委托以中国有色矿业集团为试点企业, 开展了我国首个职业教育"走出去"试点, 为我国与非洲在职业教育领域合作开创了新局面。目前, 职业教育"走出去"工作已从最开始的试点逐步演变到如今的"多国布局, 整省推进", 由原来的几所学校试点发展到现在的全国 60 余所职业院校共同参与。2021 年 4 月, 全国职业教育大会提出加强职业教育国际交流合作, 有序吸引国(境)外高水平职业院校合作办学, 探索"中文+职业技能"国际化发展模式。2022 年, 有色金属工业人才中心与教育部中外语言交流合作中心签署战略合作协议, 共同开发(职业)工业汉语教学资源。由此, 工业汉语(职业汉语)教学资源的开发进入了一个新的阶段, 成为职业教育国际化的基础抓手, 同时还是中国企业"走出去"的支柱性资源, 对于服务企业走出去, 提升国家软实力, 服务国家大战略, 具有重要意义。

二、教材开发的现实需要与使用对象

目前, 我国"走出去"企业主要集中在资源生产、装备制造、建筑施工等领域, 迫切需要在生产设备操作维护、工矿厂区基层管理、售后维修、人力资源管理及劳工关系处理等方面熟悉中国技术标准、掌握基本技术中文的本土人才。但由于基层技术工人的数量严重不足以

及工业化、信息化素养不够，同时缺少文化、教育等软实力的配套支持，导致其技术水平不能满足企业的发展需要。此外，合作国职业教育发展水平较低，就业人口适应性较差，进一步影响了企业的发展，"走出去"企业不得不从中国引进工人。在此现实需要下，传统的通用对外汉语教学无法直接、快速地满足企业迫切的用人需求以及本土员工职场沟通发展的需要，相较而言，"中文+职业技能"工业汉语教学资源的针对性和实用性明显更强。《工业企业班组管理工业汉语》(初级)的编撰考虑进一步扩大受众范围，面向对象不仅包括原来的海外"走出去"中资企业本土一线技术技能从业人员，而且期望能够覆盖国内职业技能院校海外分院、孔子学院、鲁班工坊等"中文+职业技能"学历教育、技能培训学习者。此举一方面可以满足"走出去"中资企业本土员工技能培训及语言学习的需要，另一方面还能服务海外学院、孔子学院等广大海外中文学校，满足职业教育和文化传播的多样化需求。

三、教材编写特色

1. 基于工作流程构建

工作流程指工作事项的活动流向顺序。工作流程包括实际工作过程中的工作环节、步骤和程序。在工作流程的组织系统中，各项工作之间的逻辑关系是一种动态关系。"中文+职业技能"工业汉语教材(初级)的开发，在框架上，从初入职场或初学技能开始，设置情境式学习内容；在设计上，语言知识和专业知识交叉融合，语言认知难度和岗位工作复杂程度由浅入深，逐步递进，能基本满足海外学习者在职业环境下的岗位交际常用语需要。以《工业企业班组管理工业汉语》教材(初级)为例，其根据工业行业企业班组长一天的主要工作流程(图1)，从班前会开始，设定具体情景，呈现整个工作流程中的主要环节，本土学习者能够轻松代入实际工作场景，内化专业(业务)语言的学习。

图1 班组长一天的主要工作流程

基于工作流程开发"中文+职业"技能班组管理教材，是在金属冶炼企业一线车间实地考察的基础上，依据班组长一天的典型工作任务和工业汉语教学语言要求进行内容选取，设置具体学习情景，序化学习内容，使教材内容与职业岗位要求零距离、高融合。

2. "导-学-练-习-拓"的一体化结构

工业汉语是针对工业生产流程、生产模式、产品加工制造方法和工业过程管理等领域的一种专门用途汉语。[1]目前国内工业汉语系列教材的开发大多遵循 CBI 语言教学理念进行，围绕学生所要学习的内容和获取的信息而展开内容设计[2]，其中，一个突出特点是业务知识与业务用语高度融合，并且业务场景与用语相对封闭，学习过程是以业务知识为依托的汉语学习。《工业企业班组管理工业汉语》(初级)教材在开发设计上依旧秉承 CBI 理念，教材体例按照"导-学-练-习-拓"的一体化结构，将学习重点分为五个部分(图2)，环环相扣，从整体架构的设计上更加深入地实现语言、技能和文化"三融合"。

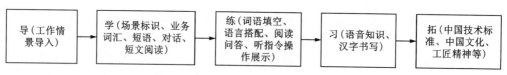

图2 "导-学-练-习-拓"一体化结构

考虑初级教材面向的多为零基础的学习者,而工业汉语内容较通用汉语本身来说难度更高,教材特别在每一章节开篇预设导入环节,以问答或猜测答案的形式引入单元(情境)主题。问题设置可以是针对单元学习内容的提前思考,也可以是课前预设的趣味知识问答(图3)。

图3 单元(情境)主题

导入板块的学习能够有效帮助学生了解工作情景,引发思考,尽快地进入教材主体内容的学习。

学、练环节作为教材的主体部分,结合工作场景所需的应知必会词汇、短语、指令单句、操作规范、岗位交际对话、情境短文等内容,进行语言知识和职业技能知识的强化学习与练习。在词汇、短语和对话部分,标注汉语拼音和英语,方便学生学习理解。同时参考《通用规范汉字表》《汉语水平词汇与汉字等级大纲》《发展汉语初级综合》等基本标准和规范,针对本土学生语法规则学习困难的痛点,在短语、对话等环节专门设置语法注释,对动词谓语句、名词谓语句等语法结构详细解析,帮助学生加深理解、掌握运用(图4)。

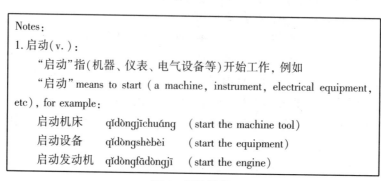

图4 语法注释

习一习环节,针对零基础学生,重点学习语音、汉字基础知识,夯实语言基础。此部分以说明+练习为主,强调音节、声调、发音、拼读、拼写规则、书写规则的讲解,针对汉语中特殊的常用字进行介绍,如"一""不"等词的变调,儿化音等难点。同时,突出动手能力,适当搭配听读辨音练习和书写练习。在字词选择上,选取本单元最核心、最高频专业词汇(4~5个汉字),通过字词的高度复现来提高学习者记忆,降低遗忘率(图5)。

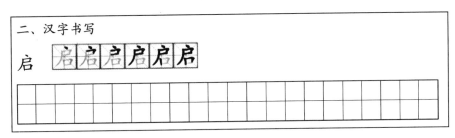

图5 汉字书写

文化拓展环节,是阅读能力拓展的重要部分,主要突出教材的"职业技能+文化"特点,集中介绍中国文化、职业领域的小知识,还包括中国职业技能标准要求、职业素养、职业道德、行业发展现状等内容。具体分设职场规则和匠心文化两个版块,职场规则链接职场小知识,分享行业企业先进班组管理经验,介绍中国职业技能标准相关的内容。匠心文化版块,以代表人物为主线,主要介绍我国在工业生产方面,尤其是有色金属行业的著名工匠和劳模等代表人物,服务于文化传播,弘扬中华民族优秀传统和工匠精神。

从情景导入到文化拓展,教材重视基础汉语知识(语音、词语、语法等)和语言应用(一线岗位情景交际),在语料选取时,既包括专业知识(工具认知、专业词汇、短语、规范、典型工作任务交际会话等)也涵盖技能应用,将语言学习渗透到工作的具体场景中,内容编排科学合理,不仅在语言上能满足学习者语言学习的深度需要,在内容上看也能满足学习者专业领域知识的把握,服务技能培养,从文化价值上看,更是推广了中国职业技术规范,能充分服务中国标准(中国职业技能标准)的输出。

3. 重视汉字复现率,提高习得有效率。

在"一带一路"倡议和汉语国际推广的背景下,我国走出去企业覆盖了资源生产、装备制造、建筑施工等多领域,企业雇佣的本土员工人数已超过200万人。随着对外汉语学习需求的扩大,关于对外汉语教学的研究也日趋深入,如何帮助学生提高语言习得率、强化应用具有非常重要的现实意义。现代认知心理学的研究表明,外部信息经过感觉通道先进入短时记忆,它的容量有限,容量以内的信息在短时记忆中可短暂地保持15~30秒,利用默默地重复即复述(rehearsal)可避免迅速遗忘,并且还可借此进入长时记忆。[3]在二语习得的理论中,著名心理学家Ellis,提出"频率是语言习得的关键,因为语言规则来源于学习者终身对于语言输入分布特点的分析"[4],防止遗忘的有效手段之一,就是加强对输入信息的及时复习、重现。

在研究生词复现(重现)重要性的同时,很多学者认识到教材作为主要的语言输入材料,其生词重现率(或复现率)也是评价对外汉语教材的重要标准之一。刘珣先生(1982)最早提出:"重现率是用来评价一部教科书的标准之一,这一点也恰恰是我们教科书中薄弱的地方"。[5]谭晓平、杨丽姣(2015)对《新实用汉语课本1》教材的生词在练习中的复现问题展开了调查研究，研究内容包含词汇的复现量、瓷瓶、分布、复现形式和题型的关系等。[6]

教材生词的复现存在不同的"复现方式"，可以概括为基本复现和曲折复现。[7]基本复现指的是直接出现在课文、阅读材料里，曲折复现指的是间接出现在练习材料，比方对话练习、看图填词等练习题。[8]目前已有不少文章谈到教材生词复现率（或重现率）的问题，总体看来，现有研究基本都是针对通用汉语教材开展，而对于工业汉语教材的针对性研究相当之少。实际上，相较通用汉语教材，工业汉语教材具有更强的职业性和专业性，生词难度更高，因此越重视生词复现率，越能帮助本土学习者较快地理解、掌握业务词汇及其在工作场景中的具体应用。

《工业企业班组管理工业汉语》教材（初级），充分遵循认知记忆规律，重视生词复现，采取了基本复现和曲折复现的双重方式，在语料选取上，以钢铁企业、有色金属企业及工业、机械行业加工制造类企业的一线生产管理知识为背景，编写组通过企业走访、车间录音、企业专家访谈，以及参考行业专业工具书等方式广泛搜集语料，选取班组管理业务活动涉及的专业知识学习所需的基础词语，业务领域简单或常规技能操作所需的指令式词语搭配或简单说明以及工作场景下的句式表达及交际用语，在编撰过程中发现通过实际生产对话语境确定核心高频词汇和短语的方式，能够更加科学有效地强化词汇学习。如，在"班组建设"之"安全生产管理"一章，通过整理收集的语料素材，结合对外汉语语言教学规范，先行确定了工作情境常用对话，由对话再敲定4~5个高频词汇和技术短语（图6），这样既保证了业务知识的输出，也确保了生词复现的数量和频率。

> 班组长：请按岗位标准佩戴好劳保用品。
> 员工：好的。
> 班组长：请调节浮选液位。
> 员工：好的。
> 班组长：不要跨越浮选槽，请走安全通道。
> 班组长：浮选机传动系统运转正常吗？
> 员工：基本正常。
> 班组长：好，请定时检查安全状况。
> 班组长：赶紧清理黑药结块。
> 员工：好的。
> 班组长：请佩戴防护眼镜。

图6　高频词汇和技术短语

总体而言，各单元词汇的筛选按照语境的需要来进行科学分配，体量考虑为8~10个（专业业务领域）最佳，其中4~5个设定为高频词汇；短语体量考虑为8~10个，组合的适配规律注重在一线岗位举一反三的直接性和有效性，并注重高频词汇的复现。对话的设计体现出本单元出现的词汇、短语在具体对话语境下的应用。练习版块体量考虑为3~5个，能够覆盖单元各模块下学习内容的评测，同时达到一定的复现数（图7）。书写练习部分选取单元4~5个最核心、最高频专业词汇，进行刻意复现练习。

二、选词填空 Fill the blanks with the right words

调节　佩戴　跨越　运转　清理　走

1. _____浮选液位时不要_____浮选槽。
2. 进厂时需要_____劳保用品。
3. 请_____安全通道。
4. 浮选机传动系统_____正常。
5. 请_____黑药结块。

图7　练习板块的词汇复现

教材在生词复现率上的科学编排，可以帮助教师在教学实施过程中有意识地展开复现教学，帮助学生在学习过程中下意识地关注重点词汇，强化学习效果，从而提高教师的教学质量以及学生的习得效果。

4.为数字化工业汉语教学资源建设提供内容支撑

教材是个开放系统，应该有效地开发利用教材资源，教学中做到既能"钻进教材"，又能"跳出教材"。根据后疫情时代的教学需要和特点，为解决海外部分国家和地区中文教师和教材匮乏的问题，满足各类学习者利用碎片化时间实时学习的需要，建立优质数字化"中文+职业技能"教学资源库也是重中之重。在此发展背景下，为更好地共享优质资源，充分发挥线上+线下混合教学的优势，扩大我国职业技能标准的推广，发挥我国职业技能课程的优势，《工业企业班组管理工业汉语》教材(初级)的编写特别注意了语言教学的实践性和内容的延展性，与语合中心"汉语桥"线上团组项目协同建设，尝试以组合拳的方式推进教学资源的整合。[9]教材以班组长的一天工作流程为主线，将典型工作任务场景串联起来，在编排设计上，立意深远，一方面为学习者提供丰富的语言知识学习素材，考虑了教材服务海外本土技能人才培养需求，满足合作国年轻人职业发展需要和就业创业本领的实用性；另一方面，还考虑了内容的延伸性和拓展性，为线上数字化教学资源的开发提供内容支撑，为本土学员提供了一个了解中国企业先进班组管理经验、体会中国工匠精神、提升个人职业技能发展的平台。

四、结论

以《工业企业班组管理工业汉语》(初级)为模板，探索基于工作流程设计开发的高质量工业汉语教材，一是对提高工业汉语教材内容的"专业技术跟随度"，促进海外学习者对专业技能知识的了解，同时适应"中文+职业技能"教学资源开发工作规划的要求；二是通过采取"导-学-练-习-拓"的一体化结构，学练一体，高频率复现核心词汇，对提高工业汉语语言知识传授的专业性和质量水平有重要作用；三是语言+技能+文化"三融合"的"定制教材"，可以根据具体岗位工作流程的需求，灵活挑选学习内容，为满足海外企业人才培养需求和员工自身提升需要发挥重要作用；四是教材具有极强延展性，对于拓展开发数字化线上教学资源，拓宽学习空间，体系化开发工业汉语教学资源有着极强的实践作用。

参考文献

[1] 刘建国.基于工业领域技术技能人才培养的工业汉语国际通用化研究[J].哈尔滨职业技术学院学报，2019(03)：1-3.

[2] 米保富.CBI教学环境中学习者英语学习动机与策略研究[D].南昌：南昌大学，2009.

[3] 王骏.汉语词汇在长时记忆中的储存模式及其对教学的意义[J].语言教学与研究，2008，(4).

[4] 胡俊.《实用医学汉语·语言篇》生词复现率的调查及研究[D].西安：西安外国语大学，2017.

[5] 刘珣，邓恩明，刘社会.试谈基础汉语教科书的编写原则[J].语言教学与研究，1982，(04)：64-75.

[6] 谭晓平，杨丽姣.初级汉语教材练习题中词汇的复现与扩展问题研究——以《新实用汉语课本1》为例[J].云南师范大学学报(对外汉语教学与研究版)，2015，13(01)：23-27.

[7] 冯凌宇.复现教学在国际汉语词汇教学中的意义[J].民族教育研究，2012，23(05)：59-62.

[8] 李潇潇.对外汉语教材汉字复现率及相关研究[D].上海：华东师范大学，2011.

[9] 李炜.职业教育"走出去"背景下的"中文+职业技能"教材探索——《工业汉语·启航篇》的研发[J].国际汉语，2021(00)：130-135+144.

图书在版编目(CIP)数据

志合越山海：有色金属行业职业教育"走出去"论
文集 / 宋凯，赵鹏飞主编. —长沙：中南大学出版社，
2024.4

ISBN 978-7-5487-5635-4

Ⅰ.①志… Ⅱ.①宋… ②赵… Ⅲ.①有色金属－职
业教育－文集 Ⅳ.①TF35-53

中国国家版本馆 CIP 数据核字(2023)第 227417 号

志合越山海——有色金属行业职业教育"走出去"论文集
ZHIHE YUE SHANHAI——YOUSE JINSHU HANGYE ZHIYE JIAOYU "ZOUCHUQU" LUNWENJI

宋　凯　赵鹏飞　主编

□出 版 人	林绵优		
□责任编辑	胡　炜		
□责任印制	唐　曦		
□出版发行	中南大学出版社		
	社址：长沙市麓山南路	邮编：410083	
	发行科电话：0731-88876770	传真：0731-88710482	
□印　　装	湖南省众鑫印务有限公司		

□开　　本	787 mm×1092 mm 1/16	□印张 19.5	□字数 493 千字
□版　　次	2024 年 4 月第 1 版		□印次 2024 年 4 月第 1 次印刷
□书　　号	ISBN 978-7-5487-5635-4		
□定　　价	108.00 元		

图书出现印装问题，请与经销商调换